电工电子名家畅销书系

全彩图解柜式空调器维修一学就会

李志锋　主编

机 械 工 业 出 版 社

本书作者有长达10年的维修经验，并且一直工作在维修第一线，书中很多内容都是作者长期维修经验的总结，非常有价值。本书采用电路原理图和实物照片相结合，并在图片上增加标注的方法来介绍柜式空调器维修所必须掌握的基本知识和检修方法，主要内容包括柜式空调器基础知识和主要部件，单相和三相电控系统单元电路，常见故障代码含义和检修思路，原装主板安装和通用板代换，电控系统常见故障维修，通风系统和压缩机电路常见故障维修等。

本书适合初学、自学空调器维修人员阅读，也可以作为职业院校、培训学校空调器相关专业学生的参考书。

图书在版编目（CIP）数据

全彩图解柜式空调器维修一学就会/李志锋主编. —北京：机械工业出版社，2016.7

（电工电子名家畅销书系）

ISBN 978-7-111-54205-6

Ⅰ.①全…　Ⅱ.①李…　Ⅲ.①立柜式空气调节器-维修-图解
Ⅳ.①TM925.120.7-64

中国版本图书馆CIP数据核字（2016）第153603号

机械工业出版社（北京市百万庄大街22号　邮政编码100037）
策划编辑：刘星宁　　责任编辑：刘星宁
责任校对：佟瑞鑫　　封面设计：路恩中
责任印制：李　洋
北京汇林印务有限公司印刷
2016年7月第1版第1次印刷
184mm×260mm · 15.25印张 · 367千字
0001—4000册
标准书号：ISBN 978-7-111-54205-6
定价：59.00元

凡购本书，如有缺页、倒页、脱页，由本社发行部调换

电话服务　　网络服务
服务咨询热线：010-88361066　　机 工 官 网：www.cmpbook.com
读者购书热线：010-68326294　　机 工 官 博：weibo.com/cmp1952
010-88379203　　金 书 网：www.golden-book.com

教育服务网：www.cmpedu.com

出 版 说 明

我国经济与科技的飞速发展，国家战略性新兴产业的稳步推进，对我国科技的创新发展和人才素质提出了更高的要求。同时，我国目前正处在工业转型升级的重要战略机遇期，推进我国工业转型升级，促进工业化与信息化的深度融合，是我们应对国际金融危机、确保工业经济平稳较快发展的重要组成部分，而这同样对我们的人才素质与数量提出了更高的要求。

目前，人们日常生产生活的电气化、自动化、信息化程度越来越高，电工电子技术正广泛而深入地渗透到经济社会的各个行业，促进了众多的人口就业。但不可否认的客观现实是，很多初入行业的电工电子技术人员，基础知识相对薄弱，实践经验不够丰富，操作技能有待提高。党的十八大报告中明确提出"加强职业技能培训，提升劳动者就业创业能力，增强就业稳定性"。人力资源和社会保障部近期的统计监测却表明，目前我国很多地方的技术工人都处于严重短缺的状态，其中仅制造业高级技工的人才缺口就高达400多万人。

秉承机械工业出版社"服务国家经济社会和科技全面进步"的出版宗旨，60多年来我们在电工电子技术领域积累了大量的优秀作者资源，出版了大量的优秀畅销图书，受到广大读者的一致认可与欢迎。本着"提技能、促就业、惠民生"的出版理念，经过与领域内知名的优秀作者充分研讨，我们打造了"电工电子名家畅销书系"，涉及内容包括电工电子基础知识、电工技能入门与提高、电子技术入门与提高、自动化技术入门与提高、常用仪器仪表的使用以及家电维修实用技能等。

整合了强大的策划团队与作者团队资源，本丛书特色鲜明：①涵盖了电工、电子、家电、自动化入门等细分方向，适合多行业多领域的电工电子技术人员学习；②作者精挑细选，所有作者都是行业名家，编写的都是其最擅长的领域方向图书；③内容注重实用，讲解清晰透彻，表现形式丰富新颖；④以就业为导向，以技能为目标，很多内容都是作者多年亲身实践的看家本领；⑤由资深策划团队精心打磨并集中出版，通过多种方式宣传推广，便于读者及时了解图书信息，方便读者选购。

本丛书的出版得益于业内最顶尖的优秀作者的大力支持，大家经常为了图书的内容、表达等反复深入地沟通，并系统地查阅了大量的最新资料和标准，更新制作了大量的操作现场实景素材，在此也对各位电工电子名家的辛勤的劳动付出和卓有成效的工作表示感谢。同时，我们衷心希望本丛书的出版，能为广大电工电子技术领域的读者学习知识、开阔视野、提高技能、促进就业，提供切实有益的帮助。

作为电工电子图书出版领域的领跑者，我们深知对社会、对读者的重大责任，所以我们一直在努力。同时，我们衷心欢迎广大读者提出您的宝贵意见和建议，及时与我们联系沟通，以便为大家提供更多高品质的好书。

机械工业出版社

前　言

近年来，随着全球气候逐渐变暖和人民生活水平的提高，空调器已成为人们生产和生活的常用电器。而柜式空调器因具有功率大、风力强等优点正广泛应用于家庭及办公场所，大量的新型产品不断涌现，加之柜式空调器价格较高，因此售后维修服务的需求正在不断增加。目前市面上专门介绍柜式空调器维修的资料很少，广大空调器维修人员急需来自一线的维修资料，以便解决实际工作中遇到的问题。而本书就详细讲解了柜式空调器维修所必须掌握的基本知识和检修方法。只要掌握了这些知识和方法，就可以快速准确地判断故障原因并排除故障。

本书作者有长达10年的维修经验，并且一直工作在维修第一线，书中很多内容都是作者长期维修经验的总结，非常有价值。本书采用电路原理图和实物照片相结合，并在图片上增加标注的方法来介绍柜式空调器维修所必须掌握的基本知识和检修方法，主要内容包括柜式空调器基础知识和主要部件，单相和三相电控系统单元电路，常见故障代码含义和检修思路，原装主板安装和通用板代换，电控系统常见故障维修，通风系统和压缩机电路常见故障维修等。

概括地来说，本书在内容和形式上具有如下特点：

1）经验总结：本书作者有长达10年的维修经验，并且目前仍然工作在维修第一线，书中内容都来自于长期的实际工作总结。书中更有大量的维修实例呈现，针对具体实例，给出了检修流程、维修措施和总结说明等。

2）选材新颖：本书专门介绍了柜式空调器维修，目前图书市场上很少能够见到同类书；并以格力、美的和海尔品牌典型机型来介绍故障维修，资料十分珍贵，很多内容在其他同类书中很难找到。

3）彩色印刷：本书采用全彩色印刷，能够最真实地反映实际维修场景，彩色维修照片的运用使维修更直观、更鲜活，能带给读者不一样的视觉享受，更易于理解和掌握。

4）完全图解：本书采用“图片+标注”的表达方式来介绍维修知识，电路和实物照片贯穿全书，真正实现“看图学维修”。

需要注意的是，为了与电路板上实际元器件文字符号保持一致，书中部分元器件文字符号未按国家标准修改。本书测量电子元器件时，如未特别说明，均使用数字万用表测量。

本书由李志锋主编，参与本书编写并为本书编写提供帮助的人员有李殿魁、李献勇、周涛、李嘉妍、李明相、李佳怡、班艳、王丽、殷大将、刘提、刘均、金闯、李佳静、金华勇、金坡、李文超、金科技、高立平、辛朝会、王松、陈文成、王志奎等。值此成书之际，对他们所做的辛勤工作表示衷心的感谢。

由于编者能力水平所限加之编写时间仓促，书中错漏之处难免，希望广大读者提出宝贵意见。

编　者

目　录

第一章　基础知识和主要部件

本章分为三节，第一节介绍柜式空调器基础知识；第二节介绍变压器、传感器等室内机主要部件；第三节介绍室外风机、压缩机等室外机主要部件。

第一节　基础知识

一、型号和制冷量

1. 空调器型号

家用分体式空调器主要为挂壁式空调器（简称挂机、挂式空调器）和落地式空调器（简称柜机、柜式空调器）。在国标型号中，见图1-1，GW代表挂式空调器，LW代表柜式空调器。

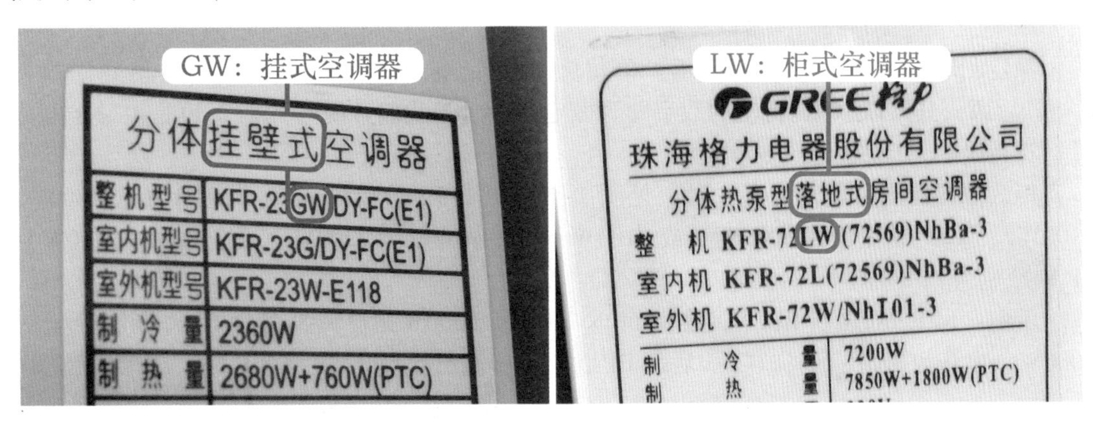

图1-1　空调器型号

见图1-2，挂式空调器由室内机和室外机组成，其中室内机安装在墙壁上面，通过连接管道和室外机连接。

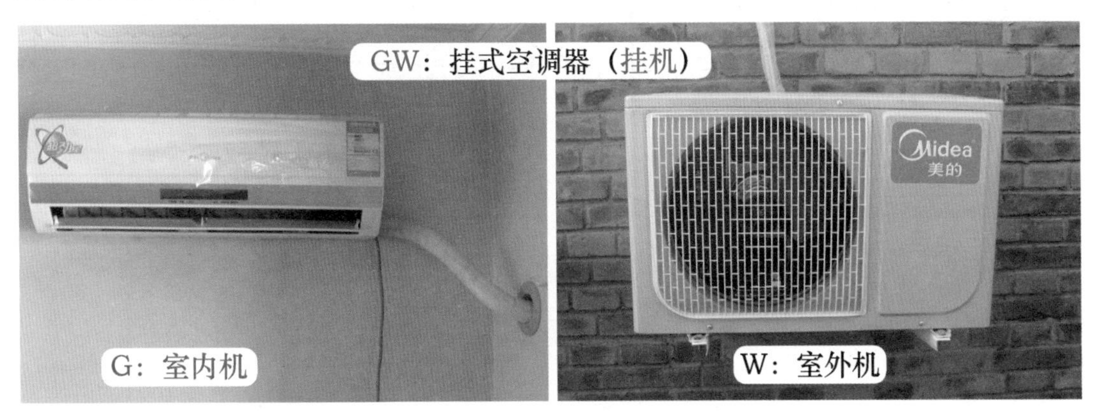

图1-2　挂式空调器

见图1-3，柜式空调器同样由室内机和室外机组成，所不同的是，其室内机安装在地面上，通过连接管道和室外机连接。

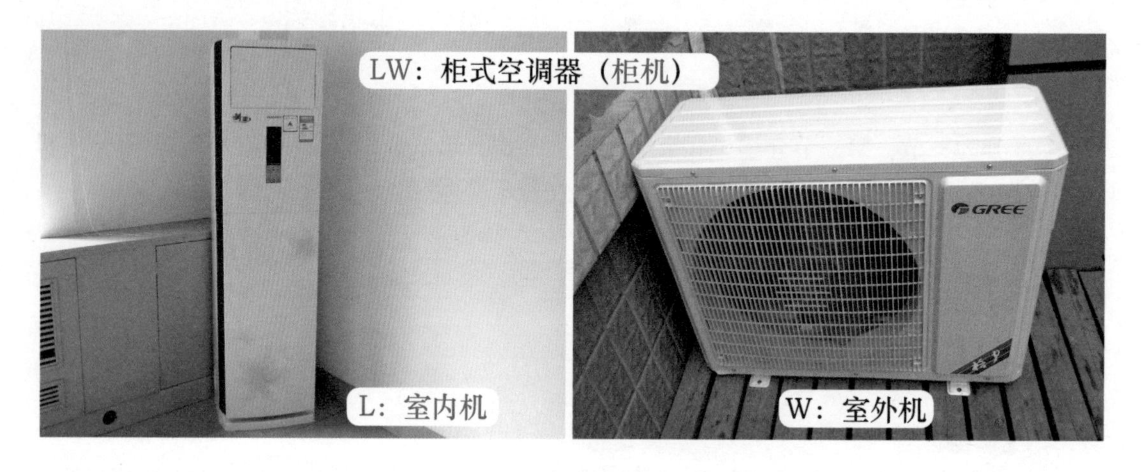

图1-3　柜式空调器

2. 常见额定制冷量

额定制冷量用阿拉伯数字表示，单位为100W，标注数字位置在空调器型号中横杠"-"后面，其乘以100，得出的数字即为额定制冷量，我们常说的"匹"也是由额定制冷量换算得出的，1P约等于2400W。

柜式空调器制冷量常见有4种，见图1-4和图1-5，2P制冷量为5000W（或4800W、5100W）、2.5P制冷量为6000W（或6100W）、3P制冷量为7200W（或7000W、7100W）、5P制冷量为12000W。

示例：KFR-60LW/(BPF)，数字60×100W=6000W，空调器每小时额定制冷量为6000W，换算为2.5P，斜杠"/"后面BP含义为变频。

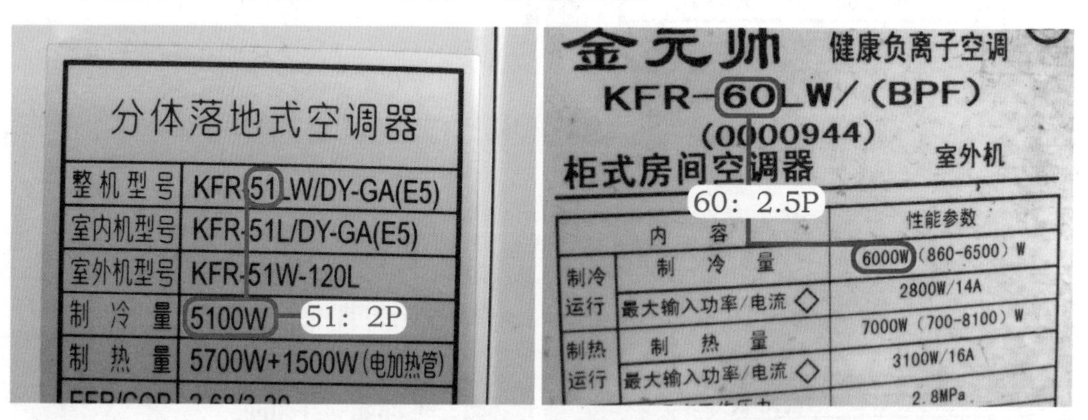

图1-4　2P和2.5P额定制冷量

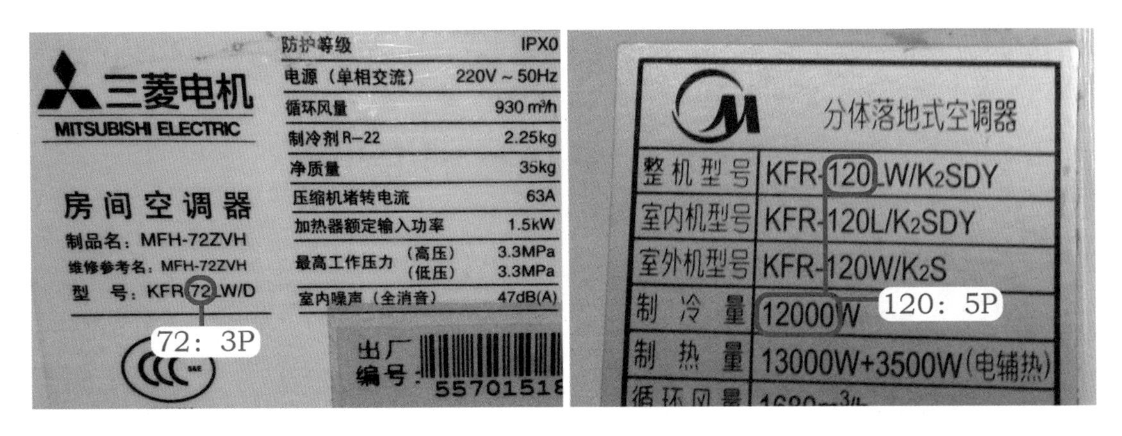

图 1-5　3P 和 5P 额定制冷量

二、室内外机结构和连接线

1. 室内机结构

（1）外观

目前柜式空调器室内机从正面看，通常分为上下两段，见图 1-6，上段可称为前面板，下段可称为进风格栅，其中前面板主要包括出风口和显示屏，取下进风格栅后可见室内机下方设有室内风扇（离心风扇）即进风口，其上方为电控系统。

说明：早期空调器从正面看通常分为 3 段，最上方为出风口，中间为前面板（包括显示屏），最下方为进风格栅，目前的空调器将出风口和前面板合为一体。

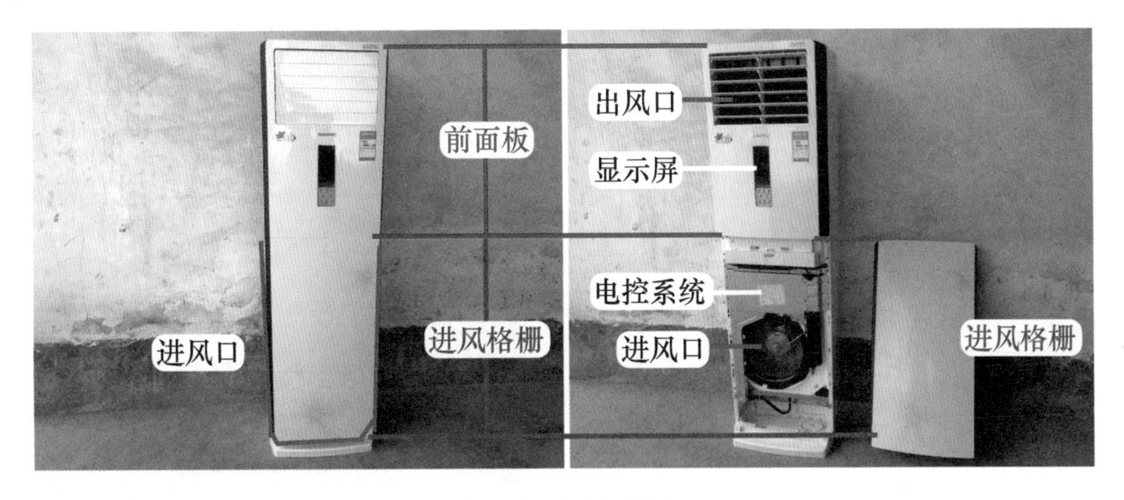

图 1-6　室内机外观

进风格栅顾名思义，就是房间内空气由此进入的部件，见图 1-7 左图，目前空调器进风口设置在左侧、右侧、下方位置，从正面看为镜面外观，内部设有过滤网卡槽，过滤网就是安装在进风格栅内部，过滤后的房间空气再由离心风扇吸入，送至蒸发器降温或加热，再由出风口吹出。

见图 1-7 右图，将前面板翻到后面，取下泡沫盖板后，可看到安装有显示板（从正面看为显示屏)、上下摆风电机、左右摆风电机。

说明：早期空调器进风口通常设计在进风格栅正面，并且由于出风口上下导风板为手动调节，未设计上下摆风电机。

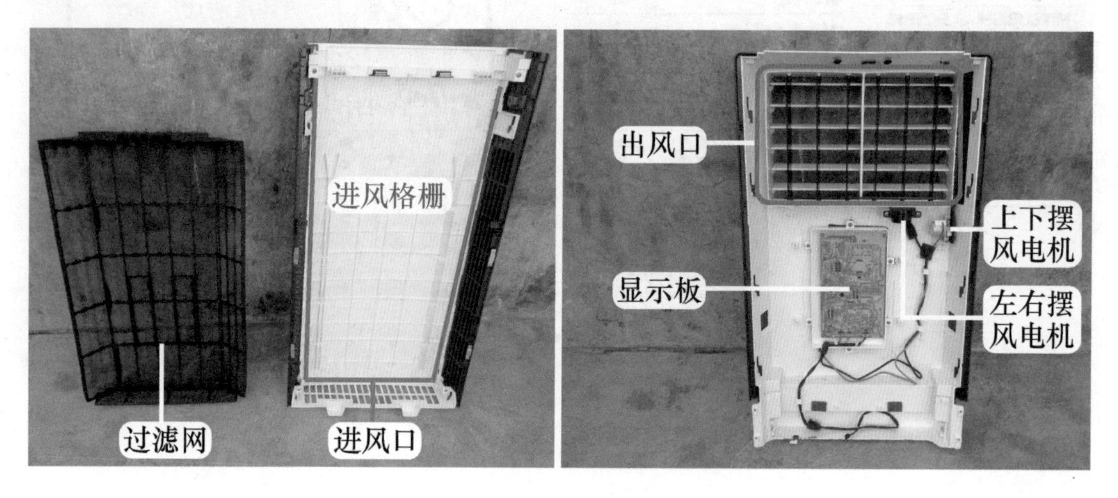

图 1-7 进风格栅和前面板

(2) 电控系统和挡风隔板

取下前面板后，见图 1-8 左图，可见室内机中间部位安装有挡风隔板，其作用是将蒸发器下半段的冷量（或热量）向上聚集，从出风口排出。为防止异物进入室内机，在出风口部位设有防护罩。

取下电控盒盖板后，见图 1-8 右图，电控系统主要由主板、变压器、室内风机电容和接线端子等组成，这也是本书将要重点介绍的部位。

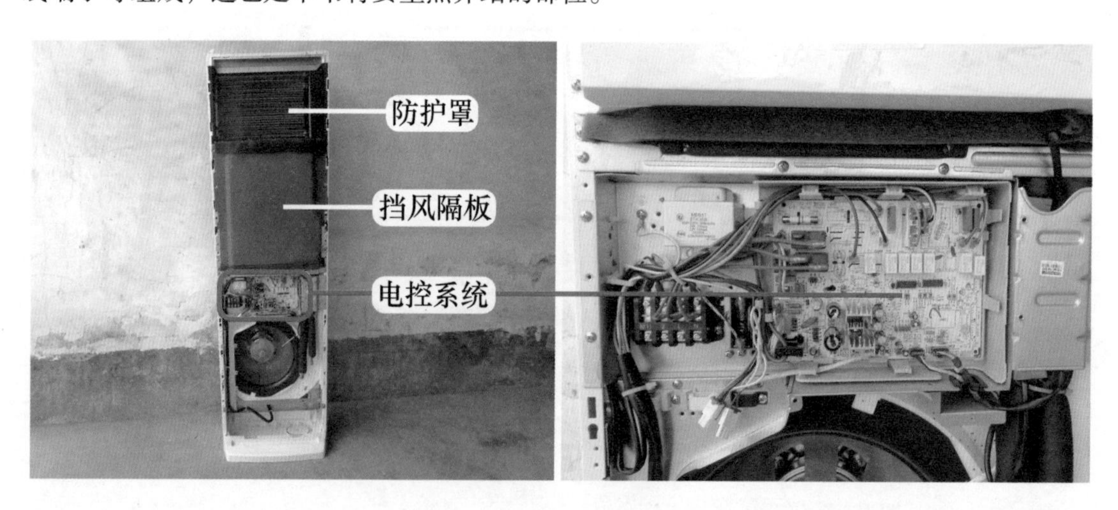

图 1-8 挡风隔板和电控系统

(3) 辅助电加热器和蒸发器

取下挡风隔板后，见图 1-9，可见蒸发器为直板式。蒸发器中间部位装有 2 组 PTC 式辅助电加热器，在冬季制热时提高出风口温度；蒸发器下方为接水盘，通过连接排水软管和加长水管将制冷时产生的冷凝水排至室外；蒸发器共有2个接头，其中粗管为气管、细管为液管，经连接管道和室外机二通阀、三通阀相连。

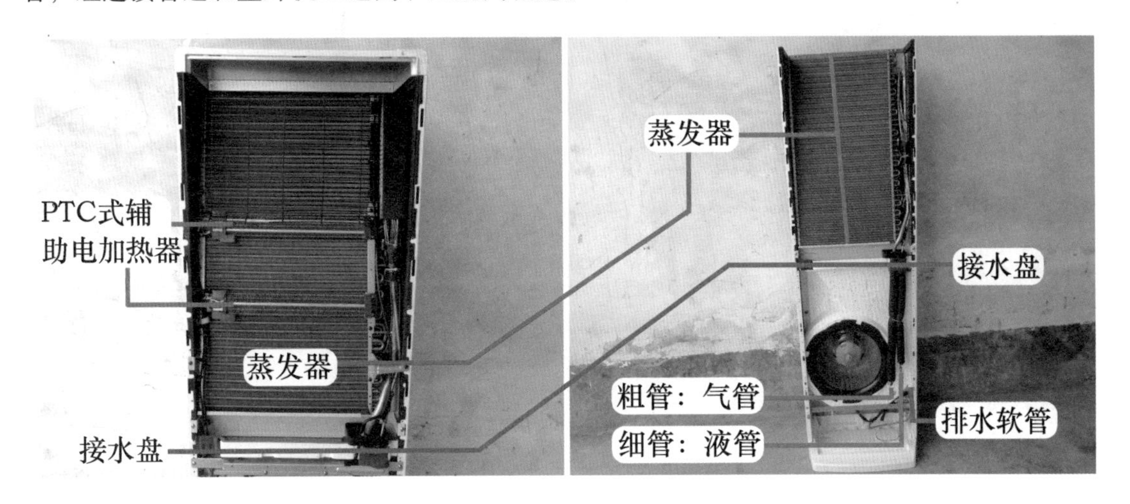

图1-9 辅助电加热器和蒸发器

（4）通风系统

取下蒸发器、顶部挡板和电控系统等部件后，见图1-10左图，此时室内机只剩下外壳和通风系统。

通风系统包括室内风机（离心电机）、室内风扇（离心风扇）和蜗壳。图1-10右图为取下离心风扇后离心电机的安装位置。

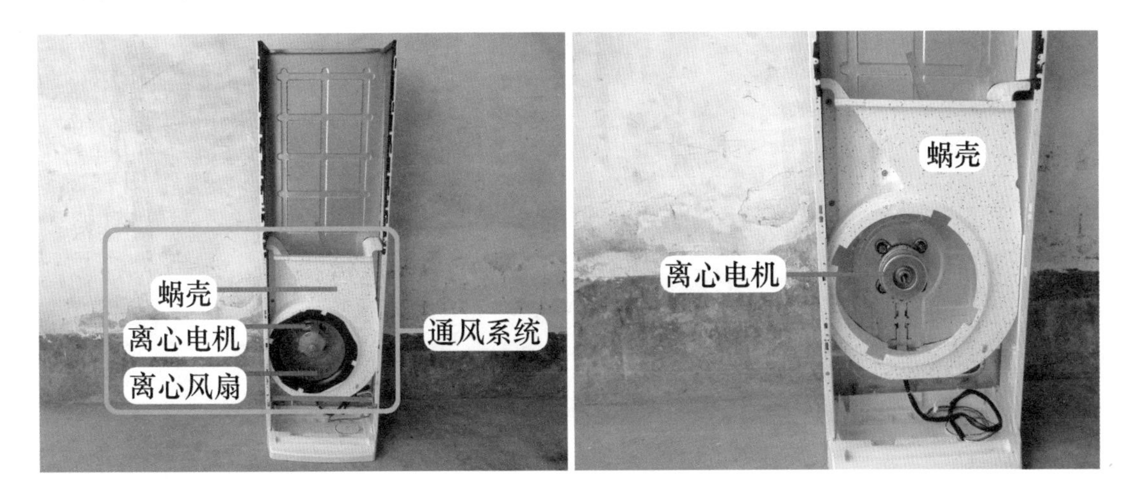

图1-10 通风系统

（5）外壳

见图1-11左图，取下离心电机后，通风系统的部件只有蜗壳。

再将蜗壳取下，见图1-11右图，此时室内机只剩下外壳，由左侧板、右侧板、背板和底座等组成。

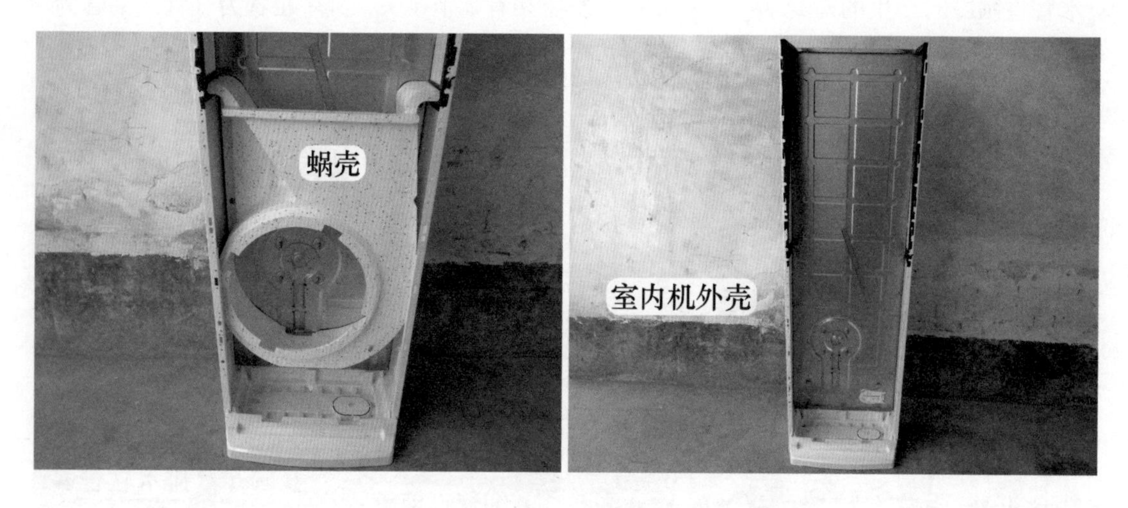

图 1-11 外壳

2. 室外机结构

（1）外观

室外机实物外形见图 1-12，通风系统设有进风口和出风口，进风口设计在后部和侧面，出风口在前面，吹出的风不是直吹，而是朝四周扩散。其中接线端子连接室内机电控系统，管道接口连接室内机制冷系统（蒸发器）。

图 1-12 室外机外观

（2）主要部件

取下室外机顶盖和前盖，见图 1-13，可发现室外机和挂式空调器室外机相同，主要由电控系统、压缩机、室外风机和室外风扇、冷凝器等组成。

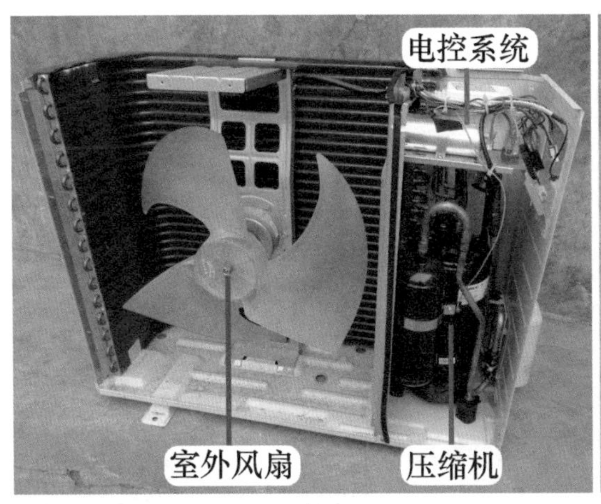

图 1-13　主要部件

3. 室内外机连接线和电控系统主要部件

（1）1～1.5P 空调器

挂式空调器通常为 1P 或 1.5P，冷暖型空调器室外机设有压缩机、室外风机和四通阀线圈，见图 1-14 左图和中图，因此室内外机连接线通常为 5 根：地线、零线 N、压缩机 CM、室外风机 FM、四通阀线圈 VA；如果为单冷型空调器，由于未设四通阀线圈，且压缩机和室外风机并联，则室内外机只有 3 根连接线：地线、零线、相线（俗称火线）。

见图 1-14 右图，室外机电控系统中设有压缩机电容、室外风机电容和四通阀线圈等。

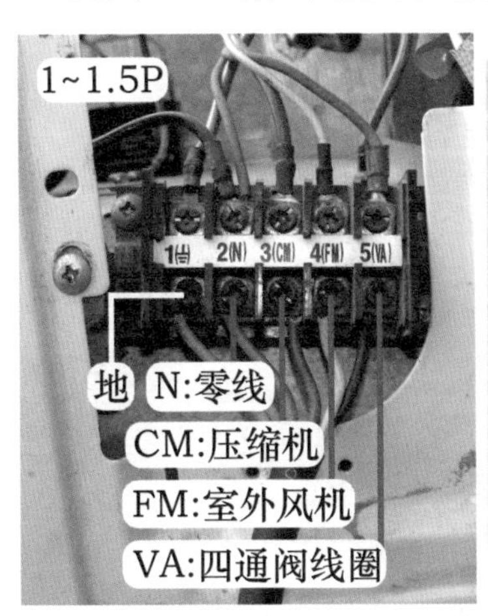

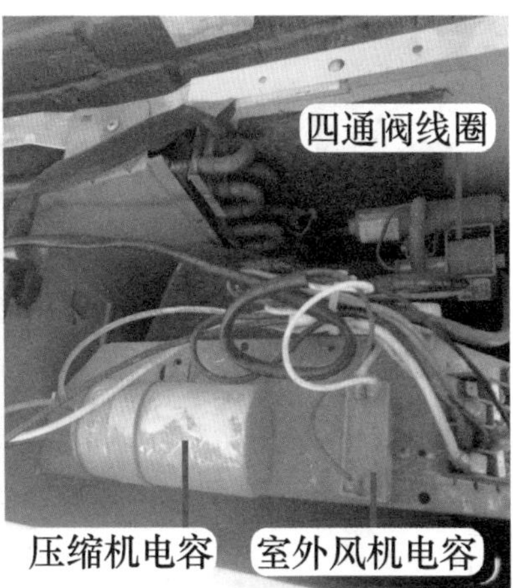

图 1-14　1P 空调器连接线和电控系统主要部件

（2）2P 空调器

2P 柜式空调器和挂式空调器基本相同，见图 1-15 左图，室外机强电负载设有压缩机、室外风机和四通阀线圈，室内外机连接线通常也只有 5 根；部分机型在此基础上弱电电路中增加室外管温传感器（检测孔在冷凝器），连接线中增加 2 根细线。

见图 1-15 右图，室外机电控系统中设有压缩机电容、室外风机电容、四通阀线圈和室外管温传感器等。

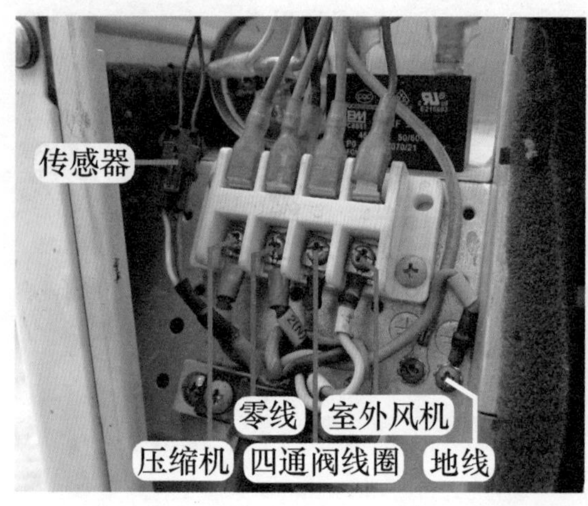

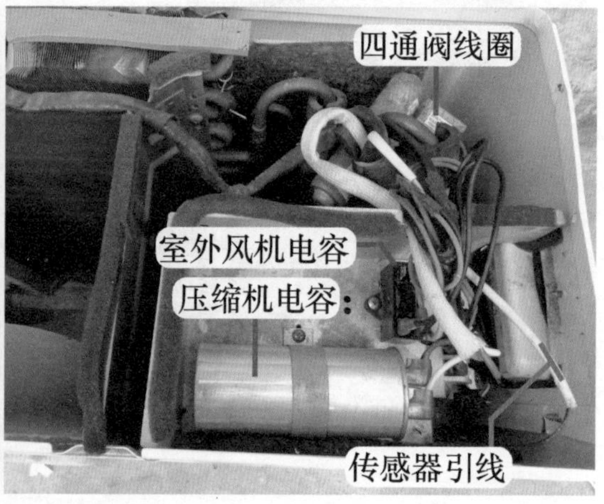

图 1-15 2P 空调器连接线和电控系统主要部件

（3）3P 空调器

3P 空调器由于压缩机功率较大，通常使用交流接触器（交接）控制，交流电源直接供至室外机，强电负载和 2P 空调器相同，通常也设有室外管温传感器，见图 1-16 左图，因此室内外机连接线设有 3 束连接线：最粗的 3 根为电源供电接交流 220V，4 根引线接强电负载，最细的 2 根引线接传感器。

见图 1-16 右图，室外机电控系统中设有交流接触器、压缩机电容、室外风机电容、四通阀线圈、室外管温传感器。

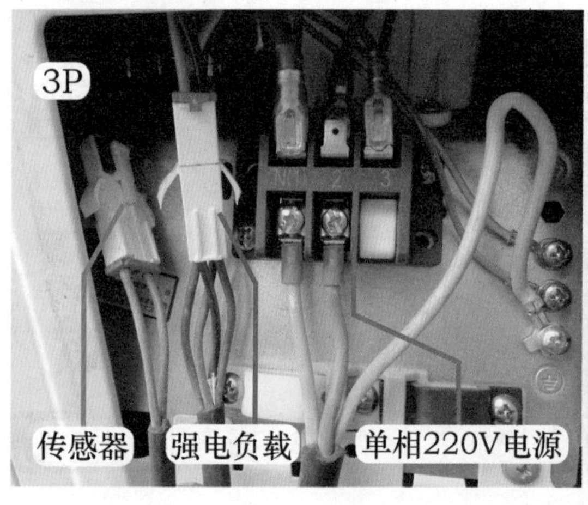

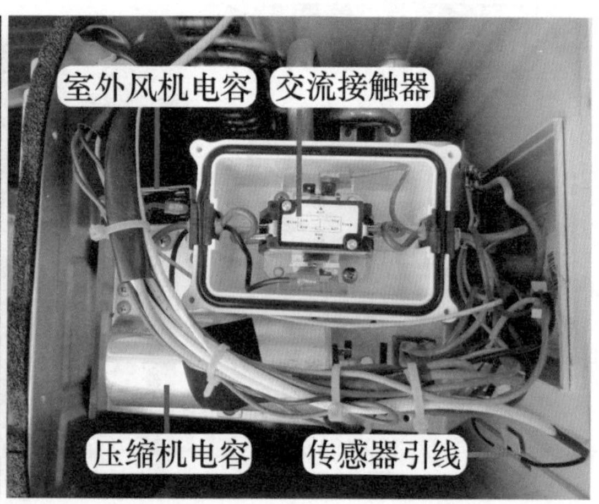

图 1-16 3P 空调器连接线和电控系统主要部件

（4）5P 空调器

5P 柜式空调器压缩机功率相比 3P 柜式空调器更大，因此使用三相交流 380V 供电，同时增加许多保护电路，见图 1-17 左图，因此引线数量更多：1 束 5 根引线为三相电源供电接交流 380V，1 束为 5 根引线接强电负载，最细的 3 根引线接传感器。

见图 1-17 右图，室外机电控系统中主要设有室外机主板、交流接触器、室外风机电容、四通阀线圈、室外管温传感器、压缩机排气温度开关和压力开关等。

说明：图 1-17 示例机型为美的空调器，不同厂家的连接线设计形式不同，但功能和引线数量基本相同。

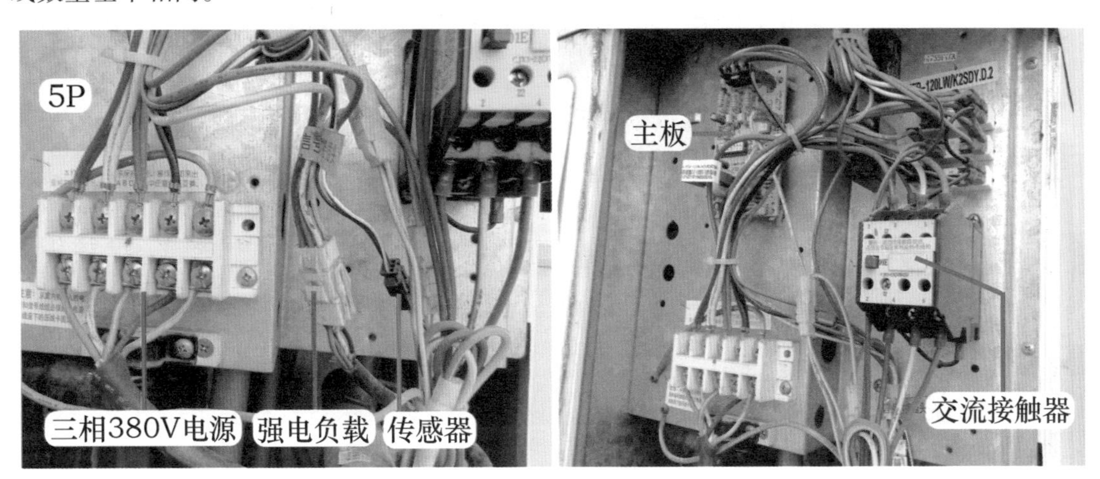

图 1-17　5P 空调器连接线和电控系统主要部件

第二节　室内机主要部件

一、变压器

1. 安装位置

柜式空调器中，电控盒（也称为电控系统）通常设置在离心风扇上方，变压器也设计在电控盒中，见图 1-18，根据设计需要安装在左侧或右侧位置。

说明：部分柜式空调器，如美的某型号的电控盒设计在离心风扇下方，但占比较小。

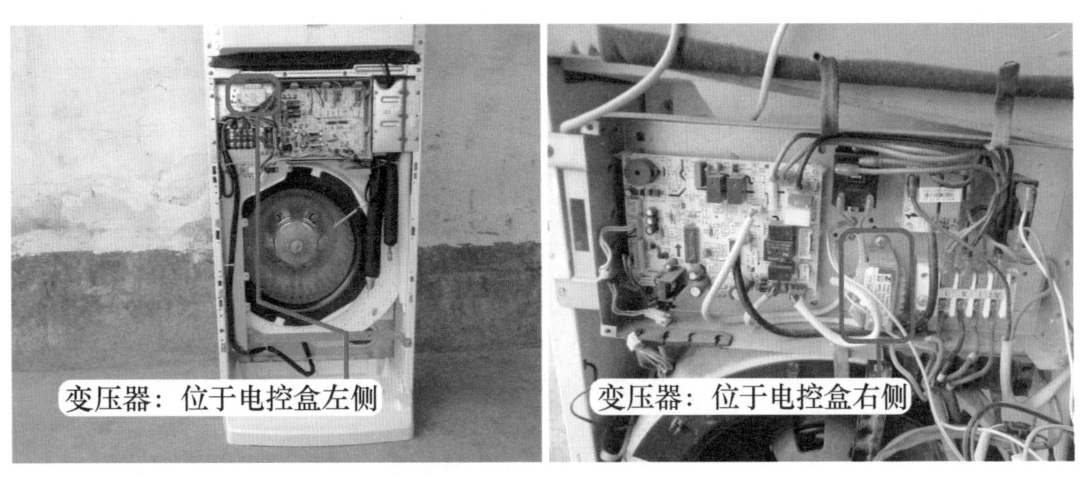

图 1-18　安装位置

如果室内风机使用直流电机，其供电为直流300V，主板通常使用开关电源供电，见图1-19，则电控系统取消了变压器。

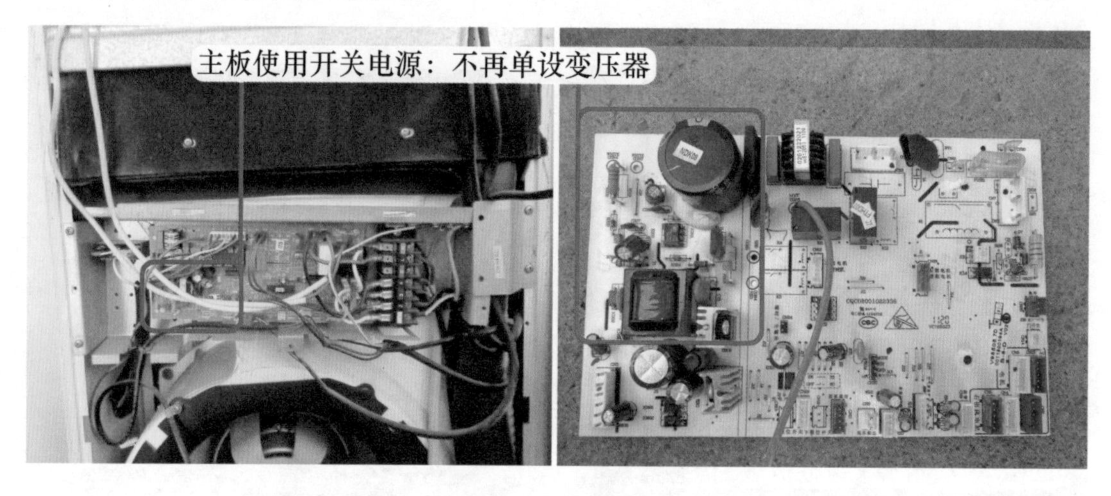

图1-19　开关电源电路

2. 作用

变压器插座在主板上英文符号为T或TRANSE。变压器通常为2个插头，大插头为一次绕组（俗称初级线圈），小插头为二次绕组（俗称次级线圈）。变压器工作时将交流220V电压降低到主板需要的电压，内部含有一次和二次2个绕组，一次绕组通过变化的电流，在二次绕组产生感应电动势，因为一次绕组匝数远大于二次绕组，所以二次绕组感应的电压为较低电压。

图1-20左图为1路输出型变压器，通常用于挂式空调器电控系统中，二次绕组输出电压为交流11V（额定电流550mA）；图1-20右图为2路或3路输出型变压器，通常用于柜式空调器电控系统中，二次绕组输出电压分别为交流14V（700mA）和13V（650mA）。

说明：部分品牌柜式空调器也有使用1路输出型变压器，如果使用2路输出型变压器，二次绕组输出电压通常为交流12.5V和8.5V。

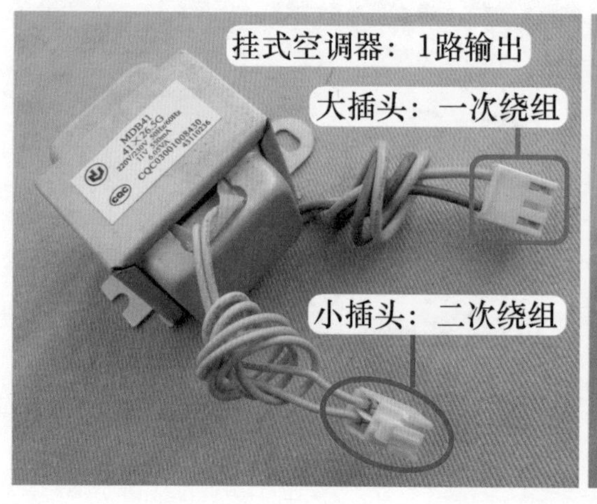

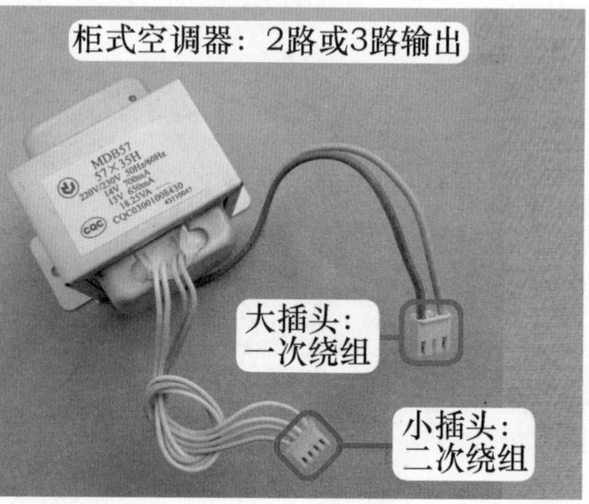

图1-20　实物外形

3. 内部结构

见图 1-21，变压器由外壳、铁心、一次绕组和二次绕组等组成。为保护变压器过热损坏，通常在一次绕组回路中串接有温度保险。

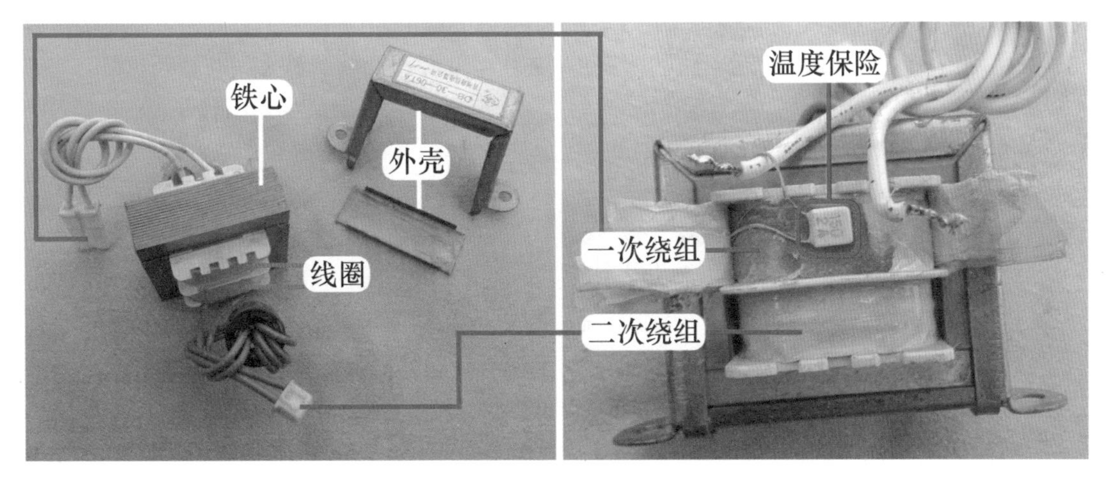

图 1-21　内部结构

4. 测量变压器绕组阻值

以格力 KFR-72LW/(72569) NhBa-3 柜式空调器使用的 2 路输出型变压器为例，使用万用表电阻档，测量一次绕组和二次绕组阻值。

（1）测量一次绕组阻值

变压器一次绕组使用的铜线线径较细且匝数较多，所以阻值较大，正常为 100 ~ 600Ω，见图 1-22，实测阻值约 94Ω。

一次绕组阻值根据变压器功率的不同，实测阻值也各不相同，柜式空调器使用的变压器功率大，实测时阻值小；挂式空调器使用的变压器功率小，实测时阻值大，例如实测格力 KFR-23G（23570）/Aa-3变压器一次绕组阻值约 500Ω。

如果实测时阻值为无穷大，说明一次绕组开路故障，常见原因有绕组开路或内部串接的温度保险开路。

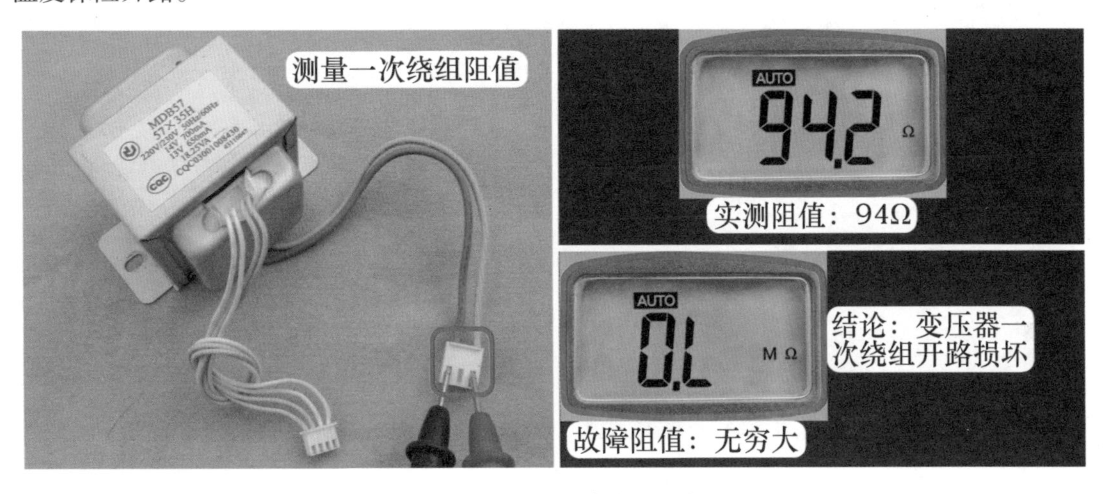

图 1-22　测量一次绕组阻值

（2）测量二次绕组阻值

变压器二次绕组使用的铜线线径较粗且匝数较少，所以阻值较小，正常为0.5～2.5Ω。见图1-23，实测直流12V供电支路（由交流14V提供、黄-黄引线）的线圈阻值为1.1Ω，直流12V供电支路（由交流13V提供、白-白引线）的线圈阻值为1.3Ω。

二次绕组短路时阻值和正常阻值相接近，使用万用表电阻档不容易判断是否损坏。如二次绕组短路故障，常见表现为屡烧熔丝管（俗称保险管）和一次绕组开路，检修时如变压器表面温度过高，检查室内机主板和供电电压无故障后，可直接更换变压器。

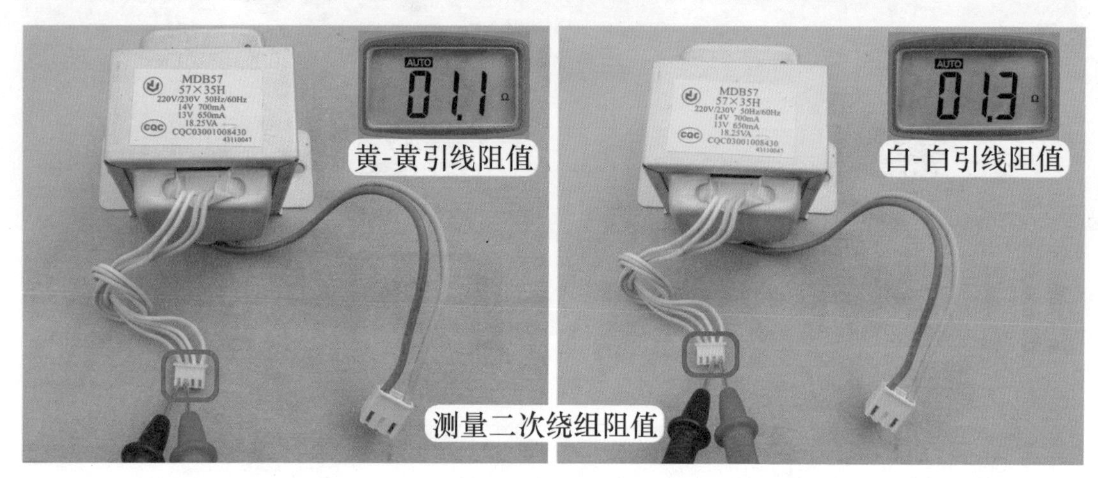

图1-23　测量二次绕组阻值

5. 测量变压器绕组插座电压

（1）变压器一次绕组插座电压

使用万用表交流电压档，见图1-24，测量变压器一次绕组插座电压，由于与交流220V电源并联，因此正常电压为交流220V。

如果实测电压为0V，可以判断变压器一次绕组插座无供电，表现为整机上电无反应的故障现象，应检查室内机电源接线端子电压和熔丝管阻值。

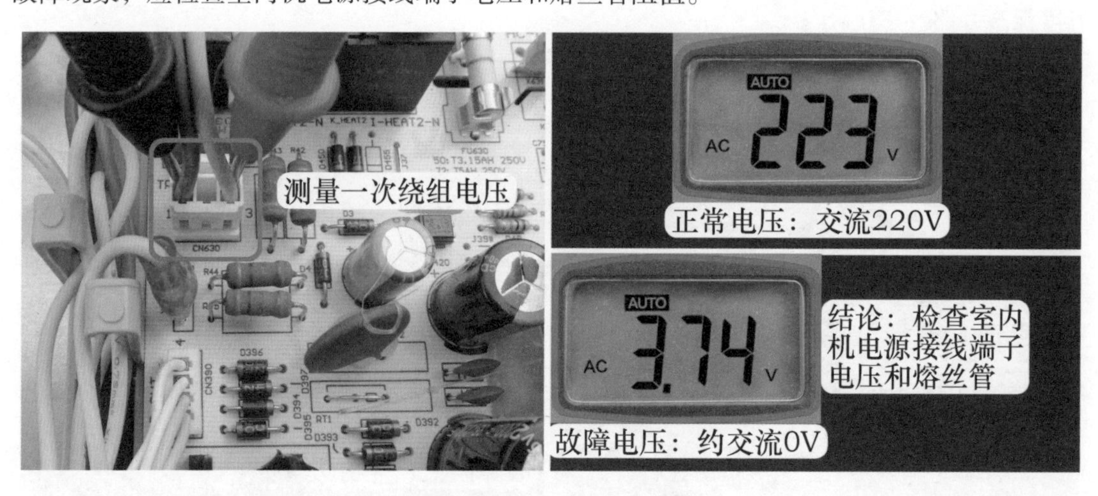

图1-24　测量一次绕组电压

（2）变压器二次绕组插座电压

见图1-25左图，变压器二次绕组黄-黄引线输出电压经整流滤波后送至显示板为步进电机供电，使用万用表交流电压档实测电压约为交流15V。如果实测电压为交流0V，在变压器一次绕组供电电压正常的前提下，可大致判断变压器损坏。

见图1-25右图，变压器二次绕组白-白引线输出电压经整流滤波后为直流12V和5V负载供电，实测电压约为交流14V。同理，如果实测电压为交流0V，在变压器一次绕组供电电压正常的前提下，也可大致判断变压器损坏。

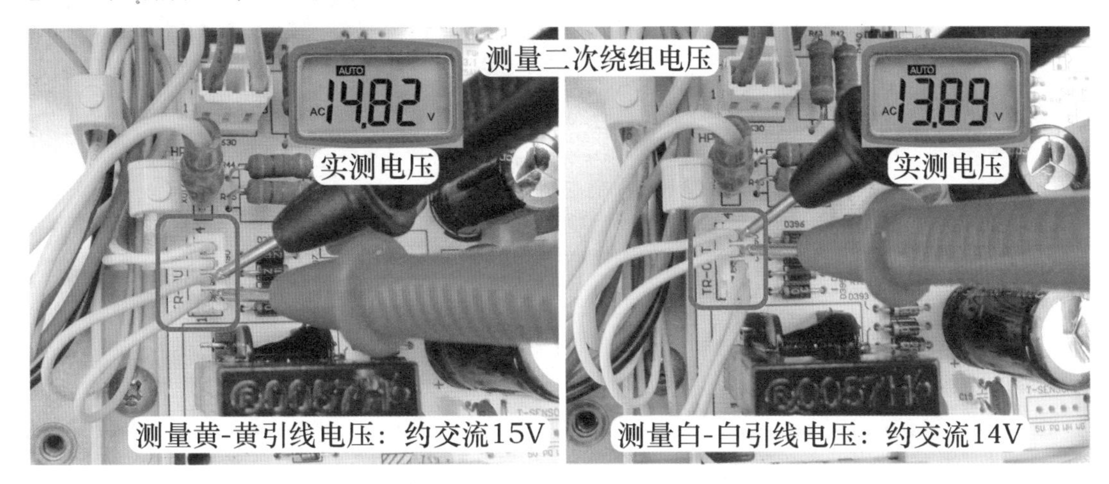

图1-25　测量二次绕组电压

二、传感器

传感器为主板CPU提供温度信号，格力KFR-72LW/(72569）NhBa-3柜式空调器设计有室内环温、室内管温、室外管温共3个传感器，格力KFR-120LW/E（1253L）V-SN5柜式空调器在此基础上增加室外环温和压缩机排气传感器，共有5个传感器。

1. 安装位置和主要作用

（1）室内环温传感器

室内环温传感器设计在离心风扇罩圈即室内机进风口，见图1-26左图，作用是检测室内房间温度，以控制室外机的运行与停止。

（2）室内管温传感器

室内管温传感器设在蒸发器管壁上面，见图1-26右图，作用是检测蒸发器温度，在制冷系统进入非正常状态（如蒸发器温度过低或过高）时停机进行保护。如果空调器未设计室外管温传感器，则室内管温传感器是制热模式时判断进入除霜程序的重要依据。

（3）室外管温传感器

室外管温传感器设计在冷凝器管壁上面，见图1-27，作用是检测冷凝器温度，在制冷系统进入非正常状态（如冷凝器温度过高）时停机进行保护，同时也是制热模式时判断进入除霜程序的重要依据。

（4）室外环温传感器

室外环温传感器设计在冷凝器的进风面，见图1-28左图，作用是检测室外环境温度，通常与室外管温传感器一起组合成为制热模式时判断进入除霜程序的重要依据。

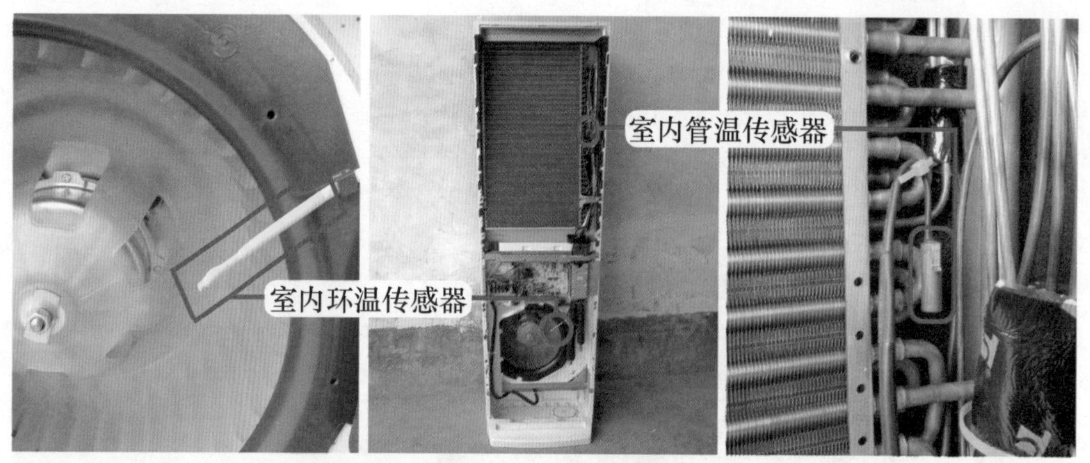

图 1-26　室内环温和室内管温传感器安装位置

图 1-27　室外管温传感器安装位置

（5）压缩机排气传感器

压缩机排气传感器设计在压缩机排气管壁上面，见图 1-28 右图，作用是检测压缩机排气管温度（或相当于检测压缩机温度），在压缩机工作在高温状态时停机进行保护。

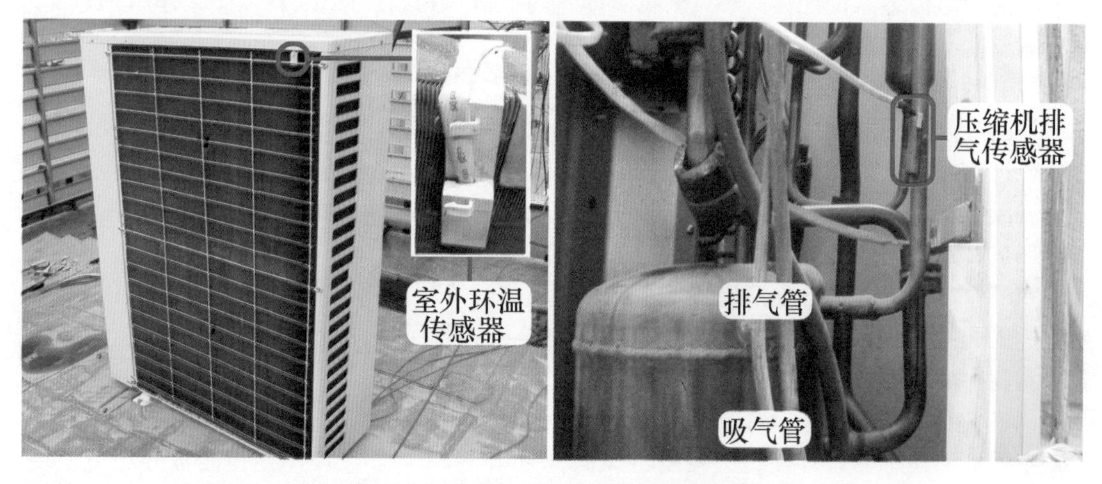

图 1-28　室外环温和压缩机排气传感器安装位置

2. 探头形式和型号

（1）探头形式

传感器如果根据探头形式区分的话，见图 1-29，可分为塑封探头和铜头探头。塑封探头可直接固定相关位置；铜头探头则安装在检测孔内，检测孔焊在蒸发器、冷凝器和压缩机排气管的管壁上。室内环温和室外环温传感器通常使用塑封探头，室内管温、室外管温和压缩机排气传感器通常使用铜头探头。

（2）型号

传感器型号是以 25℃时阻值为依据进行区分，常见有 25℃/5kΩ、25℃/10kΩ、25℃/15kΩ、25℃/20kΩ 等，压缩机排气传感器型号通常为 25℃/65kΩ。

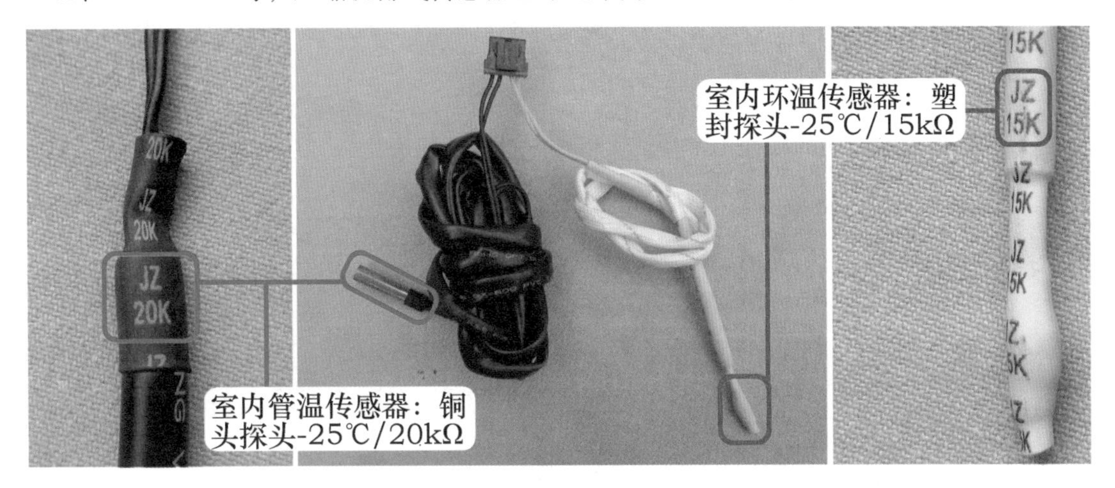

图 1-29 探头形式和型号

3. 测量阻值

空调器使用的传感器为负温度系数（NTC）热敏电阻，负温度系数是指温度上升时其阻值下降，温度下降时其阻值上升。

以型号 25℃/20kΩ 的管温传感器为例，见图 1-30，测量在降温（15℃）、常温（25℃）和加热（35℃）的 3 个温度下，传感器的阻值变化情况。

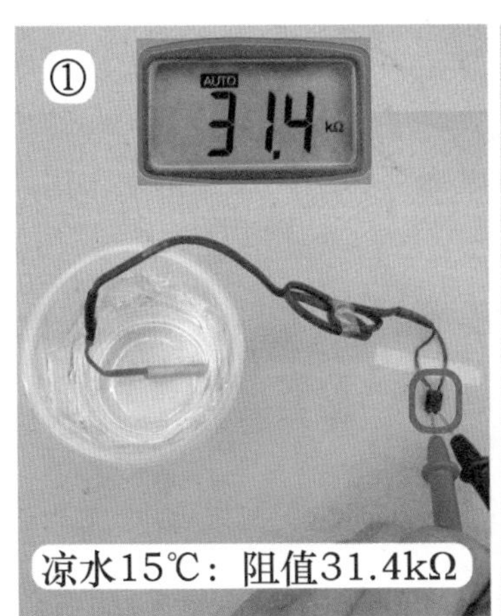

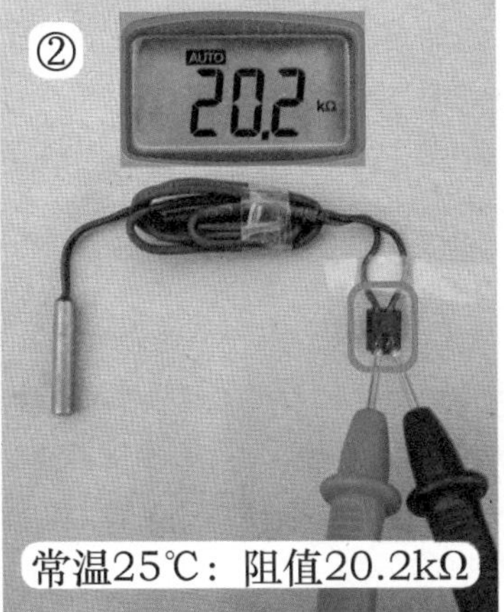

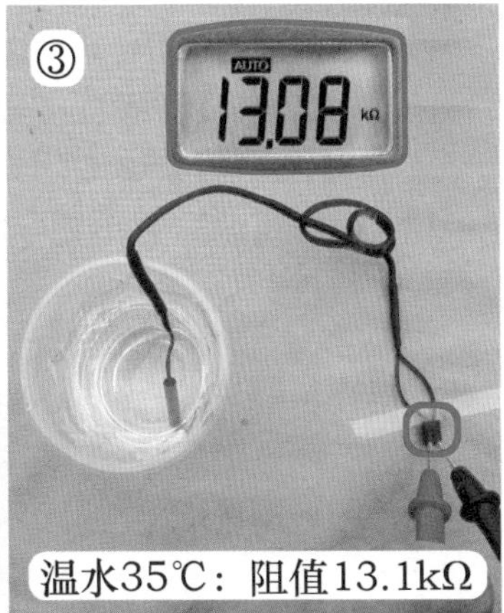

图 1-30 测量传感器阻值

① 图 1-30 左图为降温（15℃）时测量传感器阻值，实测为 31.4kΩ。

② 图 1-30 中图为常温（25℃）时测量传感器阻值，实测为 20.2kΩ。

③ 图 1-30 右图为加热（35℃）时测量传感器阻值，实测为 13.1kΩ。

三、辅助电加热器

由于热泵型空调器制热系统在室外环境温度较低时效果明显下降，因而增加辅助电加热器（简称辅电），用于冬季运行时辅助提高制热效果，加热器产生热量同制热系统产生的热量一起被室内风机带出吹向房间内，提高房间温度。

1. 安装位置

图 1-31 左图为格力 KFR-72LW/(72569) NhBa-3 柜式空调器使用 1800W 的 PTC 式辅助电加热器，安装在蒸发器前面。

图 1-31 右图为美的 KFR-51LW/DY-GC（E5）柜式空调器使用 1500W 的电加热管式辅助电加热器，安装在蒸发器前面。

图 1-31 安装位置

2. 辅助电加热器构造

图 1-32 左图为 PTC 式辅助电加热器，由 3 个并联的 PTC 加热器、固定支架、一次性温度保险、可恢复温度开关、2 根供电引线及插头组成。

图 1-32 右图为电加热管式辅助电加热器，由 2 个串联的电加热管、固定支架、一次性温度保险、可恢复温度开关、2 根供电引线及插头组成。

3. PTC 加热器特点

见图 1-33，使用 PTC 热敏电阻为发热源，安装在铝管内且与铝管绝缘，铝管外面安装以铝合金材料制成的翅片状散热器，装有过热保护器，具有结构简单、自动控温、升温快速、可随工作电压的变化自动调节输出功率和电流等优点。

当由于室内风机停止运行等原因，使得 PTC 加热器得不到充分散热，其功率会自动下降，从而降低自身温度，可最大限度避免火灾等事故。

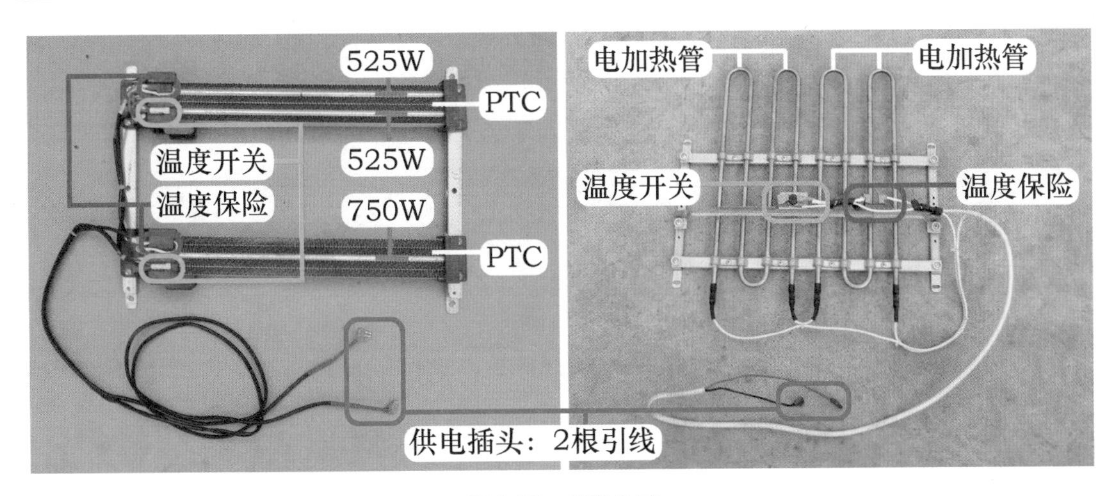

图 1-32　实物外形

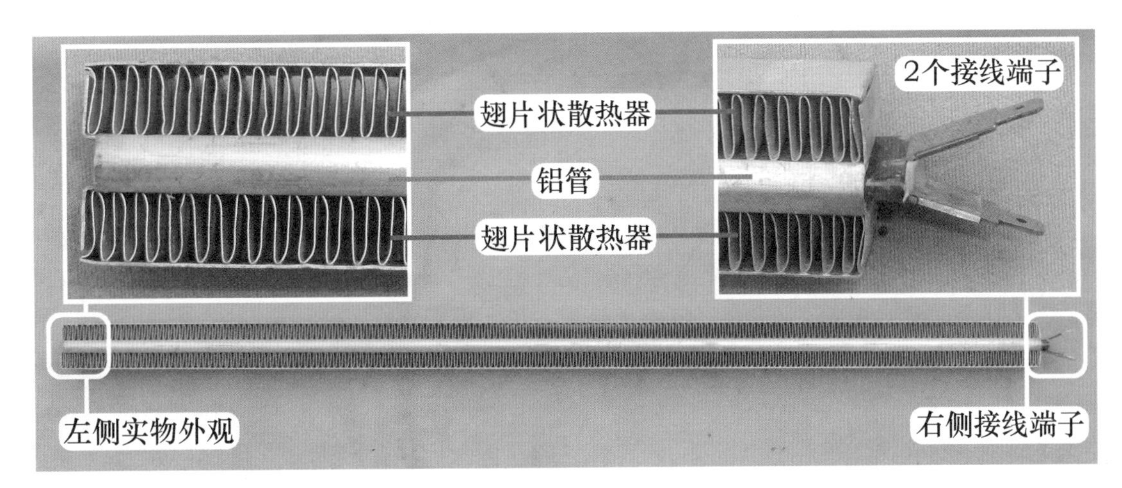

图 1-33　特点

4. 过热保护装置（可恢复温度开关和一次性温度保险）

电加热管式辅助电加热器使用的保护装置见图 1-34，PTC 式辅助电加热器使用的保护装置见图 1-35，均由可恢复温度开关和一次性温度保险组成，作用是检测辅助电加热器的工作温度，在温度过高时停止供电，防止因温度过高而引起火灾等事故。

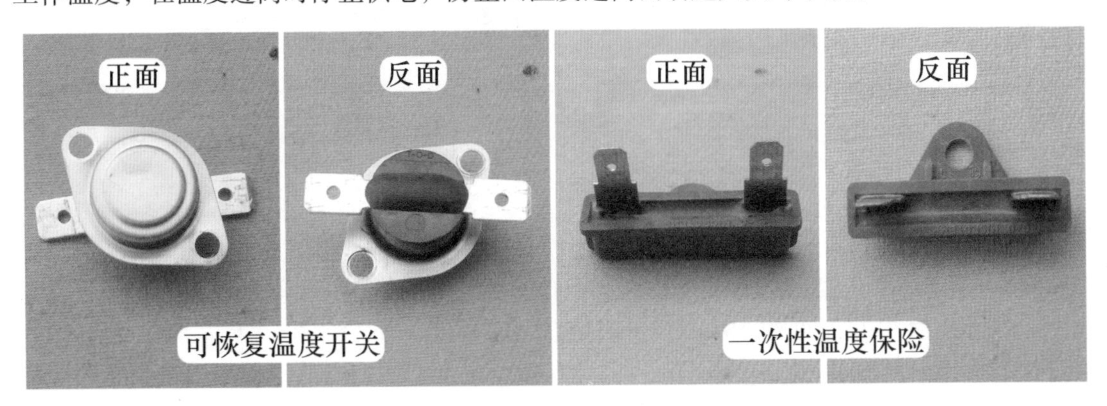

图 1-34　电加热管式辅助电加热器使用的保护装置

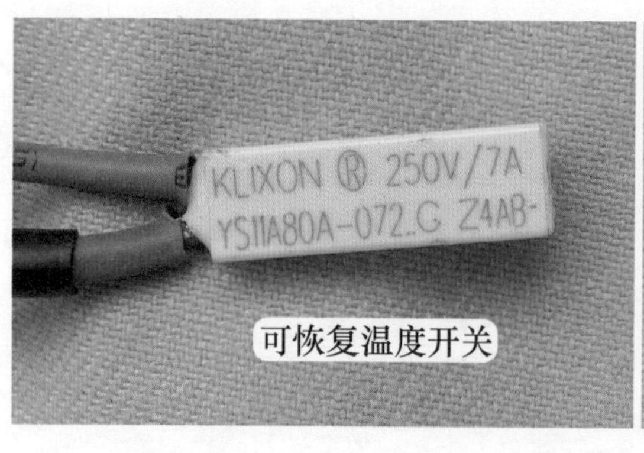

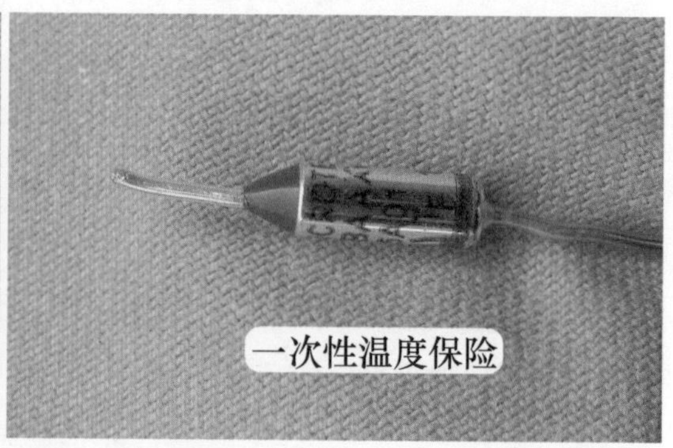

图 1-35 PTC 式辅助电加热器使用的保护装置

5. 测量电流

从空调器铭牌可知，格力 KFR-72LW/(72569) NhBa-3 柜式空调器使用 1800W 的 PTC 式辅助电加热器，见图 1-36 左图，根据公式，电流 = 功率 ÷ 电压 = 1800W ÷ 220V = 8.18A，额定电流约 8.2A。

在空调器正常运行时，使用万用表交流电流档测量电流，见图 1-36 右图，实测约为 8A，接近铭牌标注值，说明工作正常。

如果实测时电流为 0A，应使用万用表交流电压档测量供电插头的交流电压，如为交流 220V，可判断室内机主板已输出交流电压，应测量 PTC 加热器阻值或温度开关、温度保险阻值；如电压为交流 0V，应检查室内机主板相关单元电路。

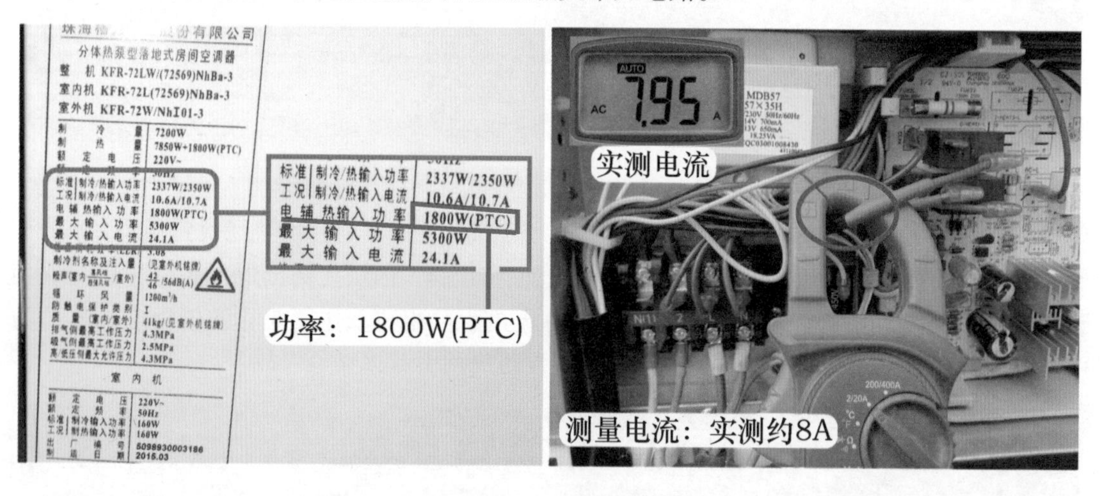

图 1-36 测量电流

6. 测量阻值

首先拔下供电插头，使用万用表电阻档，见图 1-37，测量供电插头内的引线，由于 PTC 热敏电阻阻值随温度变化而迅速变化，PTC 式辅助电加热器长时间未使用过，即表面温度为常温（此时房间温度约 10℃），实测阻值约 163Ω；当 PTC 式辅助电加热器工作约 10min 后，即表面温度较高，关闭空调器并迅速拔下电源插头，实测阻值约 26Ω，并随温度下降，阻值也逐渐上升。

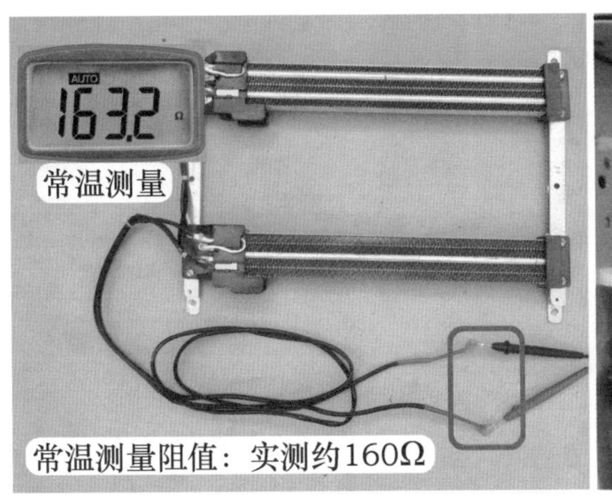

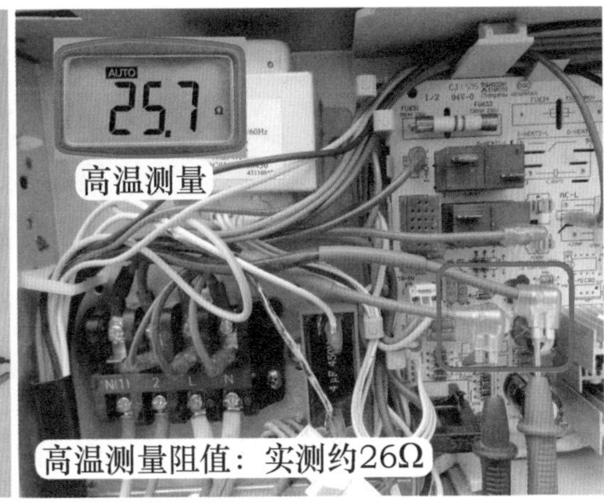

图 1-37　测量阻值

四、步进电机

1. 作用

步进电机（直流 12V 驱动）常用于挂式空调器室内机中，用于驱动上下风门叶片（上下导风板）的转动，早期柜式空调器室内机的左右风门叶片（左右导风板）通常由同步电机（使用交流 220V 供电）驱动，但在目前的柜式空调器中，见图 1-38，上下和左右风门叶片通常由步进电机驱动。

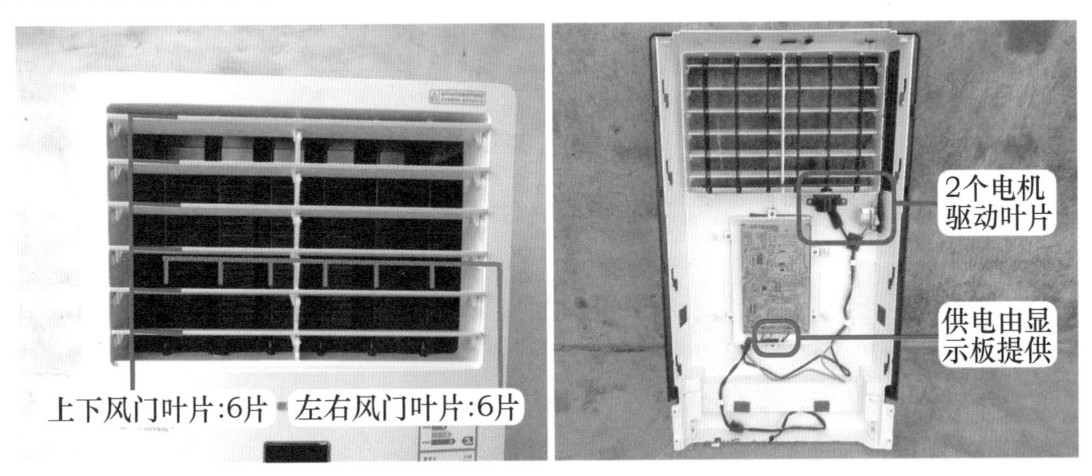

图 1-38　步进电机作用

见图 1-39，左右步进电机直接驱动其中 1 片叶片，再通过连杆连接其他 5 片叶片，从而带动 6 片叶片，实现左右风门叶片的转动。

见图 1-40，上下步进电机通过连杆直接连接 6 片叶片，驱动其旋转，实现上下风门叶片的转动。

说明：早期或目前的部分空调器中，上下风门叶片为手动调节。

图 1-39　左右步进电机

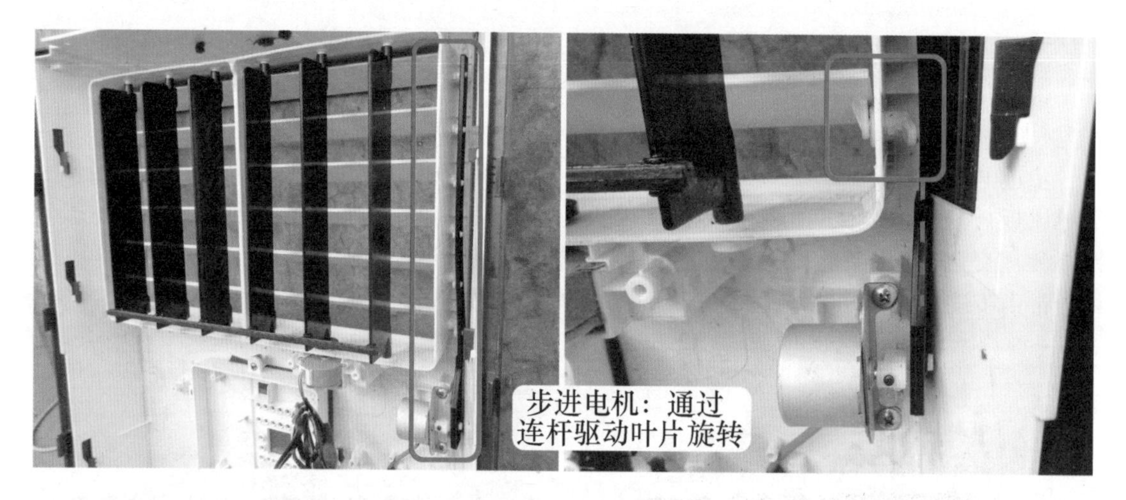

图 1-40　上下步进电机

2. 实物外形

步进电机实物外形见图 1-41，根据作用不同，所使用的功率和尺寸也不相同，比如驱动上下风门叶片的步进电机要比驱动左右风门叶片的功率大一些，但其外观基本相同，供电电压也相同，均为直流 12V 供电；连接引线数量（包括颜色）也相同，均为 5 根。

3. 内部结构

见图 1-42，步进电机由外壳、上盖、定子、线圈、转子、变速齿轮、轴头（输出接头）、连接线和插头等组成。

4. 引线功能辨别方法

步进电机共有 5 根引线，示例电机的颜色分别为红、橙、黄、粉和蓝。其中 1 根为公共端，另外 4 根为线圈接驱动控制，更换时需要将公共端引线与室内机主板插座的直流 12V 引针相对应，引线功能常见辨别方法为使用万用表电阻档测量引线阻值和观察室内机主板（或显示板）步进电机插座引针。

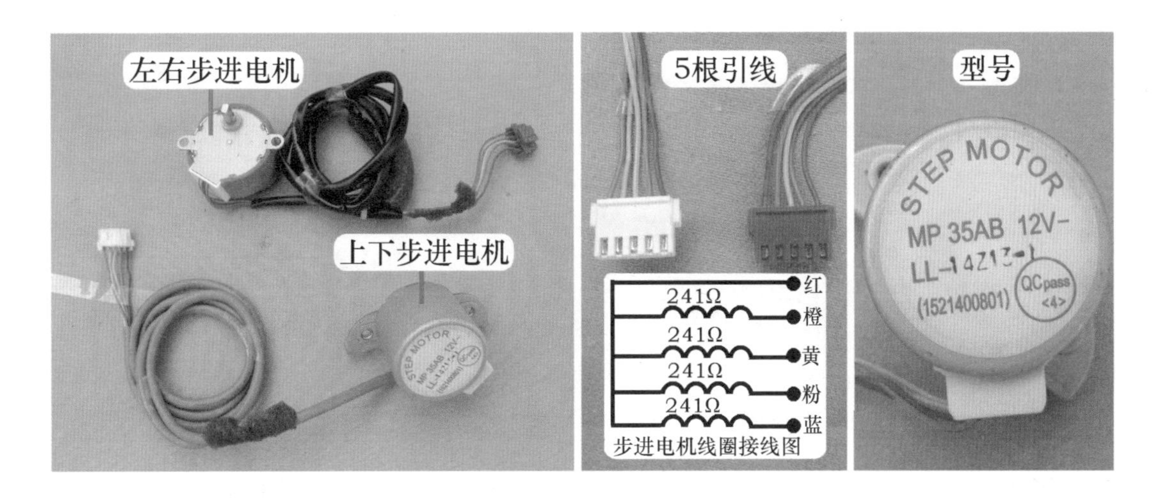

图 1-41　实物外形

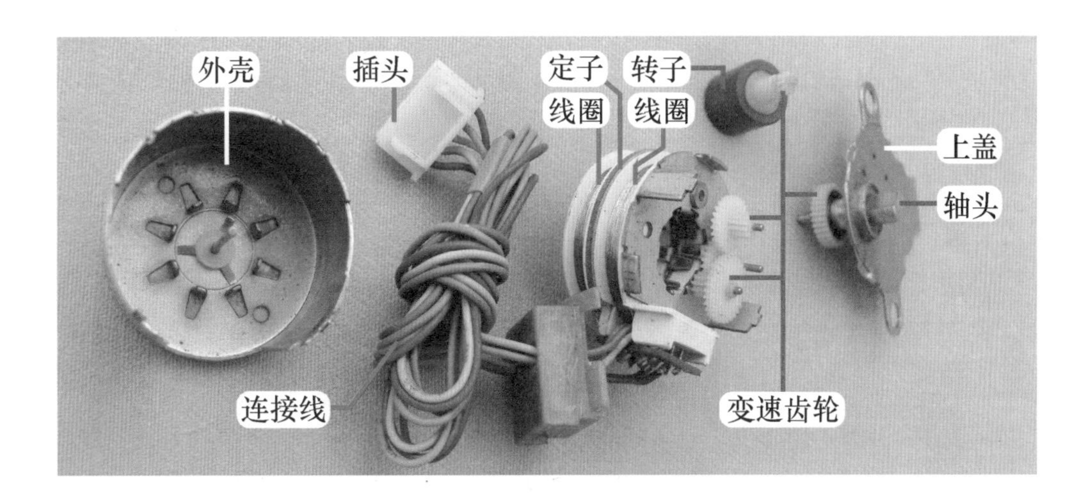

图 1-42　内部结构

(1) 使用万用表电阻档测量引线阻值

使用万用表电阻档逐个测量引线之间阻值，共有 2 组阻值，即 241Ω 和 481Ω，而 481Ω 约为 241Ω 的 2 倍。测量 5 根引线，当 1 表笔接 1 根引线不动，另 1 表笔接另外 4 根引线，阻值均为 241Ω 时，那么这根引线即为公共端。

见图 1-43，实测示例电机引线，红与橙、红与黄、红与粉、红与蓝的阻值均为 241Ω，说明红线为公共端。

说明： 241Ω 和 481Ω 只是示例步进电机阻值，其他型号的步进电机阻值会不相同，但只要符合倍数关系即为正常，并且公共端引线通常为红线且位于插头的最外侧位置。

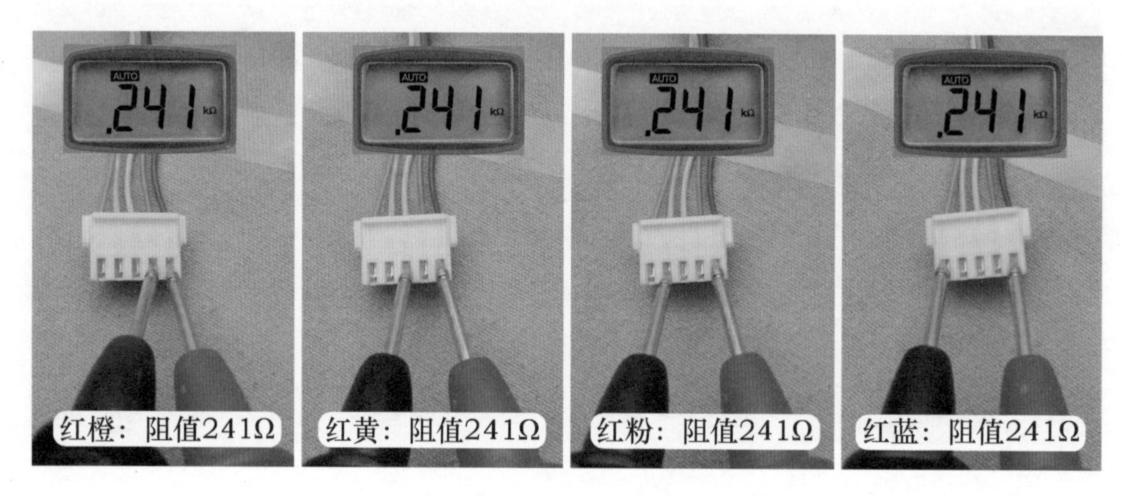

图 1-43　找出公共端引线

4 根接驱动控制的引线之间阻值，应为公共端与 4 根引线阻值的 2 倍。见图 1-44，实测蓝与粉、蓝与黄、蓝与橙、粉与黄、粉与橙、黄与橙阻值相等，均为 481Ω。

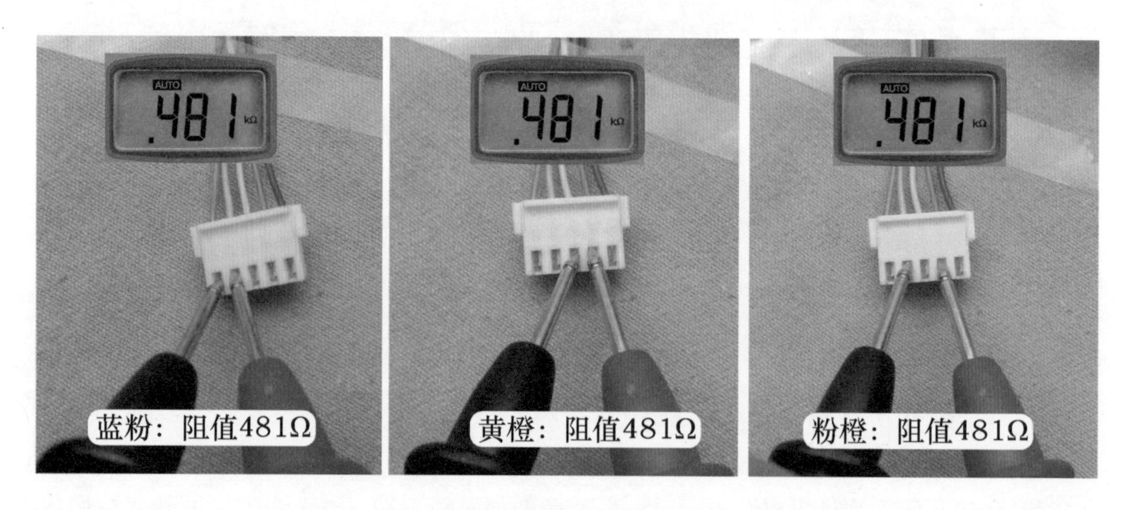

图 1-44　测量驱动引线阻值

（2）观察室内机主板步进电机插座引针

见图 1-45，将步进电机插头插在室内机主板（或显示板）插座上，观察插座的引针连接元件：引针接直流 12V，对应的引线为公共端；其余 4 根引针接反相驱动器，对应引线为线圈。

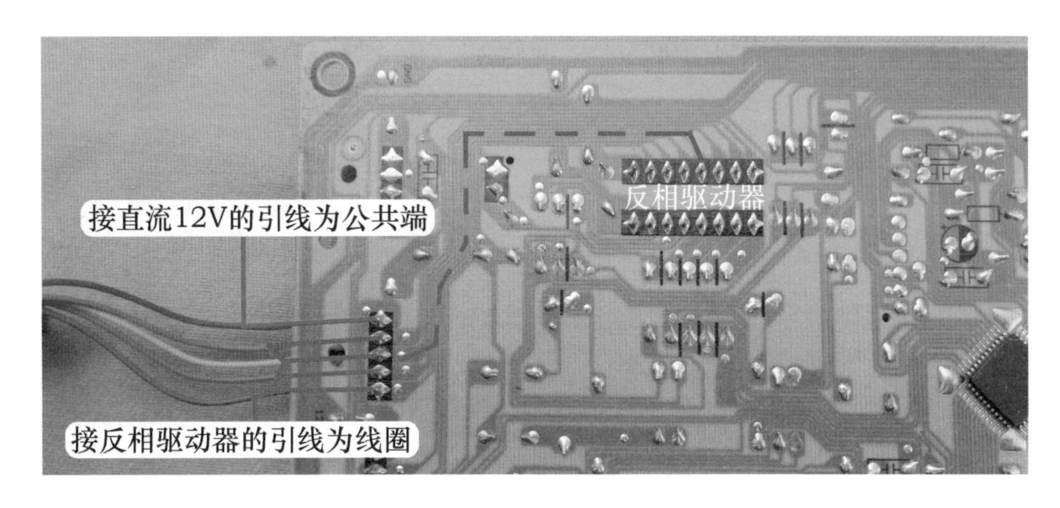

图 1-45 根据插座引针连接部位判断引线功能

五、同步电机

1. 安装位置

同步电机通常使用在柜式空调器中，见图 1-46，安装在室内机上部的右侧，作用是驱动导风板（风门叶片）左右转动，使室内风机吹出的风到达用户需要的地方。

说明：柜式空调器的上下导风板一般为手动调节，但目前的部分空调器改为自动调节，且通常使用步进电机驱动。

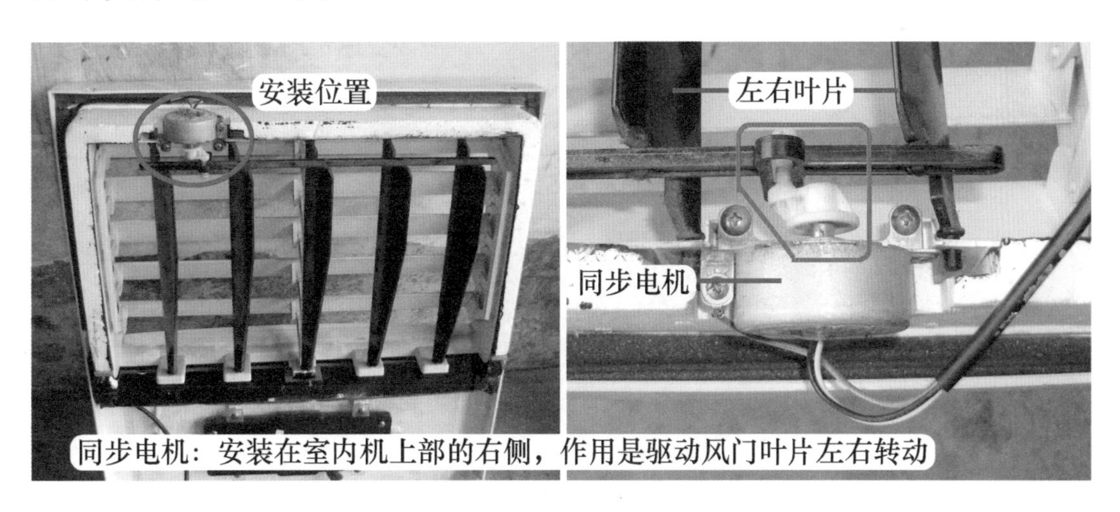

图 1-46 安装位置

2. 实物外形

示例同步电机型号为 SM014B，见图 1-47，共有 2 根供电引线和 1 根地线。工作电压为交流 220V，频率为 50Hz，功率为 4W，转速约为 5r/min。

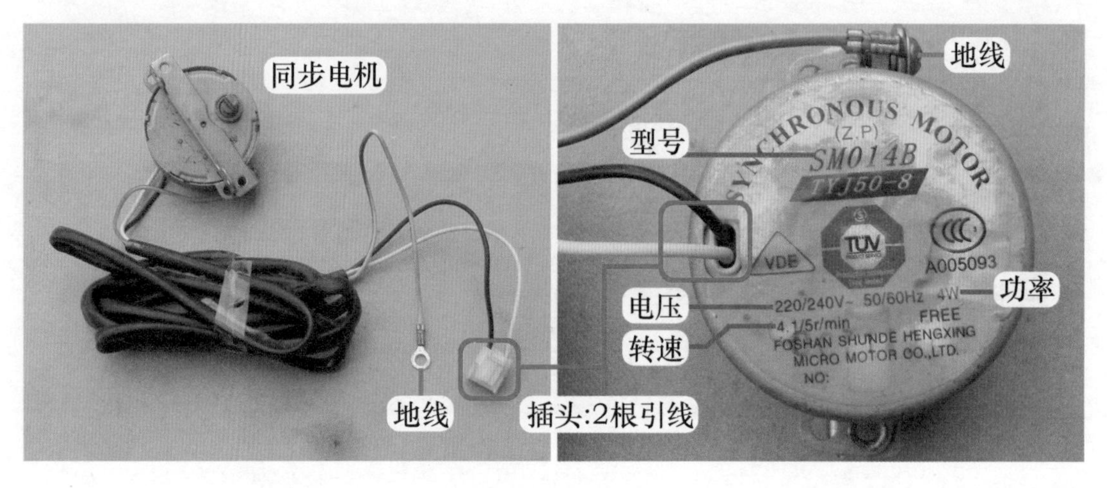

图 1-47 实物外形

3. 内部结构

见图 1-48，同步电机由外壳、定子（内含线圈）、转子、变速齿轮、轴头（输出接头）、上盖、连接引线及插头组成。

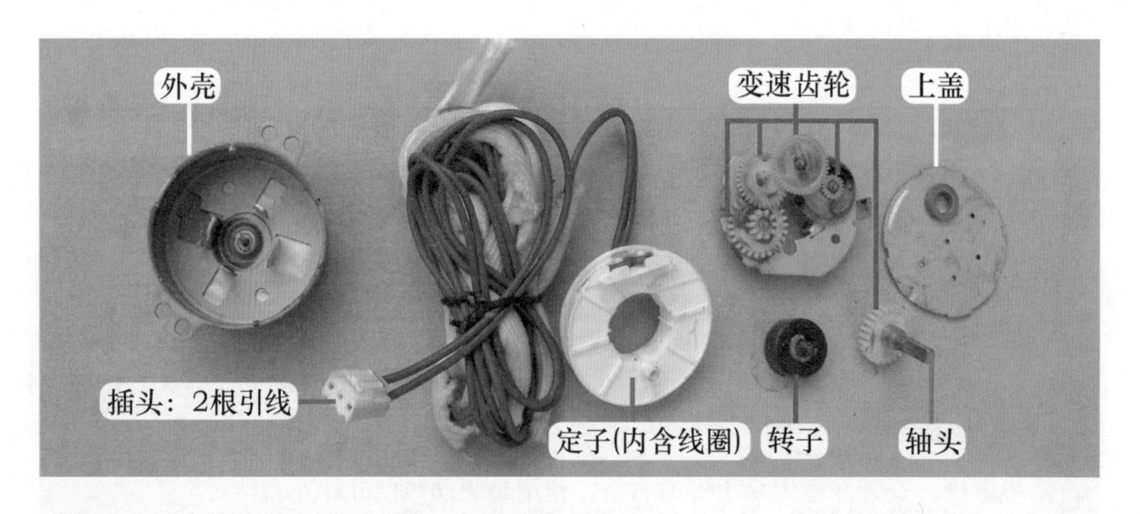

图 1-48 内部结构

4. 测量线圈阻值

同步电机只有 2 根引线，使用万用表电阻档，见图 1-49，测量引线阻值，实测约为 8.6kΩ。根据型号不同，阻值也不相同，某型号同步电机实测阻值约为 10kΩ。

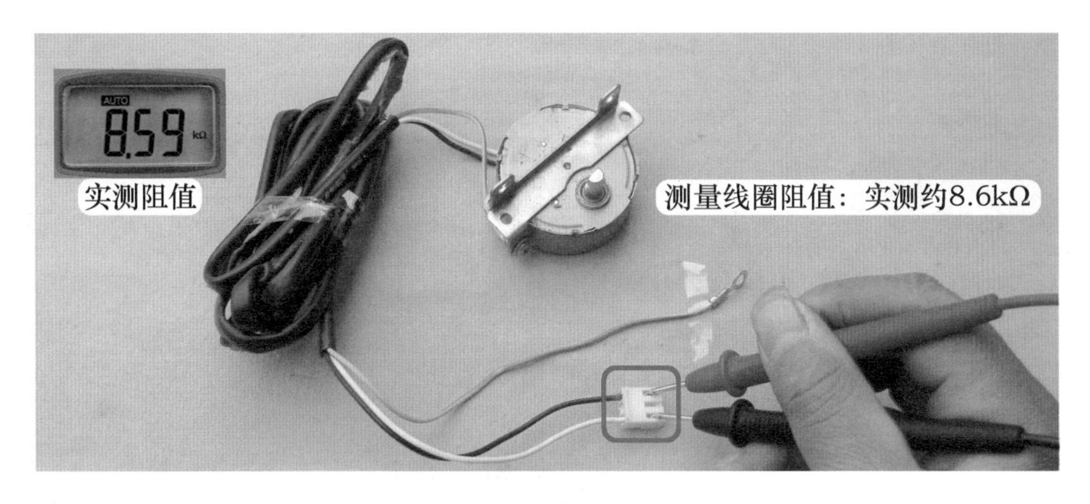

图 1-49　测量线圈阻值

六、室内风机

1. 安装位置

见图 1-50，室内风机（离心电机）安装在柜式空调器室内机下部，作用是驱动室内风扇（离心风扇）。制冷模式下，离心电机驱动离心风扇运行，强制吸入房间内空气至室内机、经蒸发器降低温度后以一定的风速和流量吹出，来降低房间温度。

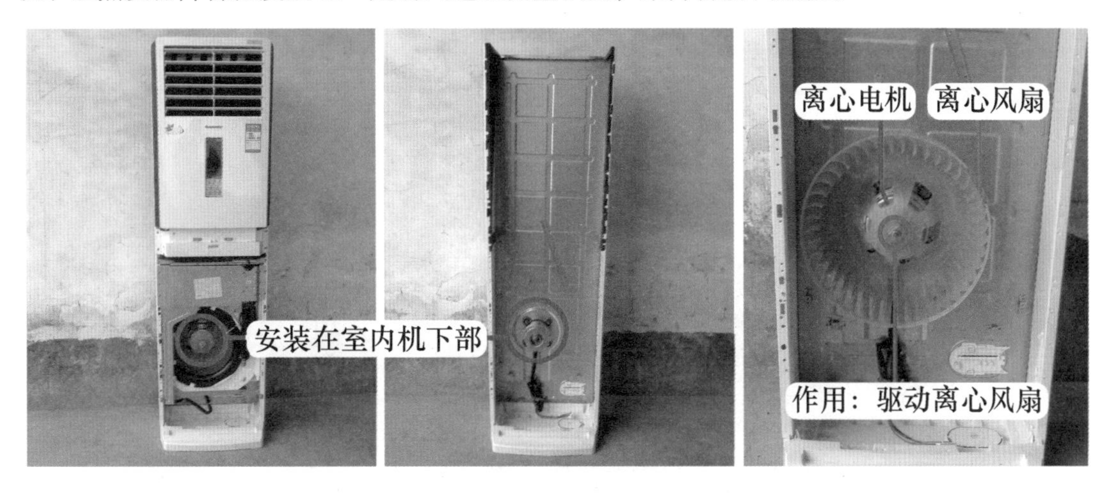

图 1-50　离心电机安装位置和作用

2. 分类

（1）多速抽头交流电机

实物外形见图 1-51 左图，使用交流 220V 供电，运行速度根据机型设计通常分为 2 速、3 速和 4 速等，通过改变电机抽头端的供电来改变转速，是目前柜式空调器应用最多也是最常见的离心电机形式，这也是本小节重点介绍的内容。

图 1-51 右图为离心电机铭牌主要参数，示例电机型号 YDK60-8E，使用在 2P 柜式空调器中。主要参数：工作电压交流 220V、频率 50Hz、功率 60W、8 极、运行电流 0.4A、B 级

绝缘、堵转电流 0.47A。

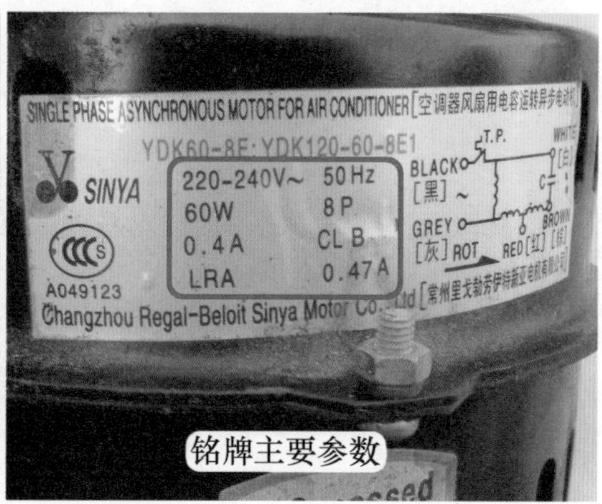

图 1-51 多速抽头交流电机

（2）直流电机

直流电机使用直流 300V 供电，转速可连续宽范围调节，室内机主板 CPU 通过较为复杂的电路来控制，并可根据反馈的信号测定实时转速，通常使用在全直流柜式变频空调器或高档的定频空调器中。

3. 内部结构

见图 1-52，离心电机由上盖、下盖、转子、上轴承、下轴承、定子、线圈、连接线和插头等组成。

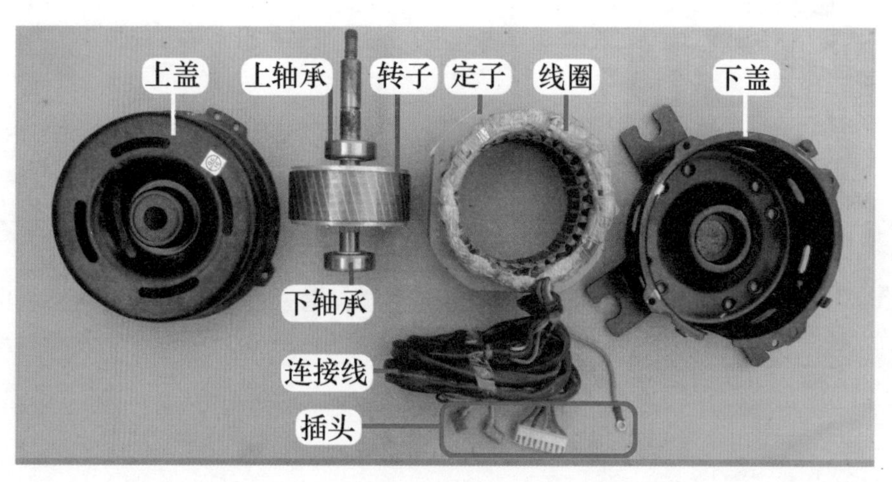

图 1-52 内部结构

4. 引线辨别方法

（1）根据插头外观和主板走线

见图 1-53，离心电机线圈引线分为 3 类：1 类是端子插头，连接匹配的电容；1 类是塑料插头，连接在室内机主板插座；1 类是黄/绿线即地线，固定在室内机电控盒外壳位置。

其中连接电容的 2 根插头引线不分正负，任意插在电容端子即可；连接室内机主板的插头有高风、低风和公共端之分，但塑料插头设计有挡头，当插反时安装不进去。

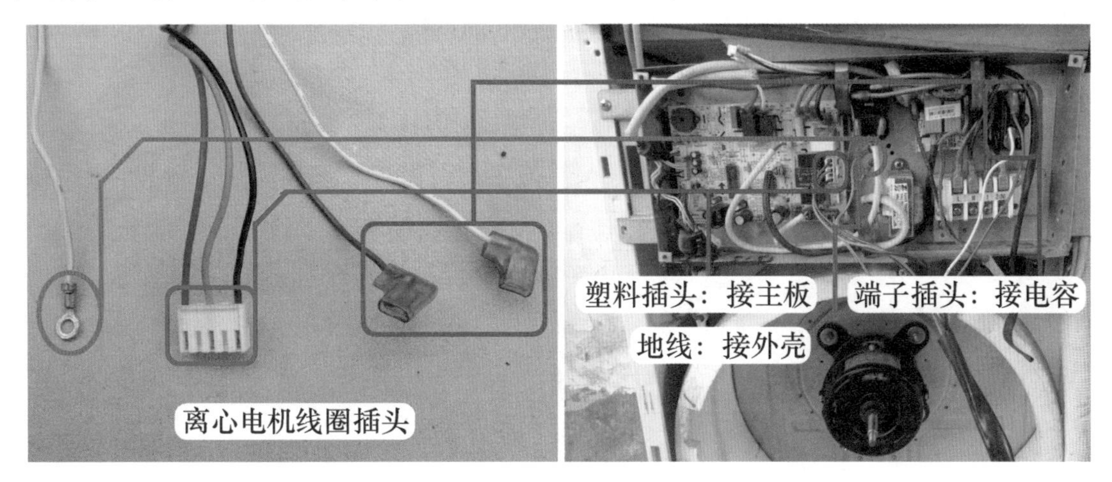

图 1-53　离心电机线圈插头

区分塑料插头的引线功能时，将插头插入主板插座，如果主板正面有引线标识（英文字母或汉字），见图 1-54 左图，可根据标识含义判断引线功能：黑线对应 N 标识，为公共端；灰线对应 H 标识，为高风抽头；红线对应 L 标识，为低风抽头。

如果主板正面没有引线标识，将主板翻到反面，见图 1-54 右图，根据插座引针连接部位判断引线功能：引针接零线 N 端，对应的黑线为公共端；引针接大继电器触点，对应的灰线为高风抽头；引针接小继电器触点，对应的红线为低风抽头。

说明：如果主板使用相同型号的继电器驱动，则不能分辨出高风或低风抽头引线，只能找出公共端引线。

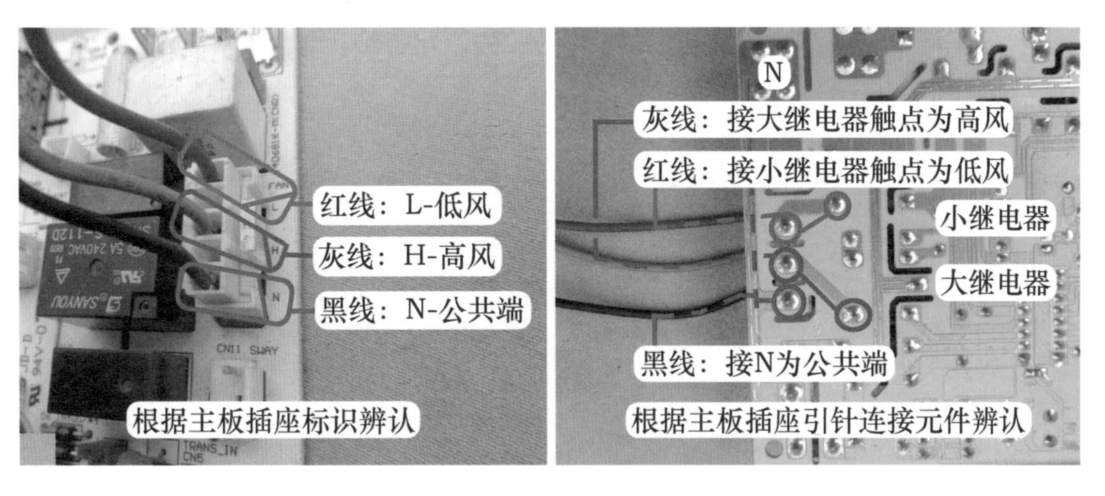

图 1-54　根据主板标识和插座引针连接部位区分引线功能

（2）使用万用表电阻档测量线圈引线阻值

逐个测量离心电机 5 根引线阻值，约得出 7 次不同的结果，实测型号为 YDK60-8E 的电机，阻值结果见图 1-55 左图。

1）找出公共端

见图 1-55 右图，阻值为 0Ω（黑线-白线）即相通的引线为公共端，白线为端子插头接电容，黑线为塑料插头接主板 N 零线。

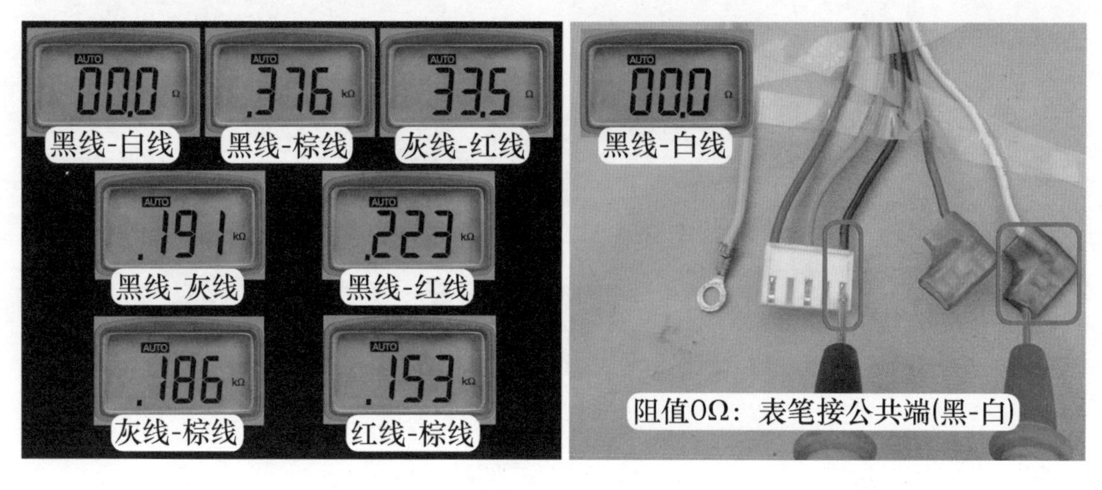

图 1-55 测量阻值和找出公共端

2）找出电容端

见图 1-56 左图，最大阻值为 376Ω（黑线-棕线）中，表笔接公共端和电容引线，其中已知公共端为黑线，则棕线为电容端子。

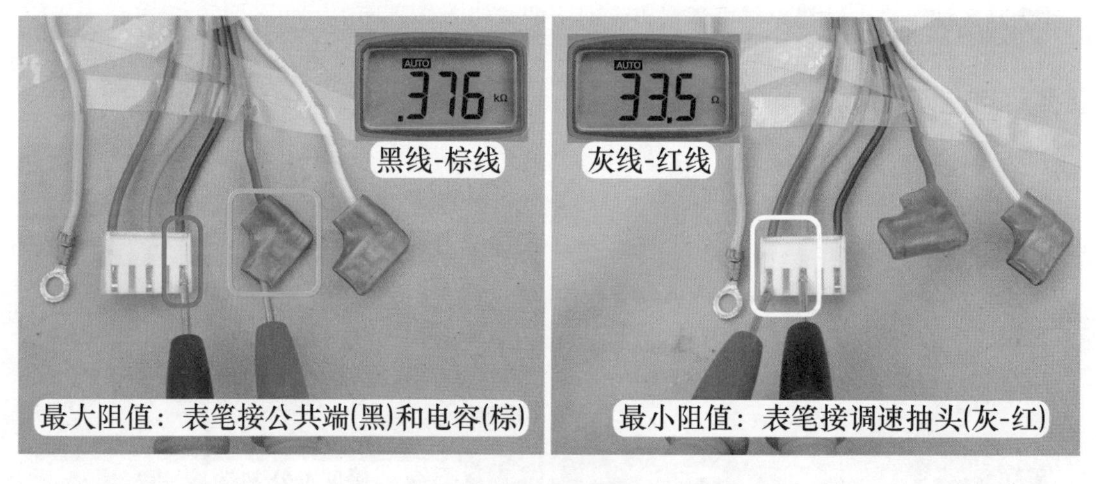

图 1-56 找出电容引线和高-低风抽头引线

3）找出高风和低风抽头

不算引线相通的 0Ω，最小的阻值为 33Ω（灰线-红线）中，见图 1-56 右图，表笔接调速抽头，即高风抽头和低风抽头。

将红表笔接公共端，黑表笔分别接调速抽头，得出大小不相同的 2 次阻值，阻值小的引线为高风抽头，阻值大的引线为低风抽头。见图 1-57，本机阻值小 191Ω（黑线-灰线）中，灰线为高风抽头；阻值大 223Ω（黑线-红线）中，红线为低风抽头。

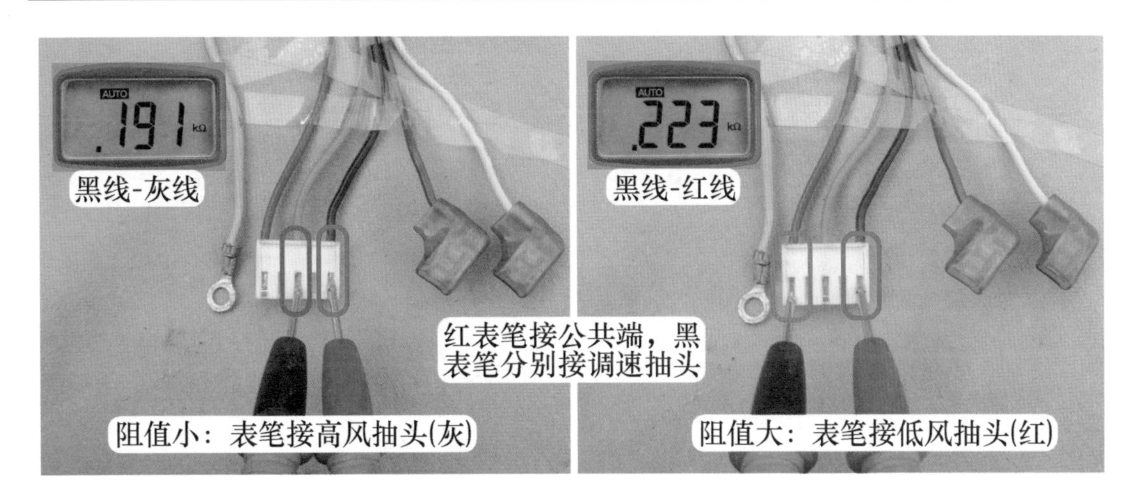

图 1-57　区分高-低抽头引线功能

（3）查看电机铭牌

根据铭牌标识判断引线功能见图 1-58：黑线和白线相通，接电源和电容为公共端（N）；棕线只接电容，为起动绕组（S）；灰线接电源且距公共端黑线较近，为高风抽头（H）；红线接电源但距公共端黑线较远，为低风抽头（L）。

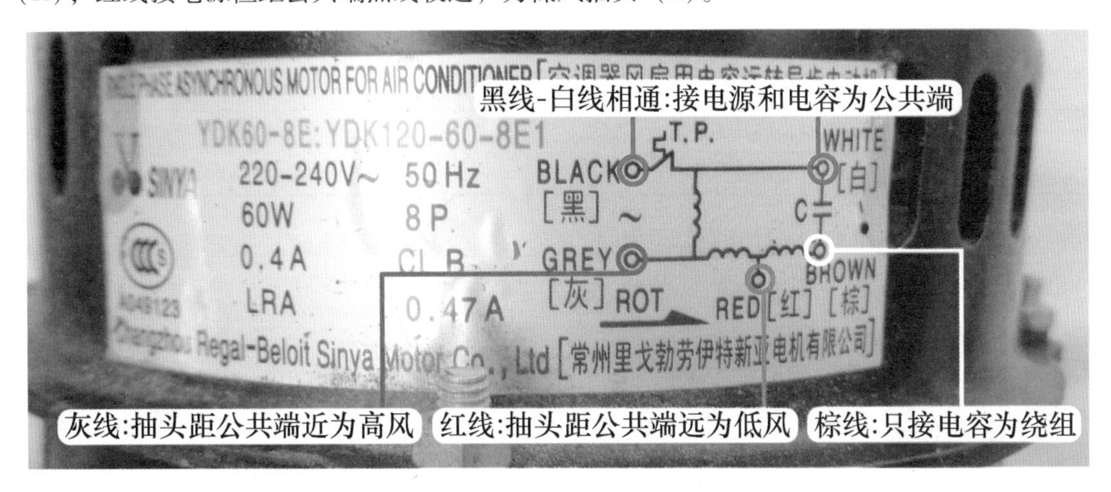

图 1-58　根据铭牌标识判断引线功能

第三节　室外机主要部件

一、电容

1. 安装位置

见图 1-59，压缩机和室外风机安装在室外机，因此压缩机电容和室外风机电容也安装在室外机，并且安装在室外机专门设计的电控盒内。

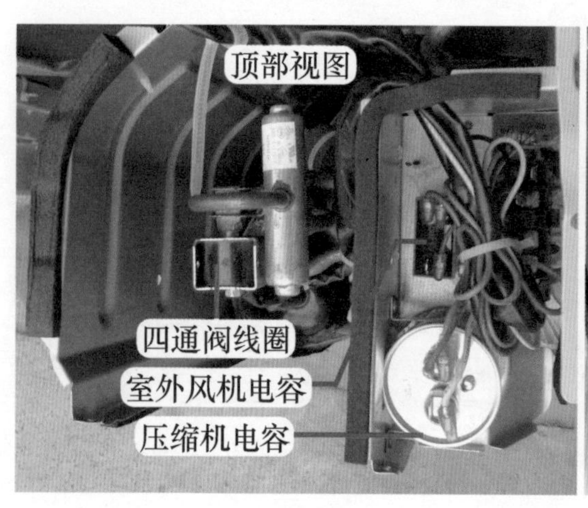

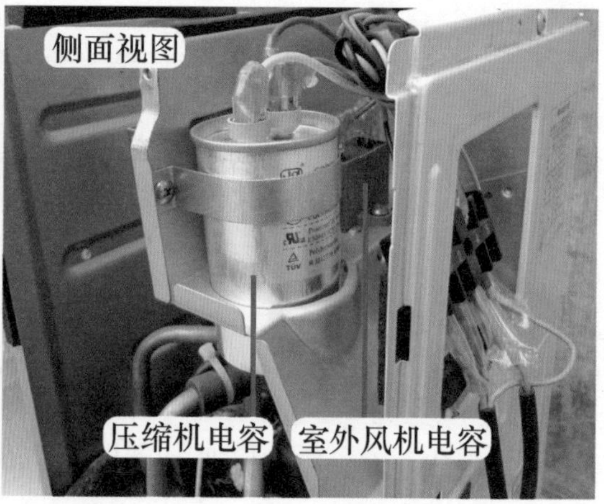

图 1-59 安装位置

2. 实物外形

压缩机电容和室外风机电容实物外形见图 1-60，其中电容最主要的参数是容量和交流耐压值。

① 容量：单位为微法（μF），由压缩机或室外风机的功率决定，即不同的功率选用不同容量的电容。常见电容使用规格见表 1-1。

表 1-1 常见电容使用规格

挂式室内风机电容容量：1～2.5μF	柜式室内风机电容容量：2.5～5μF
室外风机电容容量：2～7μF	压缩机电容容量：20～70μF

② 耐压：电容工作在交流（AC）电源且电压为 220V，因此耐压值通常为交流 450V（450VAC）。

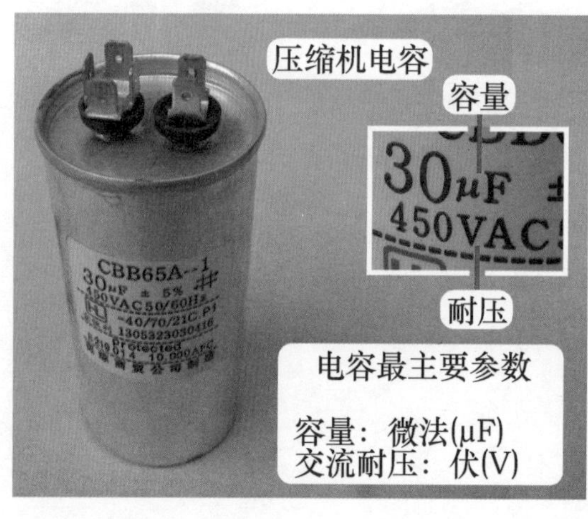

图 1-60 电容实物外形和主要参数

3. 压缩机电容接线端子

压缩机电容也设有 2 组接线端子，见图 1-61，1 组为 4 片，1 组为 2 片。为 4 片的接线端子功能：接室外机接线端子上零线（N）、接压缩机运行绕组（R）、接室外风机线圈使用的零线（N）、接四通阀线圈使用的零线（N）；只有 2 片的 1 组只使用 1 片，接压缩机起动绕组（S）。

说明：如果室外风机或四通阀线圈使用的零线（N），均连接至室外机接线端子上的零线（N），则压缩机电容的 4 片接线端子只连接 2 根引线，即室外机接线端子上零线（N）和压缩机运行绕组（R）。

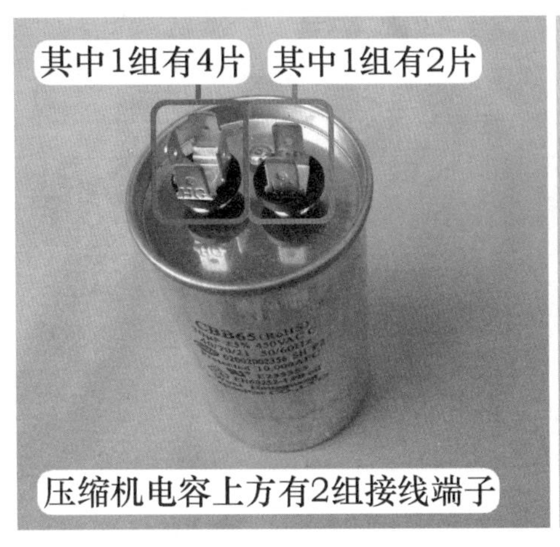

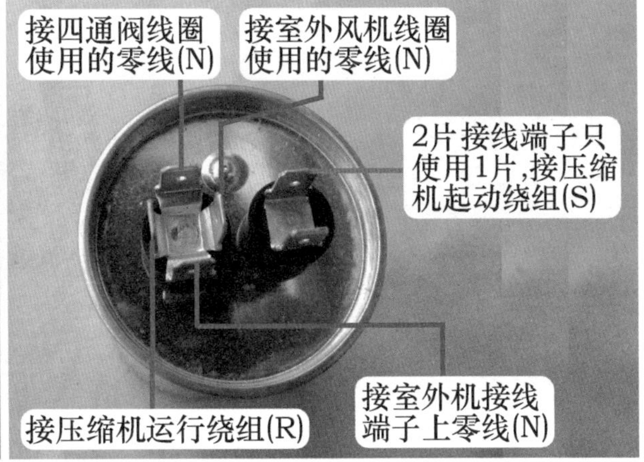

图 1-61　压缩机电容接线端子功能

4. 电容检查方法

（1）根据外观判断压缩机电容

见图 1-62，如果电容底部发鼓，放在桌面（平面）上左右摇晃，说明电容无容量损坏，可直接更换。正常的电容底部平坦，放在桌面上很稳。

说明：如电容底部发鼓，肯定损坏，可直接更换；如电容底部平坦，也不能证明肯定正常，应使用其他方法检测或进行代换。

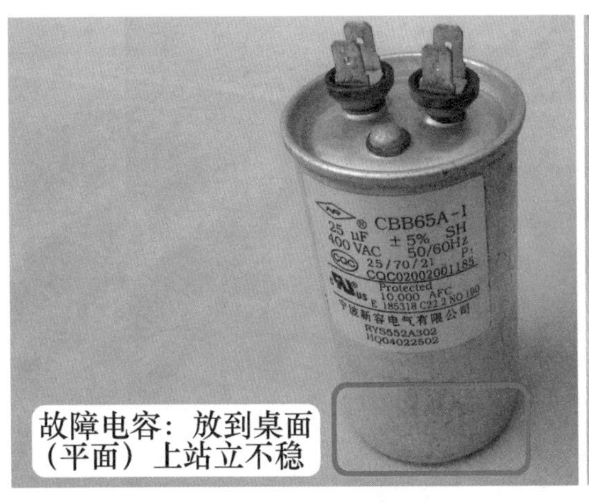

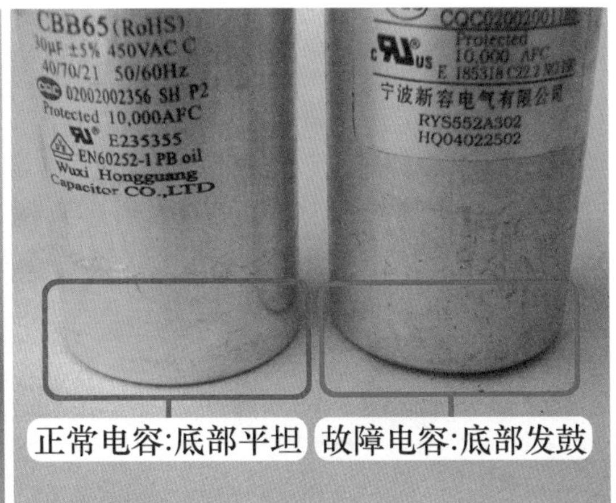

图 1-62　根据外观判断压缩机电容

（2）根据充放电法判断电容

将电容的接线端子接上 2 根引线，见图 1-63，通入交流电源（220V）约 1s 对电容充电，然后短接引线两端对电容放电，根据放电声音判断故障：声音很响，电容正常；声音微弱，容量减少；无声音，电容已无容量。

注意：在操作时一定要注意安全。

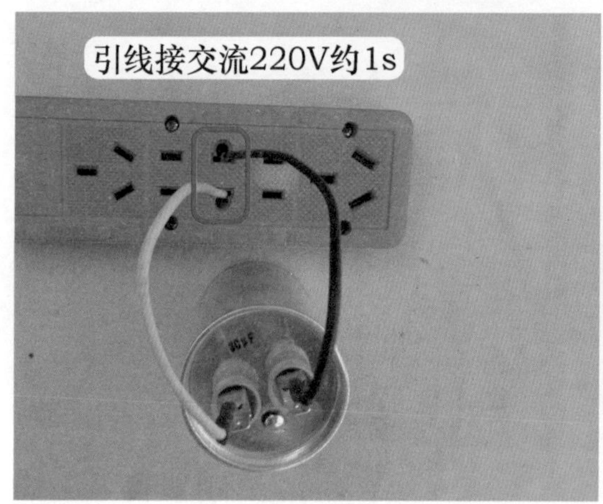

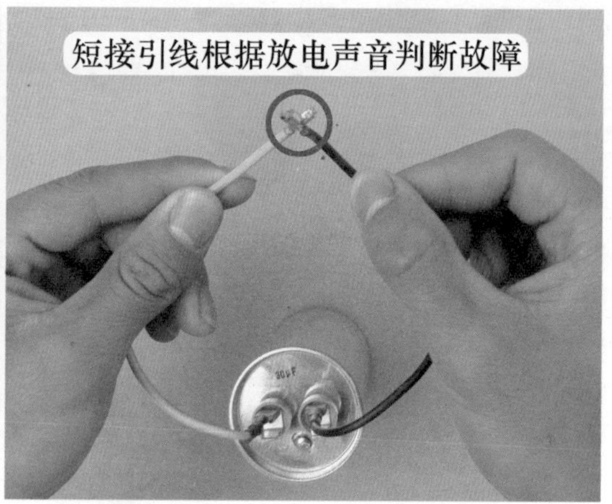

图 1-63　根据充放电法判断电容

二、交流接触器

交流接触器（简称交接）用于控制大功率压缩机的运行和停机，通常使用在 3P 及以上的空调器中，常见有单极式（双极式）或三触点式。

1. 使用范围

（1）单极式（双极式）交流接触器

实物外形见图 1-64，单相供电的压缩机只需要断开 1 路 L 端相线或 N 端零线供电便停止运行，因此 3P 单相供电的空调器通常使用单极式（1 路触点）或双极式（2 路触点）交流接触器。

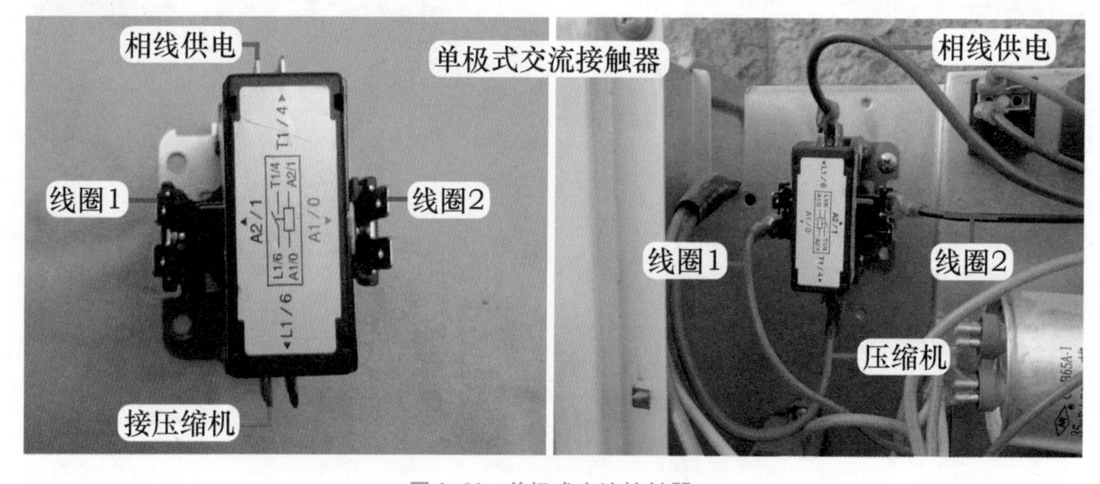

图 1-64　单极式交流接触器

（2）三触点式交流接触器

实物外形见图 1-65，三相供电的压缩机只有同时断开 2 路或 3 路供电才能停止运行，因此 3P 或 5P 三相供电的空调器使用三触点式交流接触器。

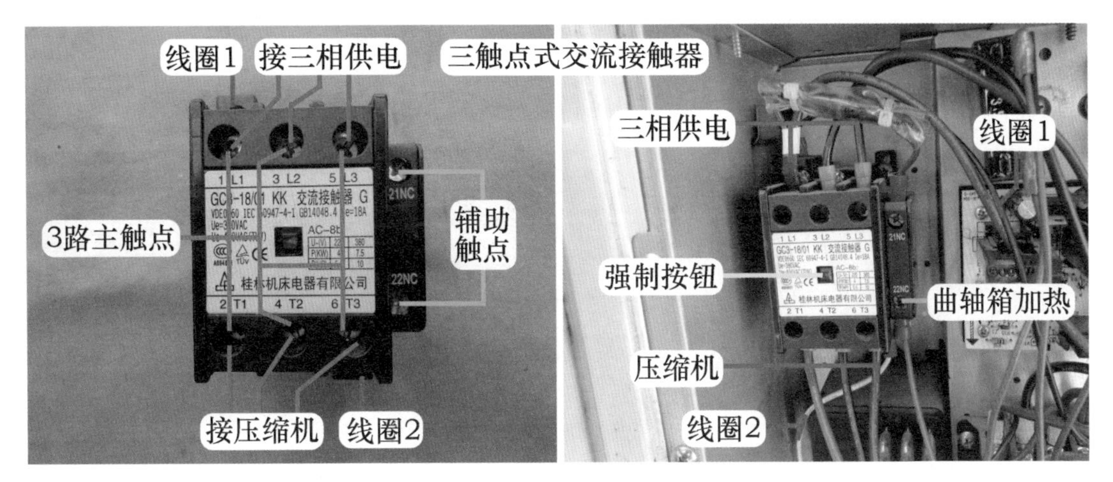

图 1-65　三触点式交流接触器

2. 内部结构和工作原理

本小节以单极式交流接触器为例进行说明，型号为 CJX9B-25SD，线圈工作电压为交流 220V。

（1）内部结构

见图 1-66 左图，单极式交流接触器主要由线圈、静铁心（衔铁）和动铁心、弹簧、动触点和静触点、底座、骨架、顶盖等组成。其中静铁心在线圈内套着，动触点在动铁心中固定。

（2）工作原理

见图 1-66 右图，交流接触器线圈通电后，在静铁心中产生磁通和电磁吸力，此电磁吸力克服弹簧的阻力，使得动铁心向下移动，与静铁心吸合，动铁心向下移动的同时带动动触点向下移动，使动触点和静触点闭合，静触点的 2 个接线端子导通，供电的接线端子向负载（压缩机）提供电源，压缩机开始运行。

交流接触器线圈断电或两端电压显著降低时，静铁心中电磁吸力消失，弹簧产生的反作用力使动铁心向上移动，动触点和静触点断开，压缩机因无电源而停止运行。

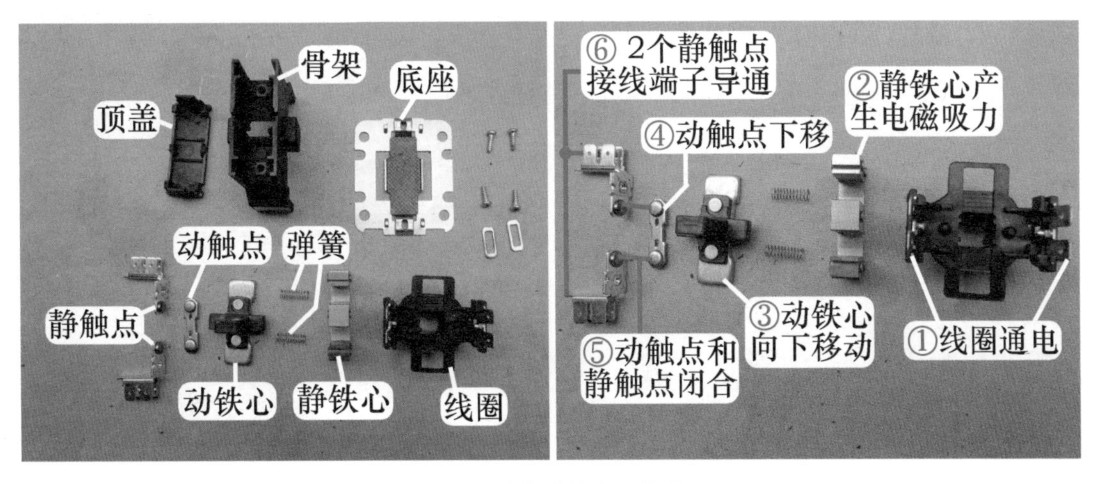

图 1-66　内部结构和工作原理

3. 测量线圈阻值

使用万用表电阻档，测量交流接触器线圈阻值。交流接触器触点电流（即所带负载的功率）不同，线圈阻值也不相同，符合功率大其线圈阻值小、功率小其线圈阻值大的特点。

见图 1-67，实测示例交流接触器线圈阻值约 1.1kΩ。测量 5P 空调器使用的三触点式交流接触器（型号 GC3-18/01）阻值约为 400Ω。

如果实测线圈阻值为无穷大，则说明线圈开路损坏。

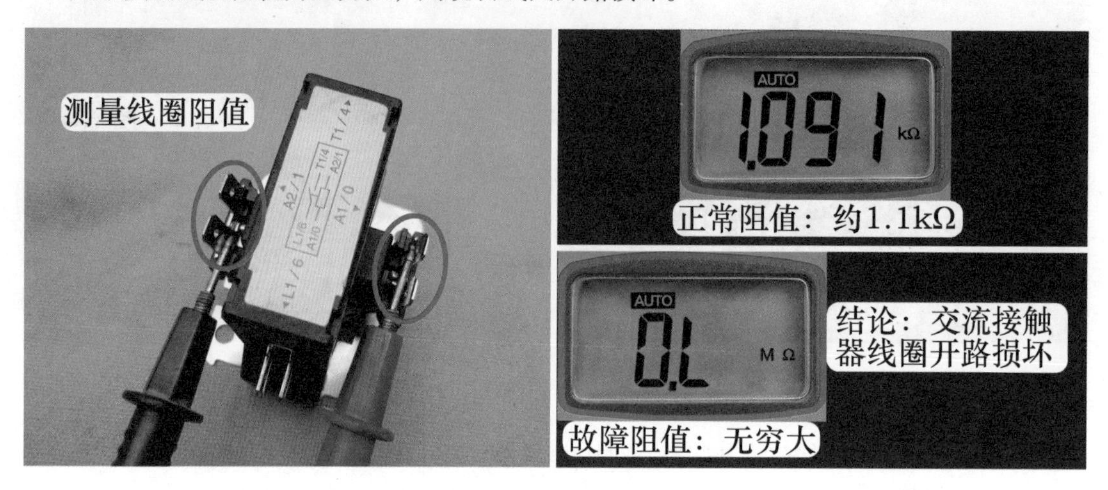

图 1-67 测量线圈阻值

4. 测量接线端子阻值

使用万用表电阻档，测量交流接触器的 2 个接线端子阻值，分 2 次即静态测量和动态测量，静态测量指交流接触器线圈电压为交流 0V 时，动态测量指交流接触器线圈电压为交流 220V 时。

（1）静态测量接线端子阻值

交流接触器线圈不通电源，见图 1-68，即交流接触器线圈电压为交流 0V，触点处于断开状态，阻值应为无穷大。如实测阻值为 0Ω，说明有交流接触器触点粘连故障，引起只要空调器接通电源，压缩机就开始工作。

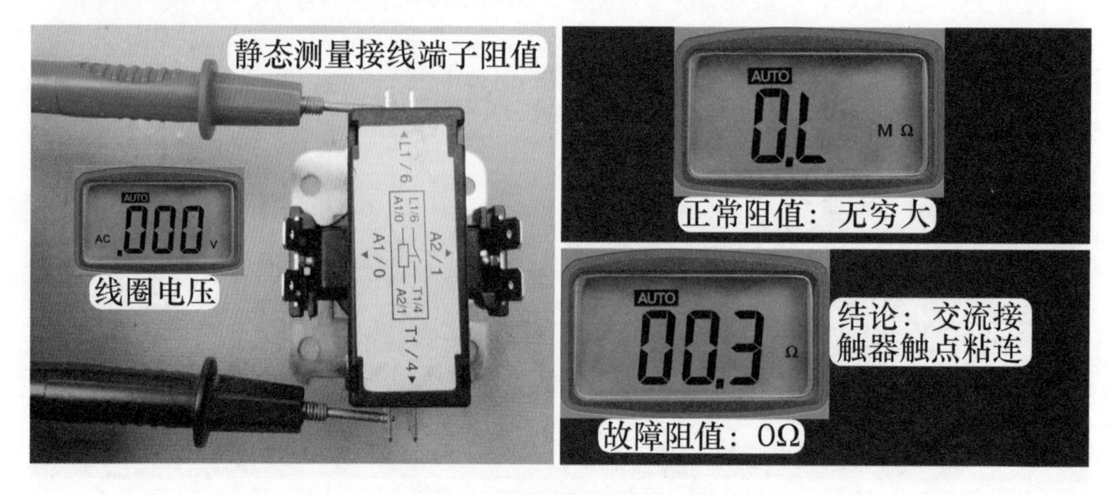

图 1-68 静态测量接线端子阻值

（2）动态测量接线端子阻值

将交流接触器线圈接通交流 220V 电源，见图 1-69，触点处于闭合状态，阻值应为 0Ω；如实测阻值为无穷大，说明内部触点由于积炭导致锈蚀，压缩机在开机后由于没有交流电压（220V 或 380V）而不能工作。

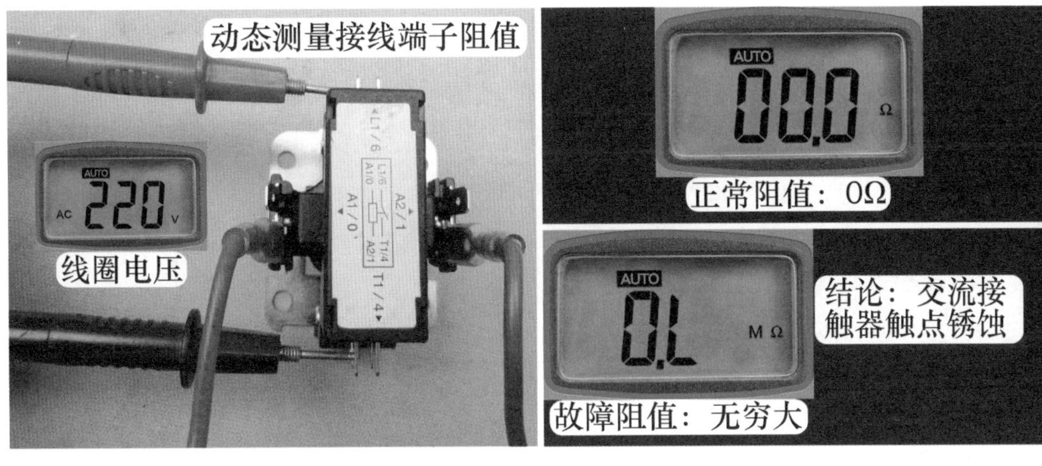

图 1-69　动态测量接线端子阻值

三、室外风机

1. 安装位置和实物外形

（1）安装位置

室外风机安装在室外机左侧的固定支架，见图 1-70，作用是驱动室外风扇。制冷模式下，室外风机驱动室外风扇运行，强制吸收室外自然风为冷凝器散热，因此室外风机也称为“轴流电机”。

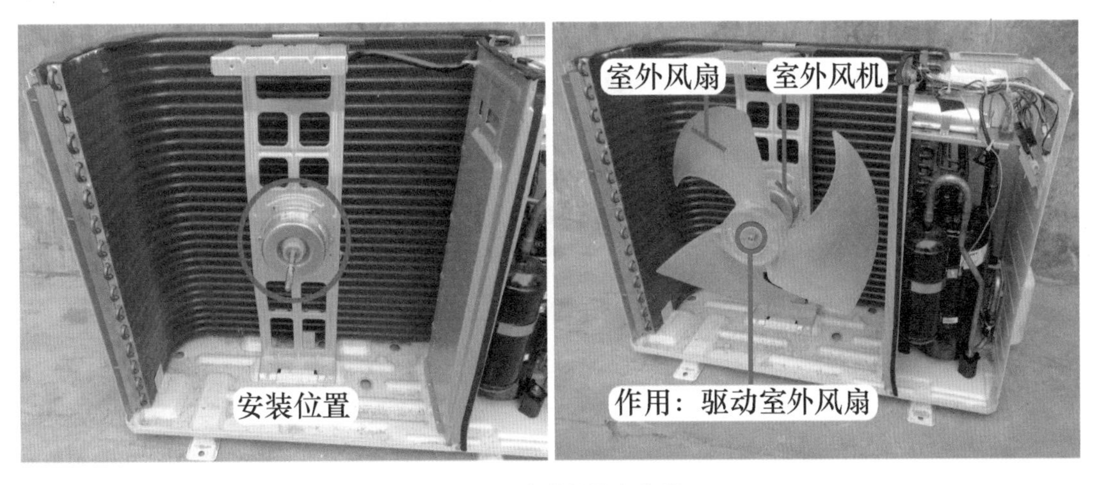

图 1-70　安装位置和作用

（2）单速交流电机实物外形

实物外形见图 1-71 左图，单一风速，共有 4 根引线；其中 1 根为地线接电机外壳，另外 3 根为线圈引线。

图1-71右图为铭牌参数含义，型号为YDK35-6K（FW35X）。主要参数：工作电压交流220V、频率50Hz、功率35W、额定电流0.3A、转速850r/min、6极、B级绝缘。

说明：绝缘等级（CLASS）按电机所用的绝缘材料允许的极限温度划分，B级绝缘指电机采用材料的绝缘耐热温度为130℃。

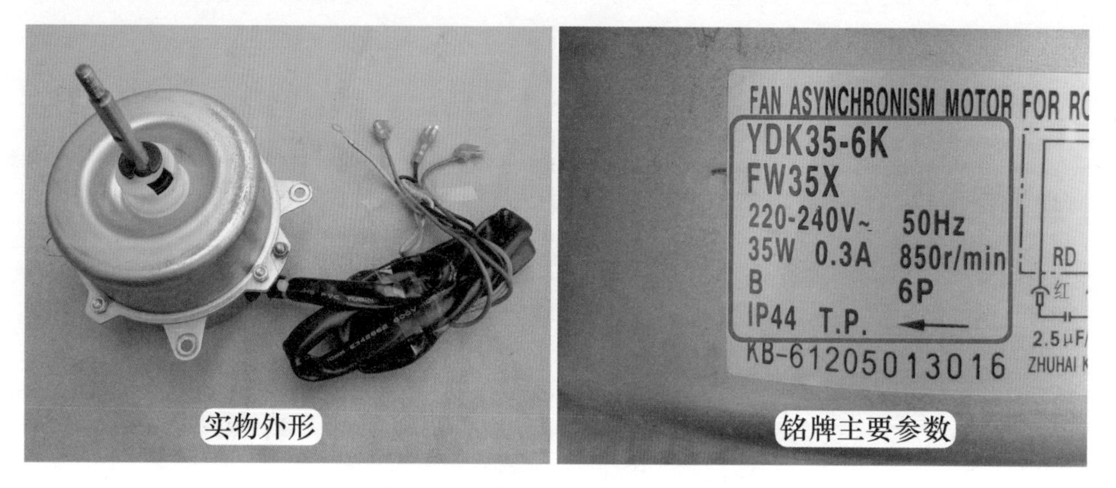

图1-71 实物外形和铭牌主要参数

2. 内部结构

见图1-72，室外风机由上盖、下盖、转子、上轴承、下轴承、定子、线圈、连接线和插头等组成。

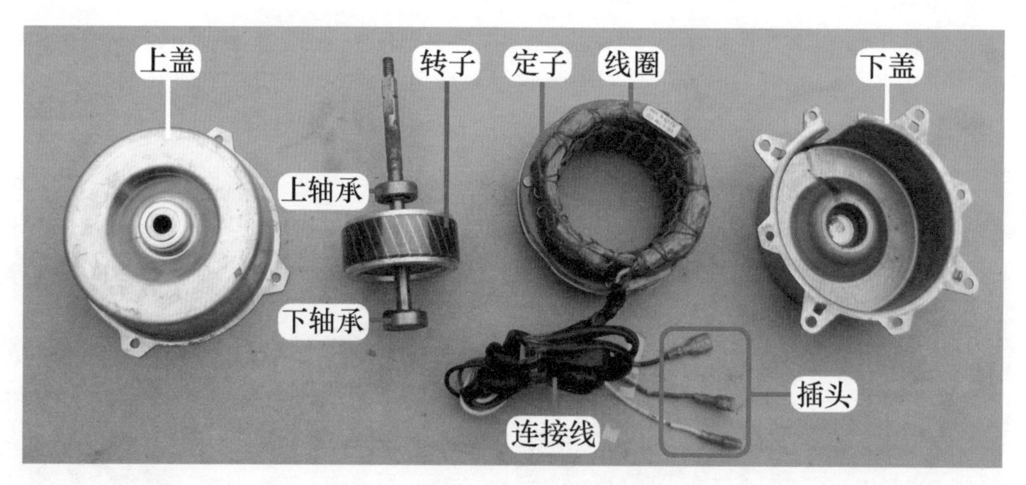

图1-72 内部结构

3. 引线辨别方法

常见有3种方法，即根据实际接线、根据电机铭牌标识或室外机电气接线图、使用万用表电阻档测量线圈引线阻值。

（1）根据实际接线判断引线功能

见图1-73，室外风机线圈共有3根引线：黑线只接接线端子上电源N端（1号），为公共端（C）；棕线接电容和电源L端（5号），为运行绕组（R）；红线只接电容，为起动绕组（S）。

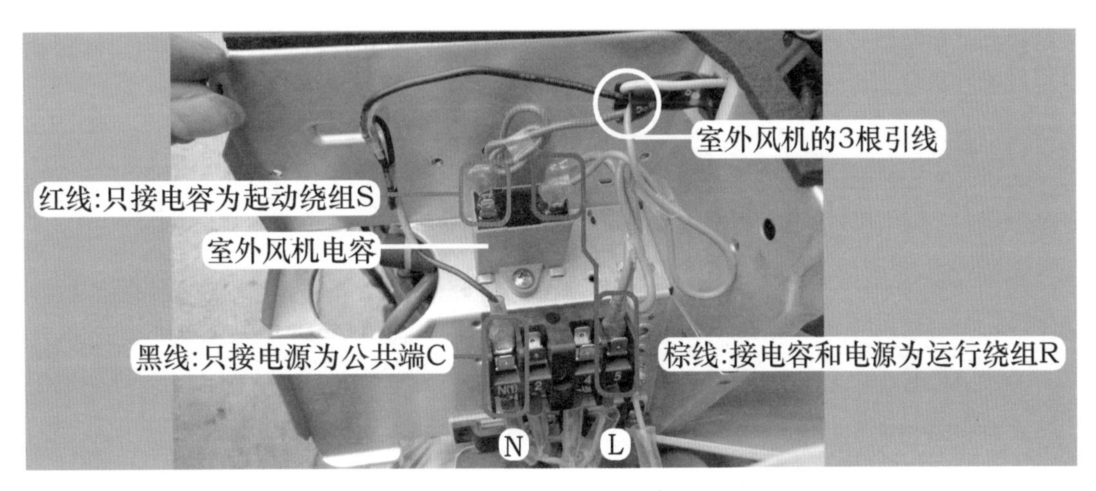

图 1-73 根据实际接线判断引线功能

（2）根据电机铭牌标识或室外机电气接线图判断引线功能

电机铭牌贴于室外风机表面，通常位于上部，检修时能直接查看。铭牌主要标识室外风机的主要信息，其中包括电机线圈引线的功能，见图 1-74 左图，黑线（BK）只接电源为公共端（C），棕线（BN）接电容和电源为运行绕组（R），红线（RD）只接电容为起动绕组（S）。

电气接线图通常贴于室外机接线盖内侧或顶盖右侧。见图 1-74 右图，通过查看电气接线图，也能区别电机线圈的引线功能：黑线只接电源 N 端为公共端（C）、棕线接电容和电源 L 端（5 号）为运行绕组（R）、红线只接电容为起动绕组（S）。

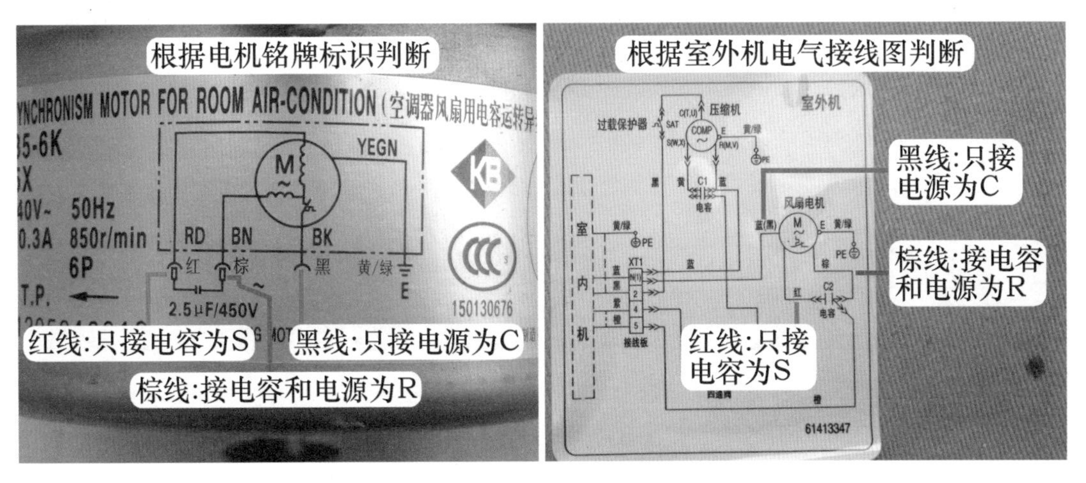

图 1-74 根据电机铭牌标识或室外机电气接线图判断引线功能

（3）使用万用表电阻档测量线圈引线阻值判断引线功能

逐个测量室外风机线圈的 3 根引线阻值，见图 1-75 左图，会得出 3 次不同的结果，YDK35-6K（FW35X）电机实测阻值依次为 463Ω、198Ω、265Ω，阻值关系为 463Ω = 198Ω + 265Ω，即最大阻值 463Ω 为起动绕组 + 运行绕组的总和。

找出公共端：见图 1-75 右图，在最大的阻值 463Ω 中，表笔接的引线为起动绕组（S）和运行绕组（R），空闲的 1 根引线为公共端（C），本机为黑线。

说明：测量室外风机线圈阻值时，应当用手扶住室外风扇再测量，可防止因扇叶转动、电机线圈产生感应电动势干扰万用表显示数据。

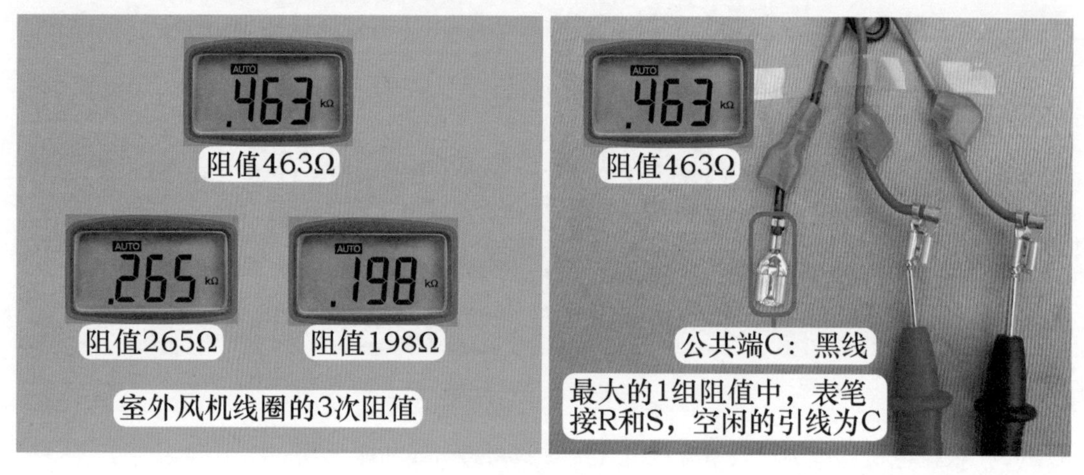

图 1-75 3 次线圈阻值和找出公共端

找出运行绕组和起动绕组：1 表笔接公共端（C），另 1 表笔测量另外 2 根引线阻值，通常阻值小的引线为运行绕组（R）、阻值大的引线为起动绕组（S）。但本机实测阻值大（265Ω）的棕线为运行绕组（R），见图 1-76 左图；阻值小（198Ω）的红线为起动绕组（S），见图 1-76 右图。

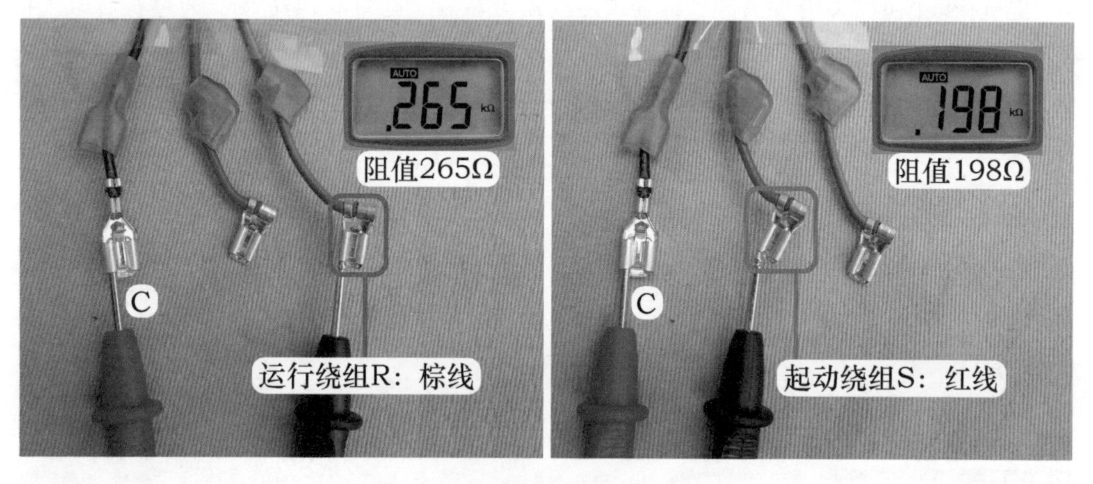

图 1-76 找出运行绕组和起动绕组

四、压缩机

1. 安装位置和作用

(1) 安装位置

见图 1-77 左图，压缩机安装在室外机右侧，固定在室外机底座。其中压缩机接线端子连接电控系统，吸气管和排气管连接制冷系统。

图 1-77 右图为旋转式压缩机实物外形，设有吸气管、排气管、接线端子和储液瓶（又称气液分离器和储液罐）等接口。

图 1-77　安装位置和实物外形

（2）作用

压缩机是制冷系统的心脏，将低温低压气体压缩成为高温高压气体。压缩机由电机部分和压缩部分组成。电机通电后运行，带动压缩部分工作，使吸气管吸入的低温低压制冷剂气体变为高温高压气体。

2. 内部结构

本小节以剖解上海日立 SHW33TC4-U 旋转式压缩机为基础，介绍旋转式压缩机的内部结构和工作原理。

（1）内部结构

见图 1-78，压缩机由储液瓶（含吸气管）、上盖（含接线端子和排气管）、定子（含线圈）、转子（上方为转子、下方为压缩部分组件）、下盖等组成。

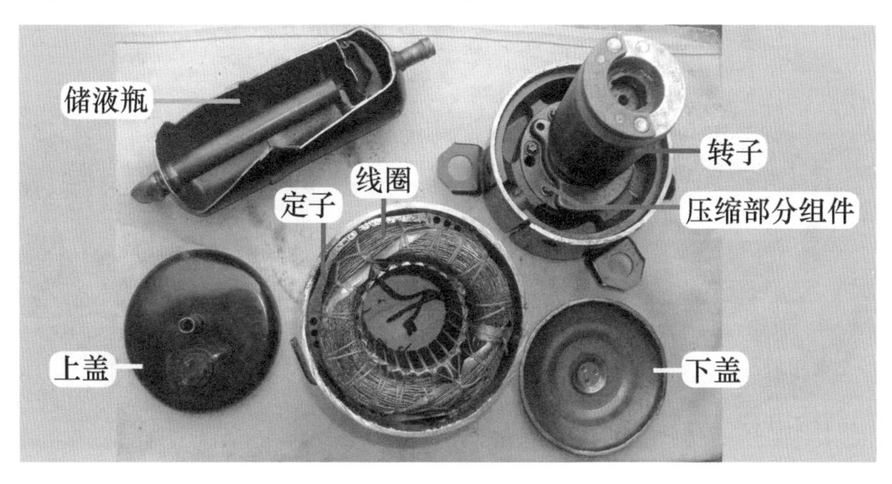

图 1-78　内部结构

（2）内置式过载保护器安装位置

见图 1-79，内置式过载保护器安装在接线端子附近；取下压缩机上盖，可看到内置式过载保护器固定在上盖上面，串接在接线端子的公共端。

示例压缩机内置式过载保护器型号为UP3-29，共有2个接线端子：1个接上盖接线端子公共端、1个接压缩机线圈公共端。UP3系列内置式过载保护器具有过热和过电流双重保护功能。过热时：根据压缩机内部的温度变化，影响保护器内部温度的变化，使双金属片受热后发生弯曲变形来控制保护器的断开和闭合。过电流时：如压缩机壳体温度不高而电流很大，保护器内部的电加热丝发热量增加，使保护器内部温度上升，最终也是通过温度的变化达到保护的目的。

图1-79 内置式过载保护器安装位置

（3）电机部分

电机部分包括定子和转子。见图1-80左图，压缩机线圈镶嵌在定子槽内，外圈为运行绕组、内圈为起动绕组，使用2极电机，转速约2900r/min。

见图1-80右图，转子和压缩部分组件安装在一起，转子位于上方，安装时和电机定子相对应。

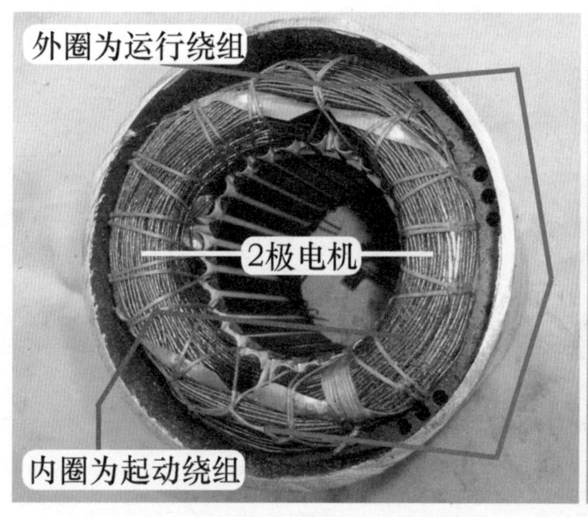

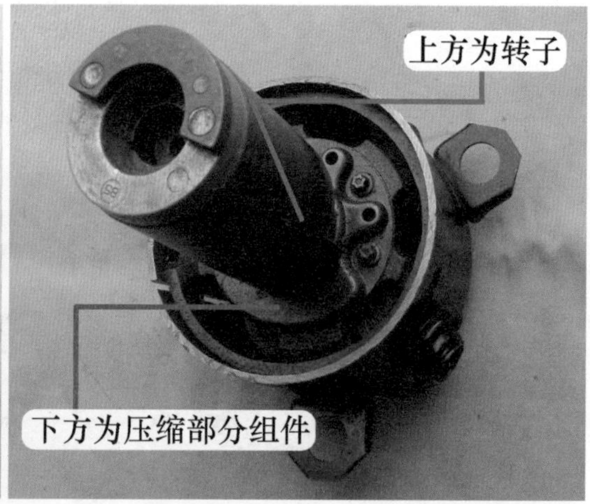

图1-80 定子和转子

（4）压缩部分

转子下方为压缩部分组件，压缩机电机线圈通电时，通过磁场感应使转子以约2900r/min转动，带动压缩部分组件工作，将吸气管吸入的低温低压制冷剂气体，变为高温高压制冷剂气体由排气管排出。

见图1-81和图1-82，压缩部分主要由汽缸、上汽缸盖、下汽缸盖、刮片、滚动活塞（滚套）和偏心轴等部分组成。

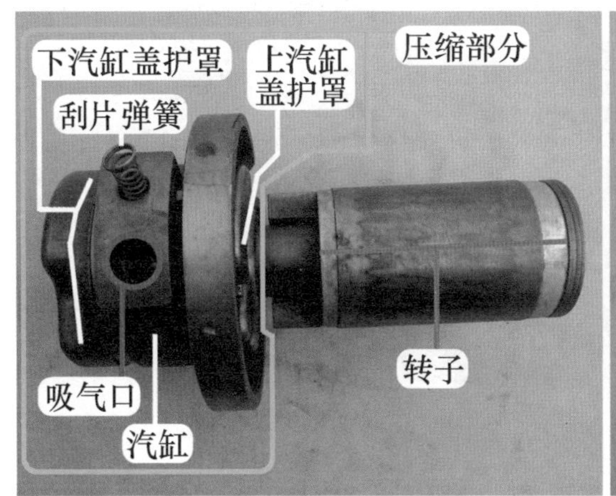

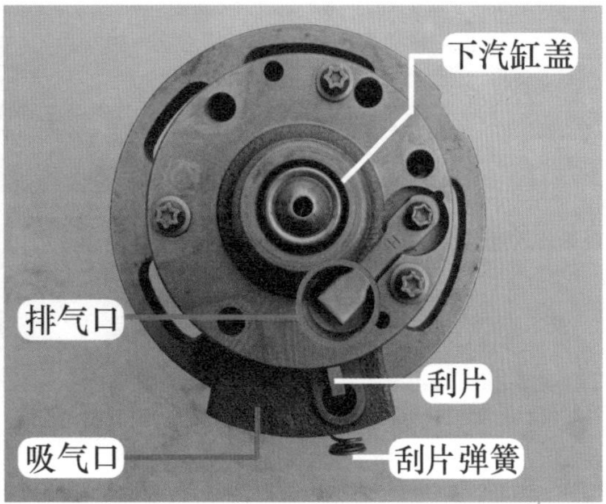

图1-81　压缩部分组件

排气口位于下汽缸盖，设有排气阀片和排气阀片升程限制器，排出的气体经压缩机电机缸体后，和位于顶部的排气管相通，也就是说压缩机大部分区域均处于高温高压状态。

吸气口设在汽缸上面，直接连接储液瓶的底部铜管，和顶部的吸气管相通，相当于压缩机吸入来自蒸发器的制冷剂通过吸气管进入储液瓶分离后，使汽缸的吸气口吸入均为制冷剂气体，防止压缩机出现液击。

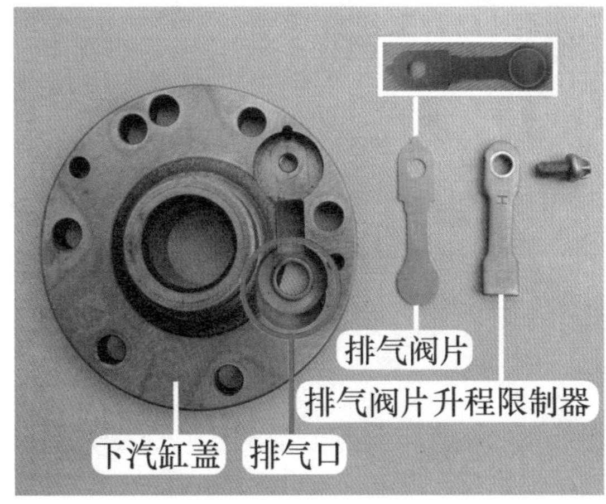

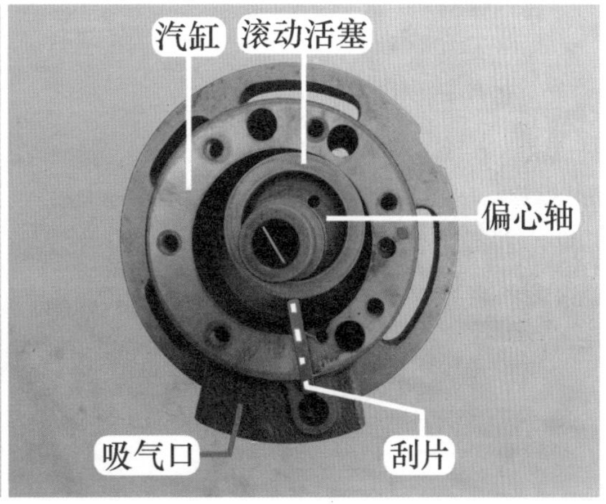

图1-82　下汽缸盖和压缩部分主要部件

3. 引线辨别方法

常见有3种方法，即根据实际接线、使用万用表电阻档测量线圈端子阻值、根据压缩机接线盖或垫片标识。

（1）根据实际接线判断引线功能

压缩机定子上的线圈共有3根引线，上盖的接线端子也只有3个，因此连接电控系统的引线也只有3根。

见图1-83，黑线只接接线端子上电源L端（2号），为公共端（C）；蓝线接电容和电源N端（1号），为运行绕组（R）；黄线只接电容，为起动绕组（S）。

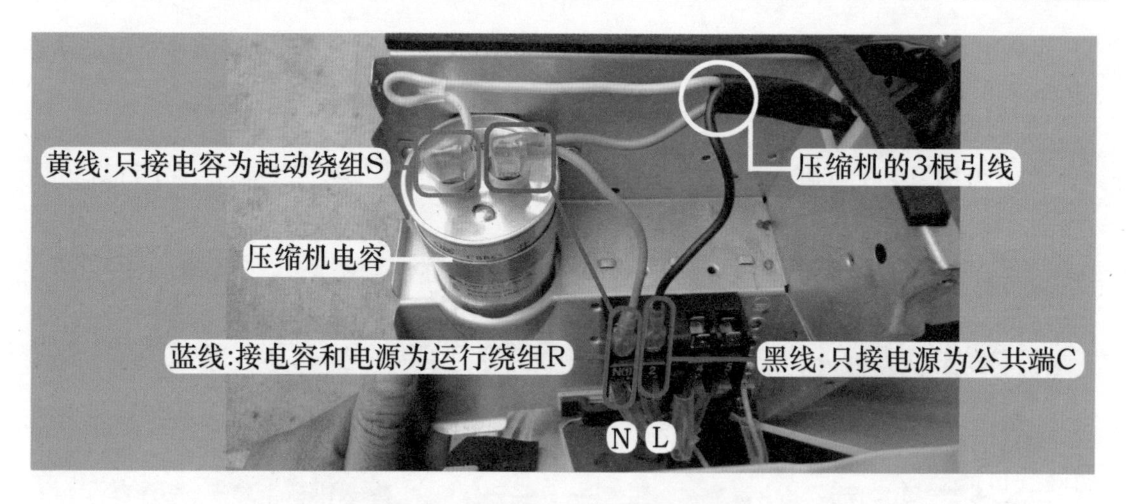

图 1-83　根据实际接线判断引线功能

(2) 根据压缩机接线盖或垫片标识判断引线功能

见图 1-84 左图，压缩机接线盖或垫片（使用耐高温材料）上标有“C、R、S”字样，表示为接线端子的功能：C 为公共端、R 为运行绕组、S 为起动绕组。

将接线盖对应接线端子，或将垫片安装在压缩机上盖的固定位置，见图 1-84 右图，观察接线端子：对应标有“C”的端子为公共端、对应标有“R”的端子为运行绕组、对应标有“S”的端子为起动绕组。

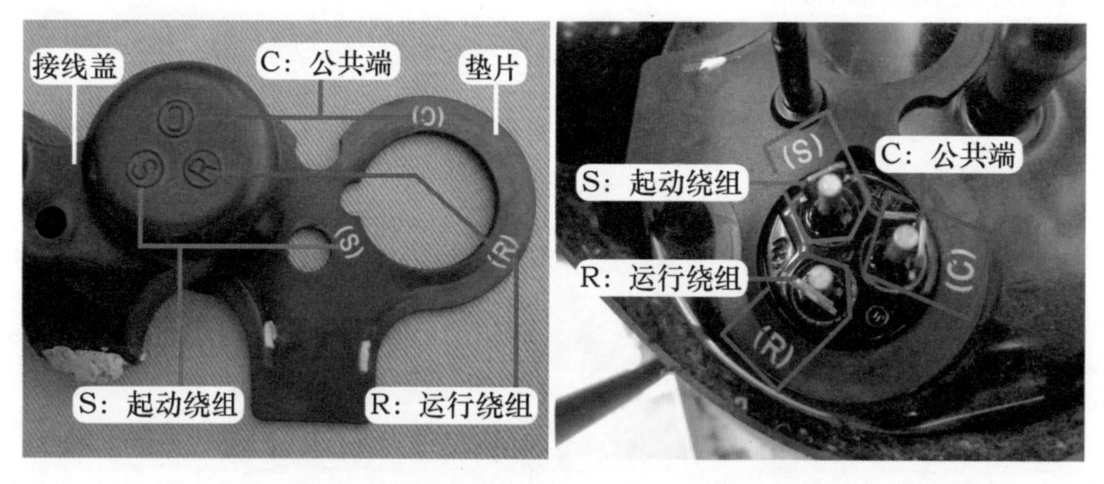

图 1-84　根据压缩机接线盖或垫片标识判断引线功能

(3) 使用万用表电阻档测量线圈端子阻值判断引线功能

逐个测量压缩机的 3 个接线端子阻值，见图 1-85 左图，会得出 3 次不同的结果，上海日立 SD145UV-H6AU 压缩机在室外温度约 15℃时，实测阻值依次为 7.3Ω、4.1Ω、3.2Ω，阻值关系为 7.3Ω = 4.1Ω + 3.2Ω，即最大阻值 7.3Ω 为运行绕组 + 起动绕组的总和。

找出公共端：见图 1-85 右图，在最大的阻值 7.3Ω 中，表笔接的端子为起动绕组和运行绕组，空闲的 1 个端子为公共端（C）。

说明：判断接线端子的功能时，实测时应测量引线，而不用再打开接线盖、拔下引线插头去测量接线端子，只有更换压缩机或压缩机连接线时，才需要测量接线端子的阻值以确定功能。

图 1-85　3 次线圈阻值和找出公共端

找出运行绕组和起动绕组：1 表笔接公共端（C），另 1 表笔测量另外 2 个端子阻值，通常阻值小的端子为运行绕组（R）、阻值大的端子为起动绕组（S）。但本机实测阻值大（4.1Ω）的端子为运行绕组（R），见图 1-86 左图；阻值小（3.2Ω）的端子为起动绕组（S），见图 1-86 右图。

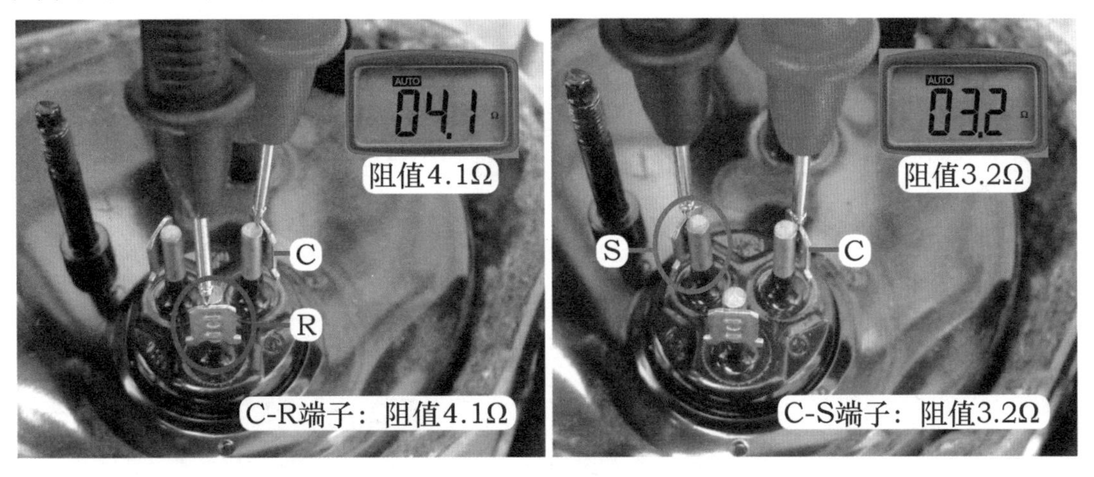

图 1-86　找出运行绕组和起动绕组

（4）测量接线端子对地阻值

空调器上电跳闸或开机跳闸故障最常见的原因为压缩机线圈对地短路。检测方法是使用万用表电阻档，见图 1-87 左图，测量接线端子和地（压缩机外壳、铜管和室外机铁皮）阻值，正常应为无穷大。

见图 1-87 右图，如果实测阻值为 0Ω 或接近 0Ω（2MΩ 以下），说明压缩机线圈对地短路，应更换压缩机。

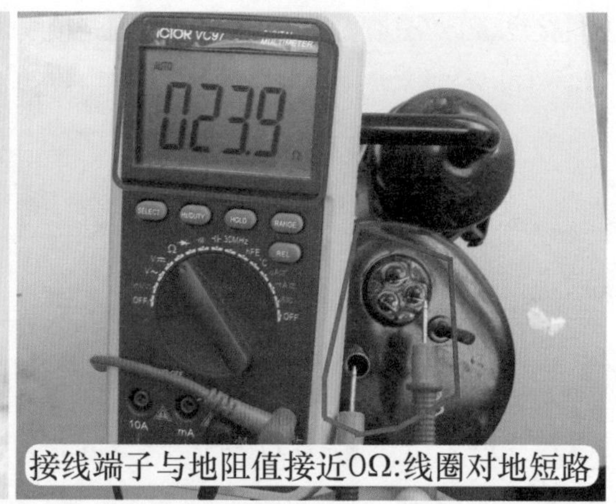

图 1-87 测量接线端子对地阻值

五、四通阀

1. 安装位置

四通阀安装在室外机制冷系统中，作用是转换制冷剂流量的方向，从而将空调器转换为制冷或制热模式，见图 1-88 左图，四通阀组件包括四通阀和线圈。

见图 1-88 右图，四通阀连接管道共有 4 根，D 口连接压缩机排气管，S 口连接压缩机吸气管，C 口连接冷凝器，E 口连接三通阀经管道至室内机蒸发器。

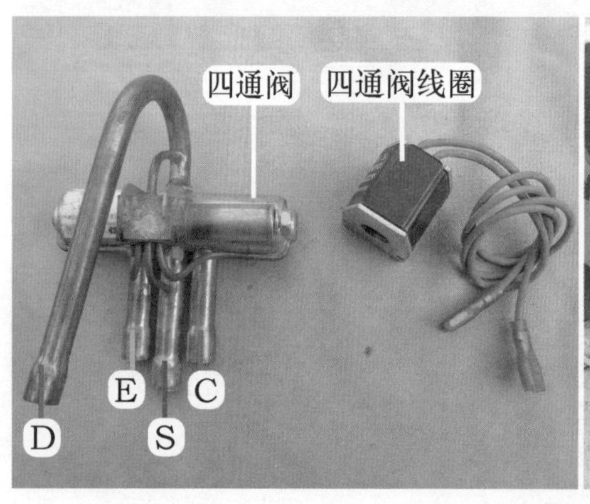

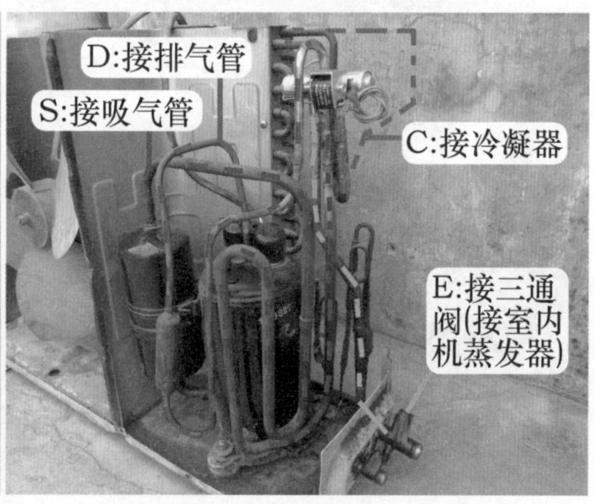

图 1-88 四通阀组件和安装位置

2. 测量四通阀线圈阻值

(1) 在室外机接线端子处测量

使用万用表电阻档，见图 1-89 左图，1 表笔接 1 号 N 零线公共端、1 表笔接 4 号紫线四通阀线圈测量阻值，实测约为 2. 1kΩ。

说明：四通阀线圈阻值正常在 1 ~ 2kΩ 之间。

(2) 取下接线端子直接测量

见图 1-89 右图，表笔直接测量 2 个接线端子，实测阻值和在室外机接线端子上测量相等，约为 2.1kΩ。

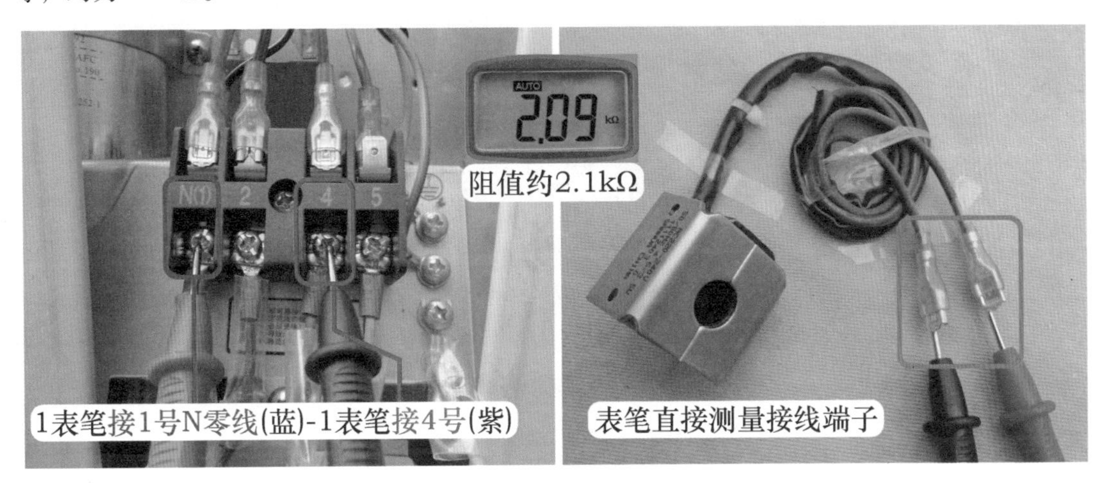

图 1-89　测量线圈阻值

3. 内部结构

见图 1-90，四通阀可分为换向阀（阀体）、电磁导向阀和连接管道共 3 部分。

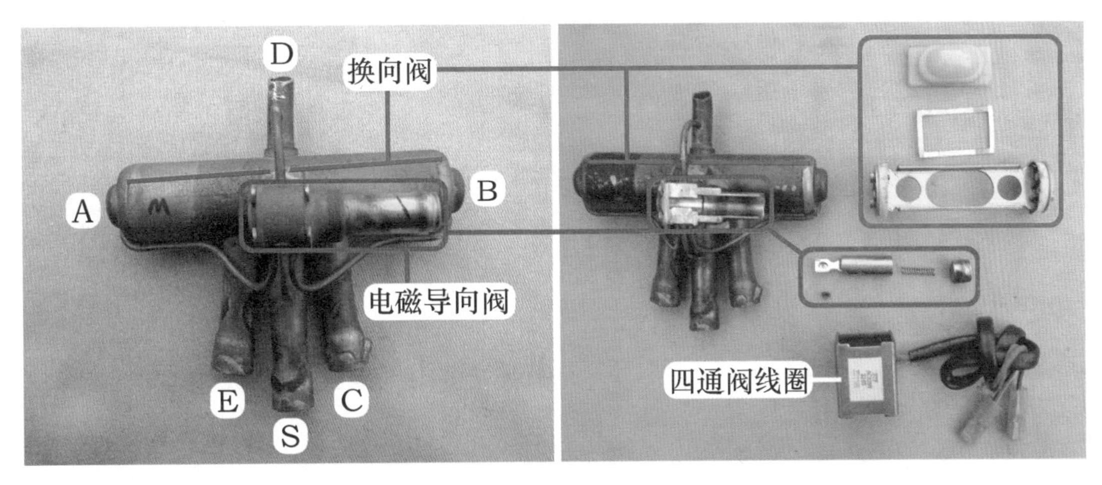

图 1-90　内部结构

将四通阀翻到背面，并割开阀体表面铜壳，见图 1-91，可看到换向阀内部器件，主要由阀块、左右 2 个活塞、连杆和弹簧组成。

见图 1-92，阀块通常使用耐高温的尼龙材料制成，从背面看可以观察到内部相通，可连接阀体下部的 3 根管口中的其中 2 个，但始终和连接压缩机吸气管的 S 管口相通，即只能 S-E 管口相通或 S-C 管口相通。

活塞和连杆固定在一起，阀块安装在连杆上面，当活塞受到压力变化时其带动连杆左右移动，从而带动阀块左右移动。

见图 1-93 左图，当阀块移动至某一位置时使 S-E 管口相通时，则 D-C 管口相通，压缩机排气管 D 排出高温高压气体经 C 管口至冷凝器，三通阀 E 连接压缩机吸气管 S，空调器处于制冷状态。

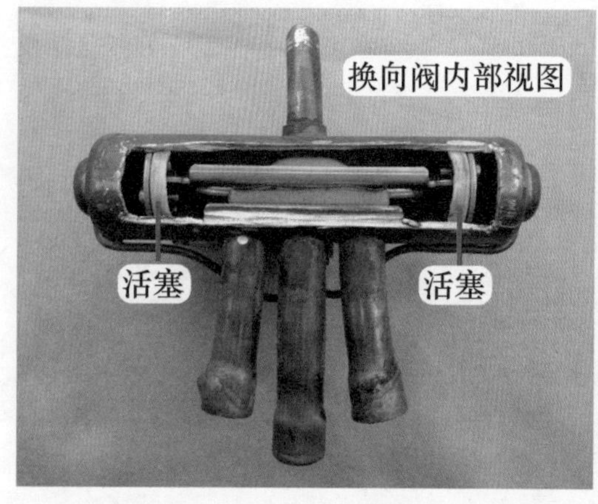

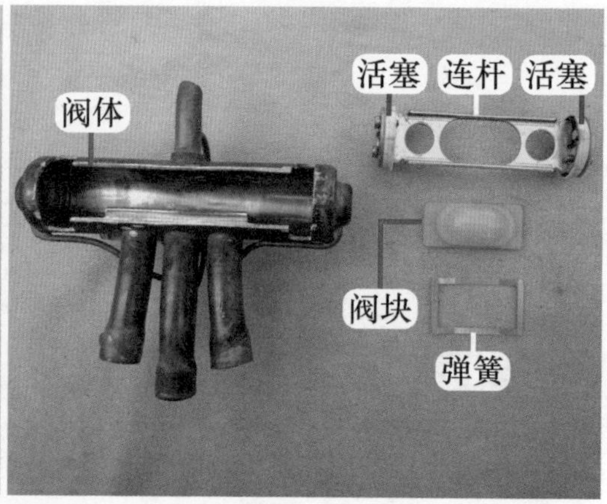

图 1-91 换向阀组成

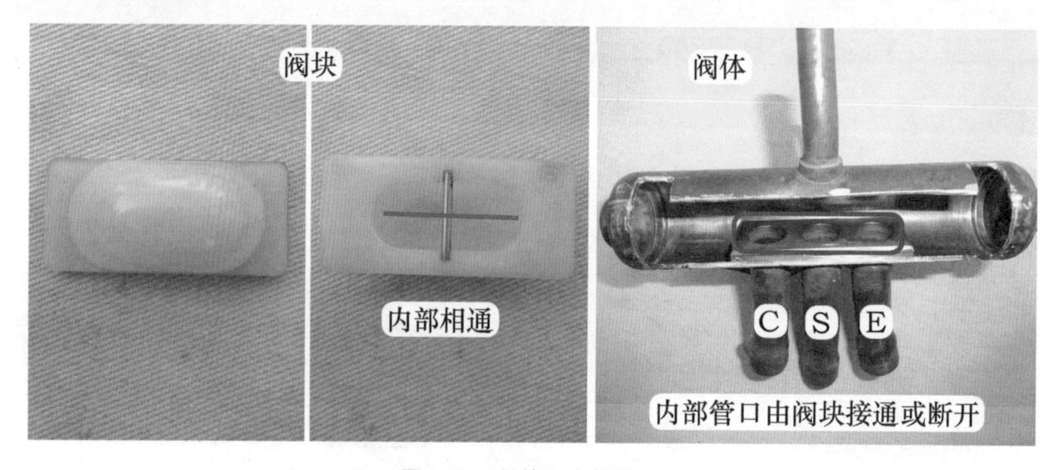

图 1-92 阀块和内部管口

见图 1-93 右图，当阀块移动至某一位置时使 S-C 管口相通时，则 D-E 管口相通，压缩机排气管 D 排出高温高压气体经 E 管口至三通阀连接室内机蒸发器，冷凝器 C 连接压缩机吸气管 S，空调器处于制热状态。

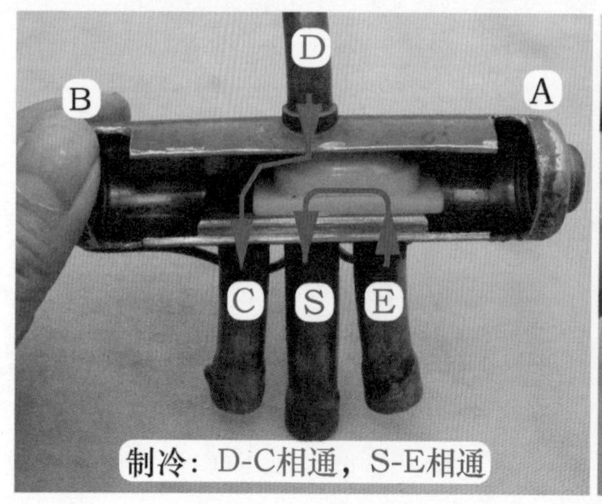

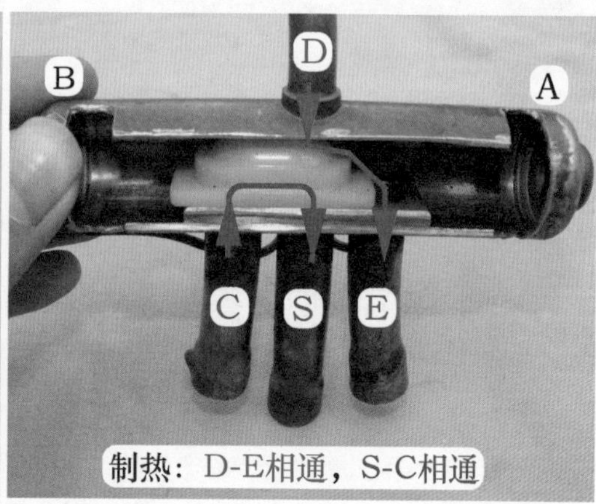

图 1-93 制冷制热转换原理

第二章　单相供电空调器电控系统

本章分为三节，第一节介绍单相供电空调器电控系统基础知识；第二节分析典型机型格力 KFR-72LW/NhBa-3 柜式空调器的单元电路；第三节分析最常见故障压缩机电路的工作原理和检修流程。

本章主要以格力 KFR-72LW/NhBa-3 柜式空调器为基础，简单介绍目前柜式空调器电控系统单元电路，如无特别说明，单元电路原理图和实物图均为格力 KFR-72LW/NhBa-3 柜式空调器的主板和显示板。

第一节　基础知识

一、电控系统分类

室内机电控系统通常由室内机主板（本章以下部分简称主板）、室内机显示板（简称显示板）组成，根据主控 CPU 的设计位置不同，可分为 3 种类型。

1. 主控 CPU 位于显示板

早期空调器和格力部分空调器的电控系统中主控 CPU 通常位于显示板，见图 2-1，弱信号处理电路等也位于显示板，主板设有继电器电路和电源电路，主板和显示板使用较多的连接线（约 13 根）连接。

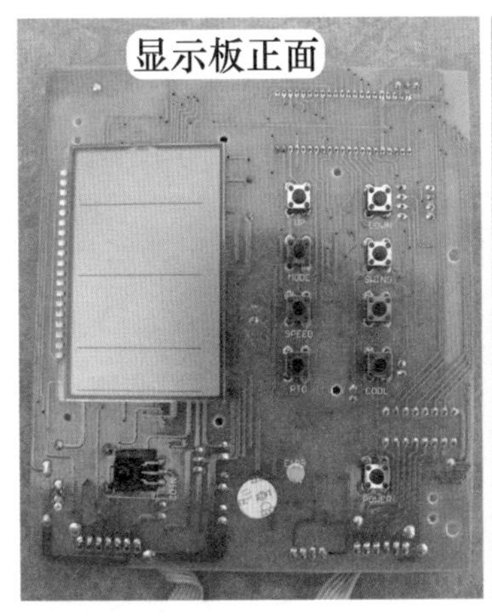

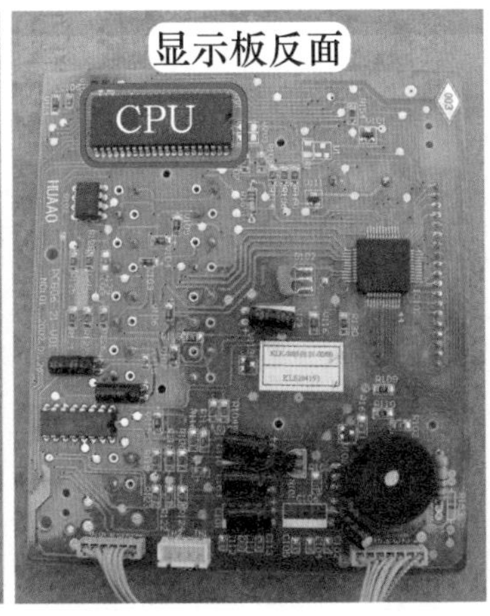

图 2-1　科龙 KFR-50LW/K2D1 空调器显示板和主板

2. 主控 CPU 位于主板

目前空调器的电控系统中主控 CPU 通常位于主板，见图 2-2，弱信号电路、电源电器和继电器电路等均位于主板，只有部分的弱信号和显示屏电路位于显示板，主板和显示板使用较少的连接线（约7根）连接。

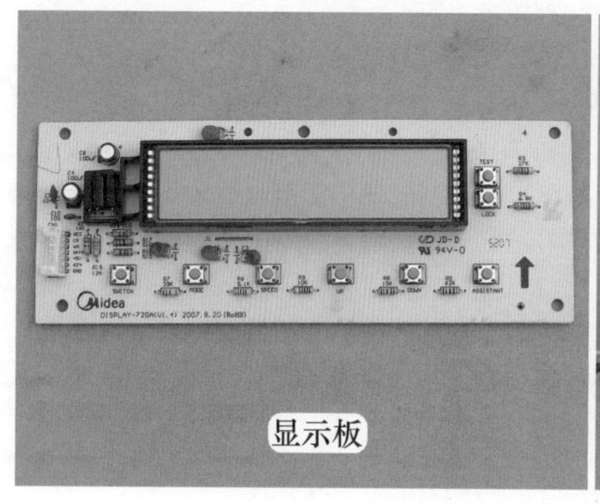

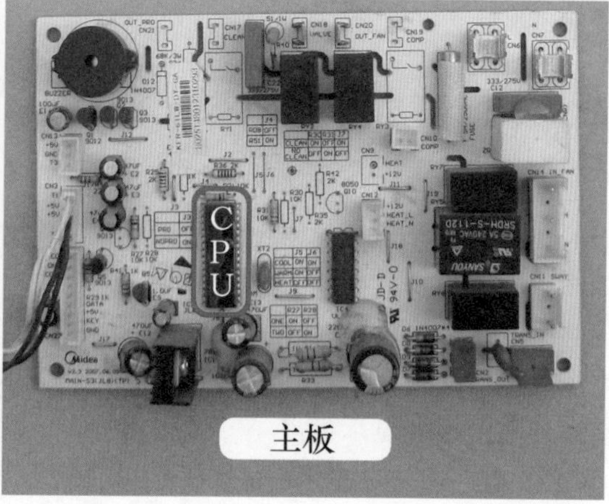

图2-2 美的KFR-51LW/DY-GA（E5）空调器显示板和主板

3. 显示板和主板均设有CPU

目前空调器的电控系统中还有这样一种类型，就是显示板和主板均设有CPU，见图2-4和图2-5，显示板CPU处理接收器、按键、显示屏和步进电机等电路，主板CPU处理传感器、电流和压力信号、继电器等电路，显示板和主板使用最少的连接线（约5根）连接。

二、格力KFR-72LW/NhBa-3电控系统

1. 组成

本机电控系统由室内机电控系统和室外机电控系统组成，其中室内机电控系统包括室内机主板和显示板，室外机电控系统包括室外风机电容和压缩机电容、交流接触器等，见图2-3。

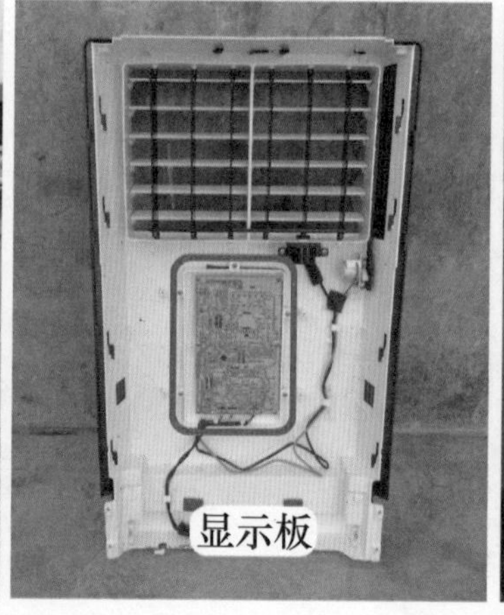

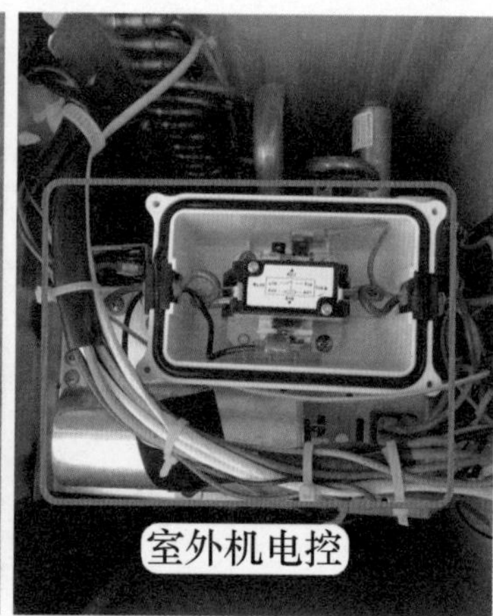

图2-3 格力KFR-72LW/NhBa-3空调器电控系统

2. 主板和显示板

（1）实物外形

主板实物外形见图2-4，可见强电部分电路的主要元器件均位于主板，CPU为贴片器件设计在反面。

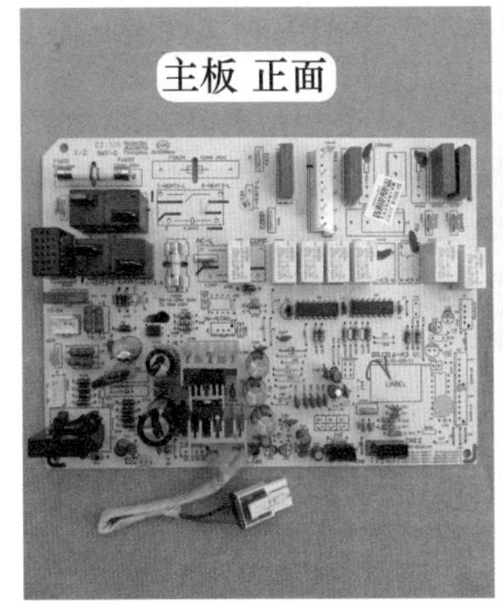

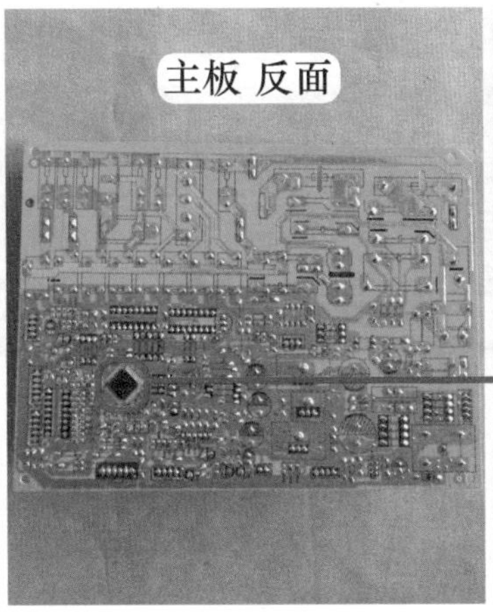

图2-4　主板

显示板实物外形见图2-5，可见均为弱电部分电路，和主板一样，CPU为贴片器件设计在反面。

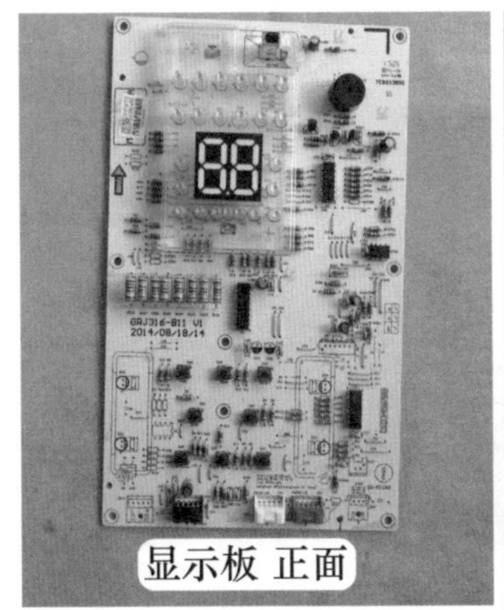

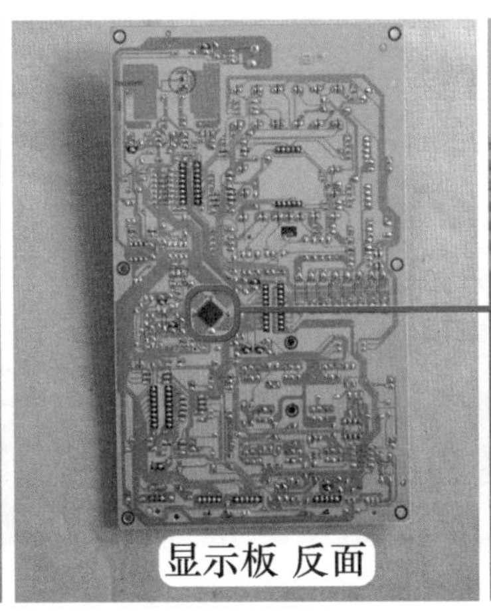

图2-5　显示板

（2）主板主要元器件和插座

主板主要元器件和插座见图2-6，为了便于区分，图中红线连接强电电路，蓝线连接弱电电路。

插座或接线端子：L、N、变压器一次和二次绕组、辅助电加热器、压缩机、室外风机、四通阀线圈、高压压力开关、室内风机、室内环温和管温、室外管温、连接显示板的插座等。

主要元器件：CPU、晶振、主板和辅助电加热器熔丝管、压敏电阻、整流二极管、滤波电容、7812、7805、电流互感器、继电器、反相驱动器等。

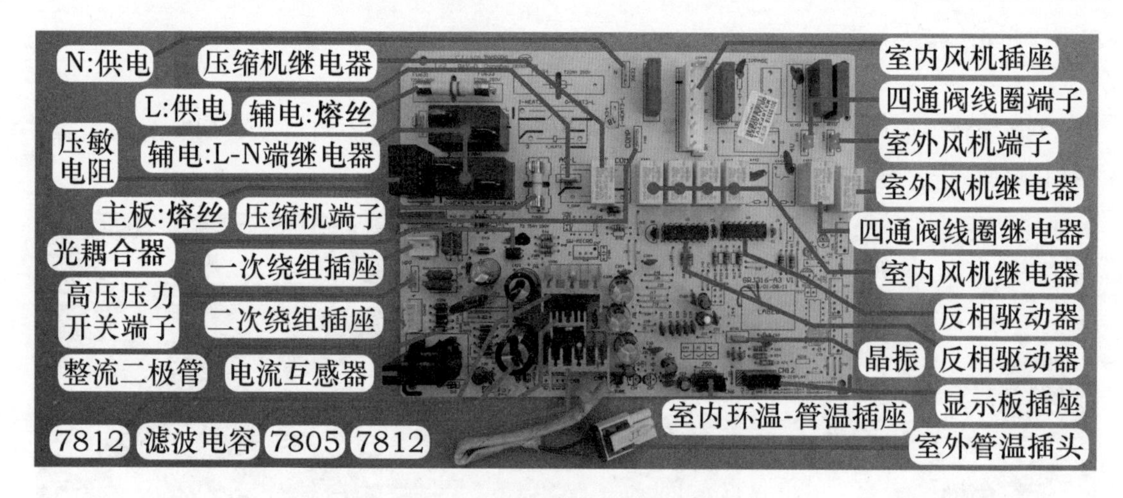

图 2-6　主板主要元器件和插座

（3）显示板主要元器件和插座

显示板主要元器件和插座见图 2-7。

插座：上下步进电机、左右步进电机和连接主板的插座。

主要元器件：CPU、晶振、存储器、反相驱动器、正相驱动器、接收器、按键、蜂鸣器和数码管等。

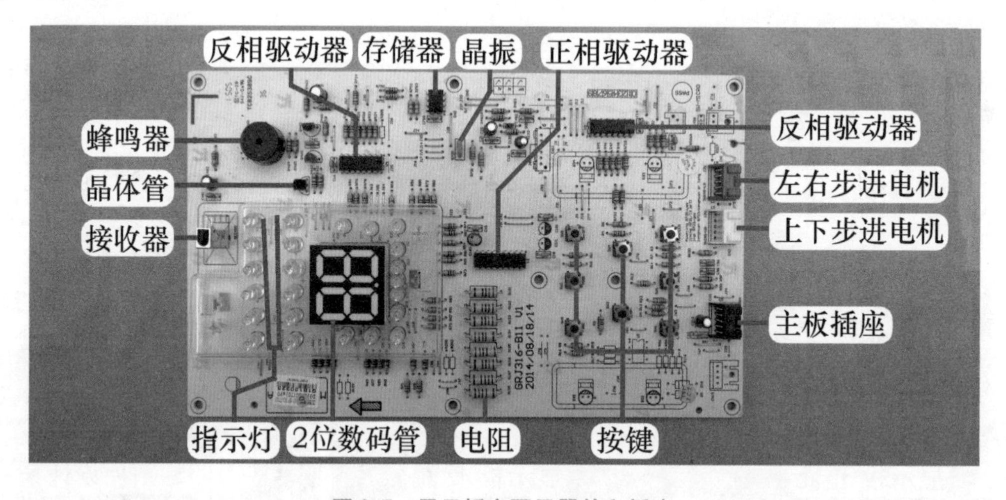

图 2-7　显示板主要元器件和插座

3. 电路框图

图 2-8 为格力 KFR-72LW/NhBa-3 整机电控系统框图，在图中输入部分电路使用蓝线、输出部分电路为红线。

显示板上单元电路：CPU 三要素电路、存储器电路、按键电路、接收器电路、数码管和指示灯显示电路、蜂鸣器电路、上下和左右步进电机电路。

主板上单元电路：CPU 三要素电路、电源电路、传感器电路、电流电路、高压保护电路、室内风机电路、辅助电加热器电路、压缩机-室外风机-四通阀线圈电路。

室外机电控系统：设有交流接触器和电容等。

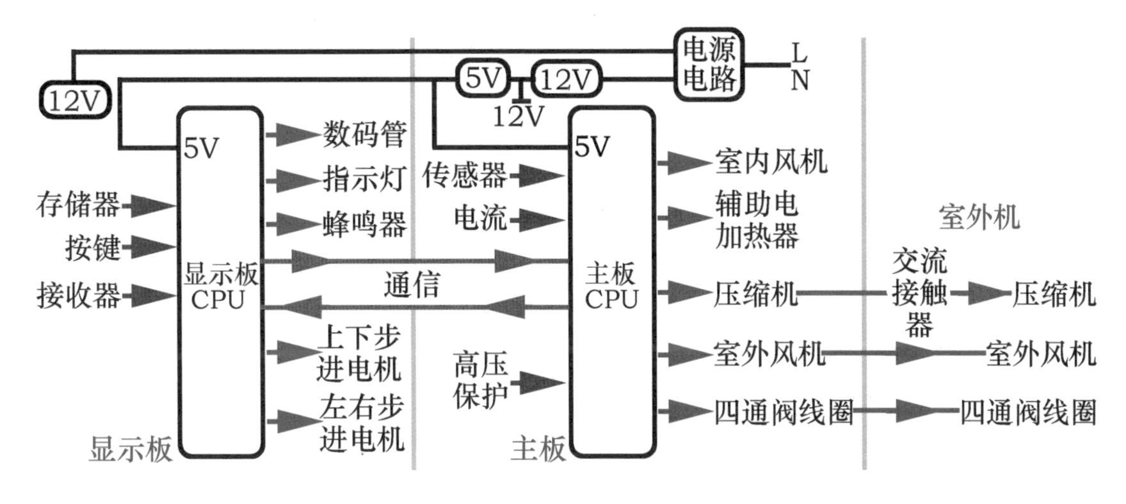

图 2-8　电控系统框图

第二节　单 元 电 路

见图 2-9，本机主板和显示板反面大量使用贴片元器件，可降低成本并提高稳定性。由于显示板和主板的 CPU 均位于反面，为使实物图中标注清晰，在正面的对应位置使用纸片代替 CPU。

此处需要说明的是，在本节的单元电路实物图中，只显示正面的元器件，如果实物图与单元电路原理图相比，缺少电阻、电容和二极管等元器件，是这些元器件使用贴片元器件，安装在主板或显示板反面。

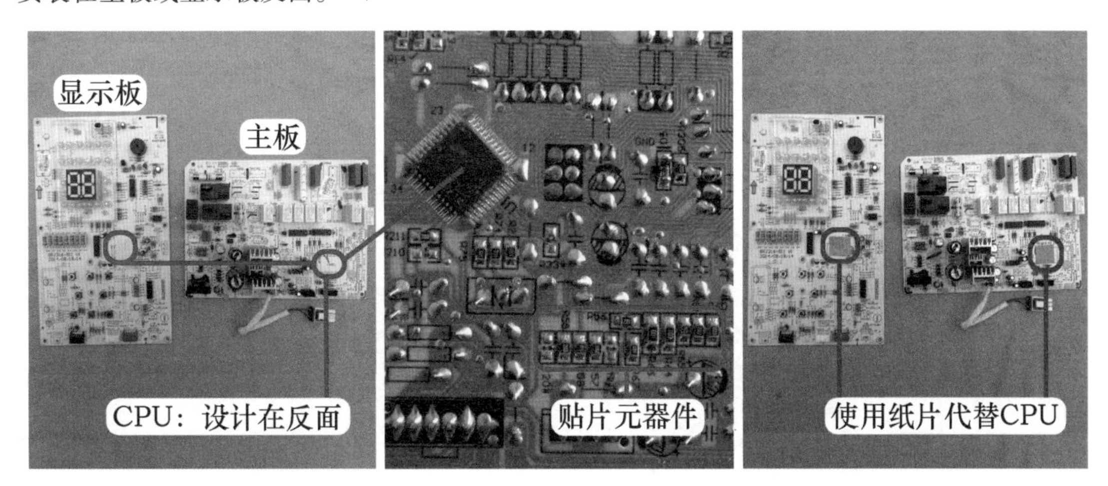

图 2-9　CPU 设计位置和贴片元器件

一、电源电路

电源电路位于主板，电路原理图见图 2-10，实物图见图 2-11，关键点电压见表 2-1，作用是为室内机主板和显示板提供直流 12V 和 5V 电压。主要由变压器、整流二极管、滤波电容、2 个 7812 和 1 个 7805 稳压块组成，本机变压器二次绕组为 2 路输出型，输出的 2 路交流电压经相对独立的整流滤波电路成为直流电压，分别为 7812 和 7805 稳压块供电。

室内机接线端子上 2 号相线和 N（1）零线为室内机主板供电。5A 熔丝管 FU630 和压敏电阻 RV630 组成过电压保护电路，当输入电压正常时对电路没有影响；而当输入电压高于约交流 380V 时，压敏电阻 RV630 迅速击穿，将前端熔丝管 FU630 熔断，从而保护主板后级电路免受损坏。电容 C632 为高频旁路电容，用以旁路电源引入的高频干扰信号。

交流电源 L 端相线经熔丝管、N 端直接送至插座 TR-IN，形成交流 220V 电压，为变压器一次绕组供电，变压器开始工作，二次绕组输出 2 路不同的较低电压送至室内机主板。

变压器二次绕组白-白引线输出约交流 14V 电压，经 PTC 电阻 RT2 限流后，送至由 D394～D397 共 4 个二极管组成的桥式整流电路，变为约 17V 脉动直流电（含有交流成分），经电容 C420 滤波，滤除其中的交流成分，成为纯净直流电送至 7812 稳压块 V390 的①脚输入端，经 7812 稳压块内部电路稳压后由③脚输出稳定的直流 12V 电压，为主板继电器和反相驱动器供电；直流 12V 的一个支路送至 7805 稳压块 V391 的①脚输入端，经 7805 稳压块内部电路稳压后由③脚输出稳定的直流 5V 电压，为主板和显示板的 CPU 等弱信号电路供电。

变压器二次绕组黄-黄引线输出约交流 15V 电压，经 D390～D393 整流、C390 滤波，成为纯净的约直流 19V 电压，送至 7812 稳压块 V392 的①脚输入端，经 7812 稳压块内部电路稳压后由③脚输出稳定的直流 12V 电压，为显示板的上下步进电机和左右步进电机电路供电。

说明：直流 12V 支路中 7812 稳压块 V390、V392 的②脚地，和直流 5V 支路中 7805 稳压块 V391 的②脚地直接相连，即直流 12V 和 5V 电压负极为同一电位。

表 2-1　电源电路关键点电压

一次绕组	二次绕组白-白引线	V390①脚	V390③脚	V391①脚	V391③脚	二次绕组黄-黄引线	V392①脚	V392③脚
AC 224V	AC 14.1V	DC 17.6V	DC 12V	DC 12V	DC 5V	AC 14.9V	DC 19.4V	DC 12V

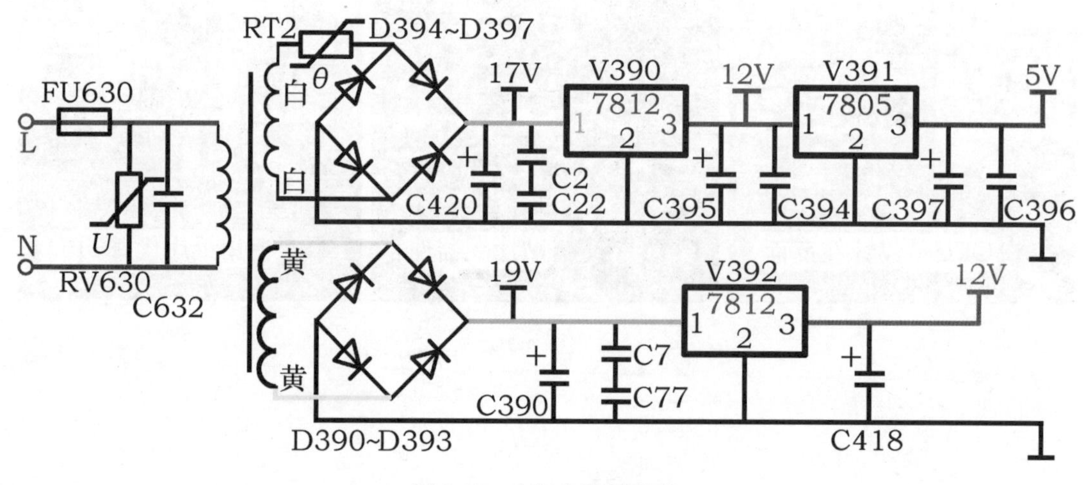

图 2-10　电源电路原理图

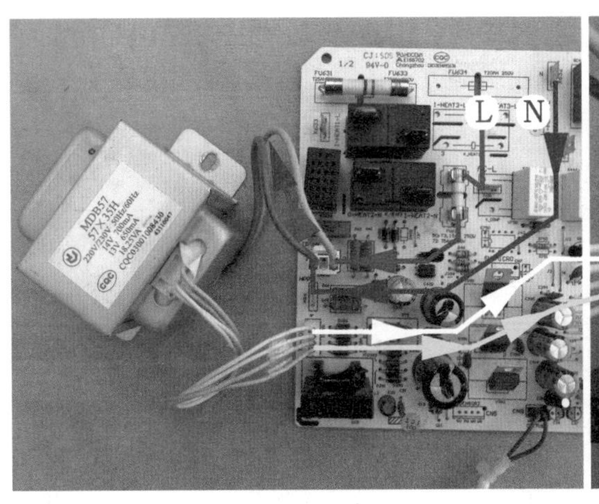

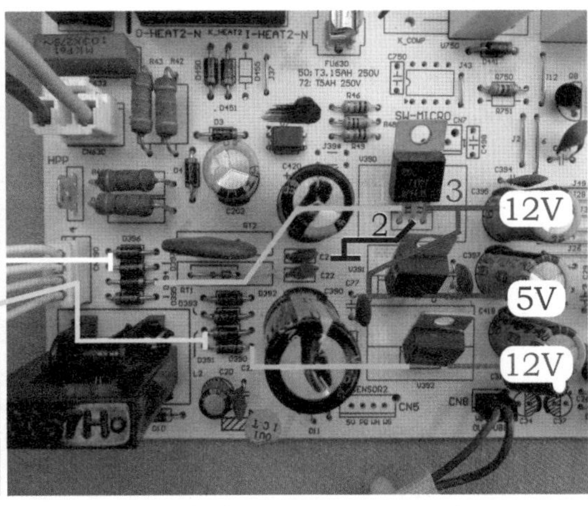

图 2-11　电源电路实物图

二、CPU 三要素和通信电路

1. CPU 三要素电路

CPU 是一个大规模的集成电路，是整个电控系统的控制中心，其内部写入了运行程序（或工作时调取存储器中的程序）。同时 CPU 是主板或显示板上体积最大、引脚最多的器件。现在主板 CPU 的引脚功能都是空调器厂家结合软件来确定的，也就是说同一型号的 CPU 在不同空调器厂家主板上引脚作用是不一样的。

（1）显示板 CPU 主要引脚功能

本机显示板 CPU 使用东芝芯片，型号为 TMP89FM42UG，显示板代号为 U1，为贴片器件共有 44 个引脚，分为 4 面引出，主要引脚功能见表 2-2。

表 2-2　显示板 CPU 主要引脚功能

三要素电路	⑤：电源	①：地	⑧：复位	②-③：晶振	
通信电路	㉝：信号输入	㉞：信号输出	存储器电路	⑮：数据	⑯：时钟
输入电路	⑩：遥控	㉑-㉒：按键			
输出电路	⑩-㊴：蜂鸣器	⑲-⑱-⑰-⑭：左右步进电机		㊶-㊷-㊸-㊹：上下步进电机	
	㉓-㉔-㉕-㉖-㉗-㉘-㉙-㉚：指示灯正极			㉛-㉜-㉟-㊱-㊲：指示灯负极	

（2）显示板 CPU 三要素电路工作原理

显示板 CPU 三要素电路原理图见图 2-12 左图，实物图见图 2-12 右图，关键点电压见表 2-3。

电源、复位和晶振电路称为 CPU 三要素电路，是 CPU 正常工作的必要条件。电源电路提供工作电压，复位电路将内部程序处于初始状态，晶振电路提供时钟频率。

电源电路：CPU⑤脚是电源引脚，由 7805 的③脚输出端直接供给。滤波电容 C21、C25 的作用是使 5V 供电更加纯净和平滑。

复位电路：CPU⑧脚为复位引脚，初始上电时 5V 电压通过电阻 R122 为电容 C120 充电，正极电压由 0V 逐渐上升至 5V，因此 CPU⑧脚电压、相对于电源⑤脚要延时一段时间（一般为几十毫秒），将 CPU 内部程序清零，对各个端口进行初始化。

晶振电路：也称为时钟电路，为 CPU 提供时钟频率。CPU②脚、③脚为晶振引脚，内部电路与外围元器件 B700（晶振）、电阻 R701 组成时钟电路，提供 4MHz 稳定的时钟频率，使 CPU 能够连续执行指令。

表 2-3 显示板 CPU 三要素电路关键点电压

⑤脚：电源	①脚：地	⑧脚：复位	②脚：晶振	③脚：晶振
5V	0V	5V	2.2V	2.3V

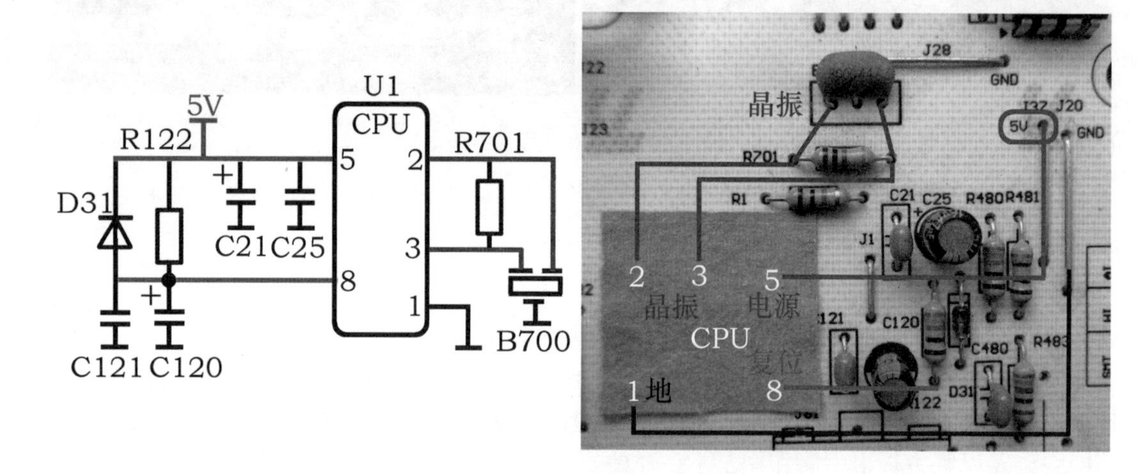

图 2-12 显示板 CPU 三要素电路原理图和实物图

(3) 主板 CPU 主要引脚功能

本机主板 CPU 也使用东芝芯片，型号为 TMP89FM42UG，和显示板 CPU 相同。经过厂家结合软件修改后，主板 CPU 除三要素引脚功能相同外，其他引脚功能均与显示板 CPU 不相同，主要引脚功能见表 2-4。

表 2-4 主板 CPU 主要引脚功能

三要素电路	⑤：电源	①：地	⑧：复位	②-③：晶振	
通信电路	㊷：信号输入	㊶：信号输出			
输入电路	㉑：室内环温	㉑：室内管温	㉒：室外管温	㉖：电流检测	⑥：高压保护
输出电路	室内风机	⑲：超强	⑪：高风	⑭：中风	⑰：低风
	㊹：辅助电加热器	㉟：压缩机	㊱：室外风机	㉘：四通阀线圈	

(4) 主板 CPU 三要素电路工作原理

主板 CPU 三要素电路原理图见图 2-13 左图，实物图见图 2-13 右图。

由于 CPU 型号和显示板 CPU 相同，因此其工作原理和关键点电压也相同，参见显示板 CPU 工作原理。

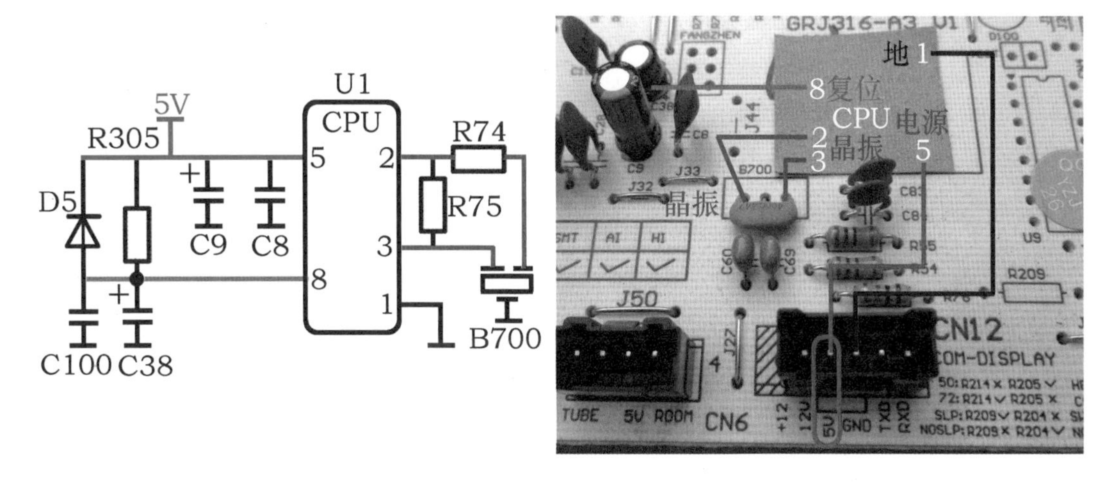

图 2-13　主板 CPU 三要素电路原理图和实物图

2. 通信电路

（1）连接线

见图 2-14，显示板和主板使用 1 束 5 根的连接线连接，引线标识分别为 12V、GND（地）、5V、TXD（信号输出或发送数据）、RXD（信号输入或接收数据）。其中 12V、GND、5V 为供电，由主板输出、为显示板提供电源；TXD、RXD 为数据传送，显示板 TXD 对应连接主板 RXD、显示板 RXD 对应主板 TXD，即显示板 CPU 发送的数据直接送至主板 CPU 的接收端，主板 CPU 发送的数据直接送至显示板 CPU 的接收端。

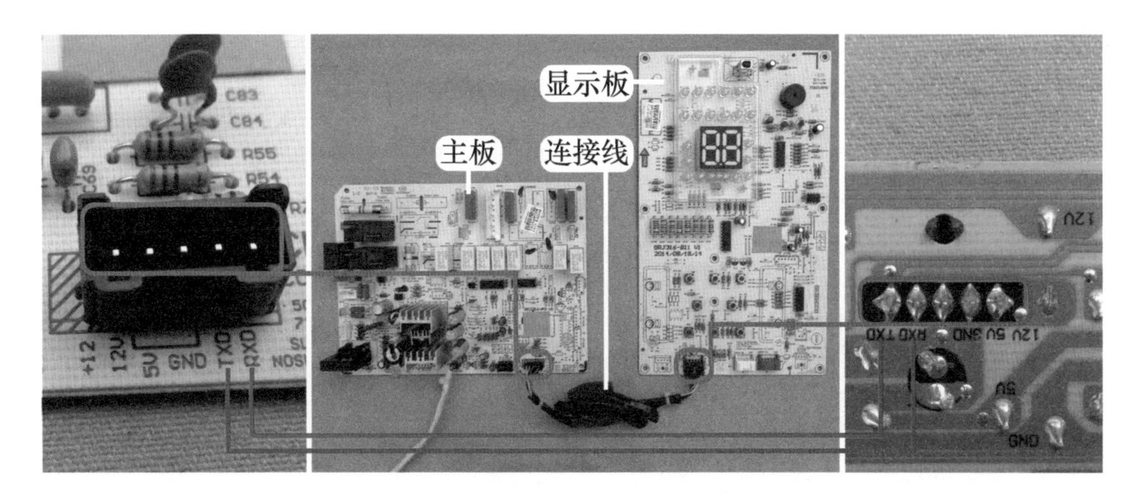

图 2-14　通信电路连接线

（2）工作原理

通信电路原理图见图 2-15，实物图见图 2-16，关键点电压见表 2-5。

当主板 CPU 需要将当前的数据（比如室内环温和管温、高压压力开关状态等）向显示板 CPU 发送时，其㊶脚输出信号经电阻 R54、主板 TXD 端子、连接线中棕线、显示板 RXD 端子、电阻 R99 至显示板 CPU㉝脚，显示板 CPU 经内部电路计算得出主板 CPU 发送的数据内容，经处理后在显示屏显示数码等。

当显示板 CPU 需要将当前的数据（比如接收遥控器的设定温度、存储器存储的数值等）向主板 CPU 发送时，其㉞脚输出信号经电阻 R100、显示板 TXD 端子、连接线中红线、主板 RXD 端子、电阻 R55 至主板 CPU㊷脚，主板 CPU 经内部电路计算得出显示板 CPU 发送的数据内容，经处理后控制室内风机或室外机负载等。

主板 CPU 和显示板 CPU 通过通信电路进行数据交换，实时得出空调器当前的工作状态，从而对电控系统进行控制。

表 2-5　通信电路关键点电压

主板 TXD-显示板 RXD-棕线	主板 RXD-显示板 TXD-红线
3.8～5V	3.8～5V

图 2-15　通信电路原理图

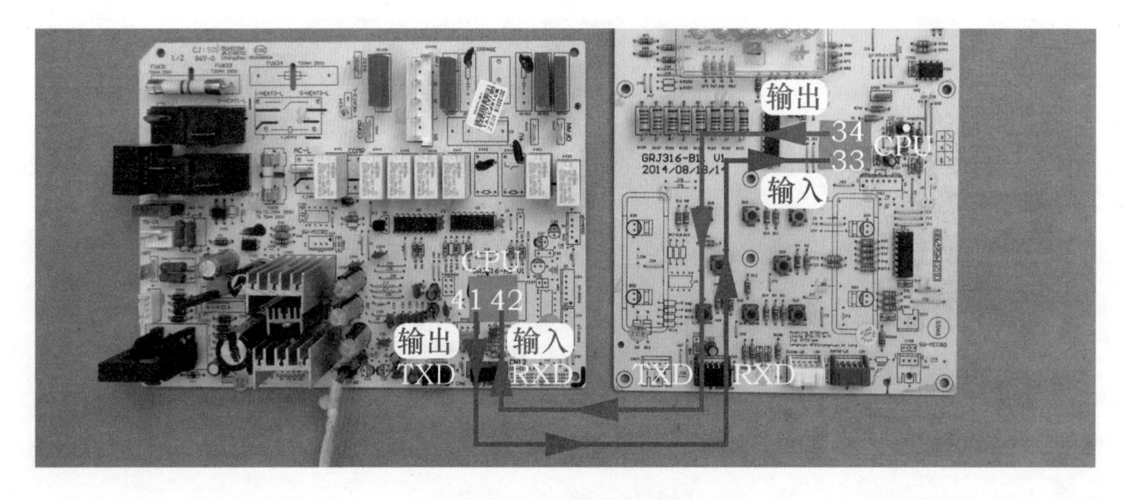

图 2-16　通信电路实物图

三、输入部分电路

1. 存储器电路

存储器电路位于显示板，电路原理图见图 2-17 左图，实物图见 2-17 右图，关键点电压见表 2-6，作用是向 CPU 提供工作时所需要的数据。

本机存储器型号为24C04，通信过程采用I^2C总线方式，即IC与IC之间的双向传输总线，它有两条线：串行时钟（SCL）线和串行数据（SDA）线。时钟线传递的时钟信号由CPU输出，存储器只能接收；数据线传送的数据是双向的，CPU可以向存储器发送信号，存储器也可以向CPU发送信号。

表2-6　存储器电路关键点电压

24C04存储器引脚				CPU引脚	
①-②-③-④-⑦脚	⑧脚	⑤脚	⑥脚	⑮脚	⑯脚
0V	5V	5V	5V	5V	5V

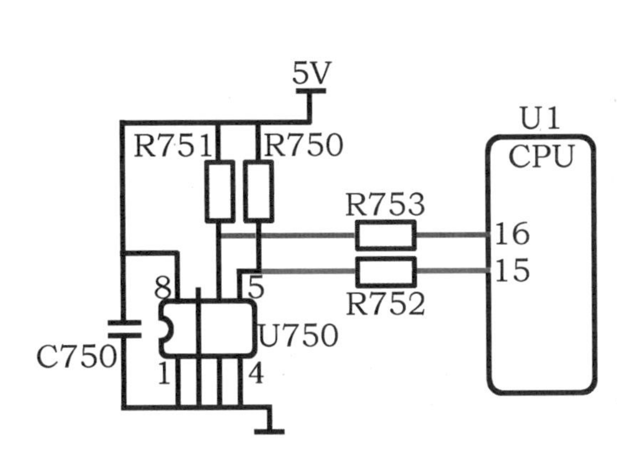

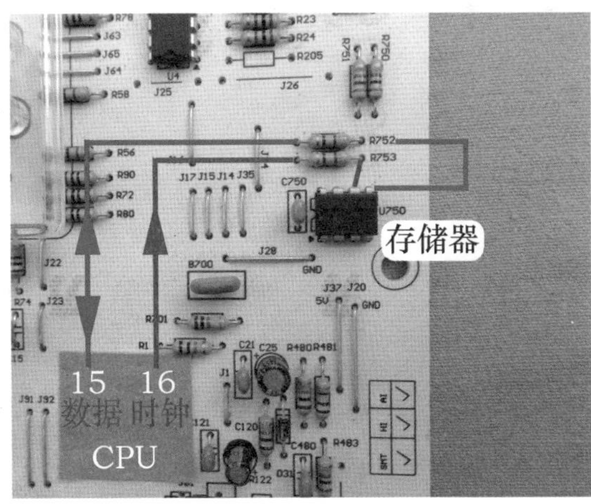

图2-17　存储器电路原理图和实物图

2. 接收器电路

接收器电路位于显示板，电路原理图见图2-18，实物图见图2-19，关键点电压见表2-7，作用是接收遥控器发送的红外线信号、处理后送至CPU引脚。

遥控器发射含有经过编码的调制信号以38kHz为载波频率，发送至位于显示板上的接收器REC480，REC480将光信号转换为电信号，并进行放大、滤波和整形，经电阻R481和R483送至CPU⑩脚，CPU内部电路解码后得出遥控器的按键信息，从而对电路进行控制；CPU每接收到遥控信号后会控制蜂鸣器响一声给予提示。

接收器在接收到遥控信号时，信号引脚由静态电压5V会瞬间下降至约3V，然后再迅速上升至静态电压。遥控器发射信号时间约1s，接收器接收到遥控信号时信号引脚电压也有约1s的时间瞬间下降。

表2-7　接收器电路关键点电压

	接收器信号引脚电压	CPU⑩脚电压
遥控器未发射信号	4.96V	4.96V
遥控器发射信号	约3V	约3V

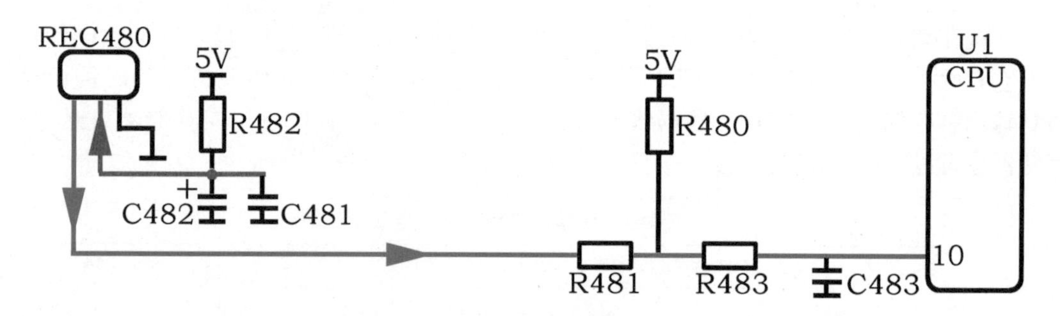

图 2-18　接收器电路原理图

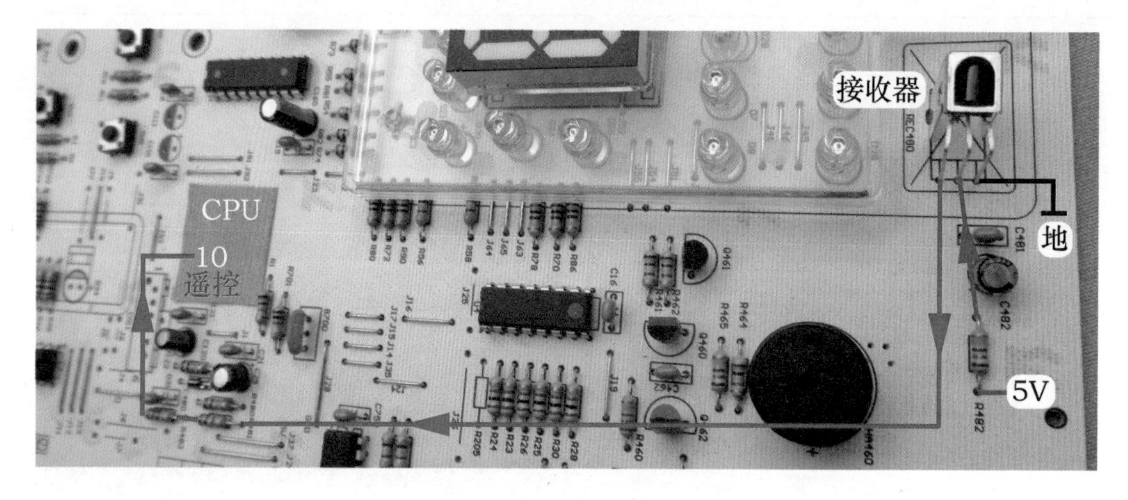

图 2-19　接收器电路实物图

3. 按键电路

（1）显示屏面板按键

本机显示屏面板分为显示屏和按键两个区域，见图 2-20，其中按键区域共设有 8 个按键，显示板也设有 8 个按键，两者一一对应。

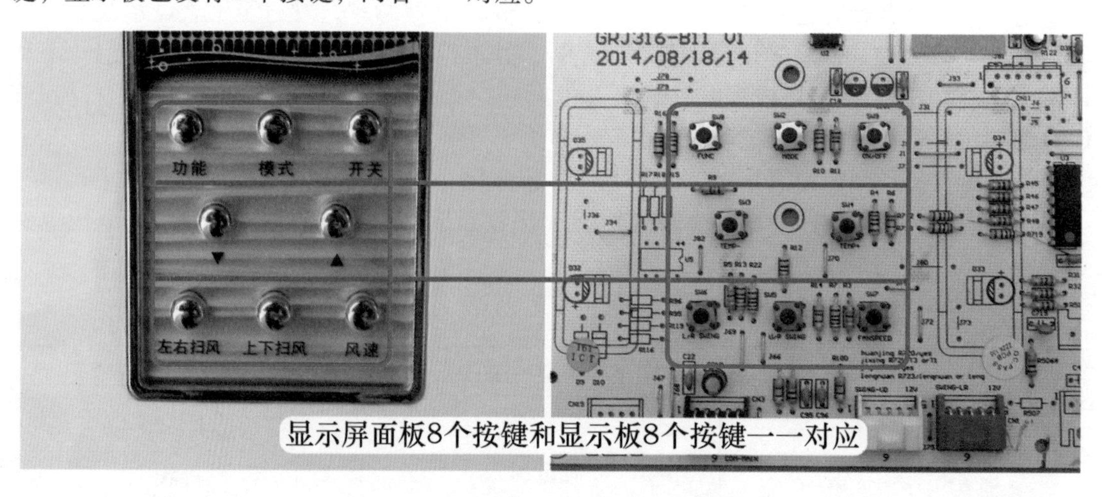

图 2-20　显示屏面板和显示板按键相对应

（2）工作原理

按键电路位于显示板，电路原理图见图 2-21，实物图见图 2-22，按键状态与 CPU 引脚电压对应关系见表 2-8。

显示面板功能按键设有 8 个，而 CPU 只有㉑脚、㉒脚共 2 个引脚检测按键，每个引脚负责 4 个按键，基本的工作原理为分压电路，上分压电阻为 R22/R7，按键和串联电阻为下分压电阻，CPU㉑脚、㉒脚根据电压值判断按下按键的功能，从而对整机进行控制。

例如，当开关 SW9 的 ON/OFF 按键按下时，上分压电阻为 R7，下分压电阻为R3 + R12 + R6 + R4 + R10 + R11，CPU㉒脚电压为 5 ×［下分压电阻阻值/（上分压电阻阻值 + 下分压电阻阻值）］ = 5 ×（330 + 330 + 510 + 1200 + 1500 + 150）/（5100 + 330 + 330 + 510 + 1200 + 1500 + 150） V ≈ 2. 2V，CPU 通过计算，得出“开关”键被按压一次，根据状态进行控制：如当前为运行状态，则控制空调器关机；如当前为待机状态，则控制空调器开机运行。

表 2-8　按键状态与 CPU 引脚电压对应关系

中文名称	英文符号	板号	按下时 CPU ㉑脚电压	中文名称	英文符号	板号	按下时 CPU ㉒脚电压
左右扫风	L/R SWING	SW6	0. 3V	上下扫风	U/P SWING	SW5	0. 3V
风速	FANSPEED	SW7	0. 9V	温度上调	TEMP +	SW4	0. 9V
功能	FUNC	SW8	1. 6V	模式	MODE	SW2	1. 6V
温度下调	TEMP-	SW3	2. 2V	开关	ON/OFF	SW9	2. 2V

注：按键均未按下时，CPU㉑脚、㉒脚电压为直流 5V。

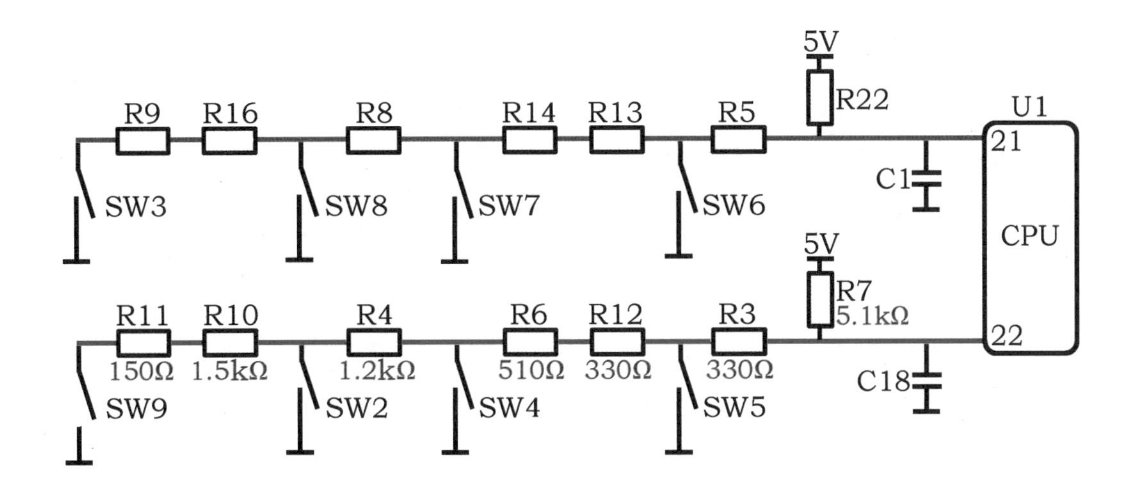

图 2-21　按键电路原理图

图 2-22 按键电路实物图

4. 传感器电路

(1) 传感器数量

本机设有 3 个传感器，见图 2-23，即室内环温（ROOM）传感器、室内管温（TUBE）传感器和室外管温（OUTTUBE）传感器，其中室内环温和室内管温传感器共用一个插头，室外管温传感器通过对接插头连接。

室内环温传感器向 CPU 提供房间温度，与遥控器设定温度相比较，控制空调器的运行与停止；室内管温传感器向 CPU 提供蒸发器温度，在制冷系统进入非正常状态时保护停机；室外管温传感器向 CPU 提供冷凝器温度，通常用于组成制热模式时除霜的进入和退出条件。

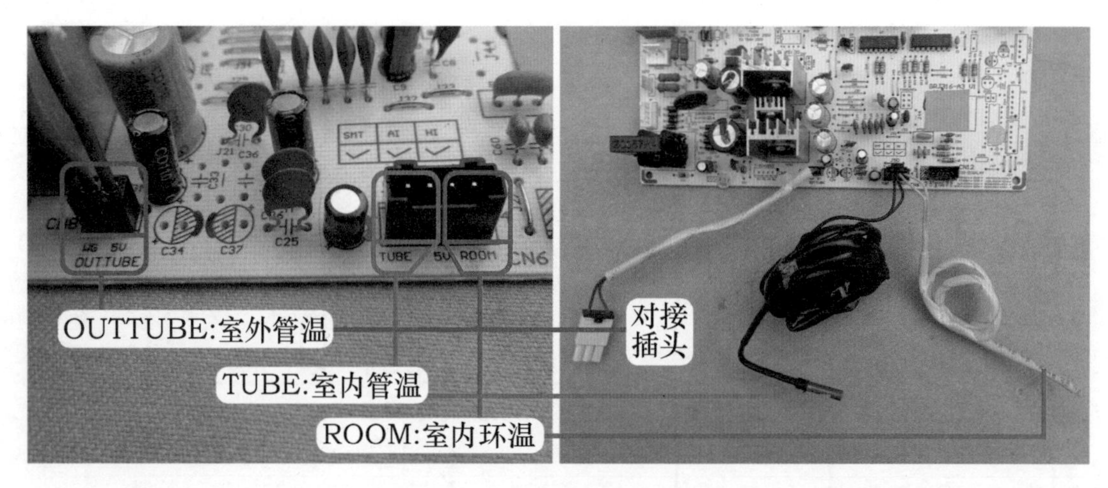

图 2-23 传感器和插座

(2) 工作原理

传感器电路位于主板，电路原理图见图 2-24，实物图见图 2-25。室内环温、室内管温、室外管温3路传感器电路工作原理相同，以室内环温（ROOM）传感器为例介绍工作原理。

室内环温传感器（负温度系数热敏电阻）和电阻R59（15kΩ）组成分压电路，R59两端电压即CPU㉑脚电压的计算公式为5×R59/(环温传感器阻值+R59)；室内环温传感器阻值随房间温度的变化而变化，CPU㉑脚电压也相应变化。室内环温传感器在不同的温度有相应的阻值，CPU㉑脚有相应的电压值，室内房间温度与CPU㉑脚电压为成比例的对应关系，CPU根据不同的电压值计算出实际房间温度。

格力空调器的室内环温传感器使用25℃/15kΩ型，25℃时阻值为15kΩ，其温度阻值与CPU㉑脚电压对应关系见表2-9；室内管温和室外管温传感器使用25℃/20kΩ型，25℃时阻值为20kΩ，其温度阻值与CPU㉒脚、㉕脚电压对应关系见表2-10。

表2-9　室内环温传感器温度阻值与CPU引脚电压对应关系

温度/℃	-10	0	5	15	25	30	50	60	70
阻值/kΩ	82.7	49	38.1	23.6	15	12.1	5.4	3.7	2.6
CPU㉑脚电压/V	0.77	1.17	1.41	1.94	2.5	2.77	3.67	4	4.26

表2-10　室内管温-室外管温传感器温度阻值与CPU引脚电压对应关系

温度/℃	-10	0	5	15	25	30	50	60	70
阻值/kΩ	110.3	65.3	50.8	31.5	20	16.1	7.2	4.9	3.5
CPU㉒脚、㉕脚电压/V	0.77	1.17	1.41	1.94	2.5	2.77	3.67	4	4.26

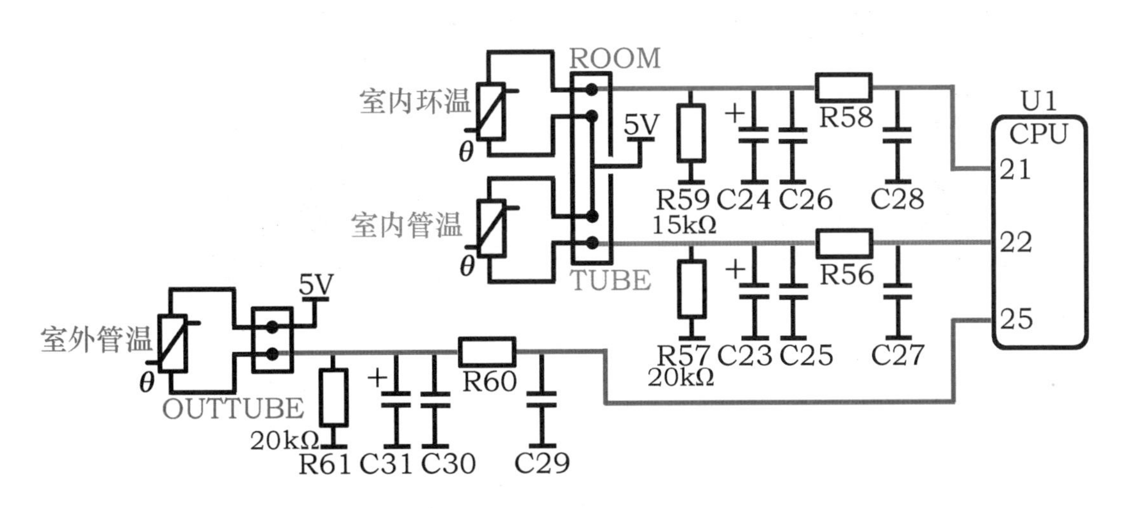

图2-24　传感器电路原理图

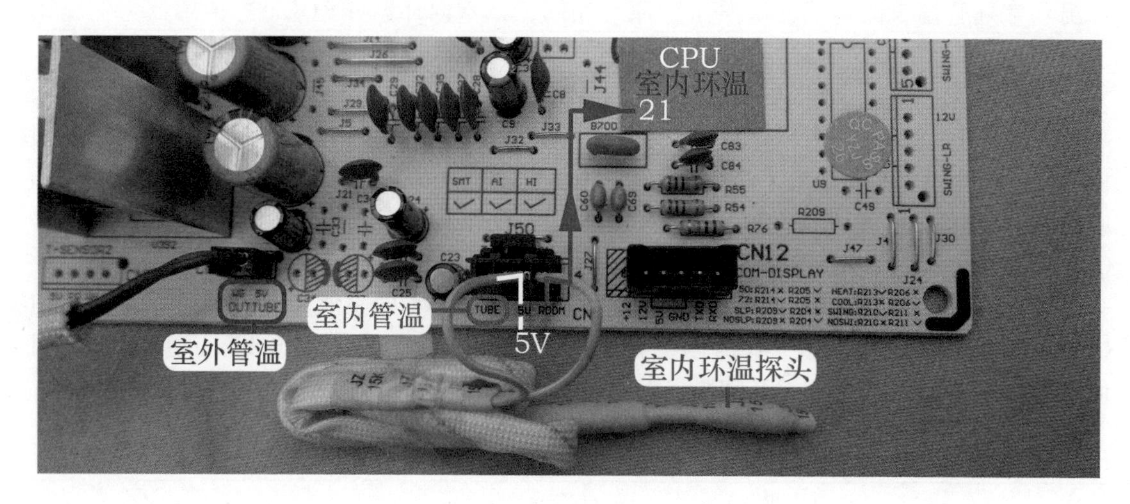

图 2-25 传感器电路实物图

5. 电流检测电路

(1) 电流互感器

见图 2-26，电流互感器其实也相当于一个变压器，一次绕组为在中间孔穿过的电源引线（通常为压缩机引线），二次绕组安装在互感器上。

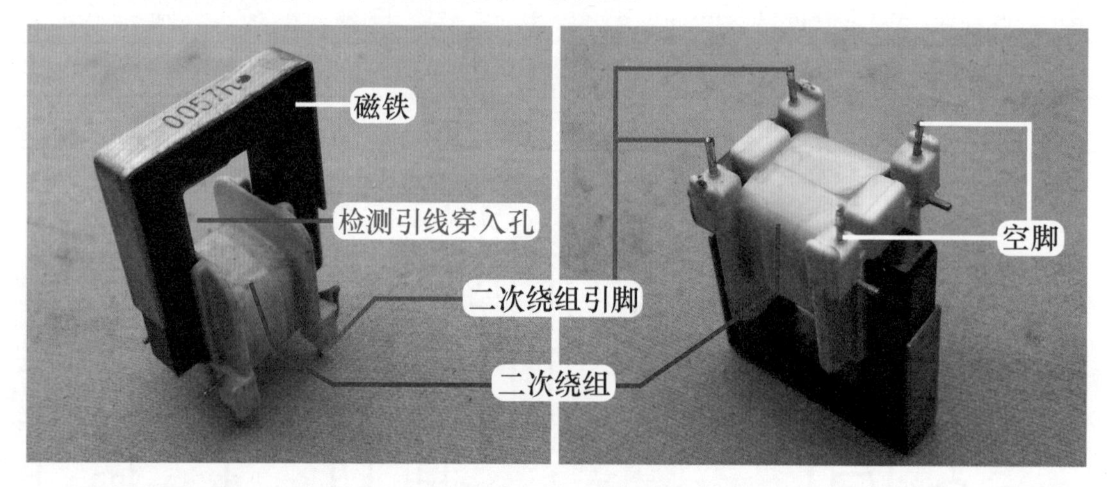

图 2-26 电流互感器

在室内机接线端子中，见图 2-27，有 1 根较粗的引线连接 L 端子和 2 号端子，引线较长，可以穿入主板上电流互感器中间孔，使主板 CPU 可以检测 2 号端子的实时电流，而 2 号端子上方引线为室内机主板供电，下方引线去室外机的接线端子上连接交流接触器输入端为压缩机供电，说明主板 CPU 检测整机运行电流（不包括辅助电加热器电流）。

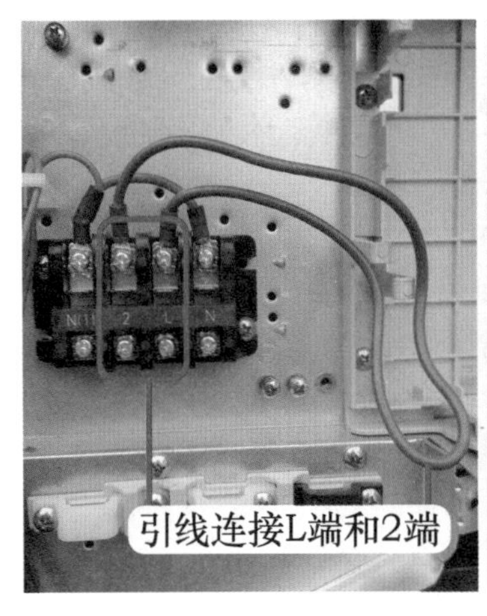

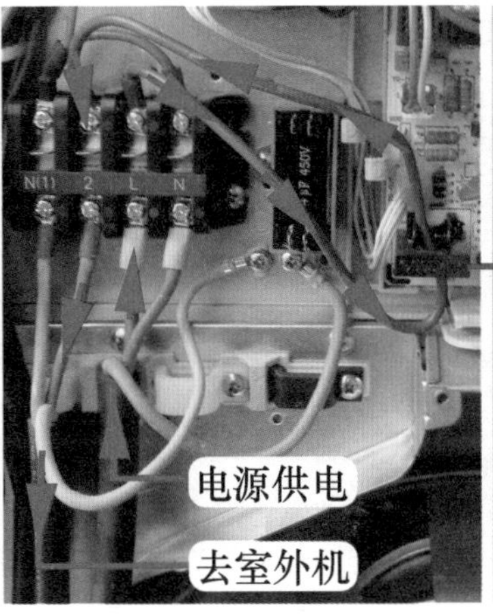

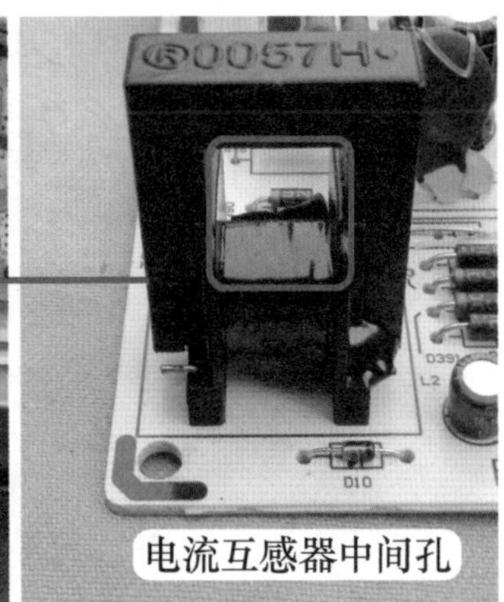

图 2-27　检测相线

(2) 工作原理

电流检测电路位于主板，电路原理图见图 2-28，实物图见图 2-29，整机运行电流与 CPU 引脚电压对应关系见表 2-11。

当接线端子 2 号端子引线（相当于一次绕组）有电流通过时，电流互感器 L2 在二次绕组感应出成比例的电压，经 D10 整流、C20 滤波、R51 和 R52 分压，由 R53 送至 CPU㉖脚（电流检测引脚）。CPU㉖脚根据电压值计算出整机实际运行电流值，再与内置数据相比较，即可计算出整机运行电流工作是否正常，从而进行控制。

表 2-11　整机运行电流与 CPU 引脚电压对应关系

整机电流/A	0.48	1.1	2.8	4.8	7.8	10	13.4	16.1	20.7	25.6
L2 电压/AC V	0.13	0.27	0.69	1.43	2.33	2.8	4	4.84	6.2	7.3
CPU 电压/DC V	0.03	0.17	0.27	0.59	1.1	1.72	2.1	2.6	3.42	4.24

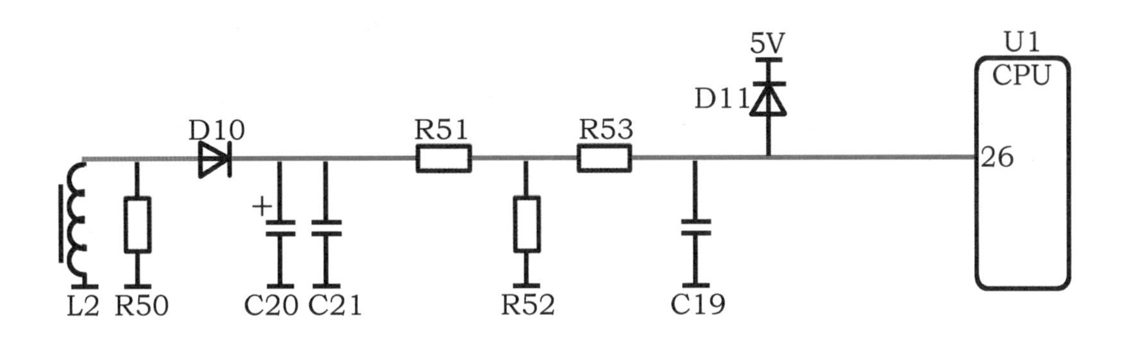

图 2-28　电流检测电路原理图

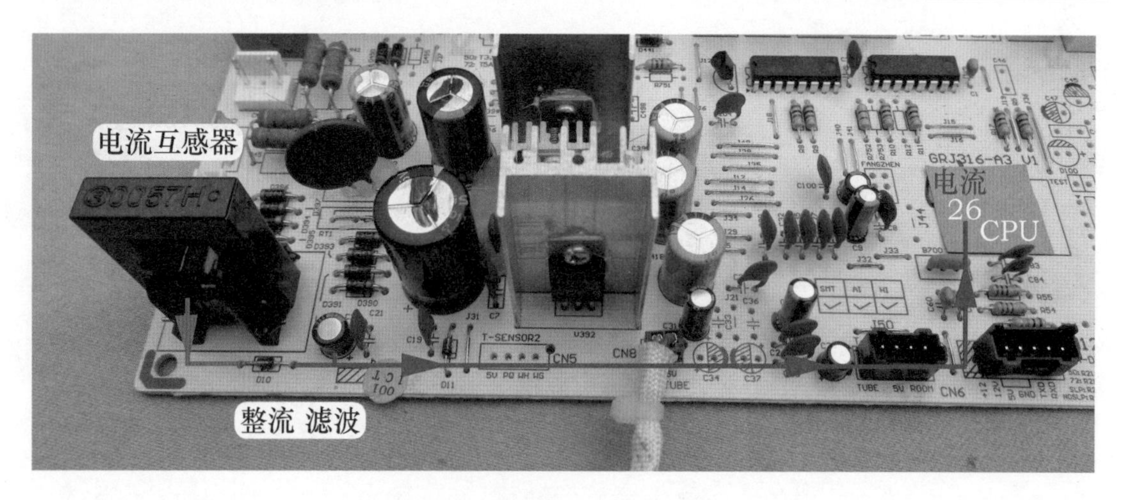

图 2-29 电流检测电路实物图

6. 高压保护电路

目前的3P空调器通常情况下室外机不设高压压力保护装置，但由于本机使用新型制冷剂R32为可燃无气味，且在一定的条件下能燃烧爆炸，为保证安全，增加高压压力开关，并在主板设有相关电路。

（1）高压压力开关

安装位置和实物外形见图2-30，压力开关（压力控制器）是将压力转换为触点接通或断开的器件，高压压力开关的作用是检测压缩机排气管的压力。本机使用型号为YK-4.4/3.8的高压压力开关，动作压力为4.4MPa、恢复压力为3.8MPa，即压缩机排气管压力高于4.4MPa时压力开关的触点断开、低于3.8MPa时压力开关的触点闭合。

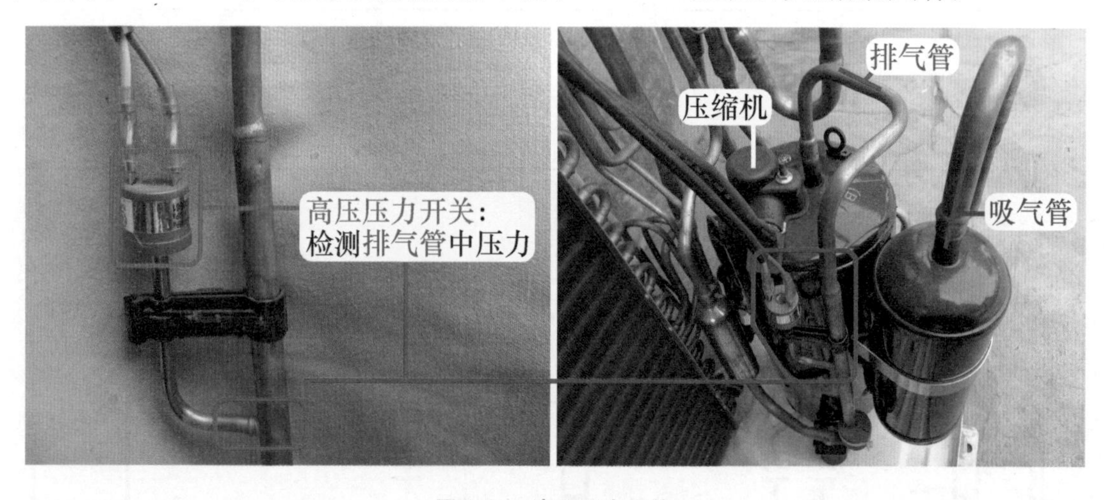

图 2-30 高压压力开关

（2）工作原理

高压压力开关电路位于主板，电路原理图见图2-31，实物图见2-32，电路电压与整机状态的对应关系见表2-12，由室外机高压压力开关、室内外机连接线和主板组成。

空调器上电后，室外机高压压力开关的触点处于闭合状态。室外机接线端子上N

端（蓝线）接高压压力开关，另一端（黄线）经室内外机连接线中的黄线送至主板上HPP端子（黄线），此时为零线N，与主板L端形成交流220V，经电阻R43、R42、R44、R45降压、二极管D3整流、电容C4滤波，在光耦合器U7初级侧形成约直流1.1V电压，U7内部发光二极管发光，次级侧光敏晶体管导通，5V电压经电阻R48、U7次级侧送到CPU⑥脚，为高电平约直流4.6V，CPU根据高电平4.6V判断高压保护电路正常，处于待机状态。

待机或开机状态下由于某种原因引起高压压力开关触点断开，即N端零线开路，主板HPP端子与L端不能形成交流220V电压，光耦合器U7初级侧电压约直流0.8V，U7初级侧发光二极管不能发光，次级侧断开，5V电压经电阻R48断路，CPU⑥脚经电阻R49接地为低电平约0V，CPU根据低电平0V判断高压保护电路出现故障，3s后立即关闭所有负载，报出E1的故障代码，指示灯持续闪烁。

表2-12 高压保护电路电压与整机状态的对应关系

高压压力开关触点状态	主板HPP与L端电压	U7初级侧电压	U7次级侧状态	CPU⑥脚电压	整机状态
闭合	AC 220V	DC 1.1V	导通	DC 4.6V	正常
断开	AC 0V	DC 0.8V	断开	DC 0V	E1

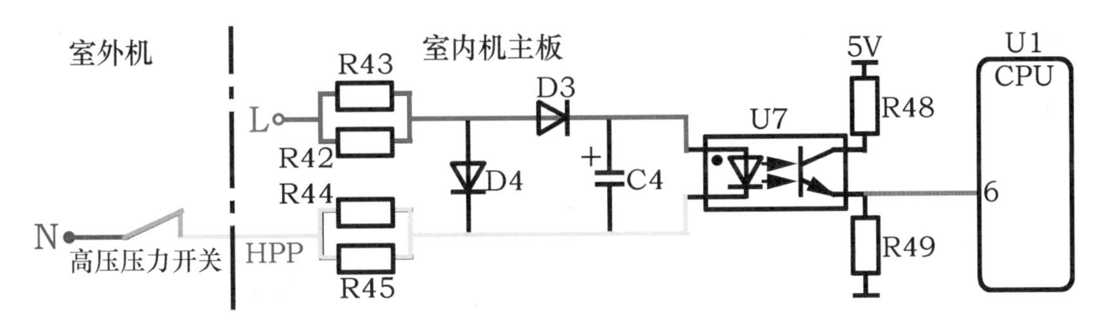

图2-31 高压保护电路原理图

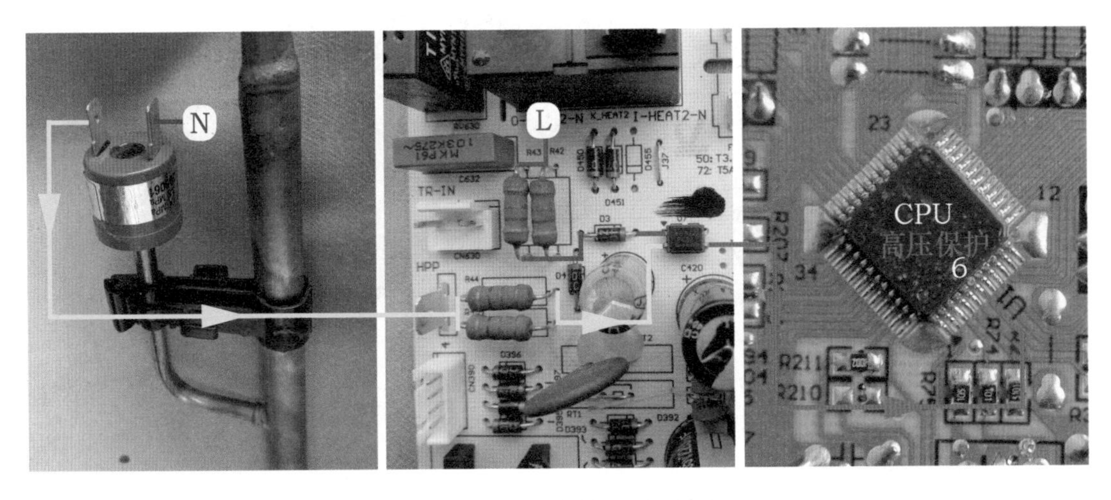

图2-32 高压保护电路实物图

四、输出部分电路

1. 蜂鸣器电路

蜂鸣器电路位于显示板，电路原理图见图 2-33，实物图见图 2-34，电路作用主要是提示已接收遥控信号或按键信号，并且已处理。本机使用蜂鸣器发出的声音为和弦音，而不是单调“滴”的一声。

CPU 设有 2 个引脚（㊴脚、㊵脚）输出信号，经过 Q460、Q462、Q461 共 3 个晶体管放大后，驱动蜂鸣器发出预先录制的声音。

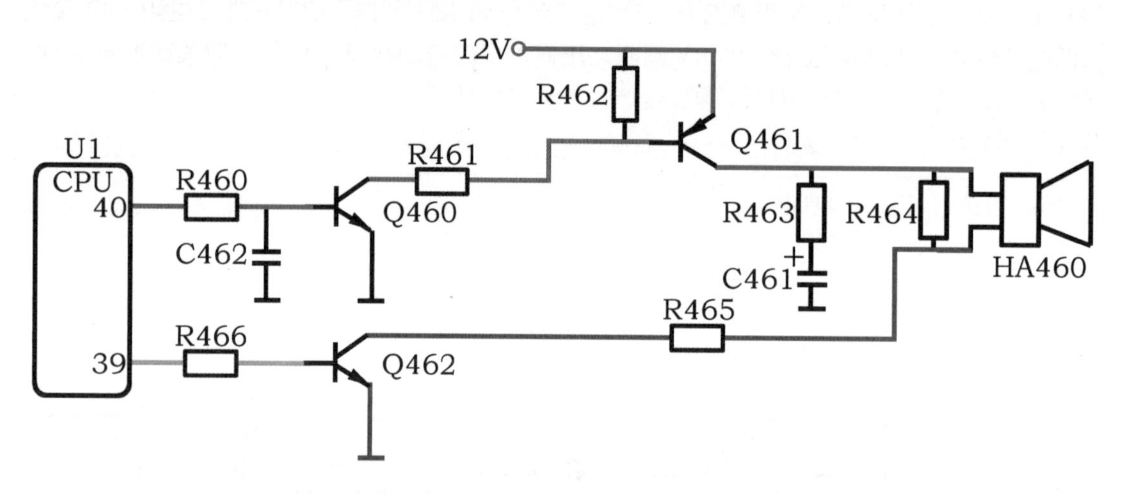

图 2-33　蜂鸣器电路原理图

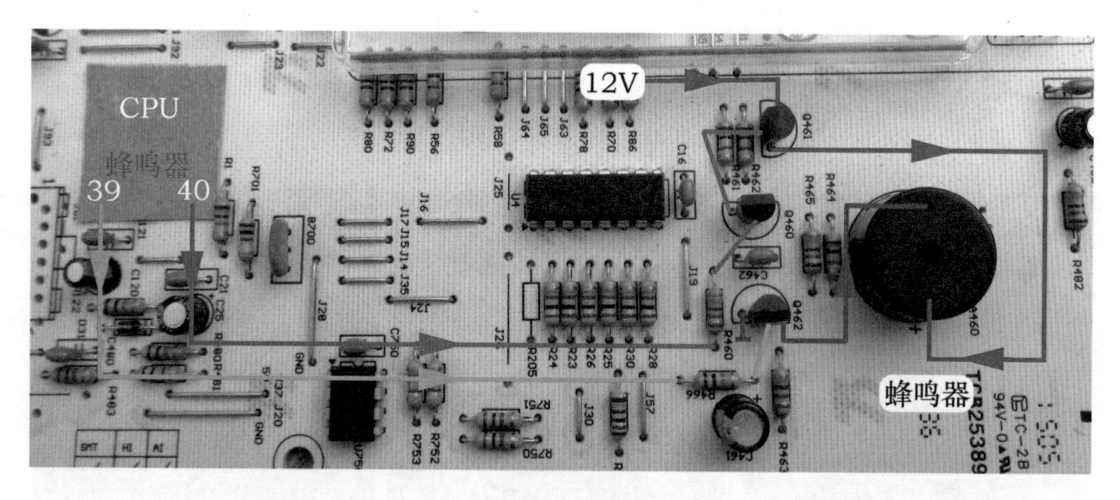

图 2-34　蜂鸣器电路实物图

2. 步进电机驱动电路

（1）驱动方式

早期空调器室内机使用交流 220V 供电的同步电机驱动左右风门叶片转动，上下风门叶片为手动旋转。本机上下风门叶片和左右风门叶片均为自动转动，见图 2-35，且使用由直流 12 供电的步进电机（即上下步进电机和左右步进电机）驱动。

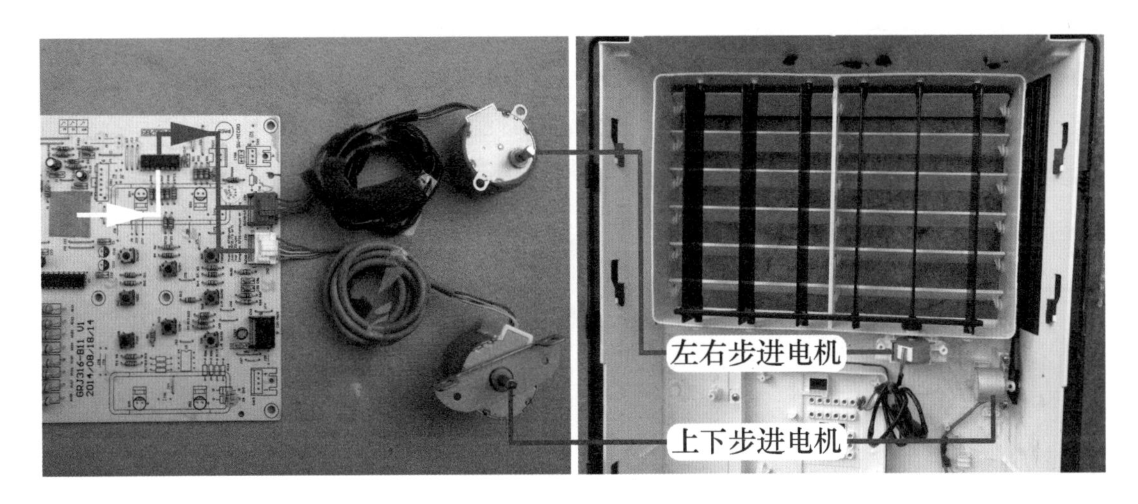

图 2-35　步进电机驱动方式

（2）工作原理

步进电机驱动电路位于显示板，电路原理图见图 2-36，实物图见图 2-37，CPU 引脚电压与步进电机状态对应关系见表 2-13，作用是驱动步进电机转动。上下步进电机和左右步进电机工作原理相同，以左右步进电机为例。

CPU⑲脚、⑱脚、⑰脚、⑭脚输出步进电机驱动信号，经电阻 R45 ~ R48 至反相驱动器 U3（2003）的输入端① ~ ④脚，U3 将信号放大后在⑯ ~ ⑬脚反相输出，驱动步进电机线圈，步进电机按 CPU 控制的角度开始转动，带动导风板左右转动，使房间内送风均匀，到达用户需要的地方。

步进电机线圈驱动方式为 4 相 8 拍，共有 4 组线圈，电机每转一圈需要移动 8 次。线圈以脉冲方式工作，每接收到一个脉冲或几个脉冲，电机转子就移动一个位置，移动距离可以很小。显示板 CPU 经反相驱动器反相放大后将驱动脉冲加至步进电机线圈，如供电顺序为 A-AB-B-BC-C-CD-D-DA-A…，电机转子按顺时针方向转动，经齿轮减速后传递到输出轴，从而带动导风板摆动；如供电顺序转换为 A-AD-D-DC-C-CB-B-BA-A…，电机转子按逆时针转动，带动导风板朝另一个方向摆动。

表 2-13　CPU 引脚电压与步进电机状态对应关系

CPU：⑲-⑱-⑰-⑭	U3：①-②-③-④	U3：⑯-⑮-⑭-⑬	左右步进电机状态
1.9V	1.2V	7.7V	运行
0V	0V	12V	停止

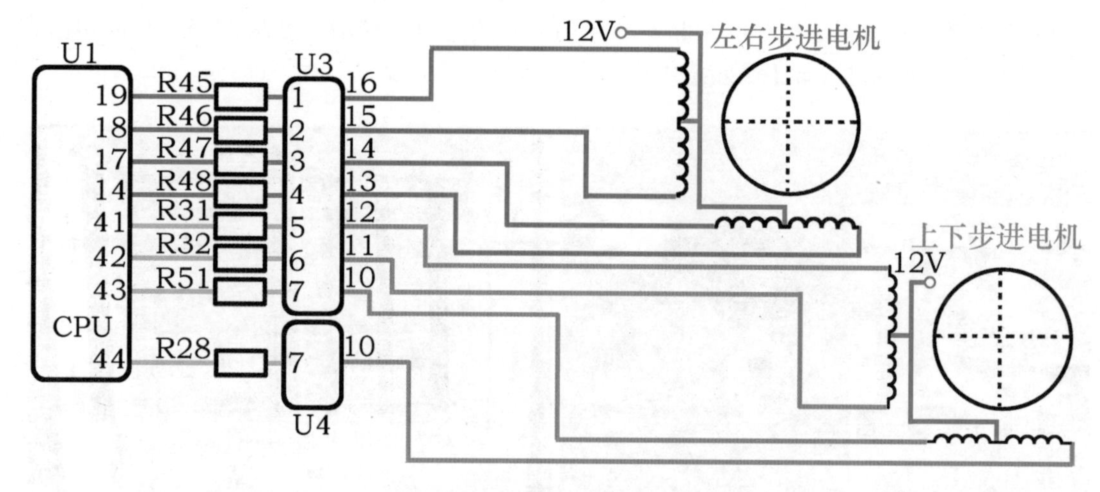

图 2-36　步进电机电路原理图

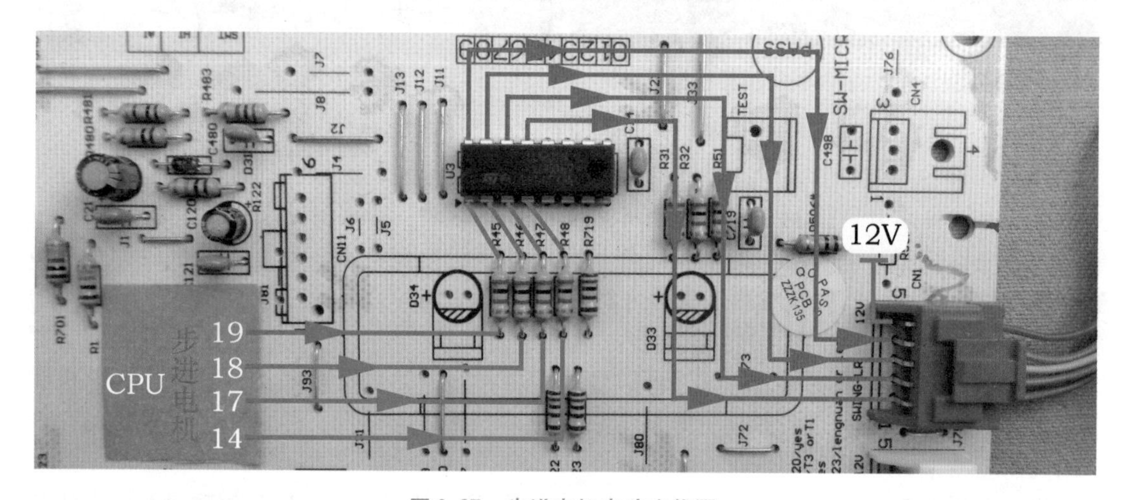

图 2-37　步进电机电路实物图

3. 显示屏电路

（1）显示方式

本机使用发光二极管（LED）大屏显示方式。见图 2-38，从正面看其使用文字图案 + LED 数码管组合的方式，但取下前面罩后检查显示板时，可发现全部使用 LED，即显示板 LED 和显示屏处的文字图案相对应，2 位数码管和显示窗口相对应。

见图 2-39 左图和中图，当空调器重新上电显示屏 CPU 复位时，会控制 LED 和 2 位数码管全亮显示，从室内机前方查看，文字图案 + 数码管也全亮显示。

当显示屏 CPU 根据遥控器指令或其他程序需要单独显示时，见图 2-39 右图，显示屏 CPU 会根据需要点亮 LED、2 位数码管显示字符。

（2）LED 数码管显示原理

1 位 LED 数码管由 8 个 LED 组成，7 个组成 7 笔字形“日”、1 个为小数点。主要分为共阴极接法和共阳极接法 2 大类，共阴极接法指 LED 的负极连在一起接电源负极，显示时高电平点亮；共阳极接法指 LED 的正极连在一起接电源正极，显示时其余引脚为低电平点亮。见图 2-40，本机使用 2 位 LED 数码管，共阴极接法。

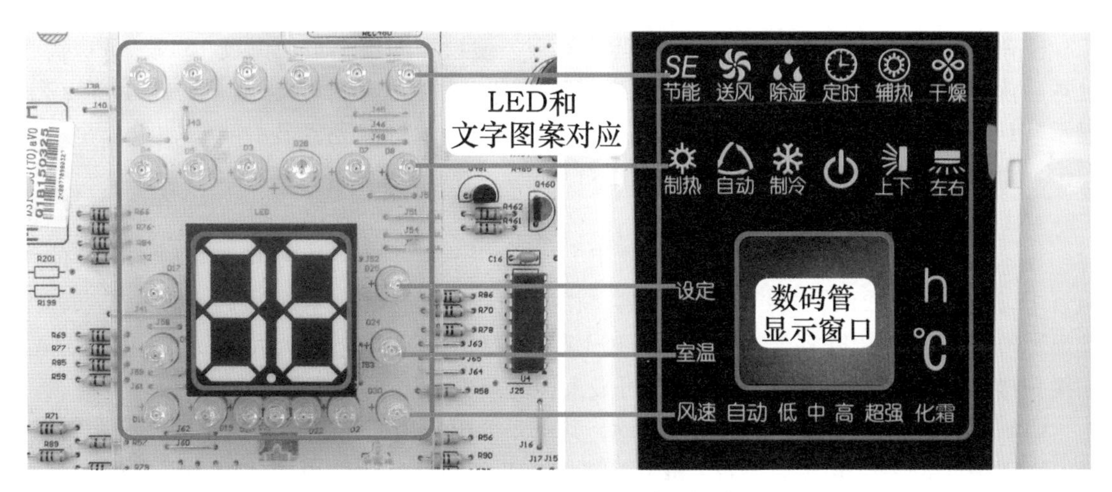

图 2-38　指示灯和文字图案相对应

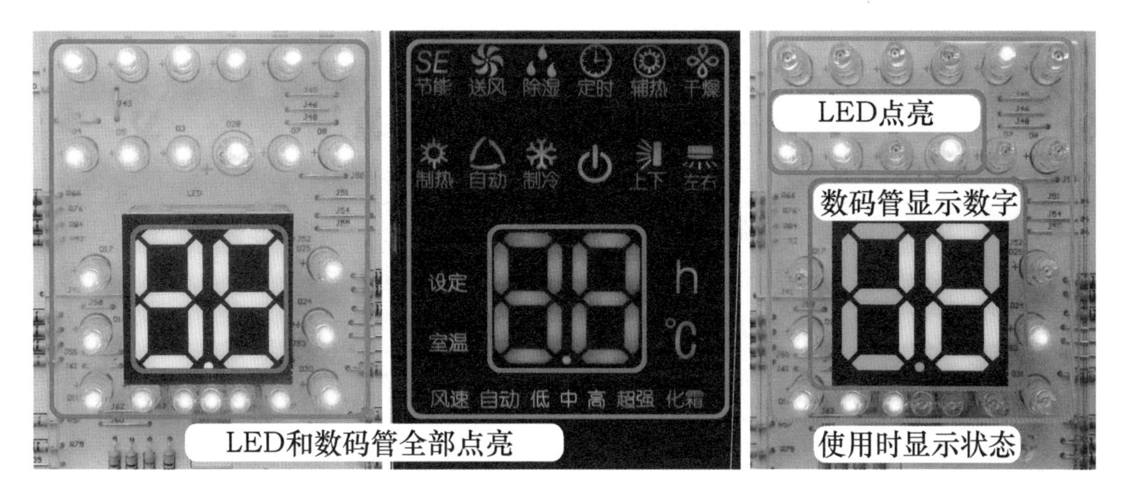

图 2-39　显示方式

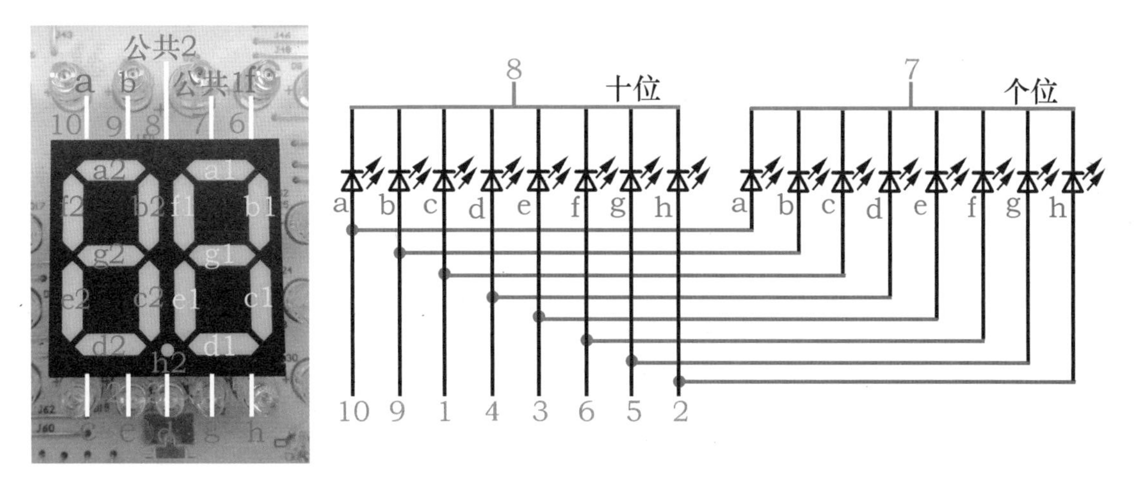

图 2-40　数码管显示原理

空调器使用时如果按压遥控器温度调节下键，使设定温度至最低温度16℃，CPU接收处理后使数码管⑦脚公共端1和⑧脚公共端2接地，十位数码管b2、c2段位指示灯点亮，显示“1”，个位数码管a1、f1、e1、d1、c1、g1段位指示灯点亮，显示“6”，组合显示为“16”，此时“设定”和“℃”对应的指示灯点亮，则同时显示为“设定16℃”。

（3）工作原理

显示屏电路位于显示板，由于全部使用LED作为显示光源，故LED数量较多，共使用24个指示灯、2位数码管共8个驱动引脚，相当于32个指示灯，控制电路也较为复杂，因此显示电路LED使用阵列连接方式，通过U2（KIP65783AP）阳极放大、U4（ULN2003A）阴极扫描来实现点亮和熄灭，此种方式可最大程度减少CPU的引脚数量。

CPU（U1）共使用13个引脚用来驱动，其中8个引脚用来控制LED的正极，见表2-14，经U2（KIP65783AP）电流放大后，每个引脚驱动4个LED正极；再使用5个引脚用来控制负极，见表2-15，经U4（ULN2003A）电流放大后，2个引脚驱动2位数码管2个公共端，3个引脚分别驱动8个LED负极。

说明：KIP65783AP为正相驱动器，即输入端为高电平时，其输出端为高电平；ULN2003A为反相驱动器，即输入端为高电平时，其输出端为低电平。

表2-14 CPU引脚与指示灯正极对应关系

CPU引脚	U2引脚	U2引脚	电阻	指示灯正极
㉓	①	⑱	R101	D1（R67）、D16（R75）、D24（R83）、LED-⑩（R91）
㉔	②	⑰	R102	D2（R68）、D17（R76）、D25（R84）、LED-⑨（R92）
㉕	③	⑯	R103	D3（R69）、D18（R77）、D26（R85）、LED-①（R59）
㉖	④	⑮	R104	D4（R70）、D19（R78）、D27（R86）、LED-④（R58）
㉗	⑤	⑭	R105	D5（R71）、D20（R79）、D29（R89）、LED-③（R57）
㉘	⑥	⑬	R106	D6（R72）、D21（R80）、D30（R90）、LED-⑥（R56）
㉙	⑦	⑫	R107	D7（R73）、D22（R81）、D28①、LED-⑤（R55）
㉚	⑧	⑪	R108	D8（R74）、D23（R82）、D28③、LED-②（R54）

表2-15 CPU引脚与指示灯负极对应关系

CPU引脚	电阻	U4引脚	U4引脚	指示灯负极
㉛	R30	⑥	⑪	D24、D25、D26、D27、D28、D29、D30
㉜	R26	④	⑬	D16、D17、D18、D19、D20、D21、D22、D23
㉟	R23	③	⑭	LED-⑦（个位公共端）
㊱	R24	②	⑮	LED-⑧（十位公共端）
㊲	R25	⑤	⑫	D1、D2、D3、D4、D5、D6、D7、D8

32个LED显示原理相同，以D30（对应的文字为“化霜”）为例，电路原理图和实物图见图2-41，当显示屏需要“化霜”点亮时，CPU㉘脚输出高电平、U2输入端⑥脚为高电

平、输出端⑬脚为高电平，经电阻 R106、R90 限流后至 D30 正极，同时 CPU㉛脚也输出高电平、U4 输入端⑥脚为高电平、输出端⑪脚为低电平，D30 两端具有电压差约直流 1.9V 而发光，显示屏“化霜”点亮；当需要 D30 熄灭时，CPU㉘脚、㉛脚输出低电平，U2、U4 停止工作，D30 因正极和负极电压差为 0V 而停止发光，显示屏“化霜”熄灭。

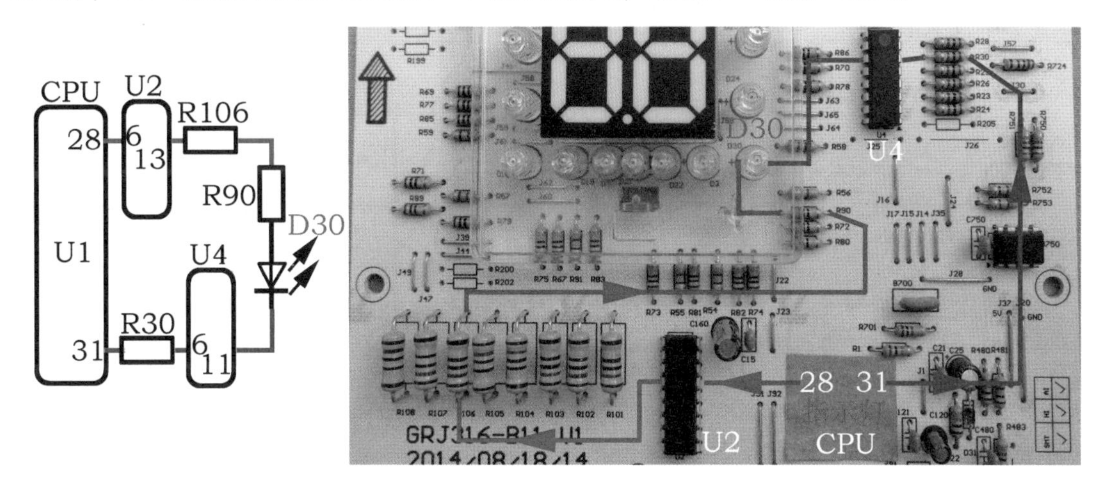

图 2-41　化霜指示灯电路原理图和实物图

4. 室外机负载电路

（1）电路组成

室外机负载由压缩机、室外风机和四通阀线圈共 3 个组成，其电路位于主板，由 3 个继电器分别单独控制，作用是向压缩机、室外风机和四通阀线圈提供或断开交流 220V 电源，使制冷系统按 CPU 控制程序工作。

图 2-42 为室外机负载电路原理图，图 2-43 为实物图，表 2-16、表 2-17、表 2-18 分别为 CPU 引脚电压与压缩机、室外风机和四通阀线圈状态的对应关系。

表 2-16　CPU 引脚电压与压缩机状态对应关系

CPU ㉟脚	U2 ④脚	U2 ⑬脚	K441 线圈电压	K441 触点状态	交流接触器线圈电压	交流接触器触点状态	压缩机状态
4.9V	3.3V	0.8V	11.2V	闭合	交流 220V	闭合	工作
0V	0V	12V	0V	断开	交流 0V	断开	停止

表 2-17　CPU 引脚电压与室外风机状态对应关系

CPU㊱脚	U3⑤脚	U3⑫脚	K339 线圈电压	K339 触点状态	室外风机状态
4.9V	3.3V	0.8V	11.2V	闭合	工作
0V	0V	12V	0V	断开	停止

表 2-18 CPU 引脚电压与四通阀线圈状态对应关系

CPU㉘脚	U3④脚	U3⑬脚	K453 线圈电压	K453 触点状态	四通阀线圈状态
4.9V	3.3V	0.8V	11.2V	闭合	工作
0V	0V	12V	0V	断开	停止

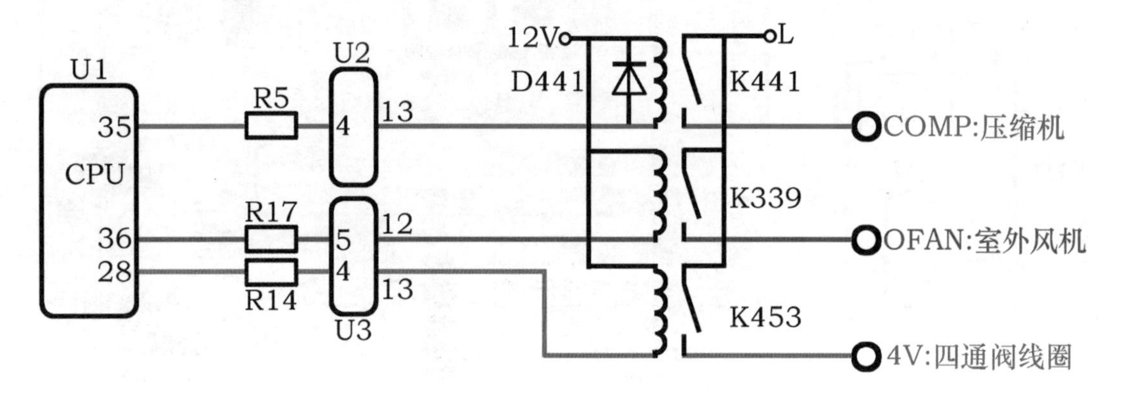

图 2-42 室外机负载电路原理图

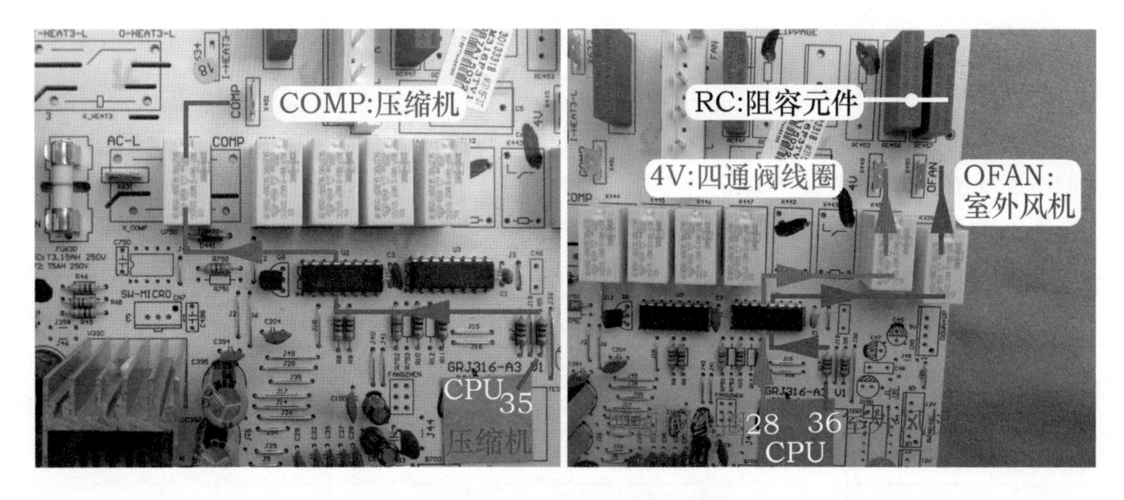

图 2-43 室外机负载电路实物图

（2）继电器触点闭合过程

3 路继电器电路的工作原理完全相同，此处以压缩机继电器为例进行介绍。

触点闭合过程见图 2-44，当 CPU㉟脚电压为高电平约 4.9V 时，经电阻 R5 限压后至反相驱动器 U2 的④脚输入端，电压约为 3.3V，U2 内部电路翻转，对应⑬脚输出端为低电平约 0.8V，继电器 K441 线圈得到约直流 11.2V 供电，产生电磁力使触点闭合，接通压缩机交流接触器线圈电压，其触点闭合，压缩机开始工作。

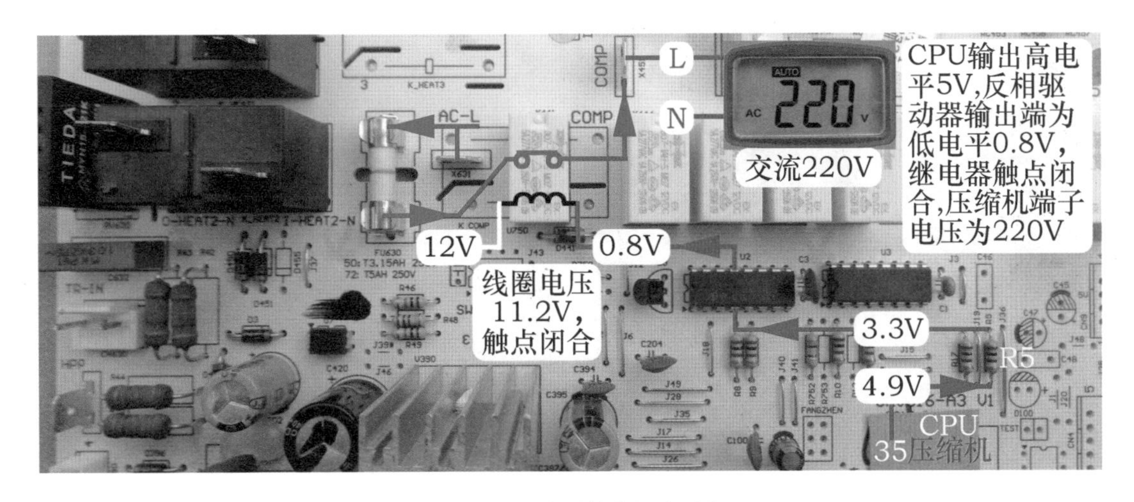

图 2-44　继电器触点闭合过程

（3）继电器触点断开过程

触点断开过程见图 2-45，当 CPU㉟脚为低电平 0V 时，U2④脚也为低电平 0V，内部电路不能翻转，其对应⑬脚输出端不能接地，K441 线圈两端电压为直流 0V，触点断开，因而交流接触器触点断开，压缩机停止工作。

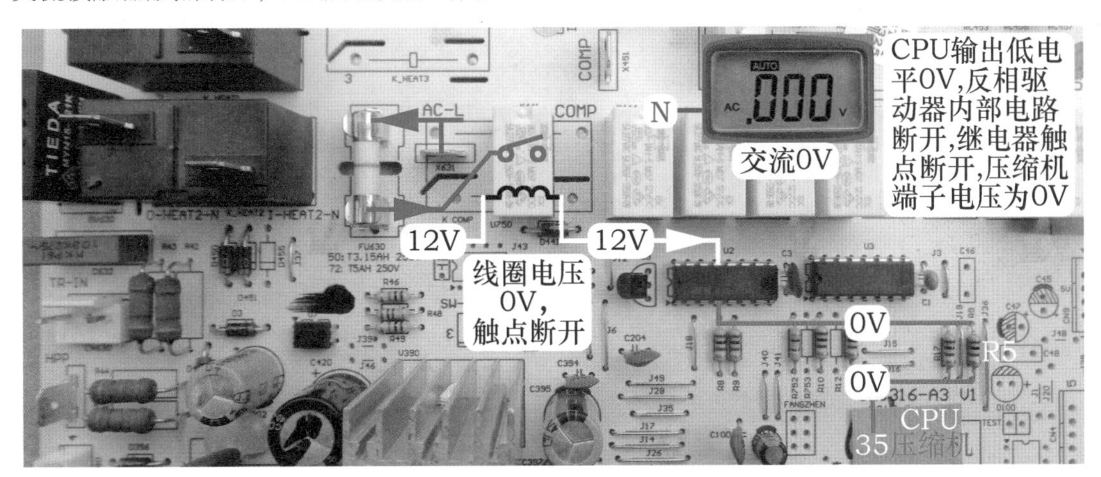

图 2-45　继电器触点断开过程

5. 室内风机（离心电机）电路

（1）离心电机引线

见图 2-46，离心电机安装在室内机下部，用来驱动室内风扇（离心风扇）。离心电机驱动电路由主板上电路、电容和离心电机组成。

本机离心电机共有 8 根引线：1 根为地线固定在电控系统铁皮，2 根为电容引线直接插在电容的 2 个端子上面；另外 5 根组成 1 个插头，插头在主板上面，根据主板标识，作用如下：红线为公共端、黑线 H 为高风、黄线 M 为中风、蓝线 L 为低风、灰线 SH 为超强，根据引线作用可知离心电机共有 4 档转速。

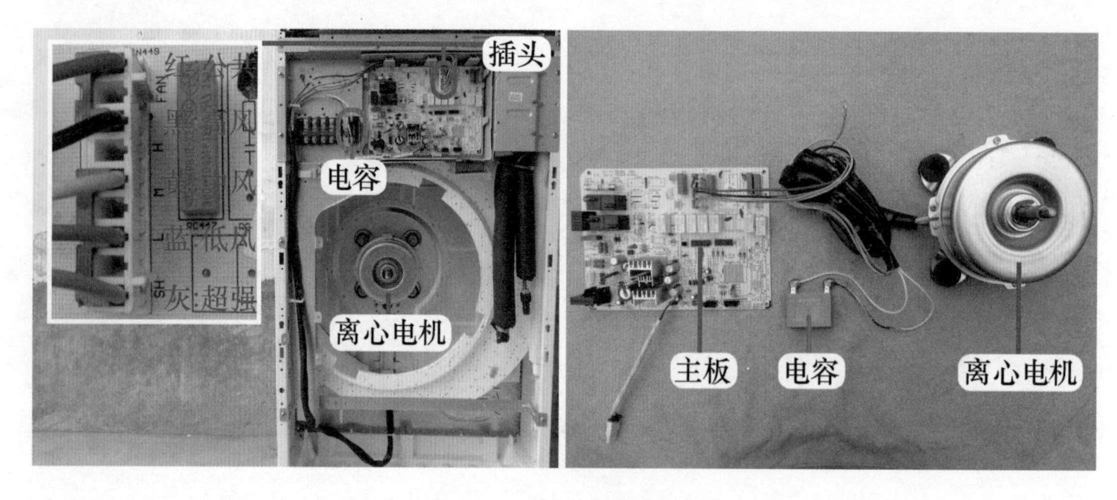

图 2-46　离心电机电路组成

翻开主板至反面，见图 2-47，查看离心电机插座引针连接铜箔：公共端接零线 N，4 档转速引针分别直接连接 4 个继电器触点，高风 H 接继电器 K444 触点、中风 M 接继电器 K445 触点、低风 L 接继电器 K446 触点、超强 SH 接继电器 K447 触点。

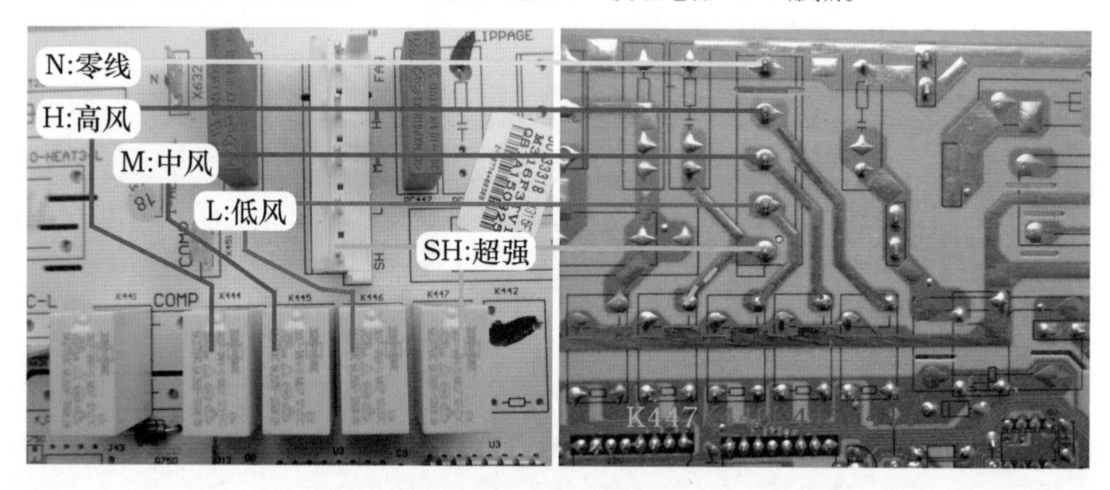

图 2-47　继电器触点连接插座引针

（2）电路原理

离心电机电路位于主板，电路原理图见图 2-48，实物图见图 2-49，CPU 引脚电压与离心电机高风转速的对应关系见表 2-19。

驱动原理为使用 4 路相同的继电器电路用来单独控制 4 个转速，即 CPU 控制继电器触点的接通和断开，为离心电机调速抽头供电，离心电机便运行在某档转速，本小节以离心电机高风为例介绍。

当显示板 CPU 接收到遥控器指令或其他程序需要控制离心电机高风运行时，将信息通过通信电路传送至主板 CPU，主板 CPU 接收后控制⑪脚输出高电平约 4.9V，同时⑲脚超强、⑭脚中风、⑰脚低风均为低电平 0V，以防止同时为离心电机其他调速抽头供电，主板 CPU⑪脚高电平 4.9V 经电阻 R8 限压，至反相驱动器 U2 的⑤脚输入端，电压约为 3.3V，

U2 内部电路翻转，对应⑫脚输出端为低电平约 0.8V，继电器 K444 线圈得到约直流 11.2V 供电，产生电磁力使触点闭合，L 端供电经继电器 K444 触点至离心电机高风黑线抽头（同时其他调速抽头与 L 端断开）、与公共端红线 N 组成交流 220V 电压，在电容的作用下，离心电机便运行在高风转速。当主板 CPU 需要控制离心电机停止运行时，其⑪脚变为低电平 0V，U2 停止工作，继电器 K444 线圈电压为直流 0V，触点断开，离心电机因无供电而停止工作。

表 2-19　CPU 引脚电压与离心电机高风转速的对应关系

CPU ⑪脚	CPU ⑭脚	CPU ⑰脚	CPU ⑲脚	U2 ⑤脚	U2 ⑫脚	K444 线圈电压	K444 触点状态	离心电机状态
4.9V	0V	0V	0V	3.3V	0.8V	11.2V	闭合	高风运行
0V	0V	0V	0V	0V	12V	0V	断开	停止

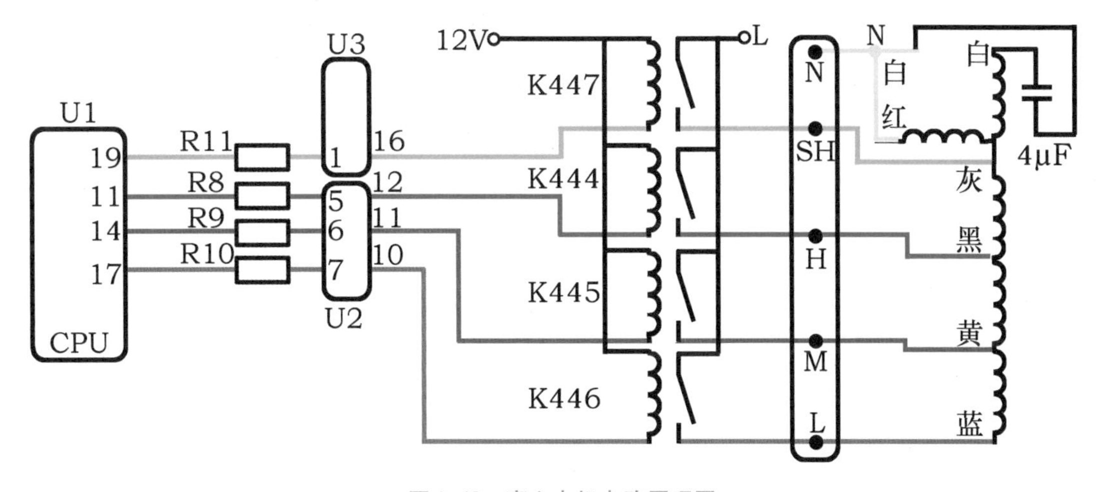

图 2-48　离心电机电路原理图

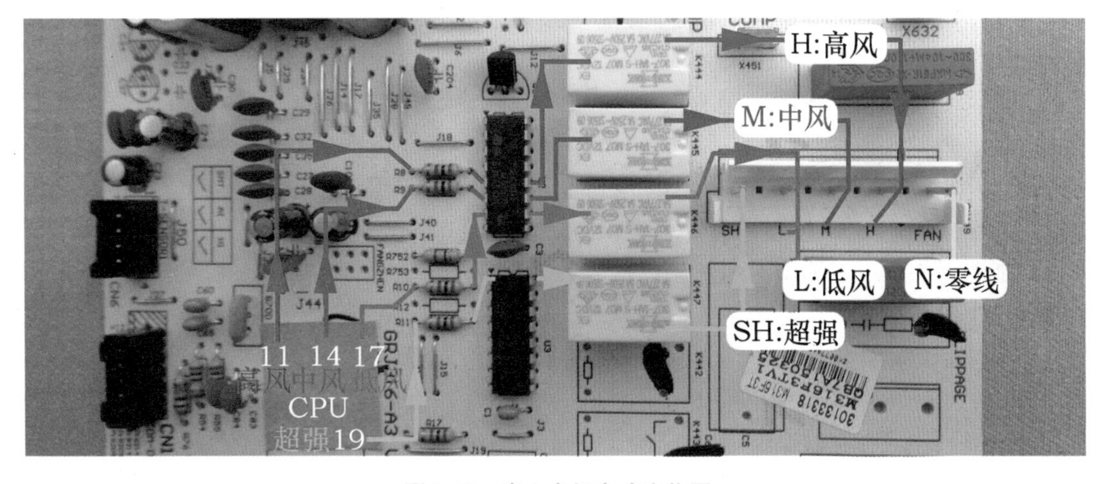

图 2-49　离心电机电路实物图

6. 辅助电加热器电路

（1）辅助电加热器引线

见图 2-50，辅助电加热器安装在蒸发器前端中部，用来在制热模式下辅助提高制热效果。由于辅助电加热器功率较大，因此 2 根引线较粗且外部有绝缘护套包裹。2 根引线（红线-蓝线）分别插在 2 个继电器的输出端子，L 端红线经继电器触点、熔丝管接电源供电 L 棕线，N 端蓝线经继电器触点接电源供电 N 蓝线。

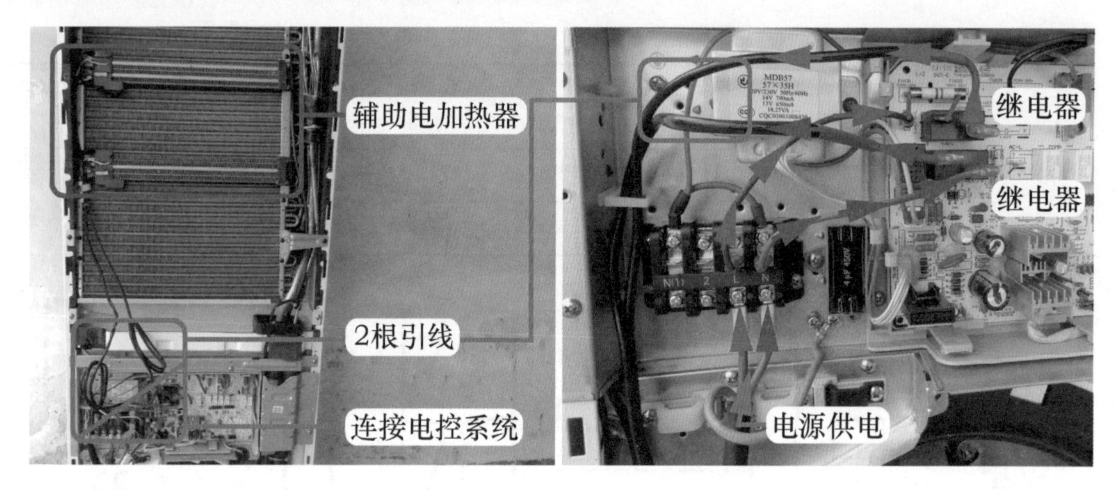

图 2-50　辅助电加热器引线

（2）工作原理

辅助电加热器电路位于主板，电路原理图见图 2-51，实物图见图 2-52，CPU 引脚电压与辅助电加热器状态对应关系见表 2-20，辅助电加热器 2 根引线分别接 2 个继电器的端子，由主板 CPU㊹脚控制。由于 CPU 只使用 1 个引脚需要控制 2 个继电器，因此反相驱动器①脚和②脚输入端直接相连，其输出端分别连接对应继电器线圈，相当于将 2 路继电器电路并联；同时因主板 CPU 输出电流较小不能直接驱动 2 路相连的反相驱动器，因此使用晶体管以放大输出电流，保证电路的稳定性。

当主板 CPU 需要控制辅助电加热器运行时，㊹脚输出高电平约 4.9V，经电阻 R21 限压后至晶体管 Q8 基极，Q8 深度导通，5V 电压经晶体管集电极-发射极同时到反相驱动器 U2 的①脚和②脚输入端，其内部电路同时翻转，对应⑯脚和⑮脚输出端同时为低电平约 0.8V，继电器 K-HEAT1、K-HEAT2 线圈同时得到直流 11.2V 供电，触点同时闭合，L 端电压经熔丝管 FU633（20A）、K-HEAT1 触点至辅助电加热器的红线、N 端电压经 K-HEAT2 触点至辅助电加热器的蓝线，辅助电加热器 2 根引线为交流 220V，其 PTC 式加热器开始发热，和蒸发器产生的热量叠加从室内机出风口吹出，从而提高房间温度。当主板 CPU 需要控制辅助电加热器停止运行时，其㊹脚为低电平约 0V，晶体管 Q8 截止，U2 的①脚和②脚电压为 0V，内部电路不能翻转，继电器 K-HEAT1、K-HEAT2 线圈电压为直流 0V，触点断开，辅助电加热器因无供电而停止发热。

说明：本机主板通过更改元器件可适用于 2P-3P-5P 柜式空调器，如将本主板压缩机继电器更改为大功率继电器，可适用于 2P 柜式空调器；如将本主板增加 1 个辅助电加热继电器等元器件，可适用于 5P 柜式空调器。

表 2-20　CPU 引脚电压与辅助电加热器状态对应关系

CPU ㊹脚	Q8 基极	Q8 发射极	U2 ①-②脚	U2 ⑯-⑮脚	K-HEAT1 K-HEAT2 线圈电压	K-HEAT1 K-HEAT2 触点状态	辅助电加热器状态
4.95V	4.9V	4.2V	4.2V	0.8V	11.2V	闭合	发热
0V	0V	0V	0V	12V	0V	断开	停止发热

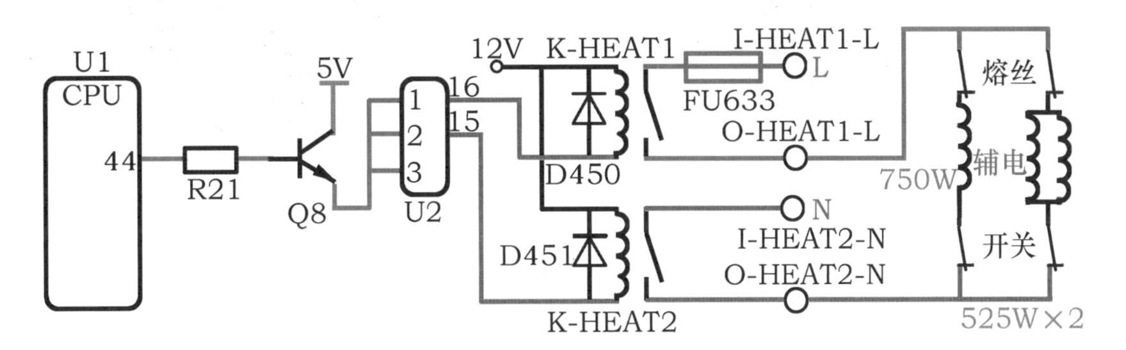

图 2-51　辅助电加热器电路原理图

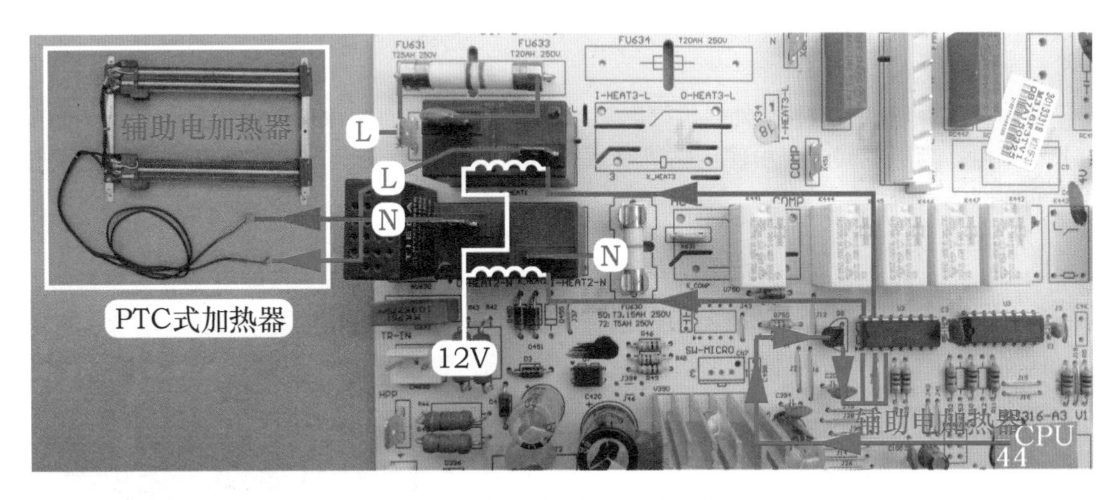

图 2-52　辅助电加热器电路实物图

五、室外机电路

1. 组成

室外机电控系统主要元器件见图 2-53，有压缩机、室外风机和四通阀线圈共 3 个；电控系统见图 1-16，设有高压压力开关、交流接触器、压缩机电容、室外风机电容和室外管温传感器等部件。

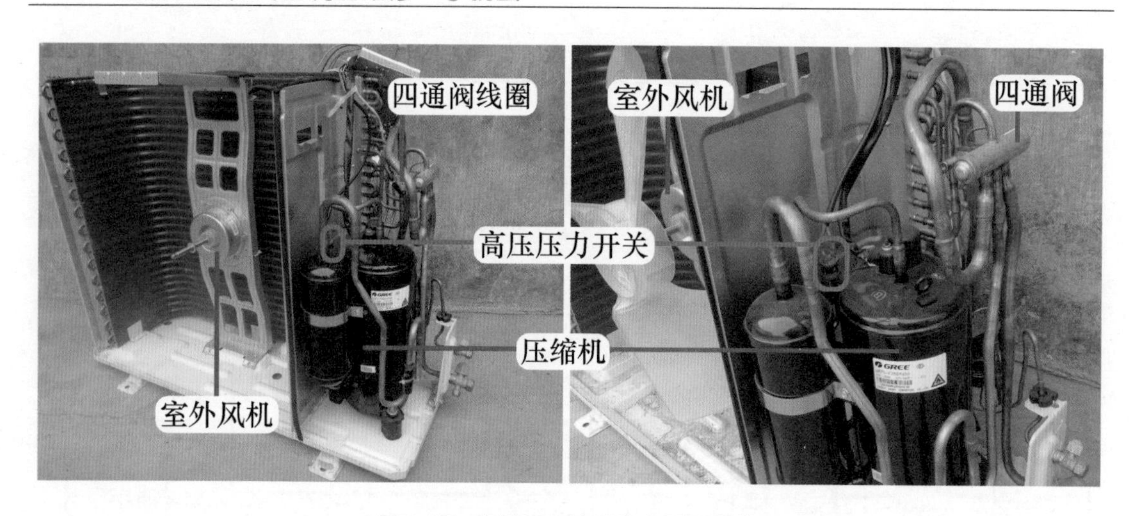

图 2-53　室外机电控系统主要元器件

2. 工作原理

室外机电路的作用就是将室外机负载连接在一起，并向室内机输入室外管温传感器、高压压力开关等信号。

室外机电气接线图见图 2-54 左图，压缩机实物接线图见图 2-54 右图，室外风机实物接线图见图 2-55 左图，四通阀线圈实物接线图见图 2-55 右图，从图中可以看出，室外机实物接线均按室外机电气接线图连接。

（1）制冷模式

室内机主板的压缩机和室外风机继电器触点闭合，压缩机交流接触器触点闭合，从而接通 L 端供电，与电容共同作用使压缩机和室外风机起动运行，系统工作在制冷状态，此时四通阀线圈的引线无供电。

（2）制热模式

室内机主板的压缩机、室外风机和四通阀线圈继电器触点闭合，压缩机交流接触器触点闭合，从而接通 L 端供电，为压缩机、四通阀线圈和室外风机提供交流 220V 电源，压缩机、四通阀线圈和室外风机同时工作，系统工作在制热状态。

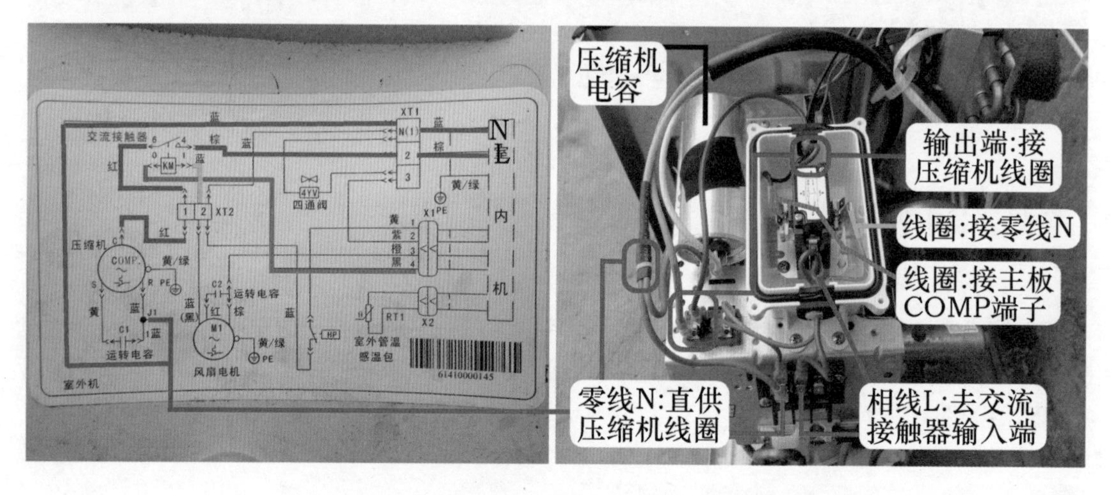

图 2-54　室外机电气接线图和压缩机接线图

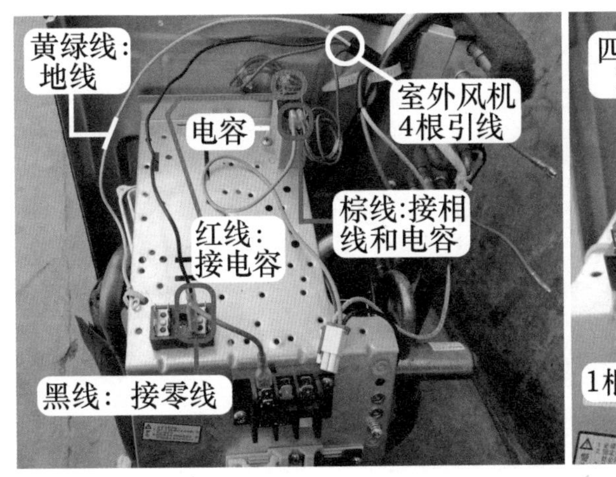

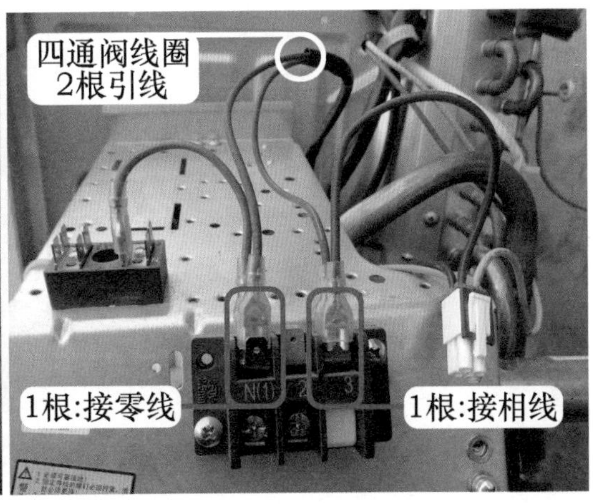

图 2-55　室外风机和四通阀线圈接线图

第三节　压缩机电路

一、单相 2P 空调器压缩机电路

1. 工作原理

图 2-56 为科龙 KFR-50LW/K2D1 柜式空调器压缩机电路原理图，图 2-57 为实物图，表 2-21 为 CPU 引脚电压与压缩机状态对应关系。

CPU 控制压缩机流程：CPU→反相驱动器→继电器→压缩机。

当显示板 D101（CPU）的⑤脚电压为高电平 5V 时，送至反相驱动器 N103 的⑦脚输入端，N103 内部电路翻转，对应⑩脚输出端为低电平约 0.8V，主板上继电器 K209 线圈得到约直流 11.2V 供电，产生电磁力使触点闭合，压缩机端子电压为交流 220V，在电容的辅助起动下压缩机开始工作。

当 CPU⑤脚为低电平 0V 时，N103⑦脚也为低电平 0V，内部电路不能翻转，其对应⑩脚输出端不能接地，K209 线圈两端电压为直流 0V，触点断开，压缩机因无供电而停止工作。

2. 电路特点

① 压缩机由室内机主板的压缩机继电器触点供电，其体积比室外风机、四通阀线圈继电器大。

② 室外机不设交流接触器。

③ 压缩机工作电压为 1 路交流 220V，设在室内机主板。

④ 压缩机由电容起动运行。

表 2-21　CPU 引脚电压与压缩机状态对应关系

CPU⑤脚	N103⑦脚	N103⑩脚	K209 线圈电压	K209 触点状态	压缩机状态
5V	5V	0.8V	11.2V	闭合	工作
0V	0V	12V	0V	断开	停止

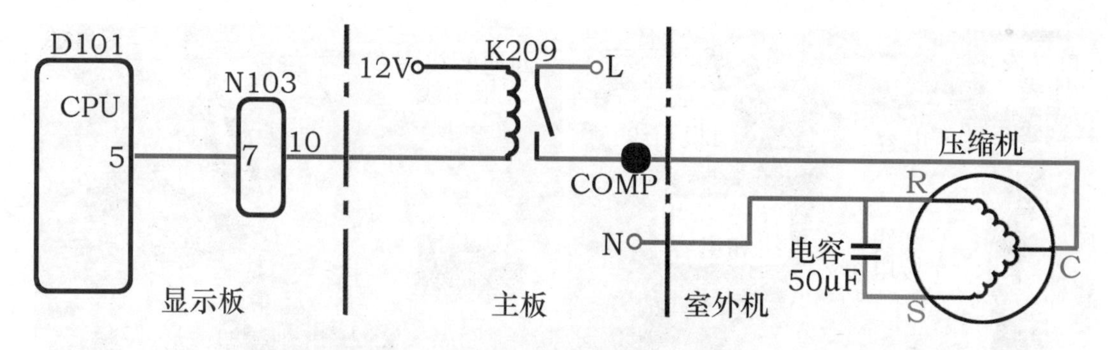

图2-56 科龙 KFR-50LW/K2D1 柜式空调器压缩机电路原理图

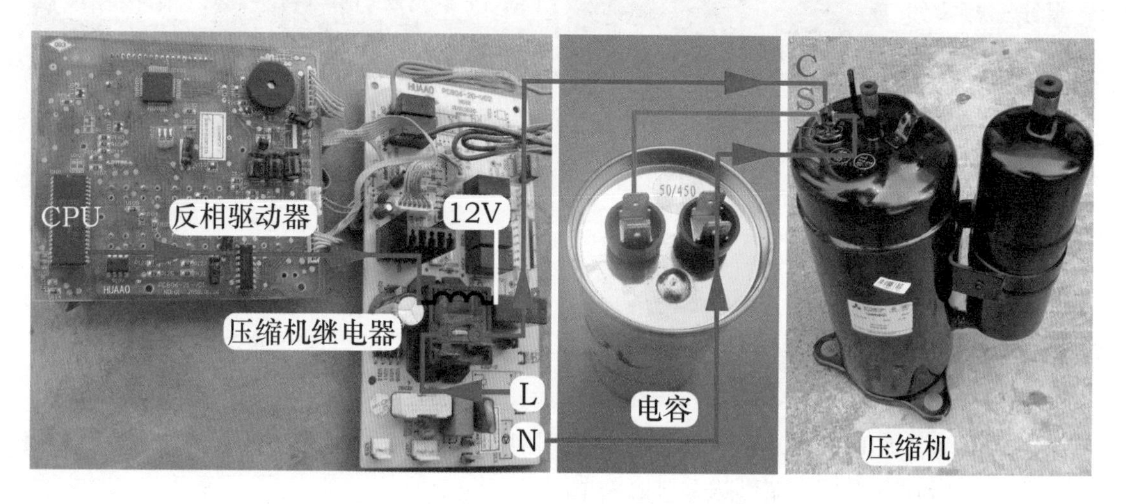

图2-57 科龙 KFR-50LW/K2D1 柜式空调器压缩机电路实物图

二、单相3P空调器压缩机电路

1. 工作原理

图2-58为格力KFR-72LW/NhBa-3柜式空调器压缩机电路原理图，图2-59为实物图，表2-16为CPU引脚电压与压缩机状态对应关系。

CPU控制压缩机流程：CPU→反相驱动器→继电器→单触点交流接触器→压缩机。

当CPU㉟脚电压为高电平约4.9V时，经电阻R5限压后至反相驱动器U2④脚输入端，电压约为3.3V，U2内部电路翻转，对应⑬脚输出端为低电平约0.8V，继电器K441线圈得到约直流11.2V供电，产生电磁力使触点闭合，为室外机交流接触器线圈供电，其触点闭合，压缩机电压为交流220V，在电容的辅助起动下开始工作。

当CPU㉟脚为低电平0V时，U2④脚也为低电平0V，内部电路不能翻转，其对应⑬脚输出端不能接地，K441线圈两端电压为直流0V，触点断开，因而交流接触器触点断开，压缩机因无供电停止工作。

2. 电路特点

① 压缩机由室外机的交流接触器触点供电，其室内机主板的继电器体积和室外风机、四通阀线圈继电器相同。

② 室外机设有交流接触器，根据空调器品牌不同，其触点为1路或2路。

③ 压缩机工作电压为 1 路交流 220V，供电直接送至室外机接线端子。

④ 压缩机由电容起动运行。

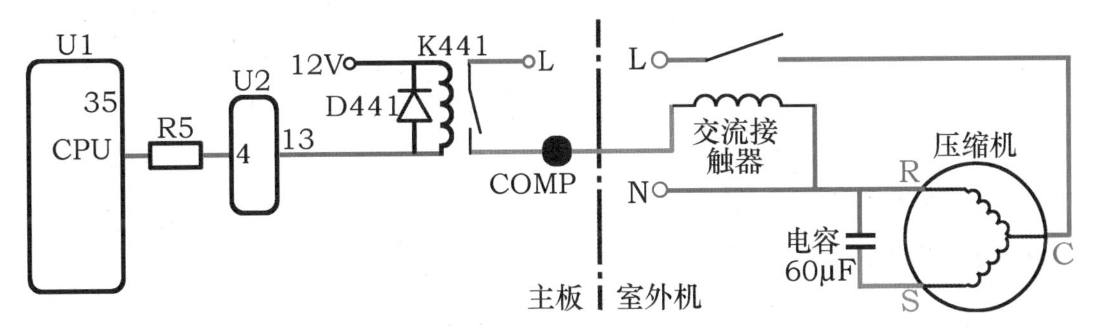

图 2-58　格力 KFR-72LW/NhBa-3 柜式空调器压缩机电路原理图

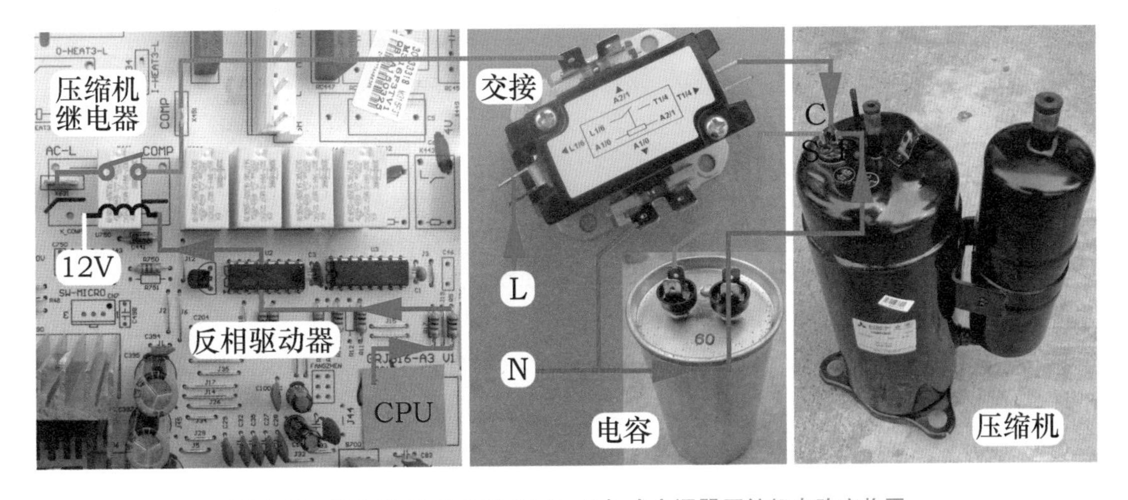

图 2-59　格力 KFR-72LW/NhBa-3 柜式空调器压缩机电路实物图

三、压缩机不运行时检修流程

压缩机电路在实际维修中故障所占比例较高，本节以格力 KFR-72LW/NhBa-3 柜式空调器为基础，介绍单相空调器压缩机不运行的检修方法。

1. 测量室外机接线端子电压和压缩机电流

（1）测量室外机接线端子电压

3P 单相空调器压缩机供电由室内机接线端子电源处直接提供（不经过室内机主板），因此在检修压缩机不运行故障时应首先测量此电压，见图 2-60，测量时使用万用表交流电压档，表笔接室外机接线端子，本机为 N（1）端子和 2 端子。

正常电压为交流 220V，说明室内机电源供电已送至室外机，应测量压缩机电流。

故障电压为交流 0V，说明室内机电源供电未送至室外机，应检查室内外机电源连接线即较粗的 1 束引线是否中间接头断开或端子处螺钉未紧固导致的松动等。

说明：本机共设有 3 束连接线，最粗的 1 束共 3 根引线为电源连接线，由室内机接线端子输出，为室外机提供电源电压；4 根的 1 束为负载连接线，使用方形对接插头，由室内机主板输出，控制室外机负载；最细的 1 束共 2 根引线为传感器连接线，使用扁形对接插头，将室外管温传感器连接至室内机主板。

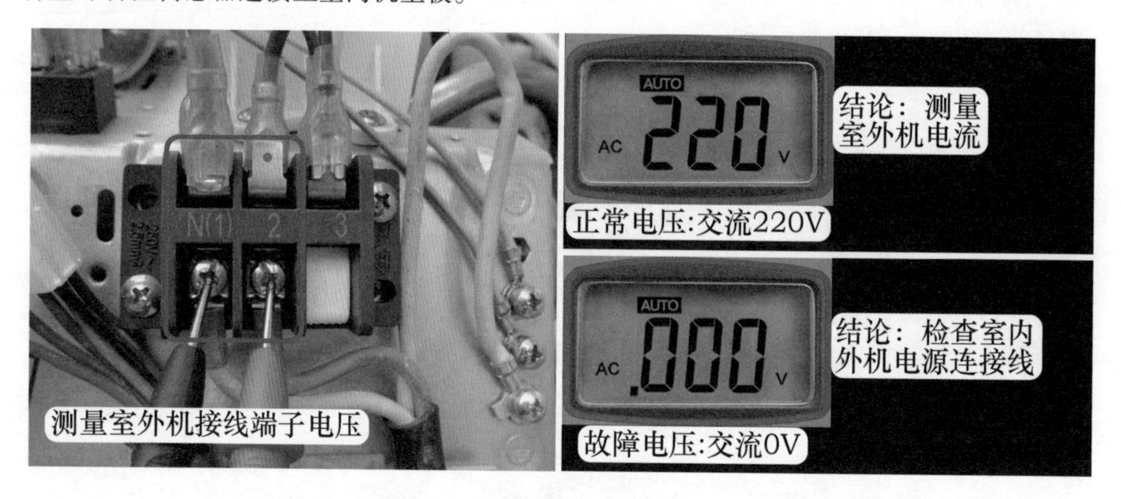

图 2-60　测量室外机接线端子电压

（2）测量压缩机电流

电源连接线中蓝线接 N（1）端子，为室外机的 3 个负载提供零线，棕线接 2 号端子，只为压缩机提供相线，而室外风机和四通阀线圈相线由室内机主板提供，所以测量电流时测量蓝线为室外机电流、测量棕线为压缩机电流；见图 2-61，使用万用表电流档，钳头夹住 2 号端子棕线，测量压缩机电流。

如实测电流为 0A，说明压缩机未通电运行，应测量交流接触器输出端触点电压，进入第 2 检修步骤。

如实测电流较大超过 40A，说明压缩机起动不起来，应代换压缩机电容，进入第 4 检修步骤。

如实测电流约为 6A，故障为压缩机窜气或系统无制冷剂引起不制冷故障，不在本节叙述范围。

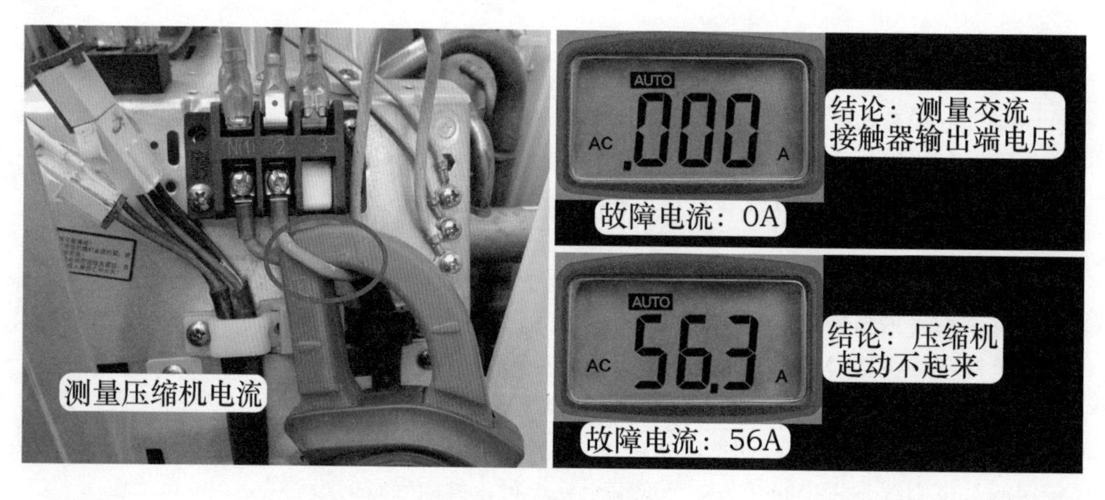

图 2-61　测量压缩机电流

2. 室外机故障检修流程

（1）测量交流接触器输出端触点电压

交流接触器共设有4个端子，前后2个端子为主触点，左右2个端子为线圈；前端触点为输入端，接室外机接线端子2号棕线，后端触点为输出端，接压缩机线圈公共端红线；线圈供电电压为交流220V，2个端子中蓝线为零线，由室外机接线端子N（1）提供，黑线为相线，由室内机主板COMP压缩机端子提供。

见图2-62，测量交流接触器输出端触点电压，使用万用表交流电压档，黑表笔接蓝线即零线N、红表笔接输出端压缩机红线。

正常电压为交流220V，说明交流接触器触点已正常闭合导通，已为压缩机线圈提供电压，应测量线圈阻值，进入第5检修流程。

故障电压为交流0V，说明触点未导通，不能为压缩机线圈提供电源，应测量交流接触器线圈电压，进入下一检修流程。

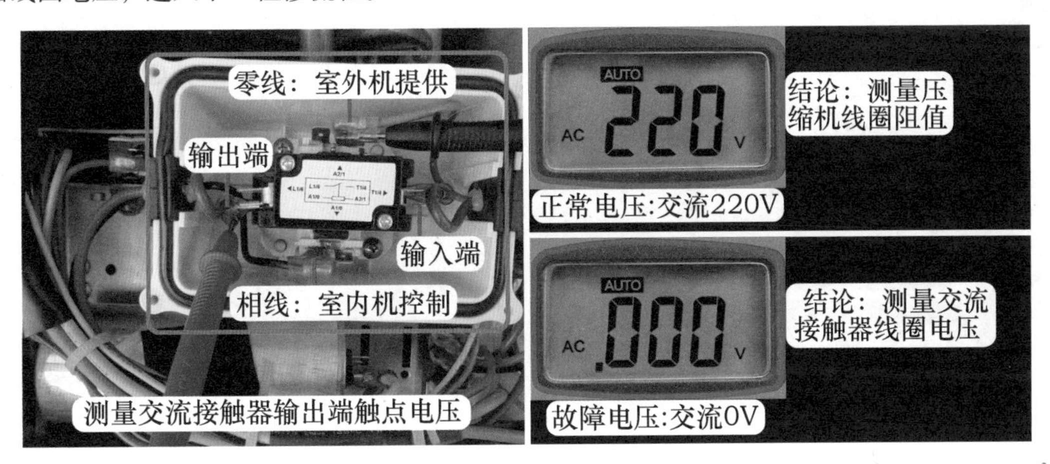

图2-62　测量交流接触器输出端触点电压

（2）测量交流接触器线圈电压

测量交流接触器线圈电压时，见图2-63，依旧使用万用表交流电压档，表笔接线圈的2个端子即蓝线（零线）和黑线（相线）。

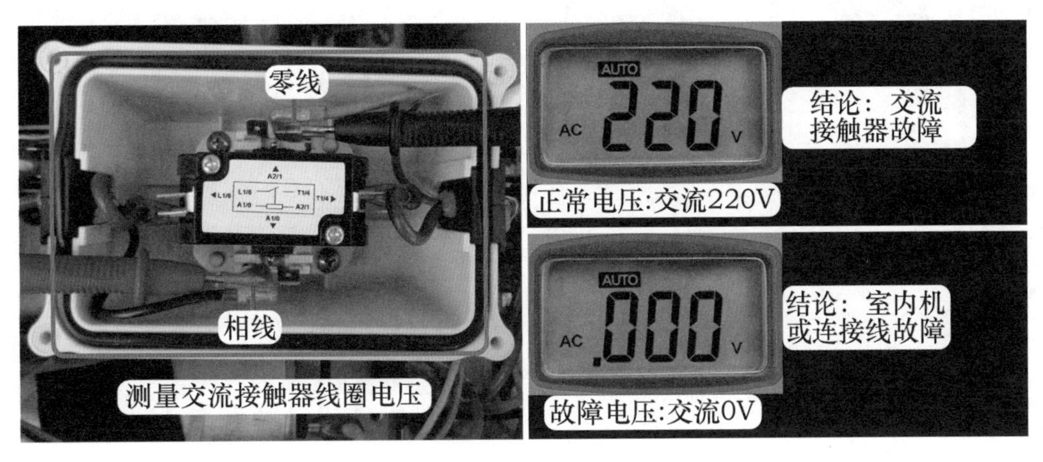

图2-63　测量交流接触器线圈电压

正常电压为交流220V，说明室内机主板已输出供电，故障在交流接触器，应测量线圈阻值以区分损坏部位，进入下一检修流程。

故障电压为交流0V，说明室内机主板未输出供电，故障在室内机主板或室内外机负载连接线，进入第3检修步骤。

（3）测量交流接触器线圈阻值

断开空调器电源，拔下交流接触器线圈的2个端子上引线或只拔下1根引线（此处拔下蓝线），见图2-64，使用万用表电阻档测量线圈阻值。

正常阻值约1.3kΩ，说明主触点锈蚀，即线圈通电时吸引动铁心向下移动，但动触点和静触点不能闭合，输入端相线电压不能提供至压缩机线圈，此时应更换交流接触器。

故障阻值为无穷大，说明线圈开路损坏，此时应更换交流接触器。

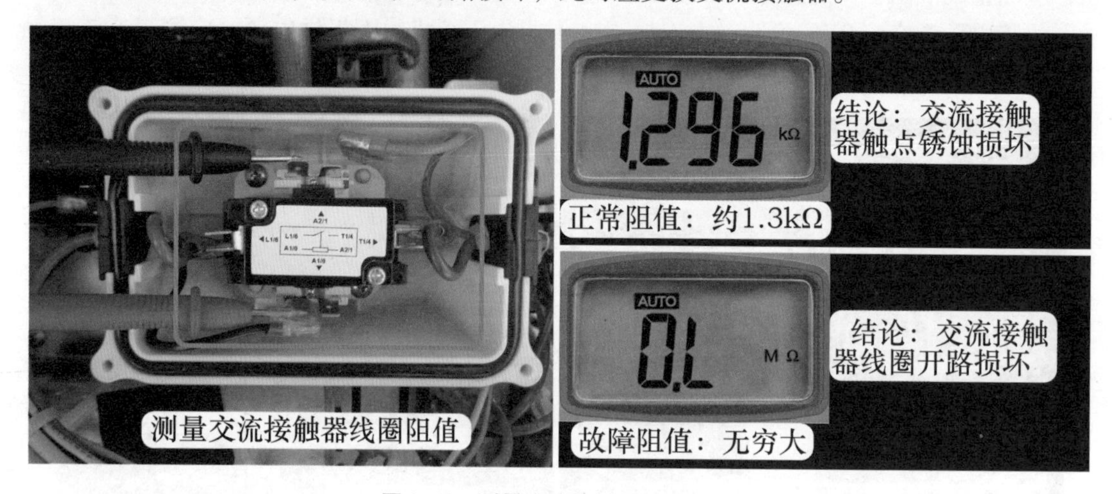

图2-64　测量交流接触器线圈阻值

3. 室内机故障检修流程

（1）测量主板压缩机端子电压

当测量室外机交流接触器线圈无交流220V电压，应在室内机测量主板压缩机端子电压，见图2-65，使用万用表交流电压档，黑表笔接零线N、红表笔接COMP（压缩机）端子。

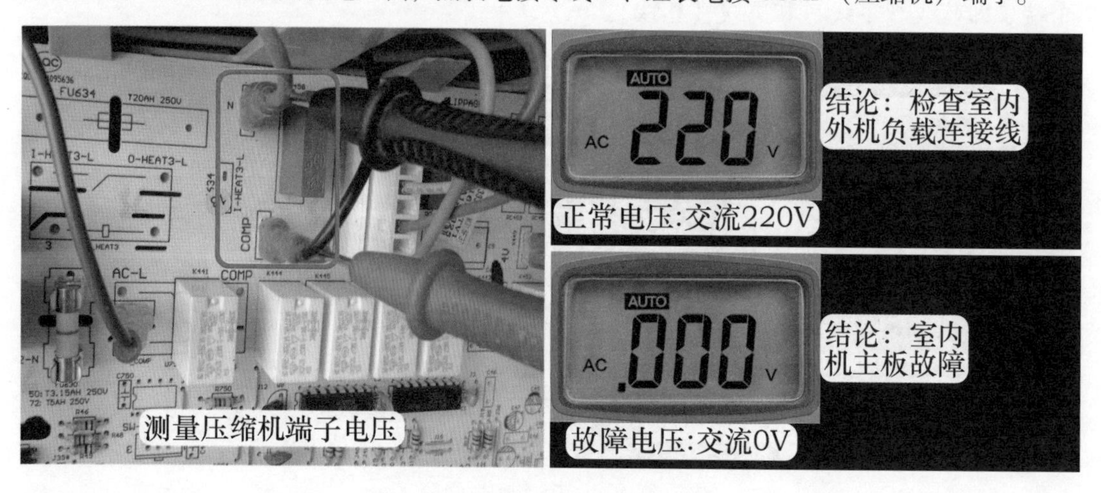

图2-65　测量主板压缩机端子电压

正常电压为交流 220V，说明室内机主板输出电压正常，故障在室内外机负载连接线，应检查引线是否断路等。

故障电压为交流 0V，说明室内机主板未输出电压，故障在室内机主板，应更换室内机主板；或检查出主板的故障元器件，进入下一检修流程。

（2）测量继电器线圈电压

COMP 端子电压由继电器触点提供，因此应首先检查继电器线圈是否得到供电，查看本机继电器线圈并联有续流二极管 D441，见图 2-66，测量时使用万用表直流电压档，红表笔接二极管正极、黑表笔接负极。

正常电压约为直流 11.3V，说明 CPU 已输出电压且反相驱动器 U2 已反相输出，故障在继电器，可能为线圈开路或触点锈蚀，应更换继电器。

故障电压为直流 0V，说明 COMP 端子未输出交流电压的原因是继电器线圈没有供电，应测量反相驱动器输入端电压，进入下一检修流程。

说明：如果继电器线圈未设计续流二极管，测量时可将黑表笔接直流地、红表笔接反相驱动器输出端引脚，反相驱动器正常时电压为低电平约 0.8V。

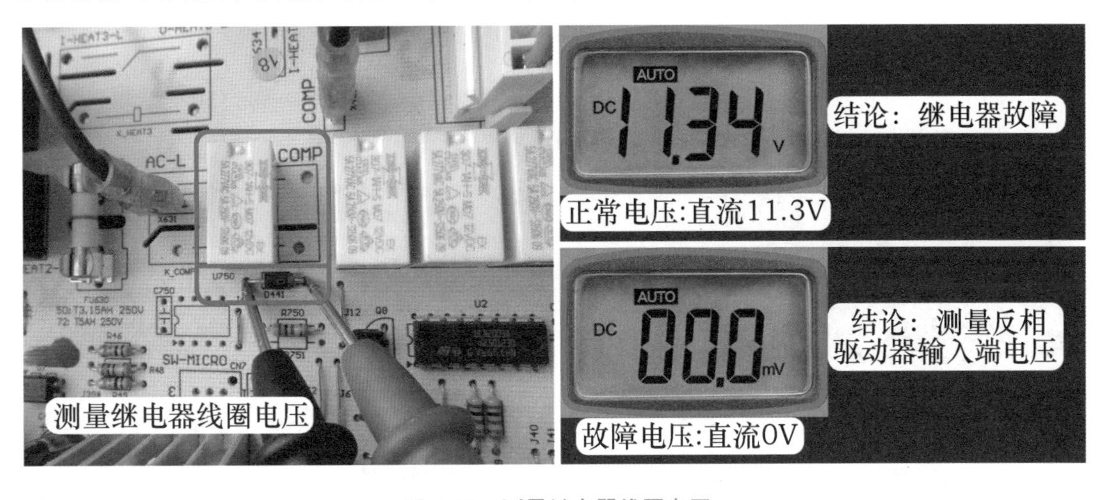

图 2-66　测量继电器线圈电压

（3）测量反相驱动器输入端电压

见图 2-67，测量时依旧使用万用表直流电压档，黑表笔接地［实接反相驱动器 U2（2003）⑧脚］、红表笔接反相驱动器 U2 输入侧④脚。

正常电压约为直流 3.3V，说明 CPU 已输出供电，继电器线圈没有供电的原因为反相驱动器故障，应更换反相驱动器。

故障电压为直流 0V，说明 CPU 未输出供电或限流电阻损坏，应测量 CPU 输出电压，进入下一检修流程。

说明：黑表笔接地时可搭在 7805 散热片铁壳上面，其表面接直流地，本处接 U2⑧脚地是为了图片清晰。

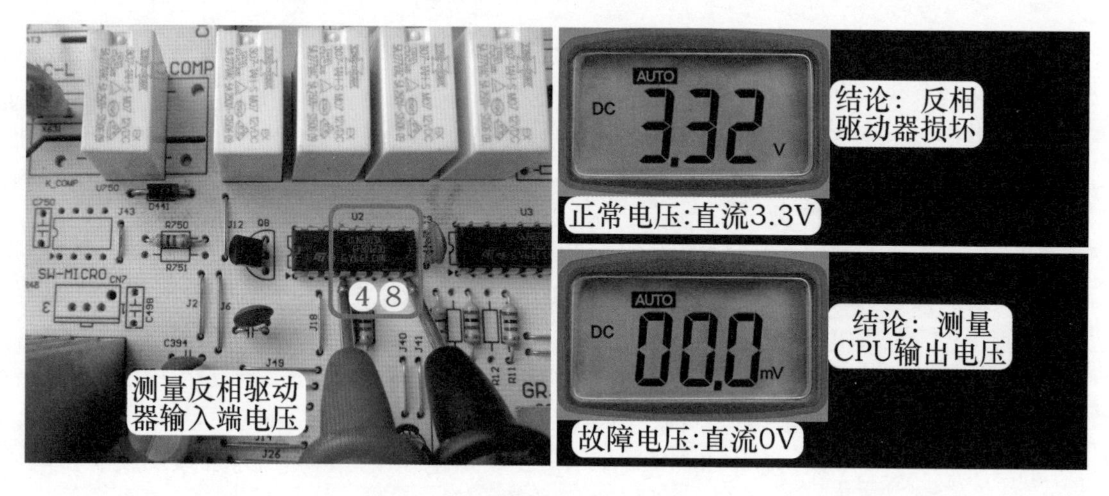

图 2-67 测量反相驱动器输入端电压

（4）测量 CPU 输出电压

使用万用表直流电压档，见图 2-68，黑表笔接地、红表笔接限流电阻 R5 上端相当于接 CPU㉟脚。

正常电压约为直流 5V，说明 CPU 已输出电压，故障为电阻 R5 开路损坏。

故障电压为直流 0V，说明 CPU 未输出电压，故障为 CPU 损坏。

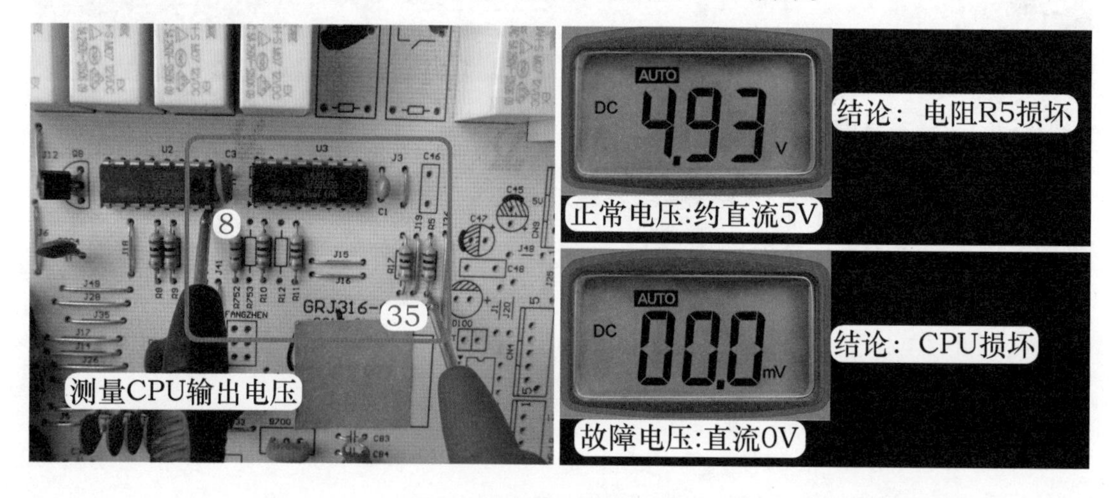

图 2-68 测量 CPU 输出电压

4. 代换压缩机电容

在室外机电压为交流 220V，而同时测量压缩机电流超过 40A 时（已排除电压故障），说明压缩机起动不起来，常见原因为电容损坏，见图 2-69，应使用相同标注容量的电容代换试机。

代换后压缩机可正常起动，实测电流为正常约 12A 时，说明压缩机电容无容量或容量减小，应更换压缩机电容。

代换后压缩机仍起动不起来，同时实测电流超过 40A，说明压缩机卡缸损坏即内部机械部分锈在一起，可增大压缩机电容容量试机，如仍不能起动，应更换压缩机。

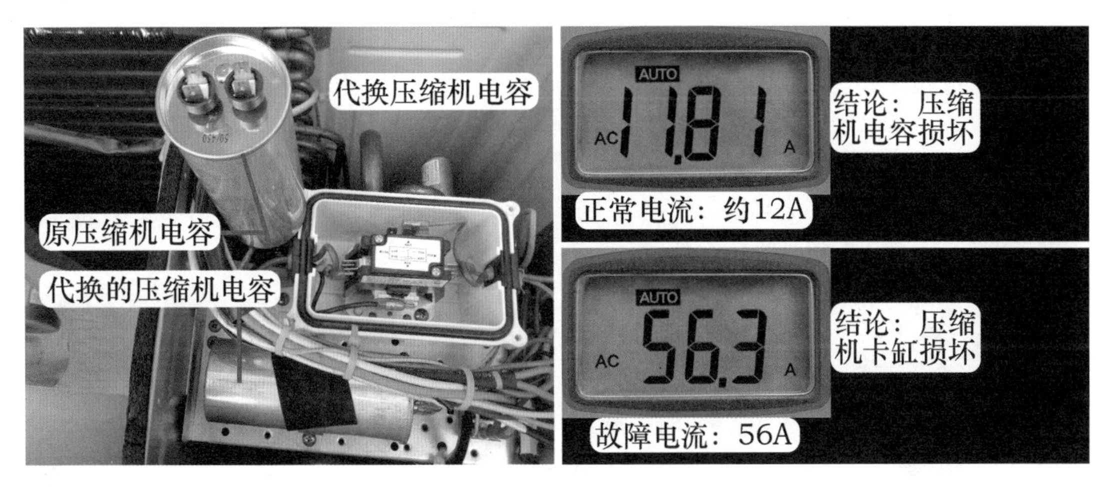

图 2-69　代换压缩机电容

5. 压缩机线圈阻值检修流程

（1）测量连接线阻值

在测量交流接触器输出端触点电压正常而实测压缩机电流为 0A 时，应测量压缩机线圈阻值，其共有 3 根引线：公共端红线 C 接交流接触器输出端触点，运行绕组蓝线接电容和 N 端，起动绕组黄线 S 接电容。

测量阻值时使用万用表电阻档，见图 2-70，断开空调器电源后测量 3 根引线阻值，由于压缩机内部的热保护器串接在公共端，应首先测量 C-R、C-S 阻值，本机 C-R 阻值 1.6Ω、C-S 阻值 2.6Ω、R-S 阻值 4.1Ω。

如果实测 C-R、C-S 阻值为无穷大，应手摸压缩机外壳感觉温度，进入下一检修流程。

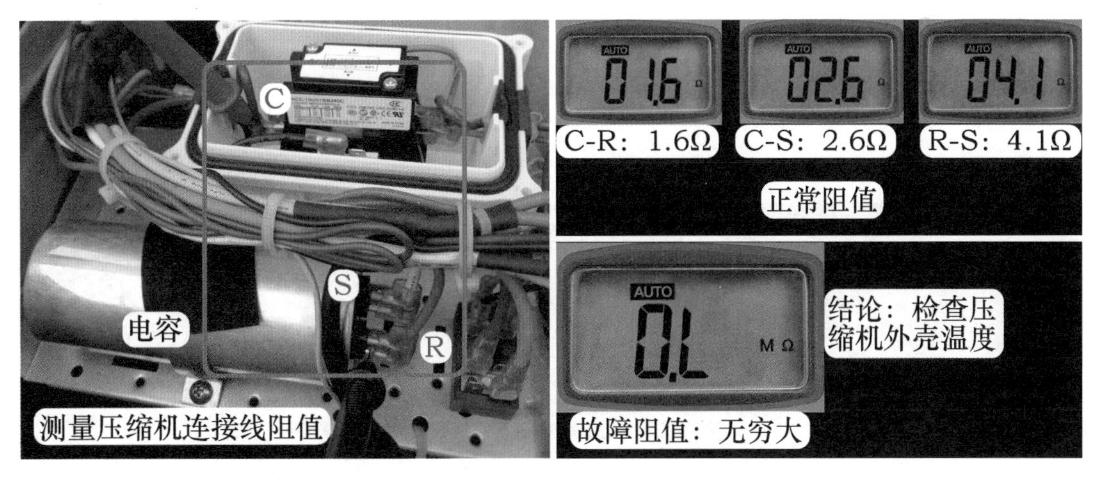

图 2-70　测量压缩机连接线阻值

（2）手摸压缩机外壳感觉温度

压缩机内部设有热保护器，通常压缩机温度超过 155℃以上时，热保护器触点断开，相当于断开公共端引线，压缩机线圈停止供电，因此在测量 C-R、C-S 阻值为无穷大时，见图 2-71，应用手摸压缩机外壳感觉温度，注意应避免温度过高将手烫伤。

感觉温度为常温或较热：排除压缩机内部热保护器触点断开原因，应检查连接线和测量接线端子阻值，进入下一检修流程。

感觉温度很高并烫手：多出现在检修前已将空调器运行一段时间，此时可使用凉水为压缩机外壳降温，待温度下降后测量C-R、C-S阻值恢复正常后，再次开启空调器，根据故障现象进行有目的的检修。

说明：感觉压缩机外壳温度时，用手摸顶盖即可，本处为使用图片表达清楚，才取下压缩机保温棉、手摸压缩机外壳中部位置。

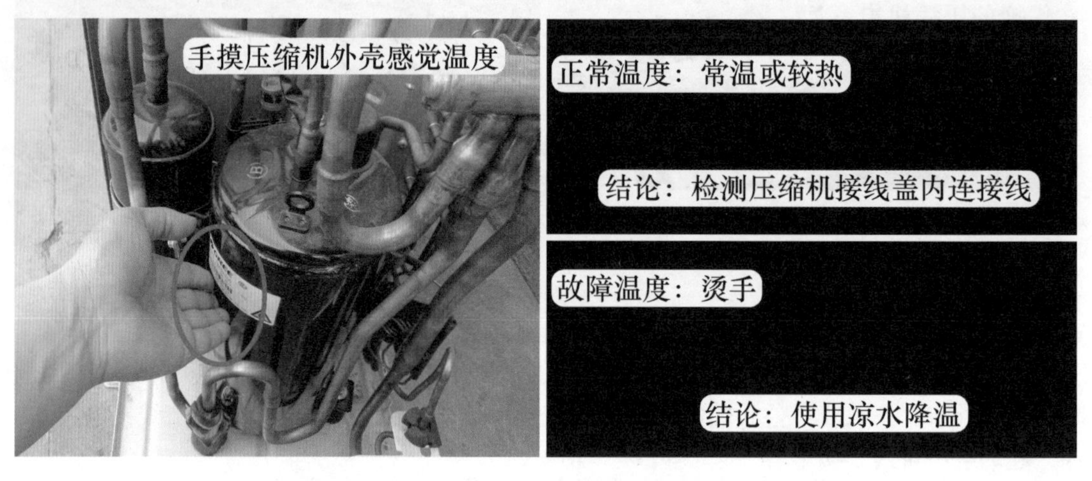

图2-71 手摸压缩机外壳感觉温度

（3）查看连接线和接线端子

压缩机工作时由于温度较高并且电流较大，其位于接线盖的连接线或接线端子容易烧断，测量C-R、C-S、R-S阻值为无穷大，因此在判断压缩机损坏前应取下接线盖，查看连接线和接线端子状况。

查看连接线和接线端子正常：见图2-72左图，应测量接线端子阻值，进入下一检修流程。

查看连接线插头或接线端子烧断：见图2-72右图，应更换连接线或修复接线端子，再次使用万用表电阻档测量电控盒内压缩机引线阻值，待正常后再次上电试机。

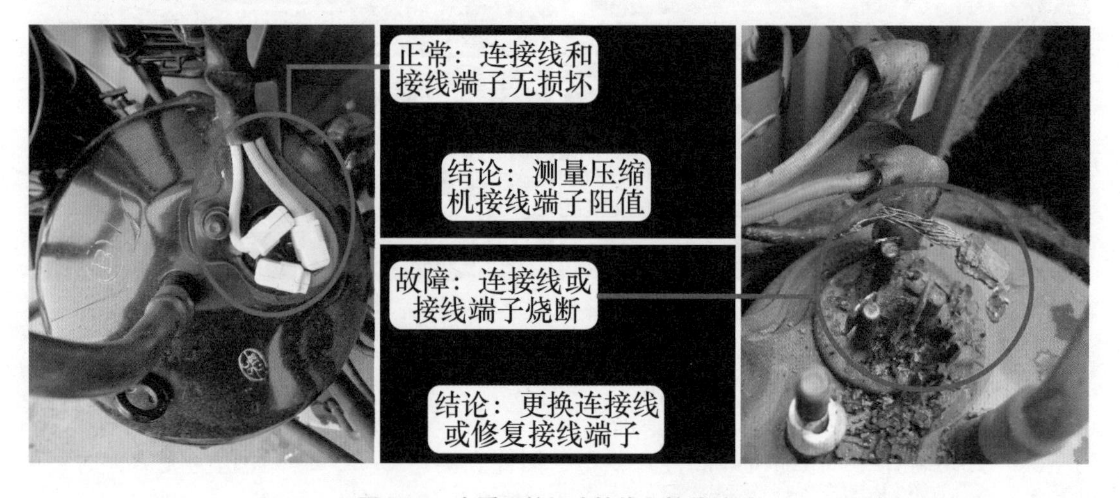

图2-72 查看压缩机连接线和接线端子

（4）测量接线端子阻值

拔下压缩机连接线插头，见图 2-73，使用万用表电阻档，分 3 次测量接线端子阻值，即 C-R、C-S 和 R-S。

3 次阻值均正常：说明连接线中连接压缩机接线端子的一侧或电控盒中连接电容的一侧插头有虚插引起的接触不良故障，应使用钳子夹紧插头，再安装至接线端子或电容、交流接触器输出端触点等，再次测量阻值并上电试机。

3 次阻值中有 1 次或 2 次或 3 次无穷大情况：说明压缩机线圈开路损坏，应更换压缩机。

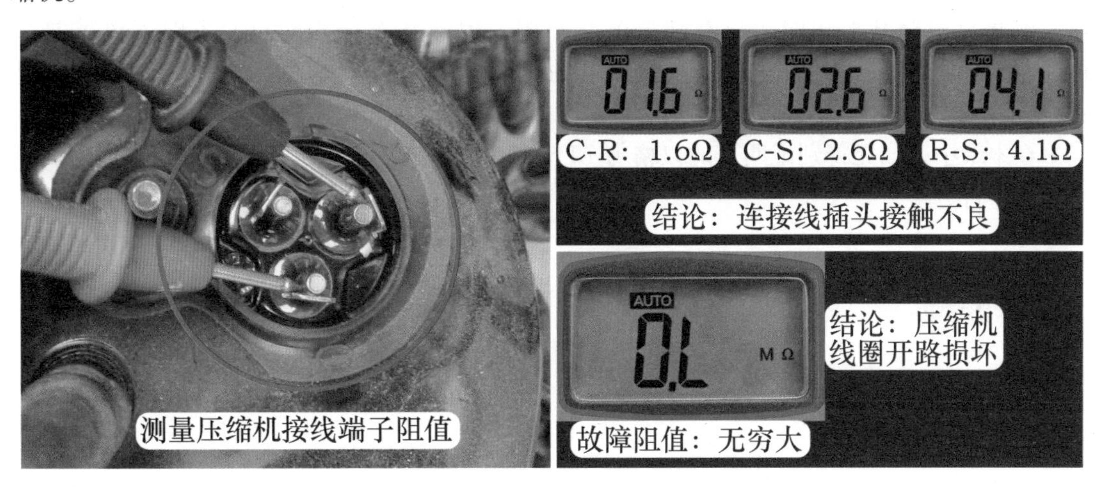

图 2-73　测量压缩机接线端子阻值

第三章　三相供电空调器电控系统

本章共分为三节，第一节介绍三相供电空调器电控系统基础知识；第二节分析相序电路；第三节分析压缩机电路的工作原理和检修流程。

部分 3P 或全部 5P 柜式空调器使用三相 380V 供电，相对于单相 220V 供电的空调器，其单元电路基本相同，只有部分电路不同，因此本章中相同单元电路不再重复分析，只对不同电路做简单介绍。三相供电的 3P 和 5P 空调器的单元电路和工作原理基本相同。

在本章中，如无特别说明，均以格力 KFR-120LW/E（1253L）V-SN5 三相供电空调器为基础进行分析。

第一节　三相柜式空调器

一、特点

1. 三相供电

1～3P 空调器通常为单相 220V 供电，见图 3-1 左图，供电引线共有 3 根：1 根相线（棕线）、1 根零线（蓝线）、1 根地线（黄绿线），相线和零线组成 1 相（单相 L-N）供电即交流 220V。

部分 3P 或全部 5P 空调器为三相 380V 供电，见图 3-1 右图，供电引线共有 5 根：3 根相线、1 根零线、1 根地线。3 根相线组成三相（L1-L2、L1-L3、L2-L3）供电即交流 380V。

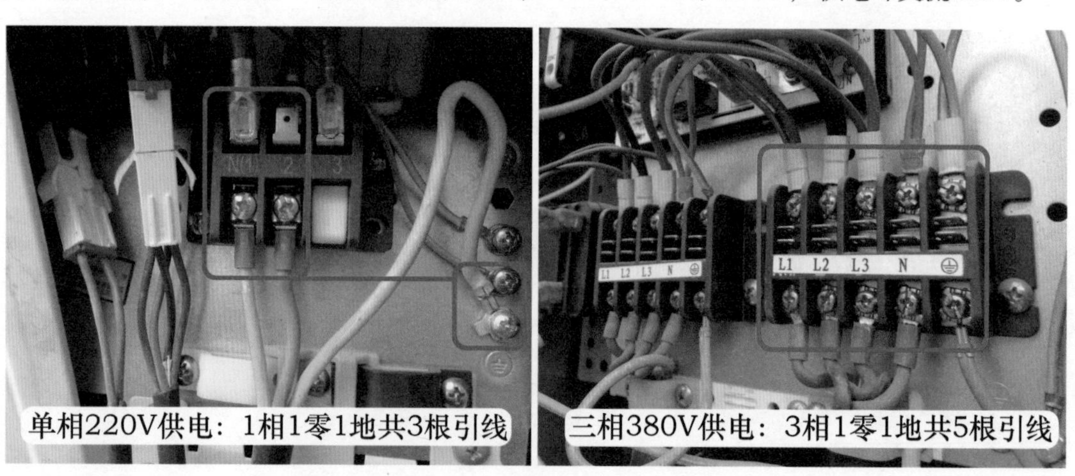

图 3-1　供电方式

2. 压缩机供电和起动方式

见图 3-2 左图，单相供电空调器 1～2P 压缩机通常由室内机主板上继电器触点供电、3P

压缩机由室外机单触点或双触点交流接触器供电，压缩机均由电容起动运行。

见图 3-2 右图，三相供电空调器均由三触点交流接触器供电，且为直接起动运行，不需要电容辅助起动。

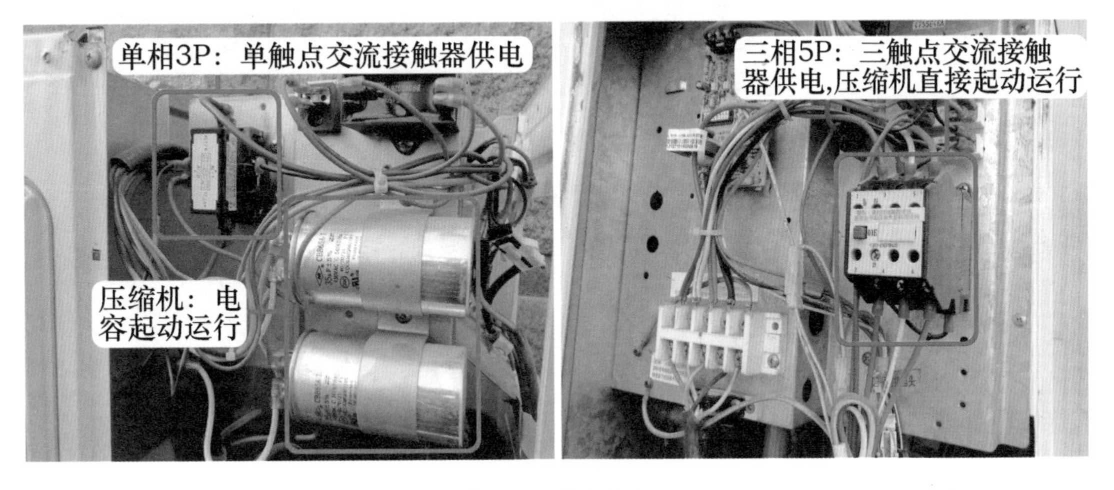

图 3-2　起动方式

3. 三相压缩机

(1) 实物外形

部分 3P 和 5P 柜式空调器使用三相电源供电，对应压缩机有活塞式和涡旋式两种，实物外形见图 3-3，活塞式压缩机只使用在早期的空调器中，目前空调器基本上全部使用涡旋式压缩机。

图 3-3　活塞式和涡旋式压缩机

(2) 端子标号

见图 3-4，对于三相供电的涡旋式压缩机及变频空调器的压缩机，其线圈均为三相供电，压缩机引出 3 个接线端子，标号通常为 T1-T2-T3 或 U-V-W 或 R-S-T 或 A-B-C。

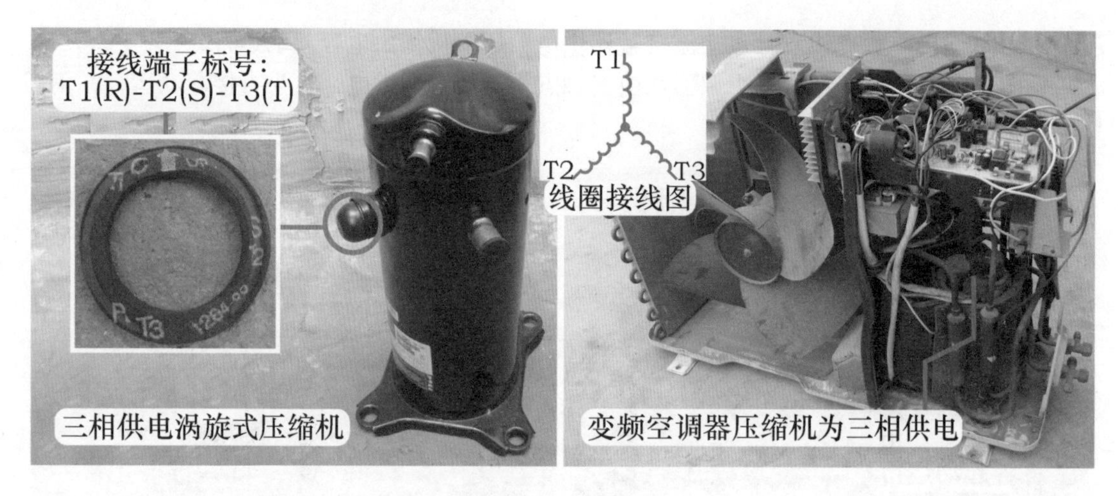

图 3-4 三相压缩机

（3）测量接线端子阻值

三相供电压缩机内置 3 个绕组，3 个绕组的线径和匝数相同，因此 3 个绕组的阻值相等。

使用万用表电阻档测量 3 个接线端子之间阻值，见图 3-5，T1-T2、T1-T3 和 T2-T3 阻值相等，即 $R_{T1\text{-}T2}=R_{T1\text{-}T3}=R_{T2\text{-}T3}$，阻值均为 3Ω 左右。

图 3-5 测量接线端子阻值

4. 相序电路

因为涡旋式压缩机不能反转运行，所以电控系统均设有相序保护电路。相序保护电路由于知识点较多，单设一节进行说明，见本章第二节。

5. 保护电路

由于三相供电空调器压缩机功率较大，为使其正常运行，通常在室外机设计了很多保护电路。

（1）电流检测电路

电流检测电路的作用是为了防止压缩机长时间运行在大电流状态，见图 3-6 左图，根据品牌不同，设计方式也不相同：如格力空调器通常检测 2 根压缩机引线，美的空调器检测 1 根压缩机引线。

（2）压力保护电路

压力保护电路的作用是为了防止压缩机运行时高压压力过高或低压压力过低，见图 3-6 右图，根据品牌不同，设计方式也不相同：如格力或目前海尔空调器同时设有压缩机排气管压力开关（高压开关）和吸气管压力开关（低压开关），美的空调器通常只设有压缩机排气管压力开关。

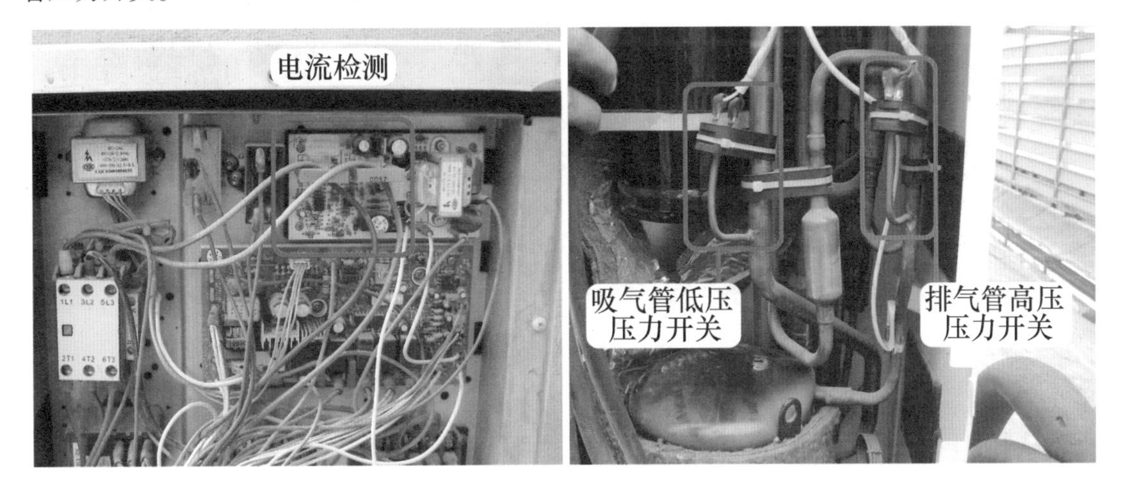

图 3-6 电流检测和压力开关

（3）压缩机排气温度开关或排气传感器

见图 3-7，压缩机排气温度开关或排气传感器的作用是为了防止压缩机在温度过高时长时间运行，根据品牌不同，设计方式也不相同：美的空调器通常使用压缩机排气温度开关，在排气管温度过高时其触点断开进行保护；格力空调器通常使用压缩机排气传感器，CPU 可以实时监控排气管实际温度，在温度过高时进行保护。

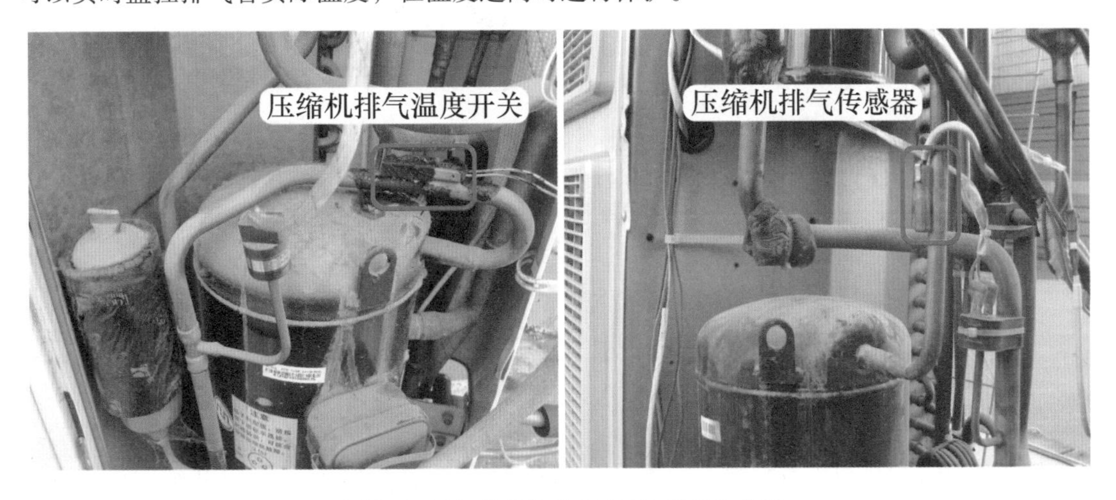

图 3-7 压缩机排气温度开关和排气传感器

6. 室外风机形式

室外机通风系统中，见图3-8，1～3P空调器通常使用单风扇吹风为冷凝器散热，5P空调器通常使用双风扇散热，但部分品牌的5P室外机也有使用单风扇散热。

图3-8 室外风机形式

二、电控系统常见形式

1. 主控CPU位于显示板

见图3-9，早期或目前格力空调器的电控系统中主控CPU位于显示板，CPU和弱信号处理电路均位于显示板，是整个电控系统的控制中心；室内机主板只是提供电源电路、继电器电路和保护电路等。

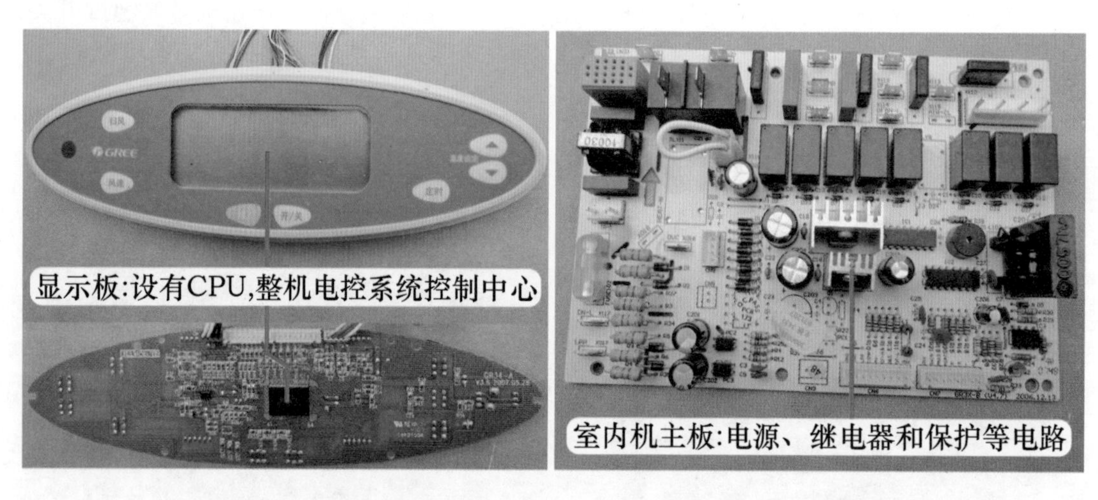

图3-9 格力KFR-120LW/E（1253L）V-SN5空调器室内机主要器件

见图3-10，室外机设有相序保护器（检测相序）、电流检测板（检测电流）和交流接触器（为压缩机供电）等器件。

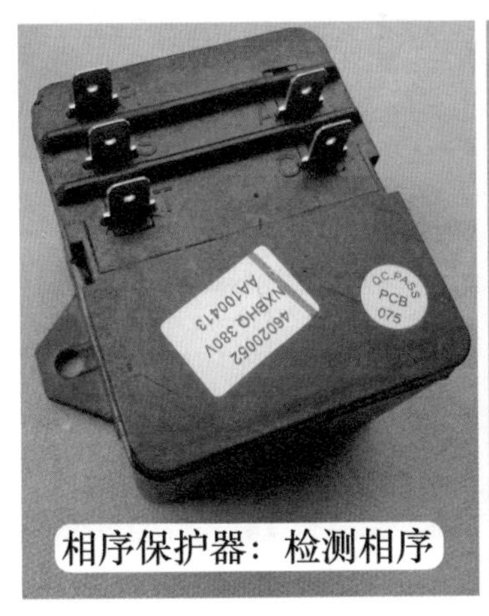

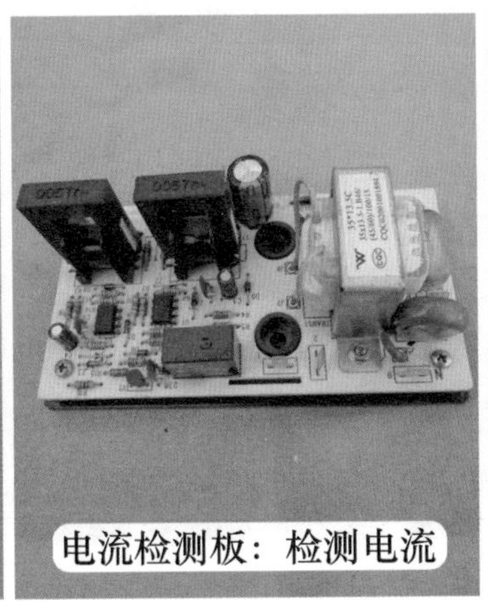

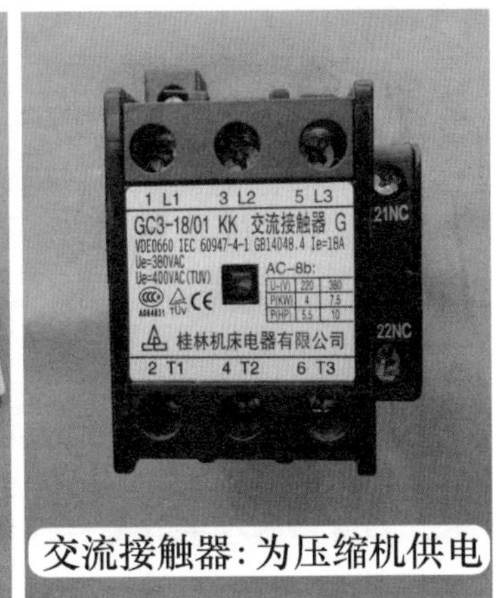

图 3-10　格力 KFR-120LW/E（1253L）V-SN5 空调器室外机主要器件

2. 主控 CPU 位于主板

见图 3-11，电控系统中主控 CPU 位于主板，CPU 和弱信号电路、电源电路、继电器电路等均设位于主板，是电控系统的控制中心。

显示板只是被动显示空调器的运行状态，根据品牌或机型不同，可使用指示灯或显示屏显示。

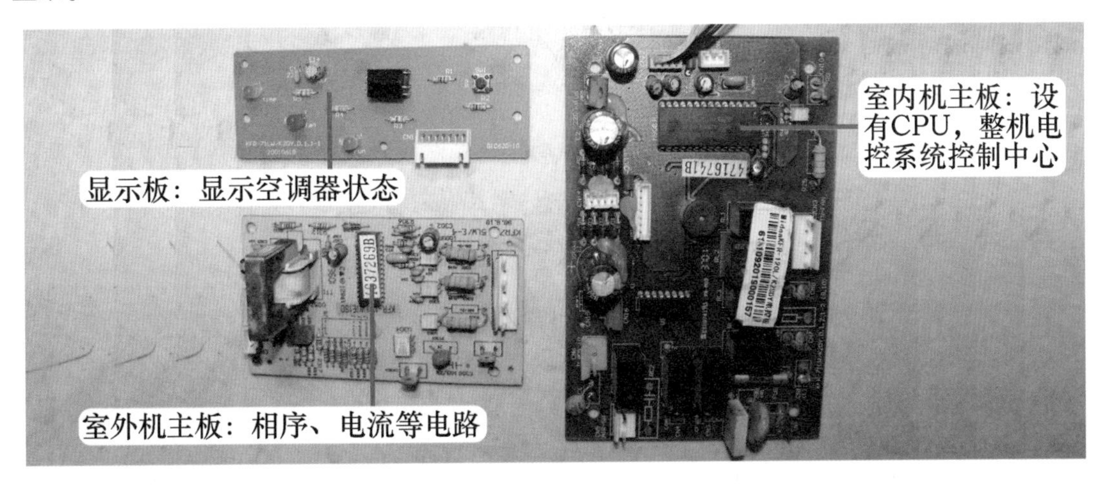

图 3-11　美的 KFR-120LW/K2SDY 空调器电控系统

3. 主控 CPU 位于室内机主板和室外机主板

由于主控 CPU 位于室内机主板或室内机显示板时，室内机和室外机需要使用较多的引线（格力某型号 5P 空调器除电源线外还使用 9 根），来控制室外机负载和连接保护电路。

因此目前空调器通常在室外机主板设有 CPU，见图 3-12，且为室外机电控系统的控制中心；同时在室内机主板也设有 CPU，且为室内机电控系统的控制中心；室内机和室外机的电控系统只使用 4 根连接线（不包括电源线）。

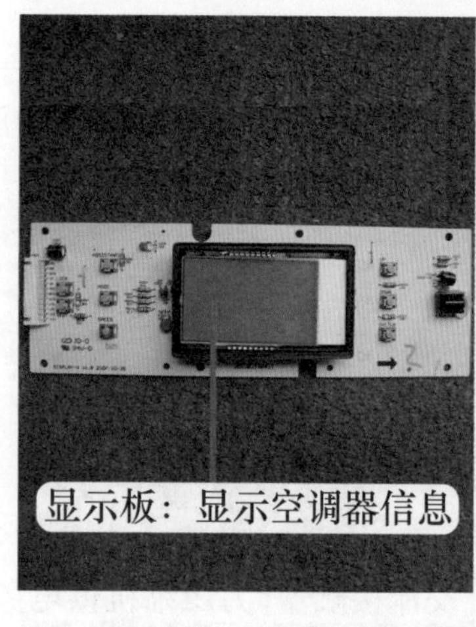

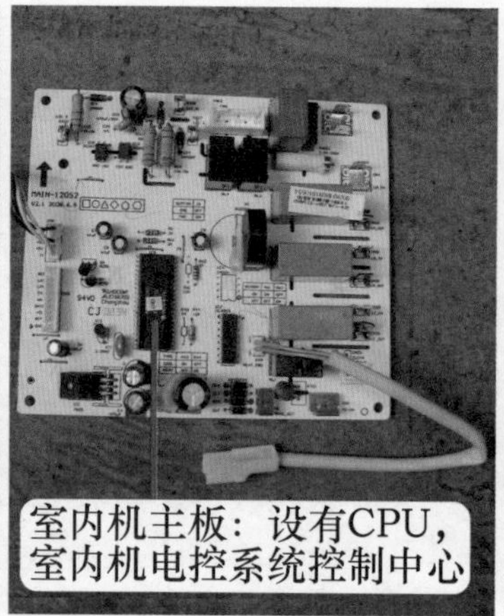

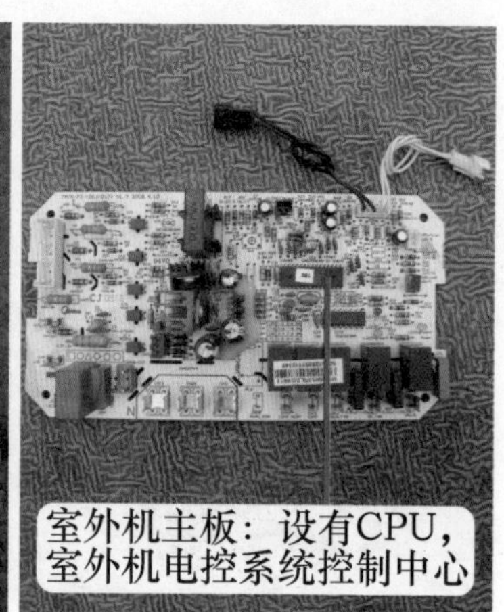

图 3-12 美的 KFR-72LW/SDY-GAA（E5）空调器电控系统

第二节 相序电路

相序电路在三相供电的空调器中是必备电路，本节以格力 KFR-120LW/E（1253L）V-SN5空调器为基础，介绍三相供电和相序保护器的检测方法、更换原装相序保护器和代换通用相序保护器的步骤。

一、相序板工作原理

1. 应用范围

活塞式压缩机由于体积大、能效比低、振动大、高低压阀之间容易窜气等缺点，逐渐减少使用，多见于早期的空调器。因为电机运行方向对制冷系统没有影响，所以使用活塞式压缩机的三相供电空调器室外机电控系统不需要设计相序保护电路。

涡旋式压缩机由于振动小、效率高、体积小和可靠性高等优点，使用在目前全部 5P 及部分 3P 的三相供电空调器中。但由于涡旋式压缩机不能反转运行，其运行方向要与电源相位一致，因此使用涡旋式压缩机的空调器，均设有相序保护电路，所使用的电路板通常称为相序板。

2. 安装位置和作用

（1）安装位置

相序板在室外机的安装位置见图 3-13。

（2）作用

相序板的作用是在三相电源相序与压缩机运行供电相序不一致或断相时断开控制电路，从而对压缩机进行保护。

相序板按控制方式一般有 2 种，见图 3-14 和图 3-15，即使用继电器触点和使用微处理器（CPU）控制光耦合器次级，输出端子一般串接在交流接触器的线圈供电回路或保护回路中，当遇到相序不一致或断相时，继电器触点断开（或光耦合器次级断开），交流接触器的线圈供电随之被切断，从而保护压缩机；如果相序板串接在保护回路中，则保护电路断开，室内机 CPU 接收后对整机停机，同样可以保护压缩机。

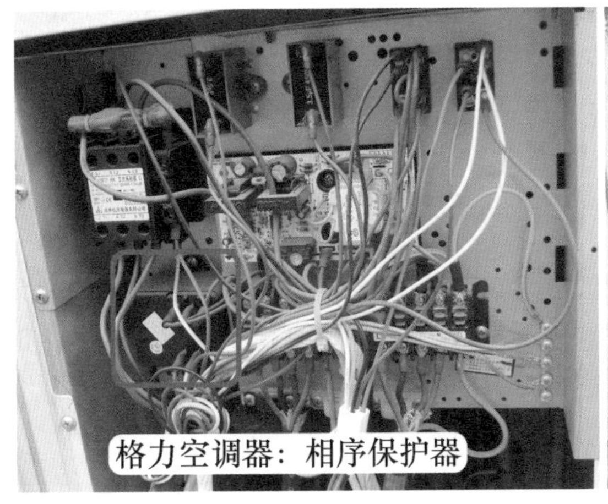

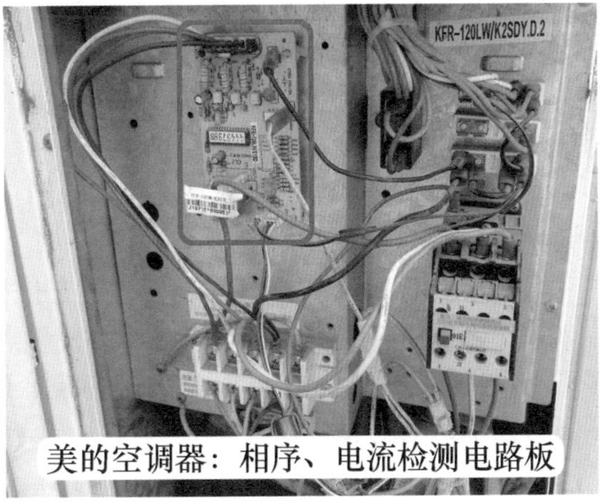

图 3-13　安装位置

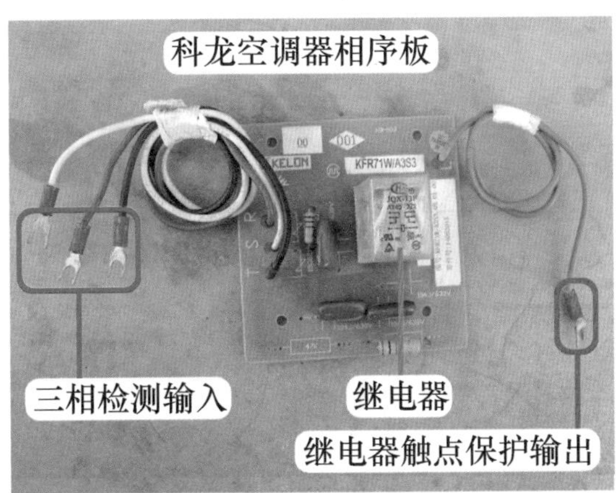

图 3-14　科龙和格力空调器相序板

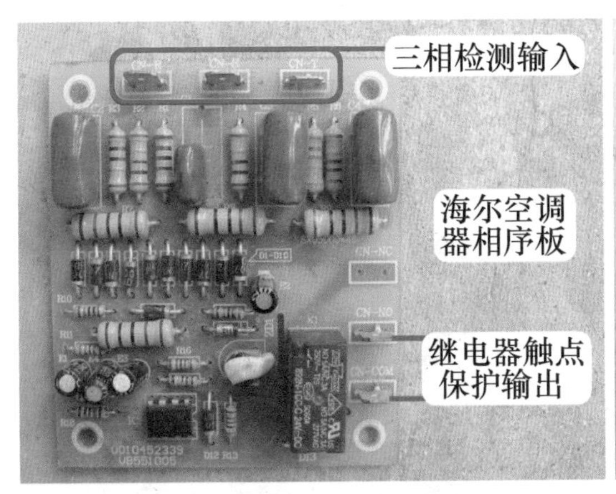

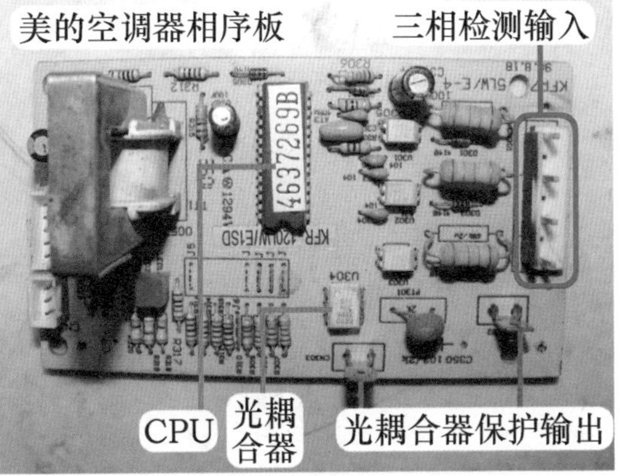

图 3-15　海尔和美的空调器相序板

3. 继电器触点式相序板工作原理

（1）电路原理图和实物图

拆开格力空调器使用相序保护器的外壳，见图3-17，可发现电路板由3个电阻、5个电容和1个继电器组成。外壳共有5个接线端子，R-S-T为三相供电检测输入端，A-C为继电器触点输出端。

相序保护电路原理图见图3-16，实物图见图3-17，三相供电相序与压缩机状态的对应关系见表3-1。

当三相供电L1-L2-L3相序与压缩机工作相序一致时，继电器RLY线圈两端电压约为交流220V，线圈中有电流通过，产生吸力使触点A-C导通；当三相供电相序与压缩机工作相序不一致或断相时，继电器RLY线圈电压低于交流220V较多，线圈通过的电流所产生的电磁吸力很小，触点A-C断开。

表3-1 三相供电相序与压缩机状态的对应关系

	RLY线圈交流电压	触点A-C状态	交流接触器线圈电压	压缩机状态
相序正常	195V	导通	交流220V	运行
相序错误	51V	断开	交流0V	停止
断相	缺R：78V，缺S：94V，缺T：0V	断开	交流0V	停止

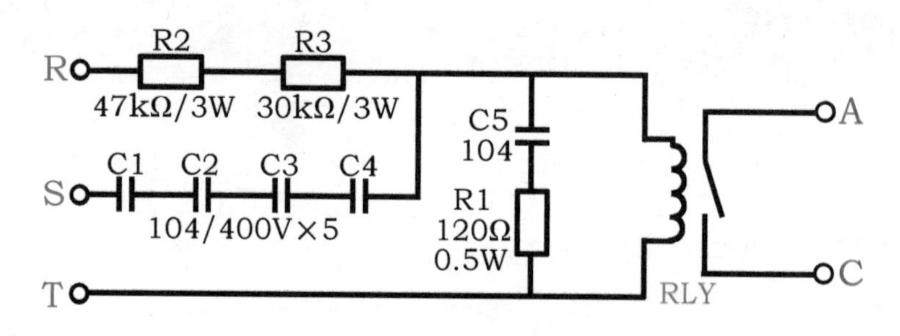

图3-16 继电器触点式相序保护电路原理图

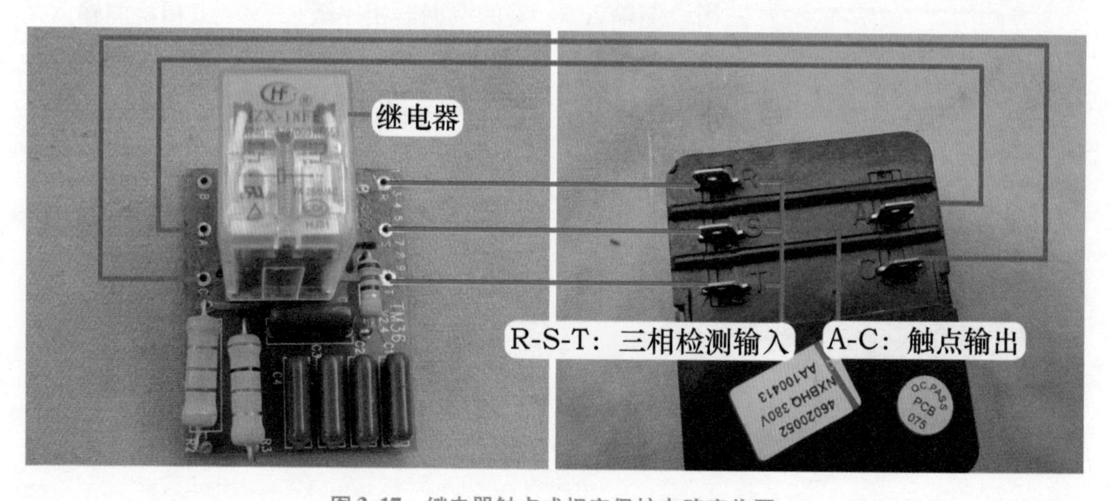

图3-17 继电器触点式相序保护电路实物图

(2) 相序保护器输入侧检测引线

见图3-18，断路器（俗称空气开关）的电源引线送至室外机整机供电接线端子，通过5根引线与去室内机供电的接线端子并联，相序保护器输入端的引线接三相供电L1-L2-L3端子。

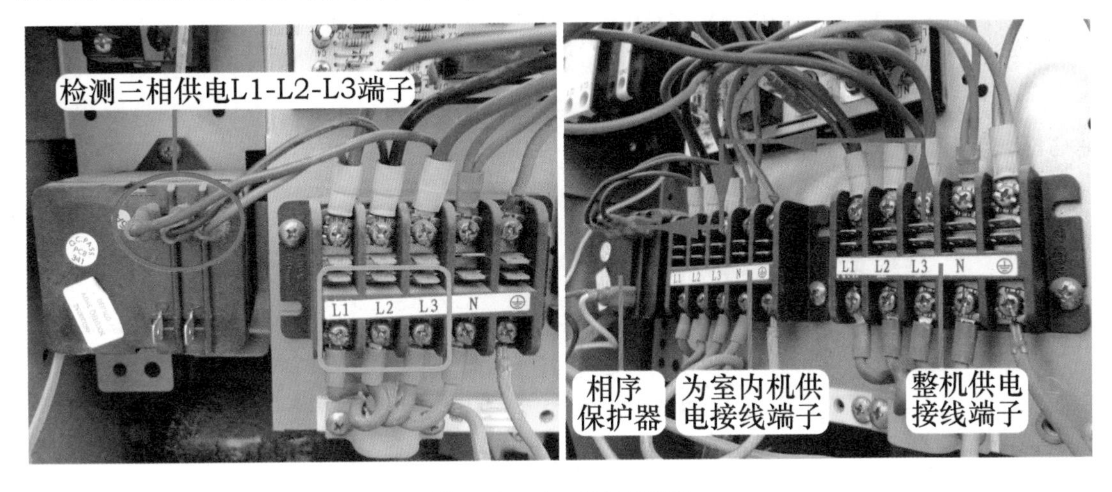

图3-18　输入侧检测引线

(3) 相序保护器输出侧保护方式

涡旋式压缩机由交流接触器供电，三相供电触点的导通与断开由交流接触器线圈控制，交流接触器线圈工作电压为交流220V，见图3-19，室内机主板输出相线L端压缩机黑线直供交流接触器线圈一端，交流接触器线圈N端引线接相序保护器，经内部继电器触点接室外机接线端子上N端。

当相序保护器检测三相供电顺序（相序）符合压缩机线圈供电顺序时，内部继电器触点闭合，压缩机才能得电运行。

当相序保护器检测三相供电相序错误，内部继电器触点断开，即使室内机主板输出L端供电，但由于交流接触器线圈不能与N端构成回路，交流接触器线圈电压为交流0V，三相供电触点断开，压缩机因无供电而不能运行，从而保护压缩机免受损坏。

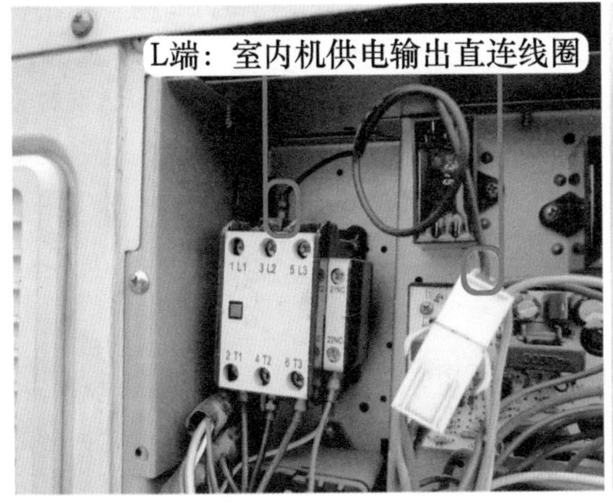

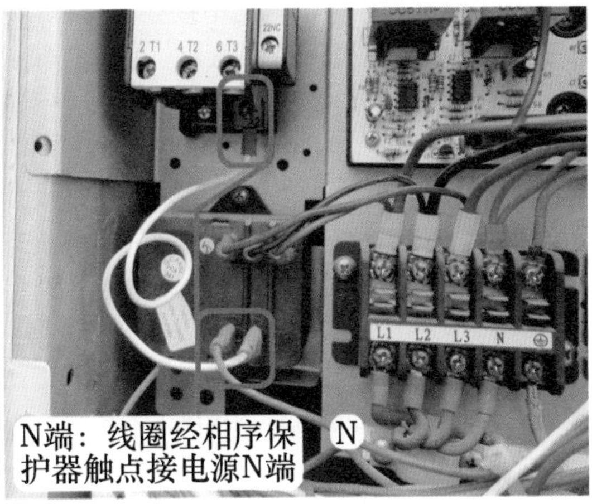

图3-19　输出侧保护方式

4. 微处理器（CPU）方式

美的 KFR-120LW/K2SDY 柜式空调器室外机相序板相序检测电路简图见图 3-20，电路由光耦合器、CPU 和电阻等元器件组成。

三相供电 U（A）、V（B）、W（C）经光耦合器（PC817）分别输送到 CPU 的 3 个检测引脚，由 CPU 进行分析和判断，当检测三相供电相序与内置程序相同（即符合压缩机运行条件）时，控制光耦合器（MOC3022）次级侧导通，相当于继电器触点闭合；当检测三相供电相序与内置程序不同时，控制光耦合器次级截止，相当于继电器触点断开。

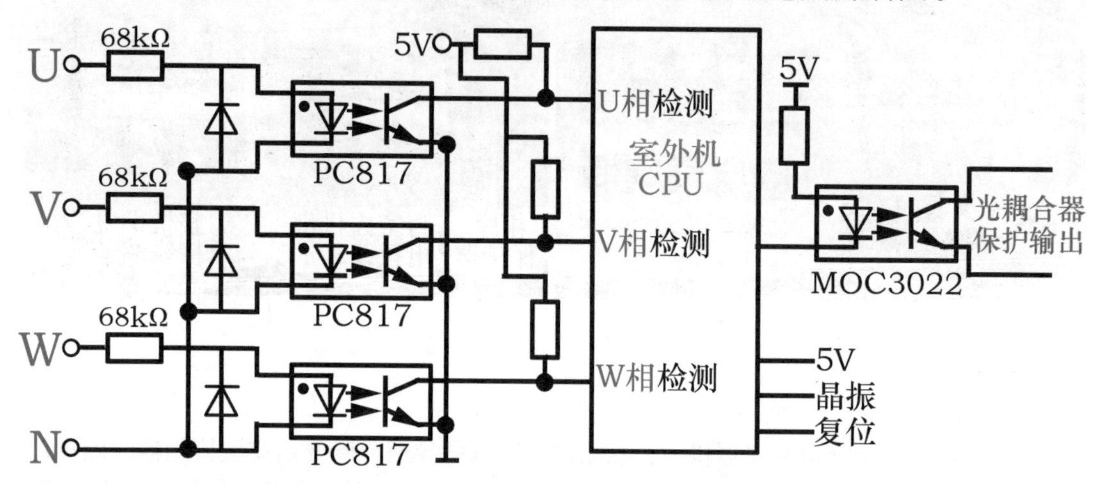

图 3-20 CPU 式相序保护电路原理图

5. 各品牌空调器出现相序保护时故障现象

三相供电相序与压缩机运行相序不同时，电控系统会报出相应的故障代码或出现压缩机不运行的故障，根据空调器设计不同所出现的故障现象也不相同，以下是几种常见品牌的空调器相序保护串接形式。

① 海信、海尔和格力：相序保护电路大多串接在压缩机交流接触器线圈供电回路中，所以相序错误时室外风机运行，压缩机不运行，空调器不制冷，室内机不报故障代码。

② 美的：相序保护电路串接在室外机保护回路中，所以相序错误时室外风机与压缩机均不运行，室内机报故障代码为“室外机保护”。

③ 科龙：早期柜式空调器相序保护电路串接在室内机供电回路中，所以相序错误时室内机主板无供电，上电后室内机无反映。

由此可见，同为相序保护，由于厂家设计不同，表现的故障现象差别也很大，实际检修时要根据空调器电控系统设计原理，检查故障根源。

二、三相供电检测方法

相序保护器具有检测三相供电断相和相序功能，判断三相供电相序是否符合涡旋式压缩机线圈供电顺序时，应首先测量三相供电电压，再按压交流接触器强制按钮检测相序是否正常。

1. 测量接线端子三相供电电压

（1）测量三相相线之间电压

使用万用表交流电压档，见图 3-21，分 3 次测量三相供电电压，即 L1-L2 端子、L1-L3

端子和L2-L3端子，3次实测电压应均为交流380V，才能判断三相供电正常。如实测时出现1次电压为交流0V或交流220V或低于交流380V较多，均可判断为三相供电电压异常，相序保护器检测后可能判断相序异常或供电断相，控制继电器触点断开。

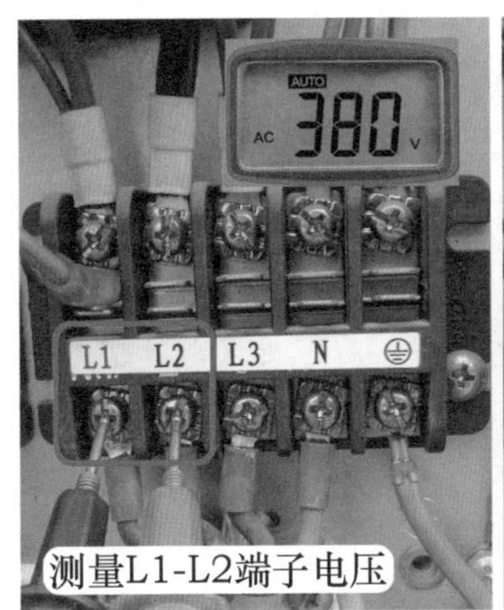

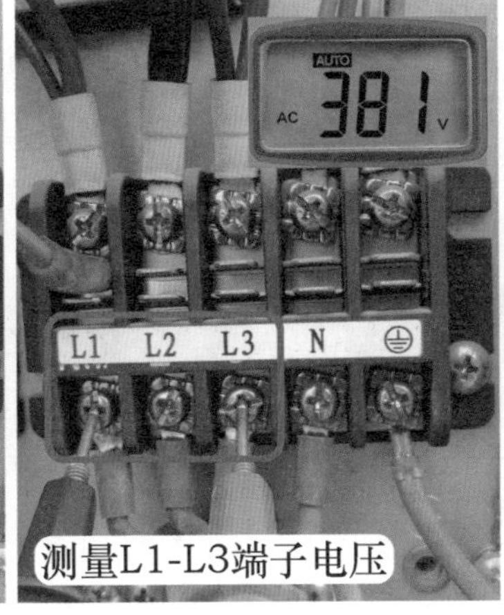

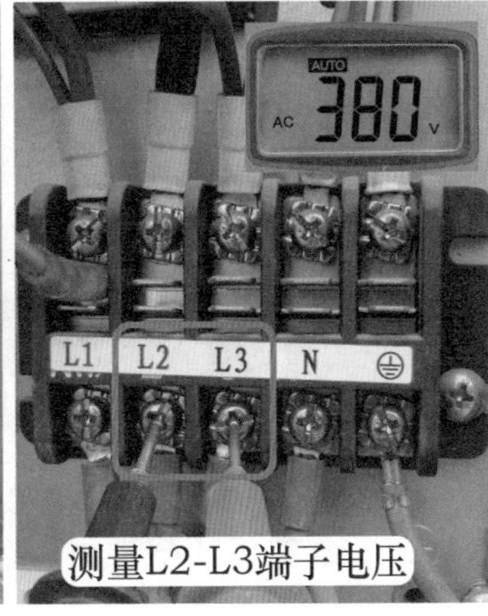

图3-21　测量三相相线之间电压

(2) 测量三相相线与N端子电压

测量三相供电电压，除了测量三相L1-L2-L3端子之间电压，还应测量三相与N端子电压辅助判断，见图3-22，即L1-N端子、L2-N端子和L3-N端子，3次实测电压应均为交流220V，才能判断三相供电及零线供电正常。如实测时出现1次电压为交流0V或交流380V或低于交流220V较多，均可判断三相供电电压或零线异常。

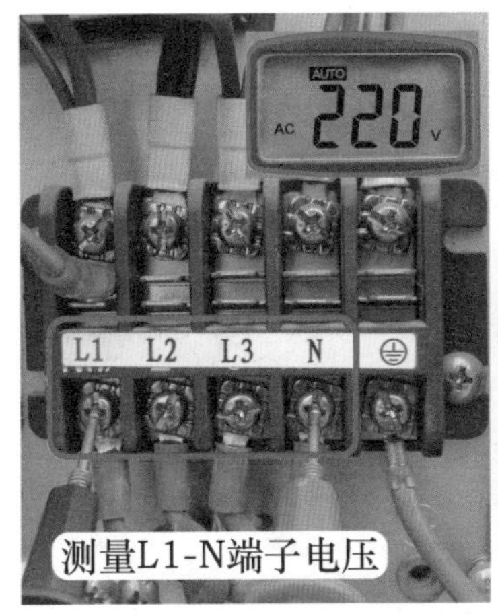

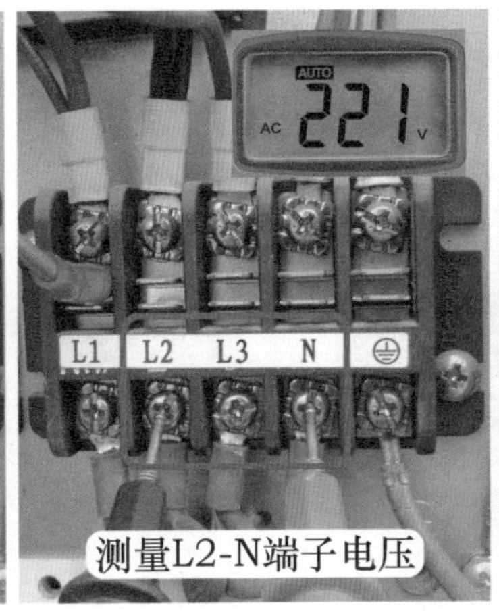

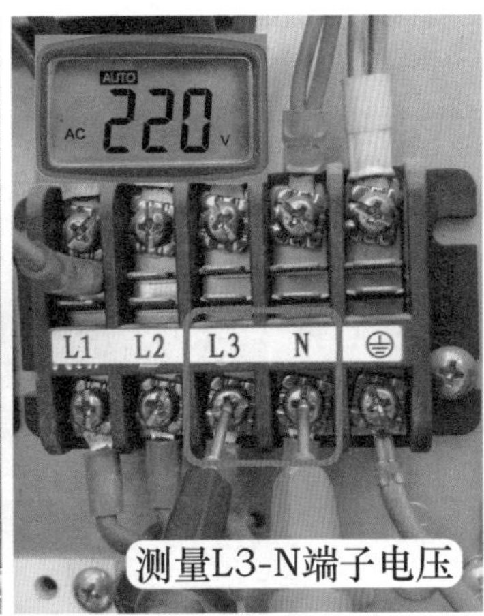

图3-22　测量三相相线与N端子电压

2. 判断三相供电相序

三相供电电压正常，为判断三相供电相序是否正确时，可使用螺丝刀头等物品按压交流接触器上强制按钮，强制为压缩机供电，根据压缩机运行声音、吸气管和排气管温度、系统压力来综合判断。

（1）相序错误

三相供电相序错误时，压缩机由于反转运行，因此并不做功，见图3-23，主要表现现象如下。

① 压缩机运行声音沉闷。

② 手摸吸气管不凉、排气管不热，温度接近常温即无任何变化。

③ 压力表指针轻微抖动，但并不下降，维持在平衡压力（即静态压力不变化）。

说明：涡旋式压缩机反转运行时，容易击穿内部阀片（窜气故障）造成压缩机损坏，在反转运行时，测试时间应尽可能缩短。

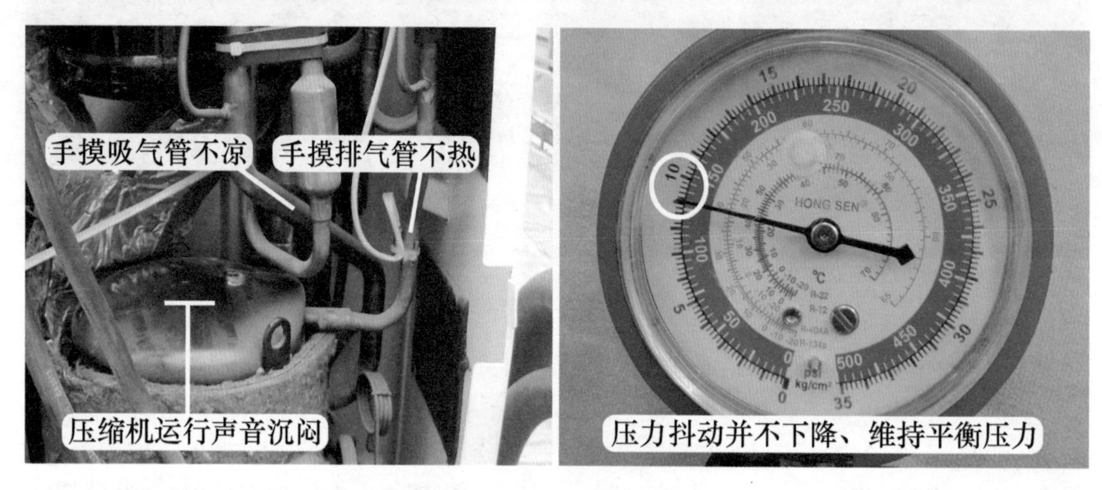

图3-23　相序错误时故障现象

（2）相序正常

由于供电正常，压缩机正常做功（运行），见图3-24，主要表现现象如下。

① 压缩机运行声音清脆。

② 吸气管和排气管温度迅速变化，手摸吸气管很凉、排气管烫手。

③ 系统压力由静态压力迅速下降至正常值约0.45MPa。

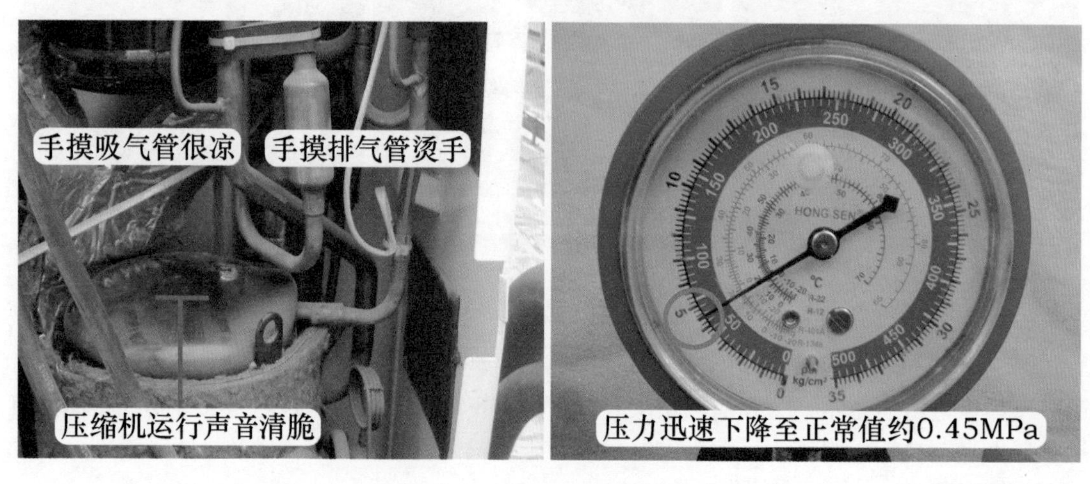

图3-24　相序正常时现象

3. 相序错误时调整方法

常见有 2 种调整方法。

(1) 对调电源接线端子上引线顺序

见图 3-25，任意对调 2 根相线引线位置，对调 L1 和 L2 引线（黑线和棕线），三相供电相序即可符合压缩机运行相序。在实际维修时，对调 L1 和 L3 引线或对调 L2 和 L3 引线均可排除故障。

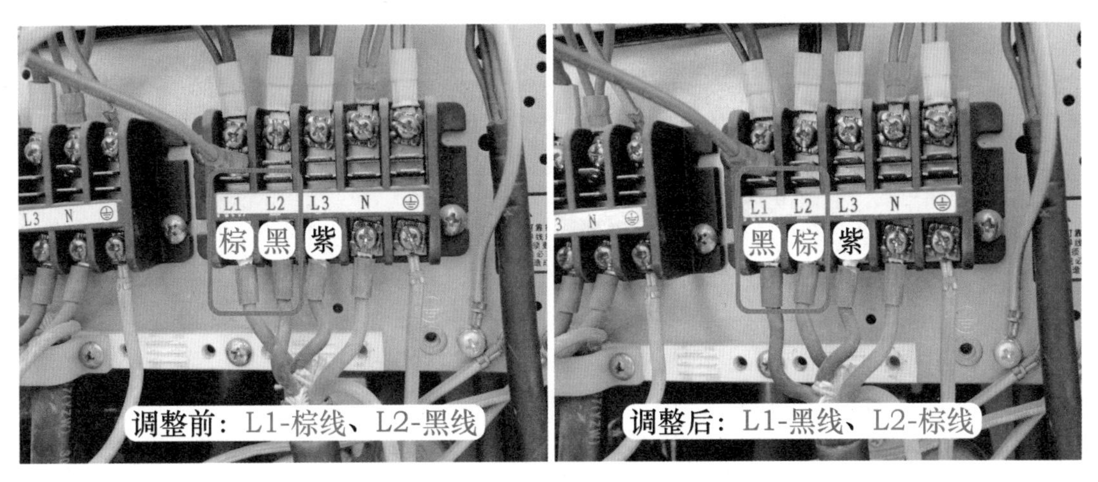

图 3-25　对调电源接线端子上引线顺序

(2) 对调压缩机和相序保护器引线顺序

由于某种原因（如单位使用，找不到供电处的断路器），不能切断空调器电源，此时在电源接线端子处对调引线有一定的危险性。实际维修时可同时对调压缩机引线和相序保护器输入侧引线，同样达到调整相序的目的。

调整前：见图 3-26 左图。交流接触器输出端子的压缩机引线顺序依次为棕线、黑线、紫线，相序保护器输入侧引线依次为棕线、黑线、紫线。

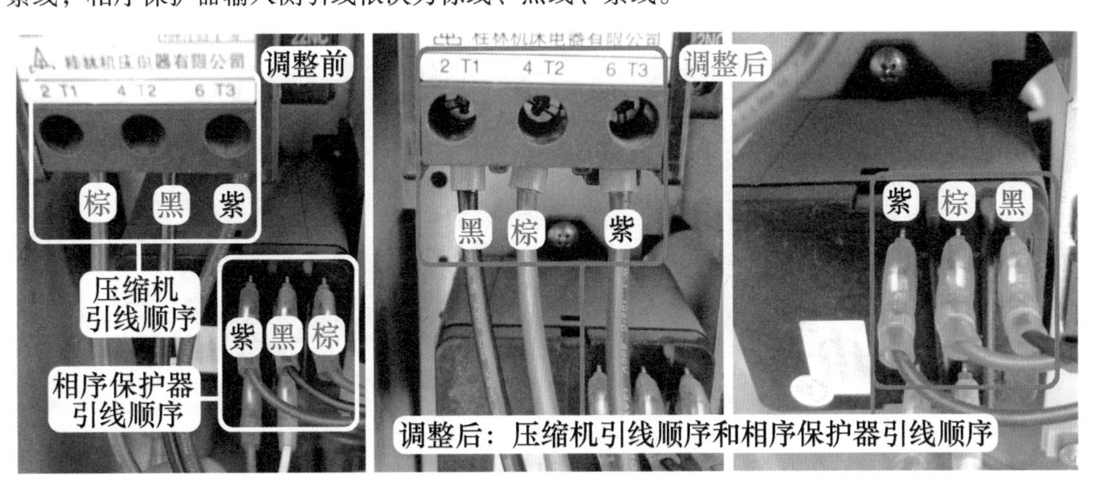

图 3-26　对调压缩机和相序保护器引线顺序

调整后的压缩机引线顺序：黑线、棕线、紫线，见图 3-26 中图。关闭空调器，此时交流接触器触点断开，下方的端子并无电压，相当于切断空调器电源。对调任意交流接触器输出端的 2 根引线顺序，使压缩机线圈供电顺序和电源供电顺序相同。

调整后的相序保护器引线顺序：黑线、棕线、紫线，见图 3-26 右图。对调压缩机引线使压缩机供电顺序和电源供电顺序相同后，压缩机可正常运行，但由于相序保护器检测错误，上电开机后依旧表现为室外风机运行但压缩机不运行，应再次对调相序保护器输入侧引线，使检测相序与电源供电顺序相同，输出侧的触点才会导通。注意：由于为通电状态，对调引线时应注意安全，可使用尖嘴钳子等辅助工具。

三、相序保护器检测方法和更换步骤

1. 相序保护器检测方法

判断相序保护器故障的前提是，三相供电电压正常，并且三相供电相序符合压缩机供电相序。否则，判断相序保护器故障没有意义。三相供电相序正常时，相序保护器内部继电器触点闭合，在检修时可利用这一特性进行判断。常见有以下 3 种方法。

（1）使用万用表交流电压档测量

见图 3-27 左图，红表笔接方形对接插头中压缩机黑线（L 端相线）、黑表笔接相序保护器输出侧触点前端蓝线即接线端子 N 端，正常电压为交流 220V，说明室内机主板已输出压缩机运行的控制电压。

见图 3-27 右图，接方形对接插头中黑线的红表笔不动，黑表笔改接相序保护器输出侧触点后端白线（接交流接触器线圈）。如实测电压为交流 220V，说明内部继电器触点闭合，可判断相序保护器正常；如实测电压为交流 0V，可判断相序保护器损坏。

说明：上述测量方法为正常开机时测量。如需要待机即上电不开机时测量，可将红表笔接室外机接线端子上 L1 端，黑表笔接相序保护器输出侧的蓝线和白线。

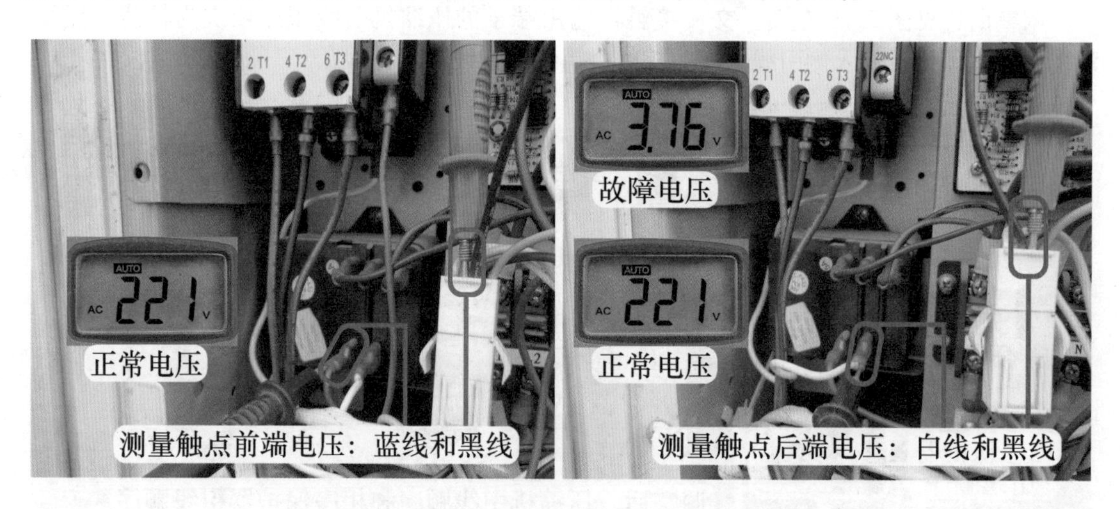

图 3-27 测量相序保护器输出侧触点前端和后端电压

（2）使用万用表电阻档测量

拔下相序保护器输出侧的蓝线和白线后，再将空调器接通电源，见图 3-28，红表笔和黑表笔接输出侧端子（A-C）。

正常阻值为0Ω，说明内部触点闭合，可判断相序保护器正常。

故障阻值为无穷大，说明内部触点断开，可判断相序保护器损坏。

图 3-28　测量相序保护器输出端触点阻值

（3）短接相序保护器

在实际维修时，可将连接交流接触器线圈的白线直接连接至室外机接线端子上 N 端，见图 3-29，再次上电开机，如果压缩机开始运行，可确定相序保护器损坏。

说明：此方法也适用于确定相序保护器损坏，但暂时没有配件更换，而用户又着急使用空调器时的应急措施。并且应提醒用户，在更换配件前千万不能调整供电电源处的 3 根相线位置，否则，会造成压缩机损坏。

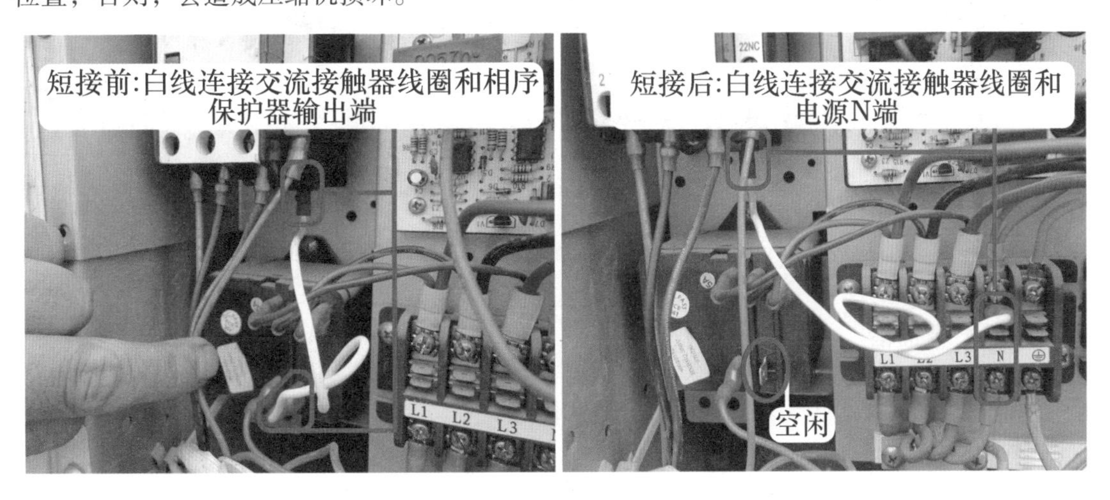

图 3-29　短接相序保护器

2. 更换原装相序保护器步骤

① 取下原机相序保护器，并将新相序保护器安装至原位置。

② 查看相序保护器输入端共有 3 根引线，连接在接线端子上 L1-L2-L3。相序保护器输

出侧端子共有 2 根引线，连接在接线端子 N 端和交流接触器线圈。

③ 见图 3-30，将 L1 端子棕线安装至输入侧 R 端子，将 L2 端子黑线安装至输入侧 S 端子，将 L3 端子紫线安装至输入侧 T 端子。

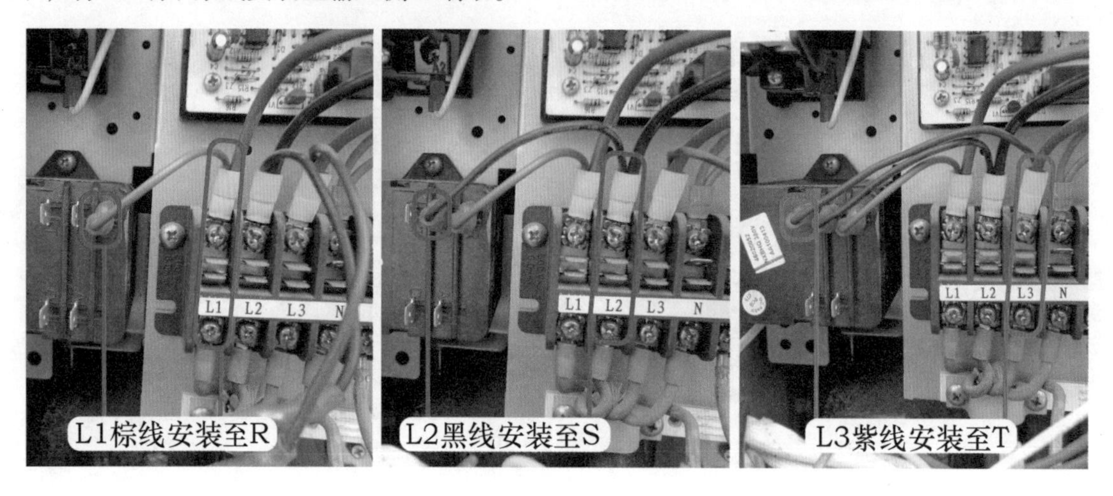

图 3-30　安装输入侧引线

④ 见图 3-31 左图，输入侧 3 根引线插反时将引起压缩机不运行故障，设计时这 3 根引线的长度也不相同，因此一般不会插错。

⑤ 见图 3-31 右图，将电源 N 端的蓝线和交流接触器线圈的白线插在输出侧端子，由于连接内部继电器触点，2 个端子不分正反。

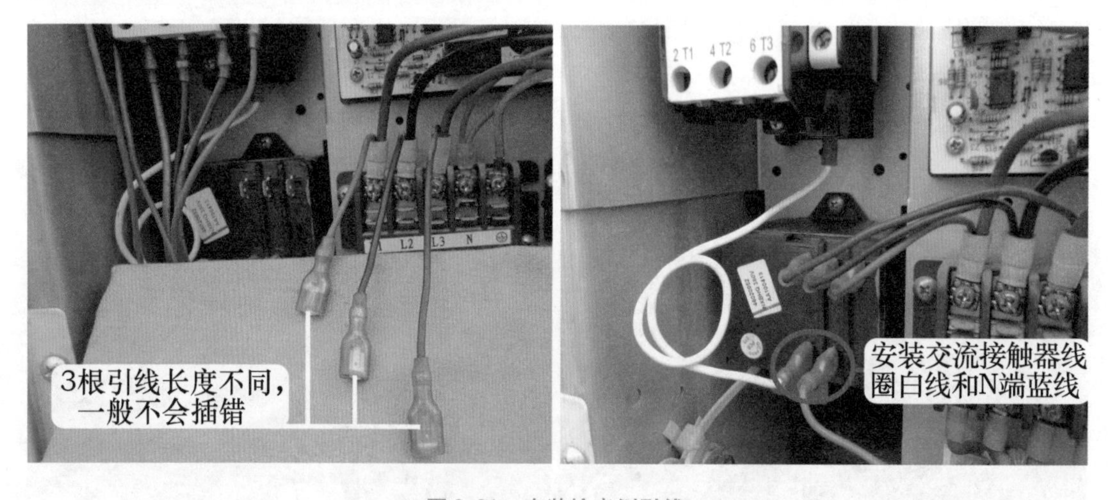

图 3-31　安装输出侧引线

四、使用通用相序保护器代换步骤

在实际维修中，如果原机相序保护器损坏，并且没有相同型号的配件更换时，可使用通用相序保护器代换。本节选用某品牌名称为“断相与相序保护继电器”，对代换步骤进行详细说明。

1. 通用相序保护器实物外形和接线图

通用相序保护器见图 3-32，由控制盒和接线底座组成，使用时将底座固定在室外机合适的位置，控制盒通过卡扣固定在底座上面。

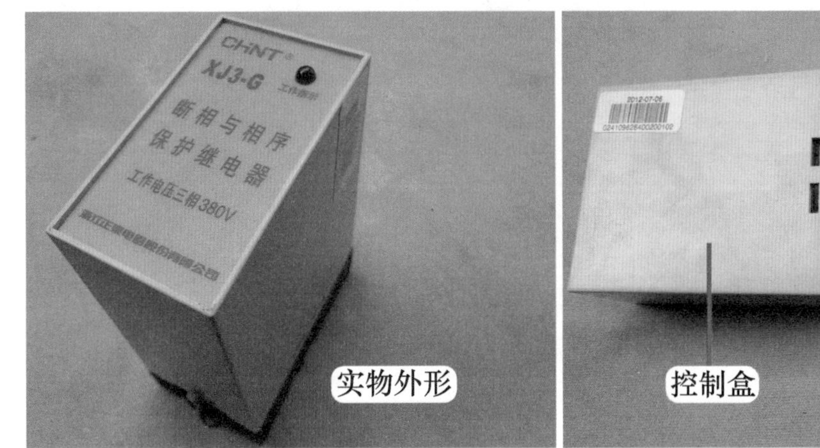

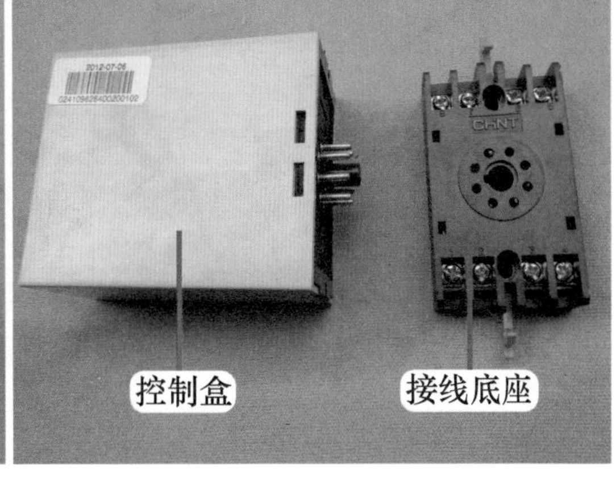

图 3-32　实物外形和组成

图 3-33 左图为接线图，图 3-33 右图为接线底座上对应位置。输入侧 1-2-3 端子接三相供电 L1-L2-L3 端子即检测引线。

输出侧 5-6 端子为继电器常开触点，相序正常时触点闭合；7-8 端子为继电器常闭触点，相序正常时触点断开。交流接触器线圈供电回路应串接在 5-6 端子。

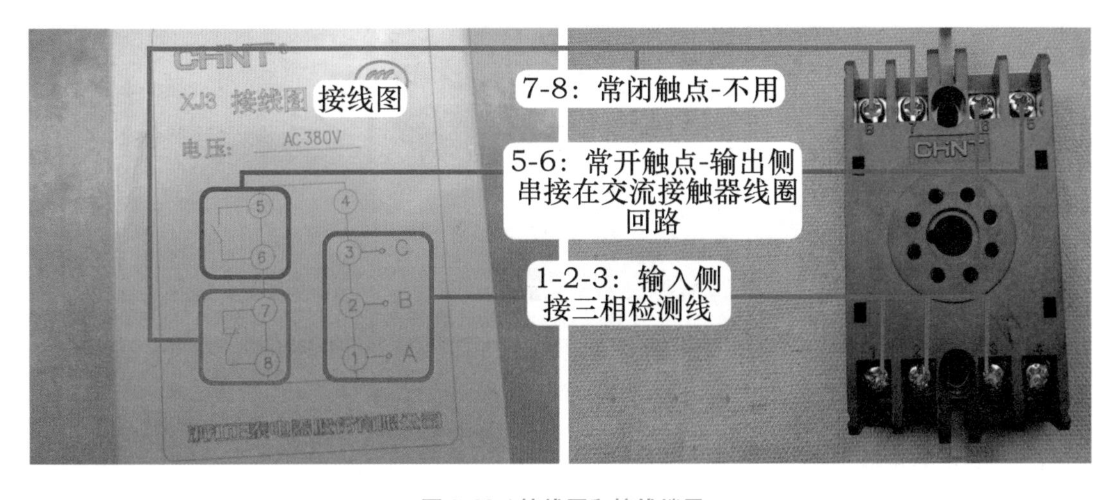

图 3-33　接线图和接线端子

2. 代换步骤

（1）输入侧引线

见图 3-34，将接线底座固定在室外机电控盒内合适的位置，由于 L1-L2-L3 端子连接原机相序保护器的引线较短，应准备 3 根引线，并将两端剥开适当的长度。

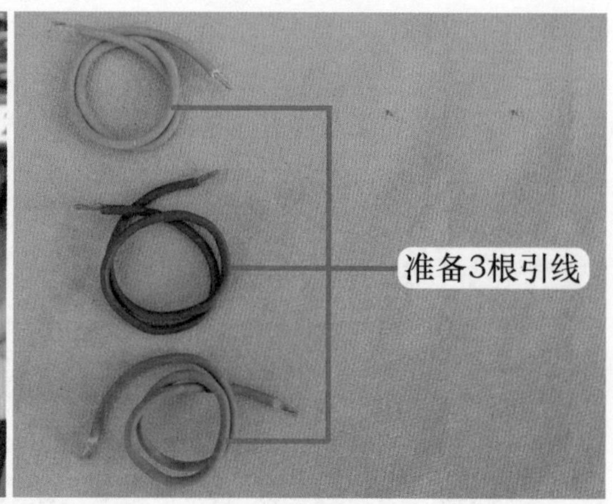

图 3-34 安装底座和准备引线

(2) 安装输入侧引线

见图 3-35，将其中 1 根引线连接底座 1 号端子和 L1 端子、其中 1 根引线连接底座 2 号端子和 L2 端子、其中 1 根引线连接底座 3 号端子和 L3 端子，这样，输入侧引线全部连接完成。

注意：接线端子上 L1-L2-L3 和底座上 1-2-3 的引线应使用螺丝刀拧紧固定螺钉。

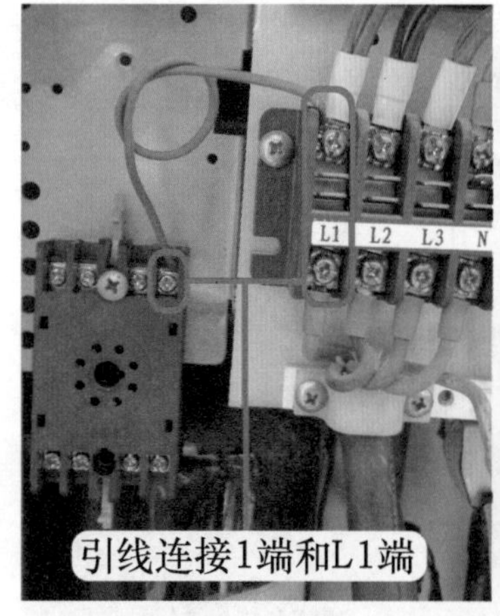

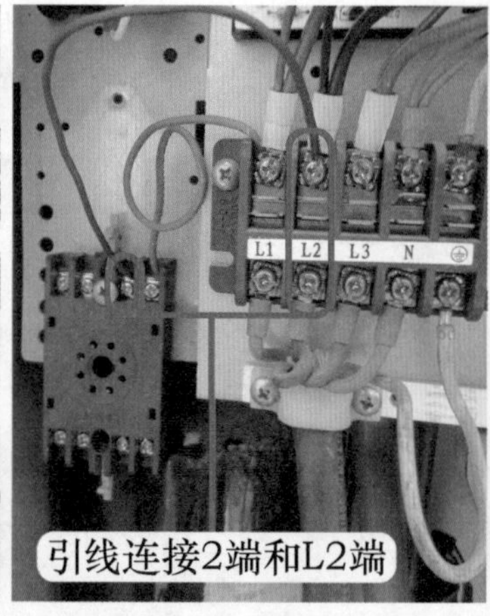

图 3-35 安装输入侧引线

(3) 安装输出侧引线

见图 3-36 左图，原机交流接触器线圈的白线使用插头，因此将插头剪去，并剥开适合的长度接在底座 5 号端子；原机 N 端引线不够长，再使用另外 1 根引线连接底座 6 号端子和接线端子 N 端，这样输出侧引线也全部连接完成。注意：底座 5 号和 6 号端子接继电器触点，连接引线时不分正反。

此时接线底座共有 5 根引线，见图 3-36 右图，1-2-3 端子分别连接接线端子 L1-L2-L3，5-6 端子连接交流接触器线圈和接线端子 N 端。

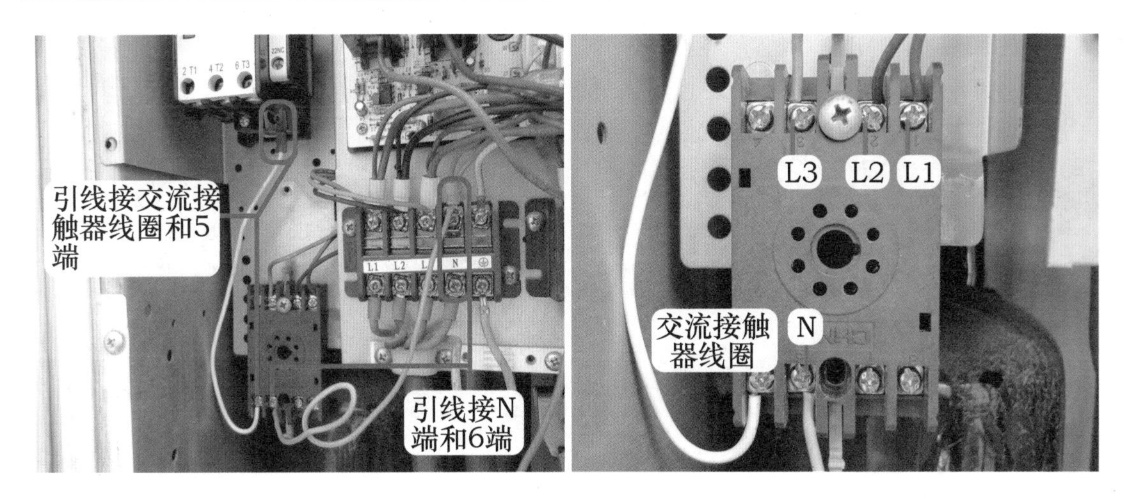

图 3-36　安装输出侧引线

（4）固定控制盒和包扎未用接头

见图 3-37，将控制盒安装在底座上并将卡扣锁紧，再使用防水胶布将未使用的原机 L1、L2、L3 和 N 共 4 个插头包好，防止漏电。

再将空调器接通电源，控制盒检测相序符合正常时，控制内部继电器触点闭合，并且顶部“工作指示”灯（红色）点亮；空调器开机后，交流接触器吸合，压缩机开始运行。

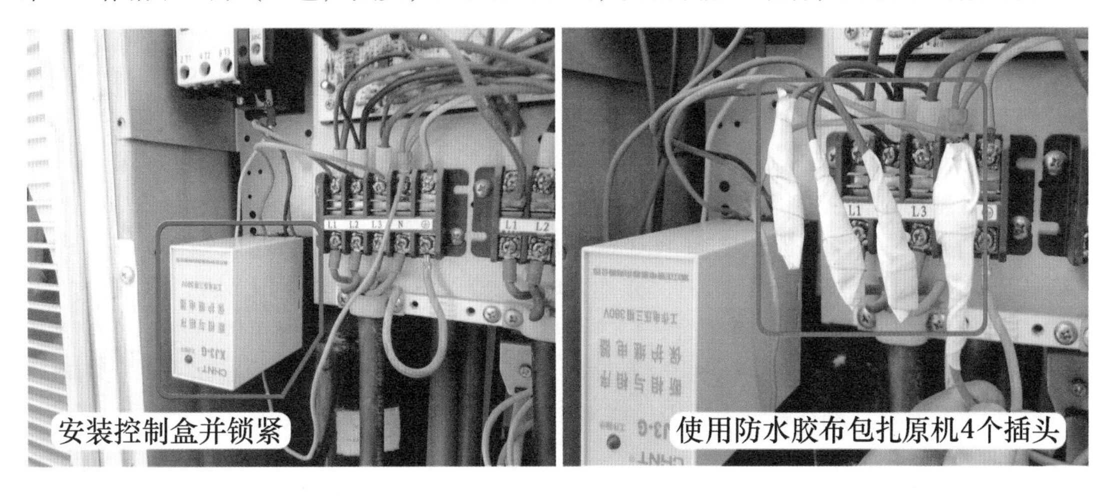

图 3-37　固定控制盒和包扎引线

3. 压缩机不运行时调整方法

如果空调器上电后控制盒上“工作指示”灯不亮，开机后交流接触器不能吸合使得压缩机不能运行，说明三相供电相序与控制盒内部检测相序不相同。此时应当切断空调器电源，取下控制盒，见图 3-38，对调底座接线端子输入侧的任意 2 根引线位置，即可排除故障，再次开机，压缩机开始运行。

注意： 原机只是相序保护器损坏，原机三相供电相序符合压缩机运行要求，因此调整相序时不能对调原机接线端子上引线，必须对调底座的输入侧引线。否则造成开机后压缩机反转运行，空调器不能制冷或制热，并且容易损坏压缩机。

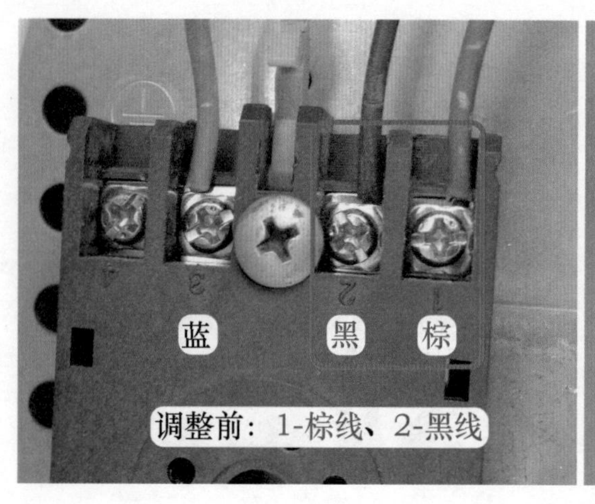

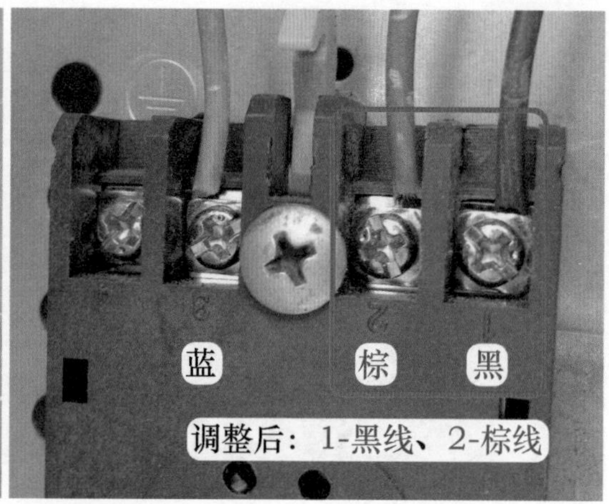

图 3-38　相序错误时调整方法

第三节　压缩机电路

一、三相 3P 或 5P 空调器压缩机电路

1. 工作原理

格力 KFR-120LW/E（1253L）V-SN5 空调器压缩机电路原理图见图 3-39，实物图见图 3-40，CPU 引脚电压与压缩机状态对应关系见表 3-2。

CPU 控制压缩机流程：CPU→反相驱动器→继电器→三触点交流接触器→压缩机。

当 CPU 需要控制压缩机运行时，显示板 CPU⑰脚为高电平 5V，经电阻 R443 和连接线送至 COMP 引针，再经主板上电阻 R10 送至反相驱动器 IC1 的③脚输入端，为高电平约 2.4V，IC1 内部电路翻转，输出端⑭脚接地，电压约为 0.8V，继电器 RLY4 线圈电压约为直流 11.2V，产生电磁吸力使触点闭合，L1 端电压经 RLY4 触点至交流接触器线圈，与 N 端构成回路，交流接触器线圈电压为交流 220V，产生电磁吸力使三端触点闭合，三相电源 L1、L2、L3 经交流接触器触点为压缩机线圈 T1、T2、T3 提供三相交流 380V 电压，压缩机运行。

当 CPU⑰脚为低电平 0V 时，IC1③脚也为低电平 0V，内部电路不能翻转，其对应⑭脚输出端不能接地，RLY4 线圈两端电压为直流 0V，触点断开，因而交流接触器线圈电压为交流 0V，其三路触点断开，压缩机停止工作。

2. 电路特点

① 压缩机由室外机的交流接触器触点供电，其室内机主板的继电器体积和室外风机、四通阀线圈继电器相同。

② 室外机设有交流接触器，其主触点 3 路，有些品牌空调器的交流接触器还设有辅助触点。

③ 压缩机工作电压为 3 路交流 380V，供电直接送至室外机接线端子。

④ 压缩机由供电直接起动运行，无需电容。

表 3-2　CPU 引脚电压与压缩机状态对应关系

CPU	反相驱动器 IC1		继电器 RLY4		交流接触器		压缩机	
⑰脚	⑬脚	⑭脚	线圈电压	触点	线圈电压	触点	线圈电压	状态
DC 5V	DC 2.4V	DC 0.8V	DC 11.2V	闭合	AC 220V	闭合	AC 380V	运行
DC 0V	DC 0V	DC 12V	DC 0V	断开	AC 0V	断开	AC 0V	停止

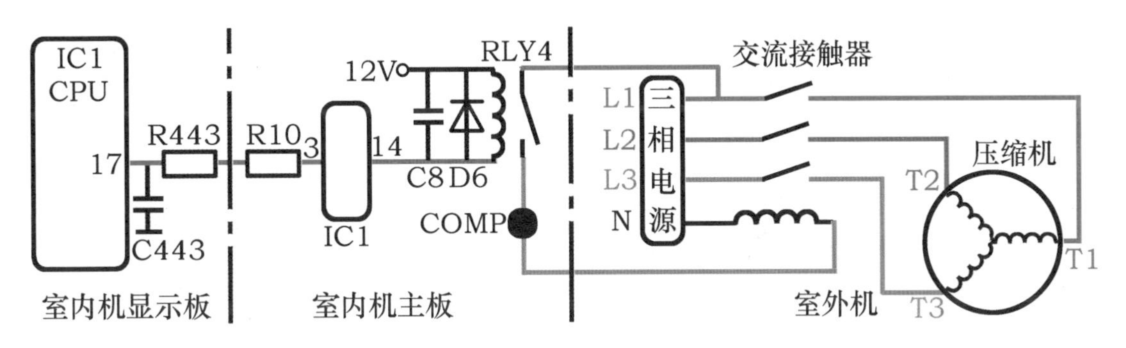

图 3-39　KFR-120LW/E（1253L）V-SN5 空调器压缩机电路原理图

图 3-40　KFR-120LW/E（1253L）V-SN5 空调器压缩机电路实物图

二、压缩机不运行时检修流程

1. 查看交流接触器按钮是否吸合

压缩机线圈由交流接触器供电，在检修压缩机不运行故障时，见图 3-41，应首先查看交流接触器按钮是否吸合。

正常时交流接触器按钮吸合，说明控制电路正常，故障可能为交流接触器触点锈蚀或压缩机线圈开路故障，应进入第 2 检修流程。

故障时交流接触器按钮未吸合，说明室外机或室内机的电控系统出现故障，应检查控制电路，进入第 3 检修流程。

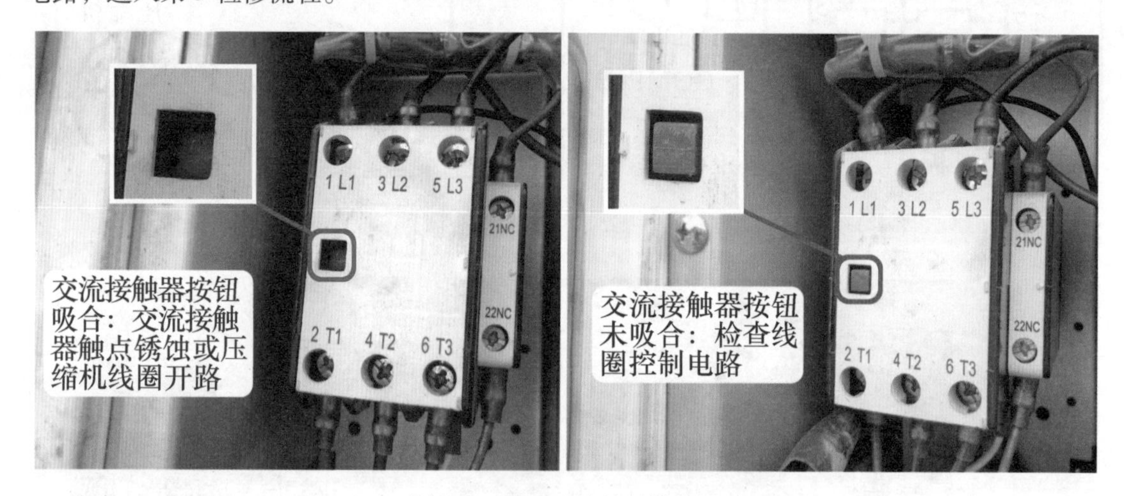

图 3-41　查看交流接触器按钮

2. 交流接触器按钮吸合时检修流程

如交流接触器按钮吸合，但压缩机不运行时，应使用万用表交流电压档，见图 3-42，测量交流接触器输出端触点电压。

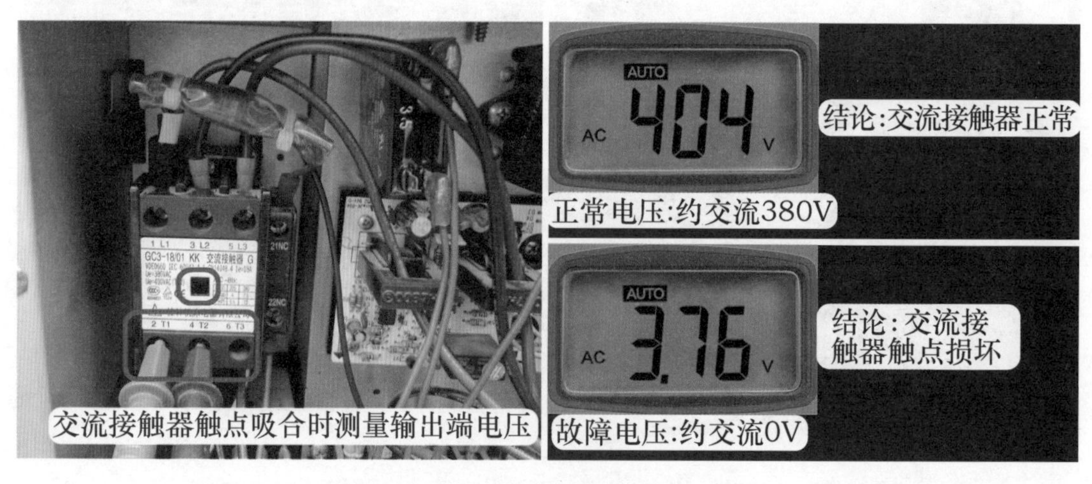

图 3-42　测量交流接触器输出端触点电压

正常电压为 3 次测量均约为交流 380V，说明交流接触器正常，应参照第二章第三节第三部分第 5 步骤的“压缩机线圈阻值检修流程”，检查压缩机线圈是否开路，三相压缩机线圈阻值正常时 3 次测量结果均相等。

故障电压为 3 次测量时有任意 1 次约为交流 0V，说明交流接触器触点锈蚀（开路），应更换同型号交流接触器。

3. 交流接触器未吸合时检修流程

（1）检查相序

相序保护器串接在交流接触器线圈回路，如果相序错误或断相，也会引起交流接触器不能吸合的故障，见图 3-43，相序是否正常的简单判断方法是使用螺丝刀头顶住交流接触器按钮并向里按压，听压缩机运行声音和手摸吸气管、排气管感受其温度来判断。

正常时按下交流接触器按钮压缩机运行声音正常，手摸吸气管凉、排气管热，说明相序正常，应检查交流接触器线圈控制电路，进入下一检修流程。

故障时按下交流接触器按钮压缩机运行声音沉闷，手摸吸气管和排气管均为常温，为三相相序错误，对调三相供电中任意 2 根引线位置即可排除故障。

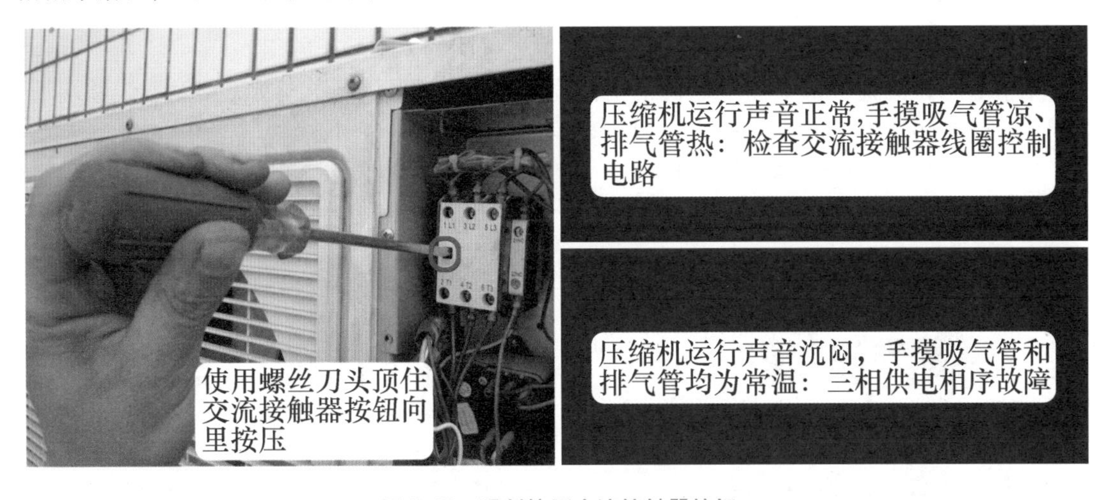

图 3-43　强制按压交流接触器按钮

（2）区分室外机或室内机故障

使用万用表交流电压档，见图 3-44，黑表笔接室外机接线端子上零线 N、红表笔接方形对接插头中压缩机黑线，测量电压。

正常电压为交流 220V，说明室内机主板已输出压缩机供电，故障在室外机电路，应进入第 4 检修流程。

故障电压为交流 0V，说明室内机未输出供电，故障在室内机电控系统或室内外机连接线，应进入第 5 检修流程。

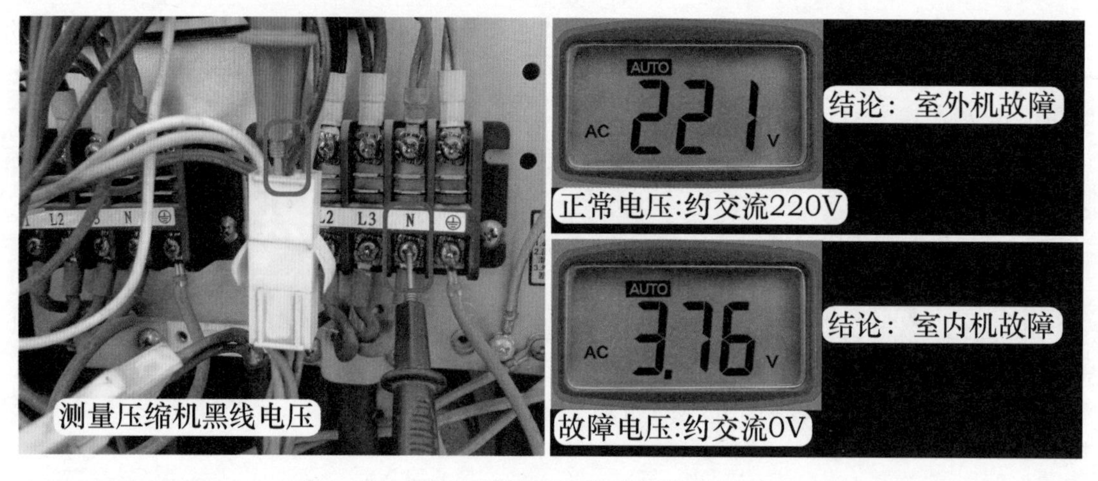

图 3-44 室外机处测量交流接触器线圈供电电压

4. 室外机故障检修流程

(1) 测量相序保护器电压

使用万用表交流电压档，见图 3-45，红表笔接方形对接插头中压缩机黑线、黑表笔接相序保护器输出侧的白线，相当于测量交流接触器线圈的 2 个端子电压。

正常电压为交流 220V，说明室内机主板输出的压缩机电压已送至交流接触器线圈端子，应测量交流接触器线圈阻值，进入下一检修流程。

故障电压为交流 0V，说明相序保护器未输出电压，故障为相序保护器损坏，应更换相序保护器。

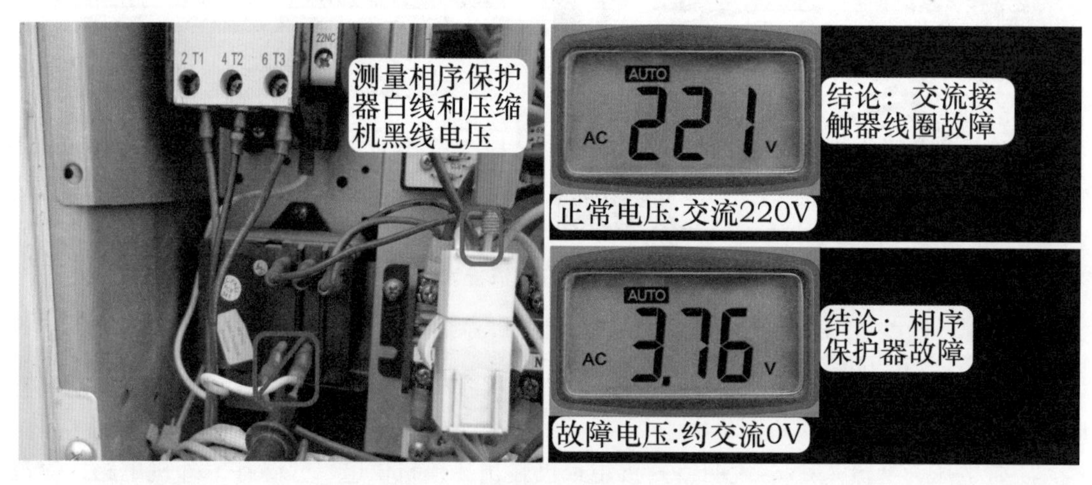

图 3-45 测量交流接触器线圈电压

(2) 测量交流接触器线圈阻值

切断空调器电源，见图 3-46，使用万用表电阻档测量交流接触器线圈阻值。

正常阻值约 550Ω，说明主触点锈蚀，即线圈通电时吸引动铁心向下移动，但动触点和静触点不能闭合，输入端相线电压不能提供至压缩机线圈，此时应更换交流接触器。

故障阻值为无穷大，说明线圈开路损坏，此时应更换交流接触器。

说明：图 3-46 中为使图片表达清楚，直接测量交流接触器线圈端子，实际测量时不用取下交流接触器输入端和输出端的引线，表笔接相序保护器上白线和方形对接插头中黑线即可（见图3-45）。

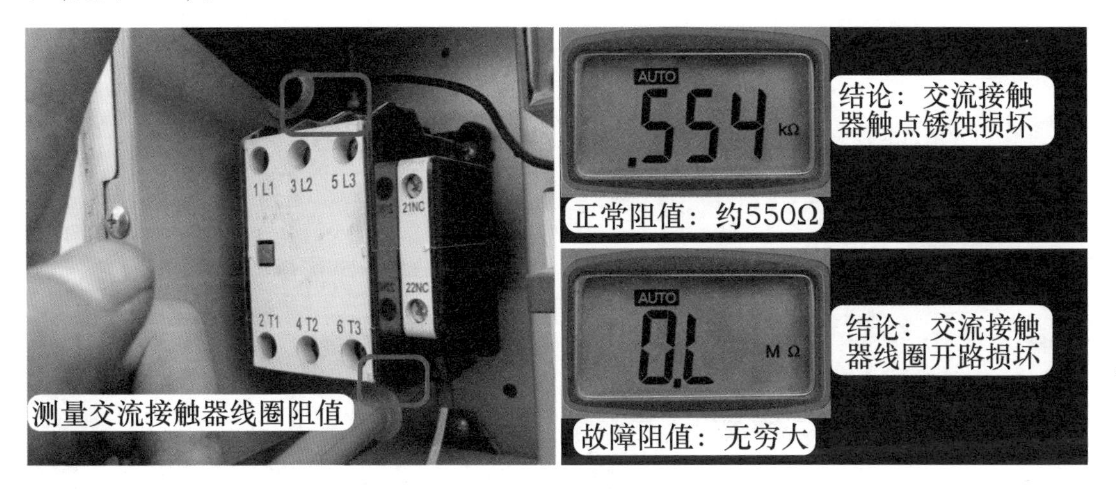

图3-46 测量交流接触器线圈阻值

5. 室内机故障检修流程

（1）区分室内机故障和室内外机连接线故障

使用万用表交流电压档，见图3-47，黑表笔接室内机主板电源N端、红表笔接COMP端子黑线，测量电压。

正常电压为交流220V，说明室内机主板已输出压缩机电压，故障在室内外机连接线中方形对接插头，应检查室内外机负载连接线。

故障电压为交流0V，说明室内机主板未输出压缩机电压，故障在室内机主板或显示板，应进入下一检修流程。

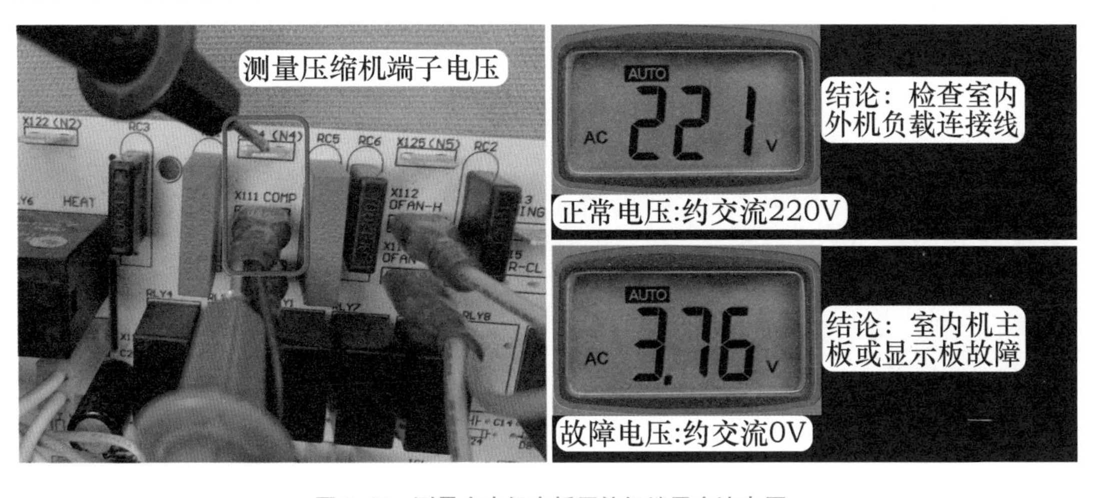

图3-47 测量室内机主板压缩机端子交流电压

（2）区分室内机主板和显示板故障

使用万用表直流电压档，见图3-48，黑表笔接室内机主板与显示板连接线插座中的GND引线、红表笔接COMP引线，测量电压。

正常电压为直流 5V，说明显示板 CPU 已输出高电平的压缩机信号，故障在室内机主板，应更换室内机主板或进入第 6 检修步骤。

故障电压为直流 0V，说明显示板未输出高电平的压缩机信号，故障在显示板，应更换显示板。

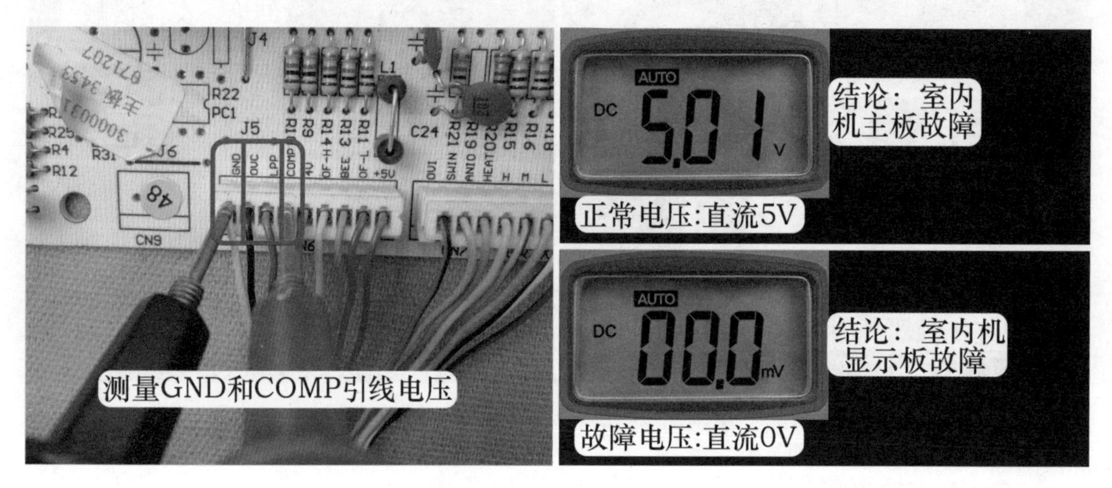

图 3-48　测量室内机主板压缩机引线直流电压

6. 室内机主板检修流程

室内机主板故障检修流程和单相空调器室内机主板基本相同，可参见第二章第三节第三部分内容中第 3 检修步骤“室内机故障检修流程”。

第四章　格力和美的空调器常见故障代码

本章共分为三节，第一节介绍格力 F1、E2、E4、E5 故障；第二节介绍格力 E1 和 E3 故障；第三节介绍美的 E6 故障。在检修空调器时，虽然各个品牌的故障代码名称不同，但代表的含义基本相同，检修思路也基本相同，本章选用最常见的空调器品牌格力和美的故障代码进行介绍，检修其他品牌空调器时也可以参考使用。

本章中介绍格力 F1 故障时，示例空调器型号为 KFR-72LW/NhBa-3；E1 ~ E4 故障的示例空调器型号为 KFR-120LW/E（1253L）V-SN5；E5 故障的示例空调器型号为 KFR-72LW/E1（72d3L1）A-SN5。美的 E6 故障的示例空调器型号为美的 KFR-120LW/K2SDY。

第一节　格力空调器 F1-E2-E4-E5 故障

一、F1 故障

F1：室内环温传感器故障；F2：室内管温传感器故障；F3：室外环温传感器故障；F4：室外管温传感器故障；F5：压缩机排气传感器故障。上述 5 个均为传感器故障，其工作原理为分压电路，见第二章第二节第三部分中“4. 传感器电路”内容，本小节只简单介绍检修流程。

1. 测量传感器分压点电压

示例图片机型为格力 KFR-72LW/NhBa-3 柜式空调器，其室内环温传感器为 2 根黄线，型号为 25℃/15kΩ，室内管温传感器为 2 根黑线，型号为 25℃/20kΩ。

如空调器出现 F1 代码，应使用万用表直流电压档，见图 4-1，常温（实际温度约 25℃）测量传感器插座中室内环温传感器分压点电压，由于相同温度下室内管温传感器分压点电压通常和室内环温传感器相同，检修时可参考室内管温传感器分压点电压。

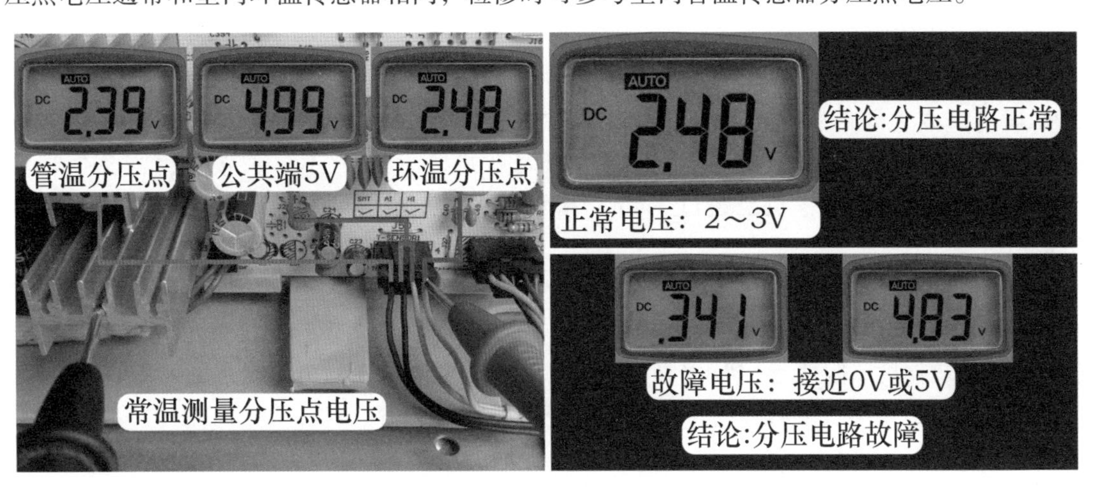

图 4-1　测量分压点电压

正常电压为直流2～3V，且和室内管温传感器电压相同，说明室内环温传感器和分压电阻正常，故障为分压点位置至CPU引脚的铜箔断路、限流电阻开路、CPU误判等，更换故障元器件或主板。

故障电压为接近直流0V或5V，说明分压电路有故障，应测量传感器阻值。

2. 测量传感器阻值

拔下传感器插头，使用万用表电阻档，见图4-2，测量室内环温传感器阻值，由于传感器为负温度系数热敏电阻，温度变化其阻值也相应变化，因此在测量时应根据传感器型号、温度来综合判断测量结果。

正常阻值接近额定值：说明传感器正常，应检查分压电阻等元器件，或者更换主板试机。

故障阻值接近0Ω或无穷大，说明传感器损坏，应更换相同型号的传感器。

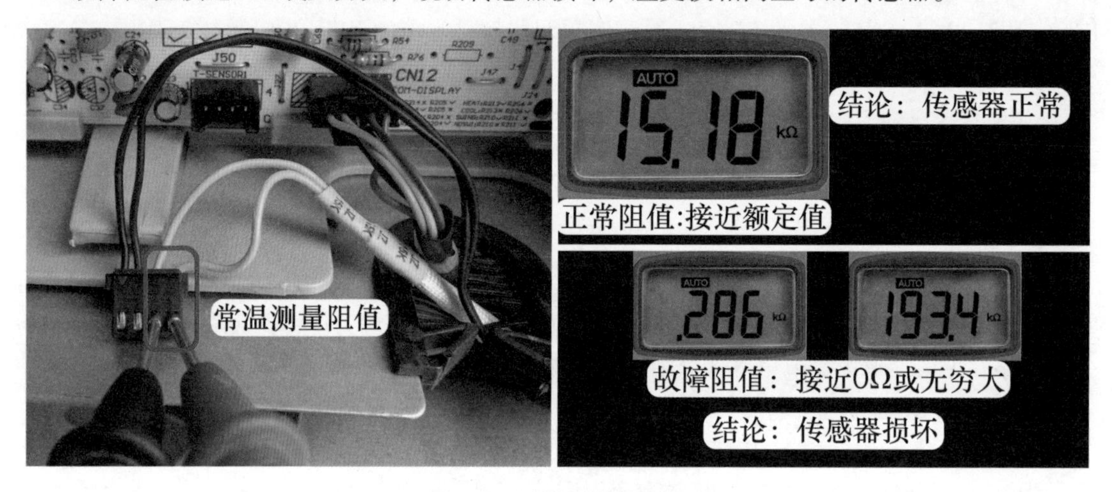

图4-2　测量传感器阻值

二、E2故障

1. 单元电路原理

E2：蒸发器防冻结保护。空调器工作在制冷或抽湿模式下，压缩机运行6min后，CPU通过室内管温传感器检测蒸发器温度，如连续3min≤－5℃时，CPU控制压缩机和室外风机停机，室内风机继续运行，指示灯闪烁并显示E2，不屏蔽按键；当蒸发器温度≥6℃时，且压缩机停机已超过3min，指示灯灭，显示屏恢复正常显示，整机按原状态运行。

室内管温传感器检测孔直接焊接在蒸发器管壁，探头安装在检测孔内，直接检测蒸发器温度。室内管温传感器电路原理图见图4-3，实物图见图4-4，室内管温传感器(25℃/10kΩ)温度、阻值与CPU引脚电压（分压电阻9.1kΩ）的对应关系见表4-1。电路工作原理参见第二章第二节第三部分中“4. 传感器电路”内容。

表 4-1　室内管温传感器温度、阻值与 CPU 引脚电压的对应关系

温度/℃	-10	-5	0	5	25	30	50	60	70
阻值/kΩ	49.7	38.7	30.3	22.8	10	8.16	3.82	2.7	1.94
CPU 电压/V	0.77	0.95	1.15	1.42	2.38	2.63	3.52	3.85	4.12

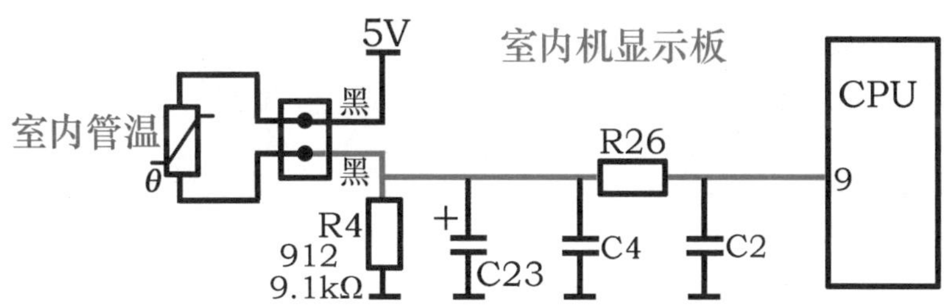

图 4-3　室内管温传感器电路原理图

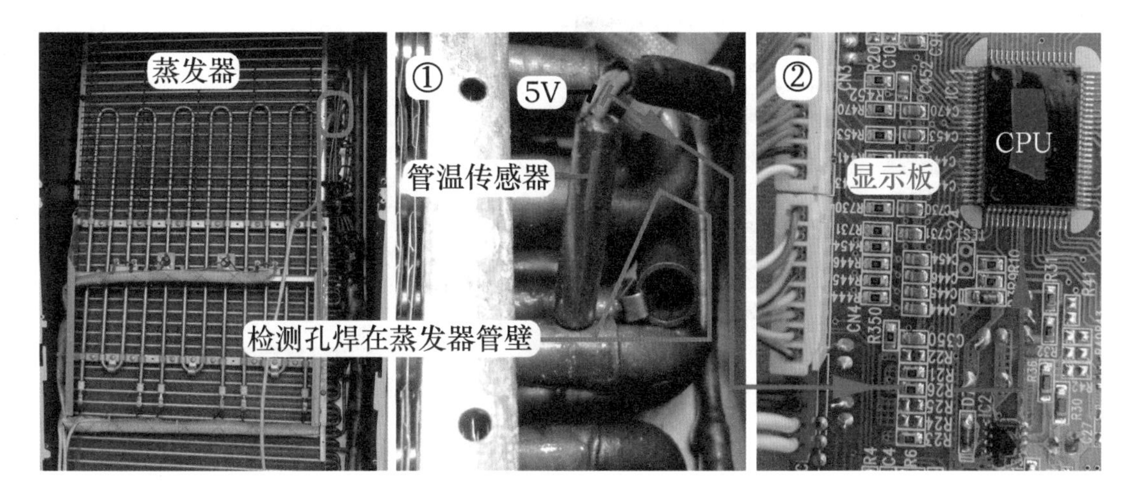

图 4-4　室内管温传感器电路实物图

2. 故障部位区分方法

E2 为 CPU 检测到蒸发器温度低于一定值后停机并报出的代码，因此制冷系统、通风系统和电控系统中如某个故障均有可能出现 E2 代码，在检修时应首先区分故障部位。

（1）查看三通阀状态

正常时三通阀结露：见图 4-5 左图，基本上说明通风系统和制冷系统正常，通常为电控系统故障。

故障时三通阀结霜：见图 4-5 右图，说明回气管（粗管）温度过凉，通常为制冷系统或通风系统故障。

（2）用手感觉室内机出风口风量（见图 4-6）

正常时感觉风量大：说明通风系统正常，通常为电控系统（即传感器电路）故障。

故障时感觉风量小：说明通风系统故障，通常为过滤网脏堵、室内风机转速慢和蒸发器脏堵等。

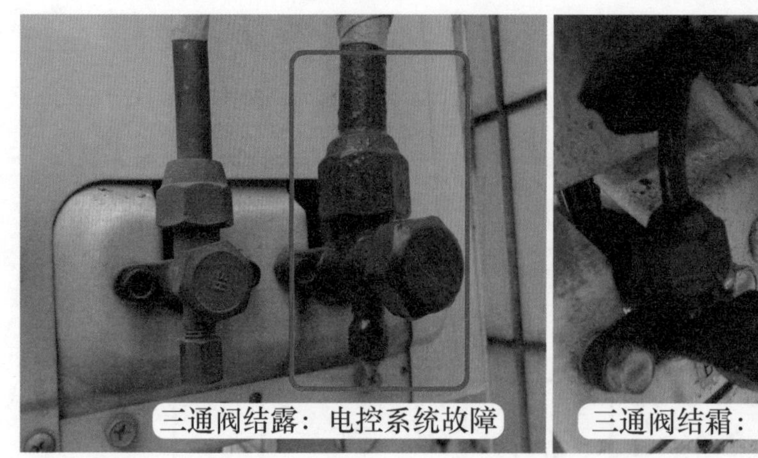

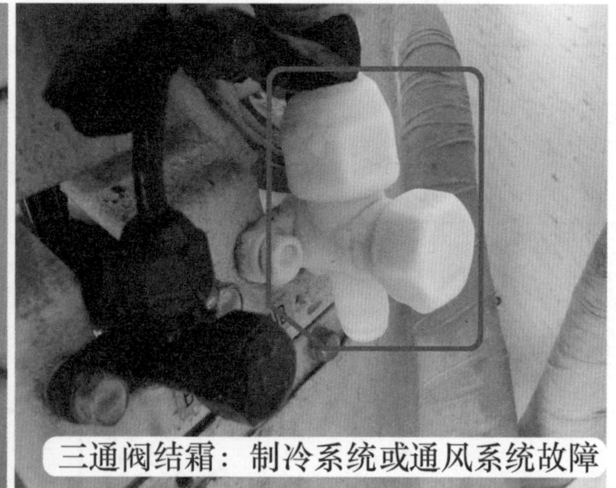

图 4-5 查看三通阀状态

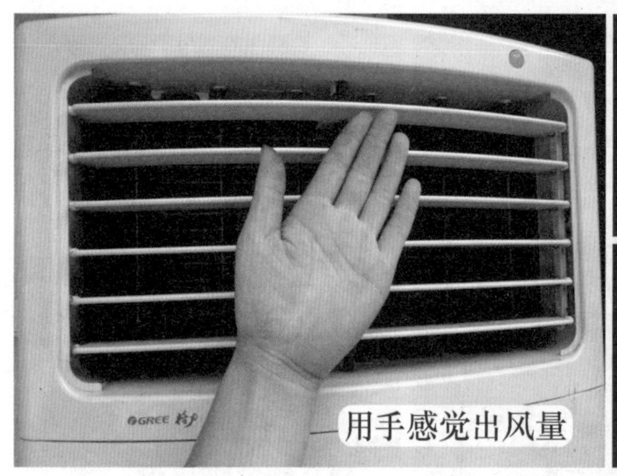

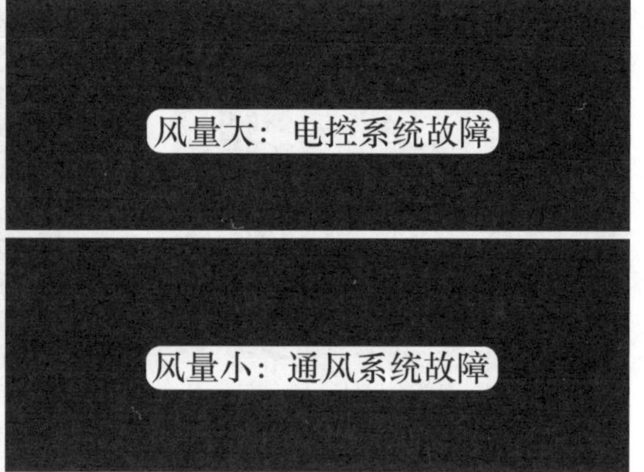

图 4-6 用手感觉室内机出风口风量

三、E4 故障

1. 单元电路原理

E4：压缩机排气管高温保护。压缩机运行后，CPU 通过室外机压缩机排气温度传感器检测压缩机排气管温度，如连续 30s≥120℃时，CPU 控制压缩机和室外风机停机，但室内风机继续运行（制冷模式），指示灯闪烁并显示 E4。制热模式下整机负载全停。

压缩机排气传感器检测孔直接焊接在压缩机排气管，探头安装在检测孔内，直接检测压缩机排气管温度。压缩机排气传感器电路原理图见图 4-7，实物图见图 4-8，压缩机排气传感器（25℃/50kΩ）温度、阻值与 CPU 引脚电压（分压电阻 10kΩ）的对应关系见表 4-2。电路工作原理参见第二章第三节第三部分中“4. 传感器电路”内容，即传感器和下偏置电阻组成分压电路，传感器温度变化时其分压点电压也相应变化，CPU 通过计算分压点电压得出压缩机排气管的实际温度，从而对空调器电控系统进行控制。

表 4-2 压缩机排气传感器温度、阻值与 CPU 引脚电压的对应关系

温度/℃	0	25	35	80	90	100	110	120	125
阻值/kΩ	161	49.2	32	6.12	4.46	3.31	2.49	1.91	1.68
CPU 电压/V	0.29	0.84	1.19	3.1	3.45	3.75	4	4.19	4.28
传感器电压/V	4.71	4.16	3.81	1.9	1.55	1.25	1	0.81	0.72

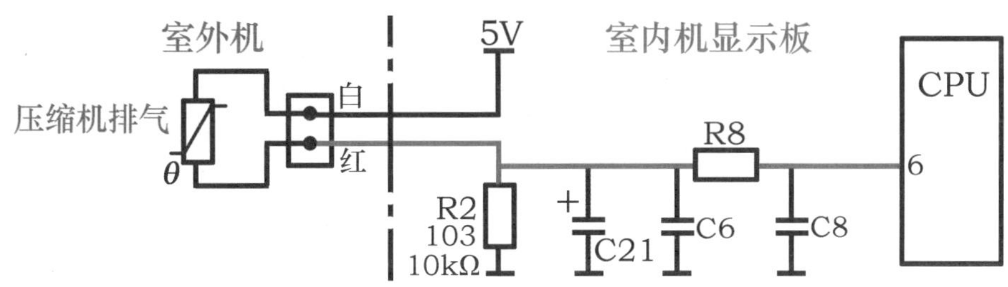

图 4-7 压缩机排气传感器电路原理图

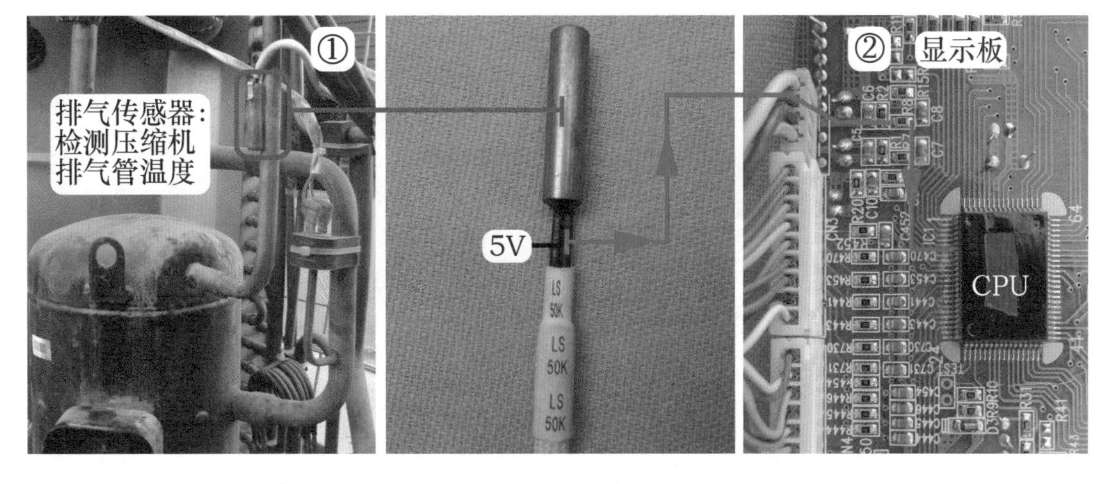

图 4-8 压缩机排气传感器电路实物图

见图 4-9，室外机设有室外环温、室外管温和压缩机排气共 3 个传感器，室内外机的传感器连接线使用 1 束 4 根引线，其中 1 根为公共端直流 5V 为 3 个传感器供电，另外 3 根接 3 个传感器，直接送至显示板，显示板上 3 个传感器电路相对独立，由 CPU 的 3 个引脚各自分析处理。

2. 故障部位区分方法

压缩机主要由吸气管的制冷剂（氟 R22）散热，出现 E4 代码，见图 4-10，应首先测量三通阀的运行压力来区分故障。

正常时运行压力为 0.45MPa 且手摸回气管（粗管）很凉，说明制冷系统正常，为室外机通风系统或电控系统（压缩机排气传感器电路）有故障。

故障时运行压力约 0.2（0.4 以下、0.05 以上）MPa 且手摸回气管（粗管）温度为常温，故障为制冷系统缺氟。

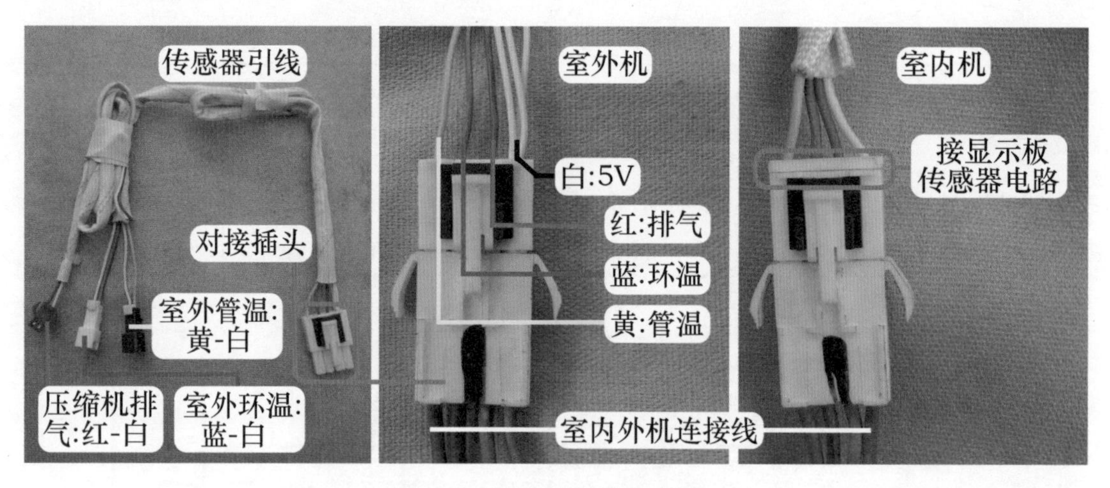

图 4-9　室外机传感器对插插头

另外，如室外风机转速慢或冷凝器轻微脏堵，也将使压缩机负载变重，压缩机排气管压力和温度均升高，如排气管压力未达到 3.0MPa 的保护压力，但排气管温度超过 120℃达到保护值，则显示 E4 代码，停止压缩机和室外风机供电，但室内风机继续运行。

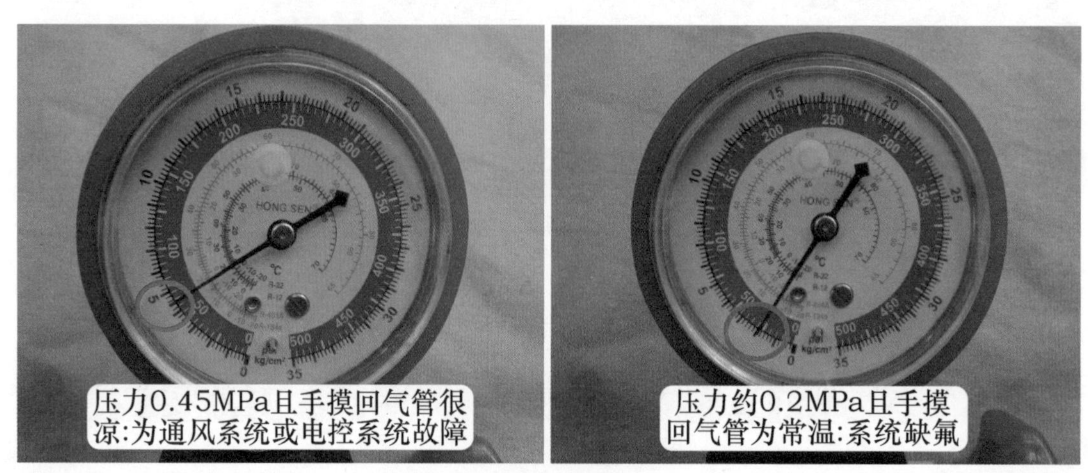

图 4-10　测量三通阀运行压力

四、E5 故障

1. 单元电路原理

E5：低电压过电流保护。压缩机运行后，若 CPU 连续 3s 检测到运行电流超过 25A，则断开压缩机和室外风机供电，等待 3min 后再次为压缩机和室外风机供电，若 CPU 连续 3s 检测运行电流依旧超过 25A，则再次断开压缩机和室外风机供电，如此反复约 5 次，CPU 不再为压缩机和室外风机供电，显示 E5 代码。

电流检测电路原理图见图 4-11，实物图见图 4-12，压缩机运行电流与空调器状态的对应关系见表 4-3。电流检测电路主要由电流互感器 L102、IC3（LM358 双运算放大器、实际只使用 1 路）、晶体管 Q2、CPU㉑脚组成。

IC3②脚为内部放大器 1 的反相输入引脚，外围电阻 R26、R27 可调节保护电流值的大小。压缩机引线穿过电流互感器 L102 中间孔，L102 二次绕组输出与压缩机电流成正比的交流电压，经 D5 整流、C208 滤波、R30 和 R28 分压，送至 IC3③脚同相输入引脚。

当 IC3③脚电压（相当于运行电流）低于②脚电压（相当于保护电流值），IC3 内部放大器 1 状态保持不变，其①脚为低电平 0V，所以 Q2 的基（B）极电压也为低电平 0V，集电（C）极与发射（E）极截止，5V 电压经电阻 R8 为 OVI 引线即 CPU㉑脚（电流检测引脚）供电，电压为高电平 5V，CPU 检测后判断压缩机运行电流低于保护值，控制空调器正常运行。

当压缩机电流由于某种原因变大，使得 IC3③脚电压高于②脚电压，IC3 内部放大器 1 状态翻转，其①脚为高电平 10.7V，Q2 的 B 极电压变为高电平 0.7V，其 C 极与 E 极深度导通，OVI 引线即 CPU㉑脚接地，电压为低电平约 0.1V，CPU 检测后判断压缩机运行电流高于保护值，连续 3s 后停止压缩机和室外风机供电，待 3min 后再次为压缩机和室外风机供电，如 CPU㉑脚仍为低电平，则再次停止供电，反复约 5 次后不再为压缩机和室外风机供电，指示灯闪烁，并显示 E5 代码。

表 4-3　压缩机运行电流与空调器状态的对应关系

	IC3：②脚	IC3：③脚	IC3：①脚	Q2：B 极	Q2：C 极	OVI-CPU㉑脚	状态
电流 0A	8.9V	0V	0V	0V	5V	5V	正常
电流 13A	8.9V	4.3V	0V	0V	5V	5V	正常
电流 26A	8.9V	9.3V	10.7V	0.7V	0.1V	0.1V	保护 E5

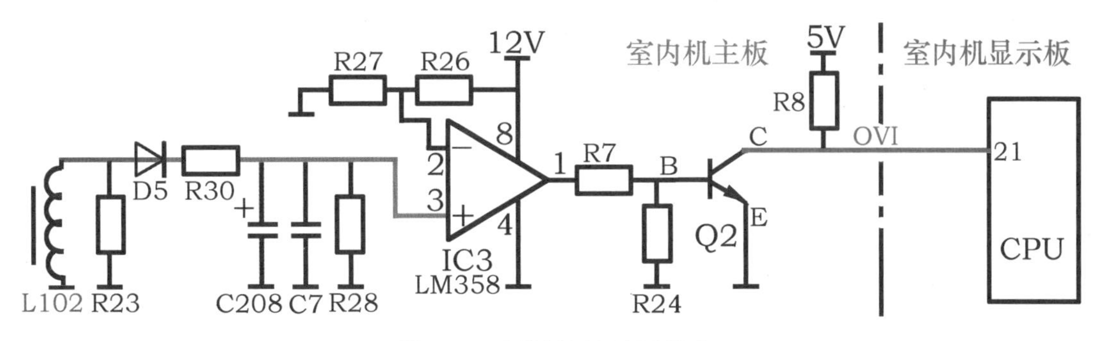

图 4-11　电流检测电路原理图

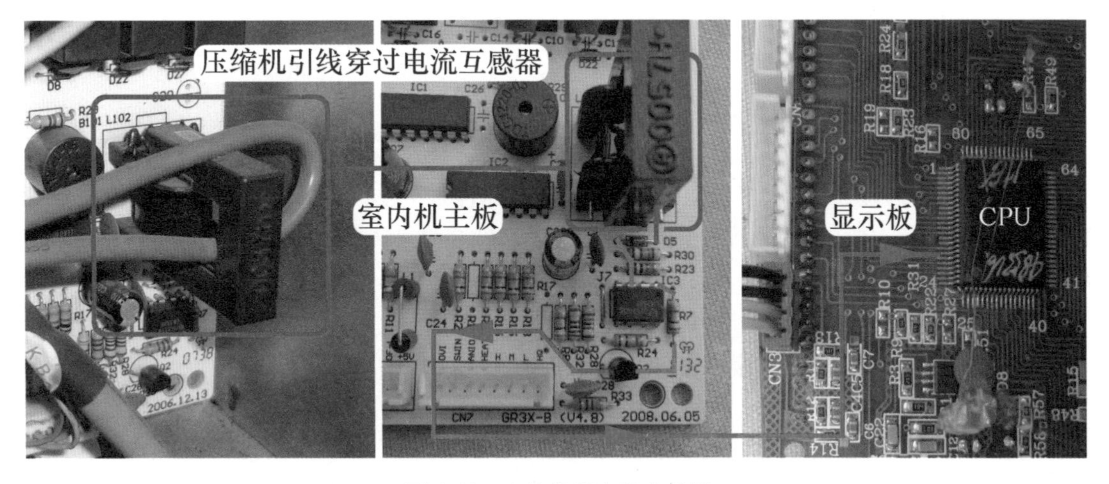

图 4-12　电流检测电路实物图

2. 故障部位区分方法

E5代码为CPU检测压缩机电流超过一定值后停机并报出的代码，因此电源电压、压缩机和电控系统中某个故障均有可能出现E5代码，在检修时应首先区分故障部位。

（1）区分压缩机和电控系统故障

使用万用表电流档，见图4-13，将空调器上电开机，测量压缩机电流。

正常电流等于额定值约12A：说明压缩机电流正常，故障为室内机主板或室内机显示板损坏。

故障电流超过25A约3s：说明压缩机起动不起来，主要检查电源电压、压缩机和压缩机电容等部件。

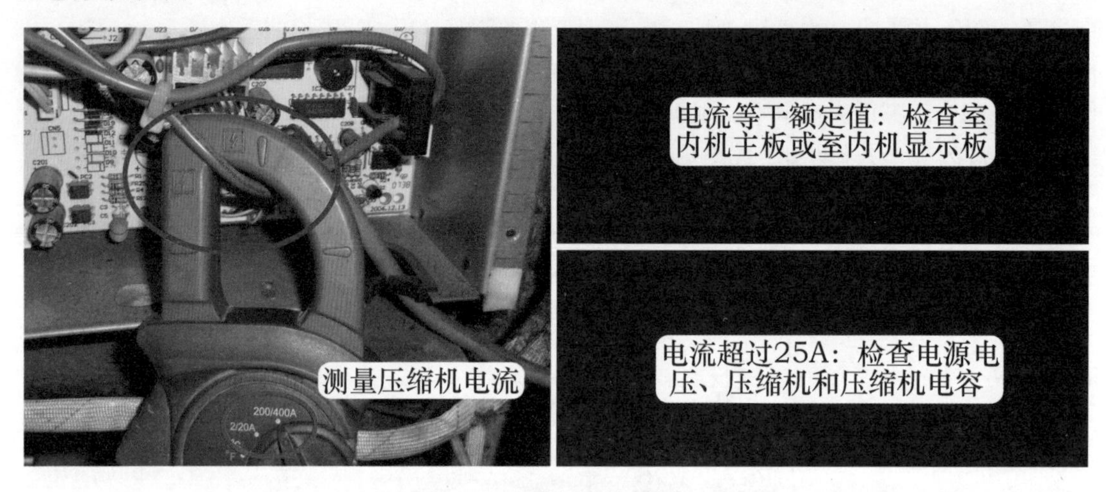

图4-13　测量压缩机电流

（2）区分显示板和室内机主板故障

将压缩机引线从电流互感器检测孔抽出，并再次上电开机。

如故障依旧，为显示板故障。

如故障排除，为室内机主板故障。

第二节　格力空调器E1-E3故障

一、E1电路原理和主要元器件

1. 单元电路原理

E1：系统高压保护。当CPU连续3s检测到高压保护（大于3MPa）时，关闭除灯箱外的所有负载，屏蔽所有按键及遥控信号，指示灯闪烁并显示E1。如果显示板组件只使用指示灯，表现为运行指示灯灭3s/闪1次。

高压保护电路原理图见图4-14，实物图见图4-15，高压保护电路电压与整机状态的对应关系见表4-4。高压保护电路由室外机电流检测板、高压压力开关、室内外机连接线、室内机主板和显示板组成。

空调器上电后，室外机电流检测板上继电器触点闭合，高压压力开关的触点也处于闭合状态。室外机接线端子上N端蓝线经继电器触点至高压压力开关，输出黄线经室内外机连接线中的黄线送至室内机主板上 OVC 端子（黄线），此时为零线 N，与主板 L 端（接线端子上 L1）形成交流 220V，经电阻 R2、R26、R27、R3 降压、二极管 D1 整流、电容 C201 滤波，在光耦合器 PC2 初级侧形成约直流 1.1V 电压，PC2 内部发光二极管发光，次级侧光敏晶体管导通，5V 电压经电阻 R1、PC2 次级送到主板 CN6 插座中 OVC 引针，为高电平约直流 4.6V，经室内机主板和显示板的连接线送至显示板，经电阻 R731 送到 CPU⑳脚，CPU 根据高电平 4.6V 判断高压保护电路正常，处于待机状态。

待机或开机状态下由于某种原因（如高压压力开关触点断开），即 N 端零线开路，室内机主板 OVC 端子与 L 端不能形成交流 220V 电压，光耦合器 PC2 初级侧电压约直流 0.8V，PC2 发光二极管不能发光，次级侧断开，5V 电压经电阻 R1 断路，室内机主板 CN6 插座中 OVC 引针经电阻 R25 接地为低电平 0V，经连接线送至 CPU⑳脚，CPU 根据低电平 0V 判断高压保护电压出现故障，3s 后立即关闭所有负载，报出 E1 的故障代码，指示灯持续闪烁。

表 4-4 高压保护电路电压与整机状态的对应关系

电流检测板触点状态	高压压力开关触点状态	主板 OVC 与 L 端电压	PC2 初级侧电压	PC2 次级侧状态	主板 OVC 引线与 CPU⑳脚电压	整机状态
闭合	闭合	AC 220V	DC 1.1V	导通	DC 4.6V	正常
闭合	断开	AC 0V	DC 0.8V	断开	DC 0V	E1
断开	闭合	AC 0V	DC 0.8V	断开	DC 0V	E1

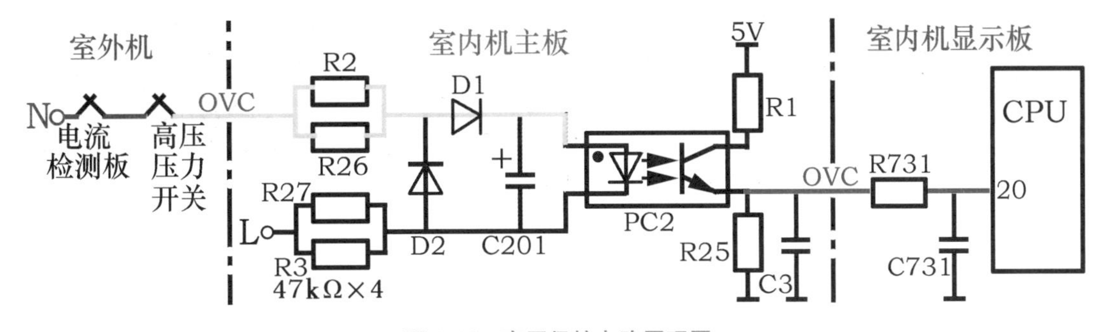

图 4-14 高压保护电路原理图

2. 室外机电流检测板

压缩机线圈共有 3 根引线，室外机电流检测板检测其中的 2 根引线电流。当检测电流过大时，控制继电器触点断开，高压保护电路随之断开，室内机显示板 CPU 检测后控制停机并显示 E1 代码，从而保护压缩机。电流检测板实物外形见图 4-16。

① 共有 4 个接线端子。其中 L 与 N 为供电，为电路板提供交流 220V 电源，相当于输入侧；1 和 2 为继电器触点，串接在高压保护电路中，相当于输出侧。

② 供电：设有变压器（二次输出交流 13V）、桥式整流电路、滤波电容和 7812 稳压块等元器件，为电路板提供稳定的直流 12V 电压。

③ 电路板设有 2 个电流互感器和 2 个 LM358 运算放大器，组成 2 路相同的电流检测电路，2 路电路并联，共同驱动 1 个晶体管。待机状态或运行状态电流处于正常范围内时，晶体管导通，继电器线圈得到直流 12V 供电，继电器触点处于闭合状态；当 2 路中任意 1 路电流超过额定值，均可控制晶体管截止，继电器线圈电压为直流 0V，触点断开，高压保护电

路断开，CPU 检测后停机并显示 E1 代码。

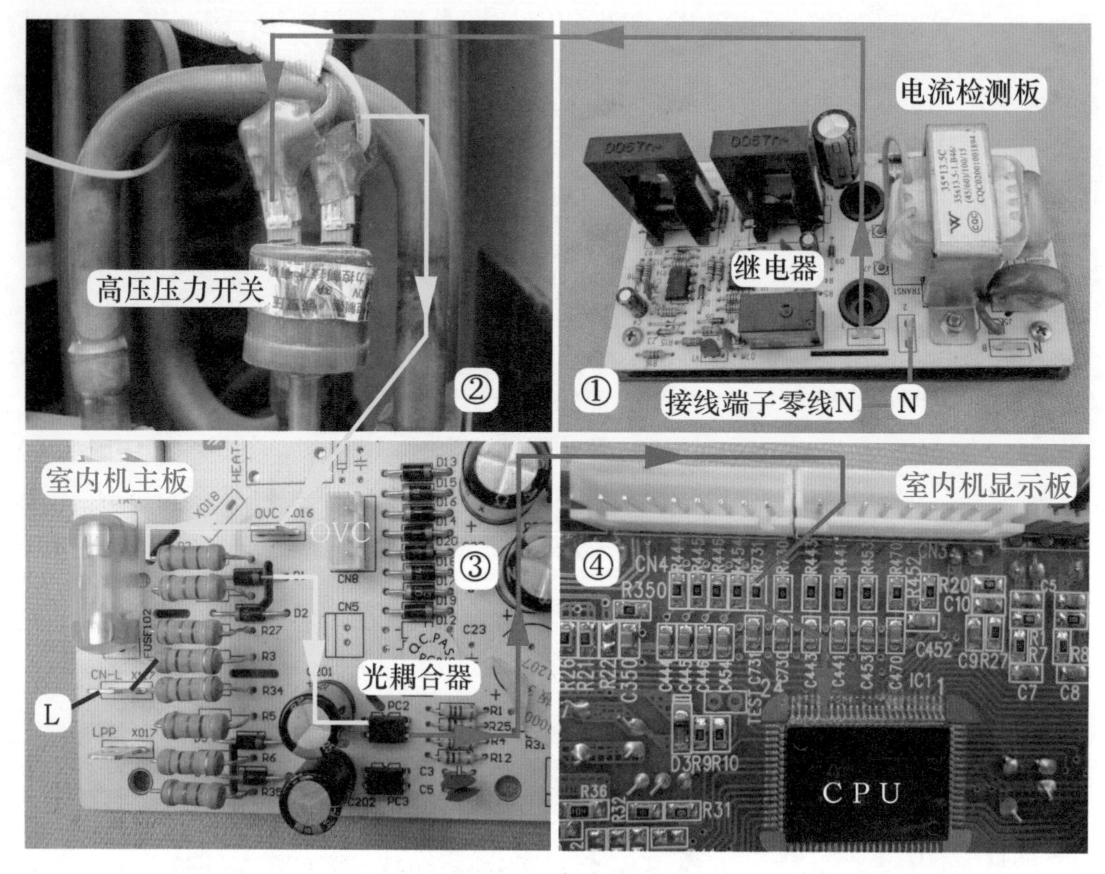

图 4-15　高压保护电路实物图

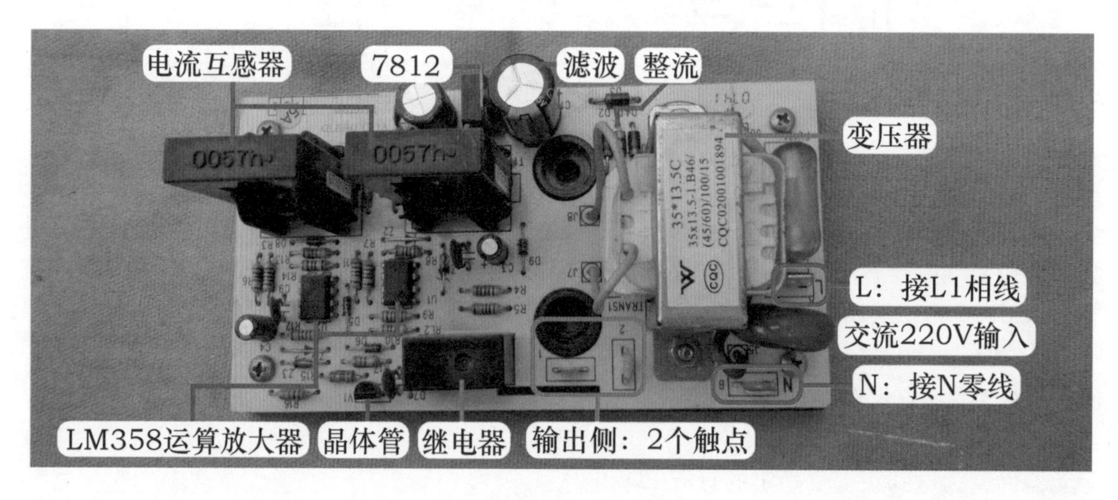

图 4-16　电流检测板

3. 高压压力开关

实物外形见图 4-17。压力开关（压力控制器）是将压力转换为触点接通或断开的器件，高压压力开关的作用是检测压缩机排气管的压力。5P 柜式空调器室外机使用型号为的 YK-3.0MPa 高压压力开关，主要参数如下。

① 动作压力为 3.0MPa、恢复压力为 2.4MPa，即压缩机排气管压力高于 3.0MPa 时高压压力开关的触点断开、低于 2.4MPa 时高压压力开关的触点闭合。

② 高压压力开关触点最高工作电压为交流 250V、最大电流为 3A。

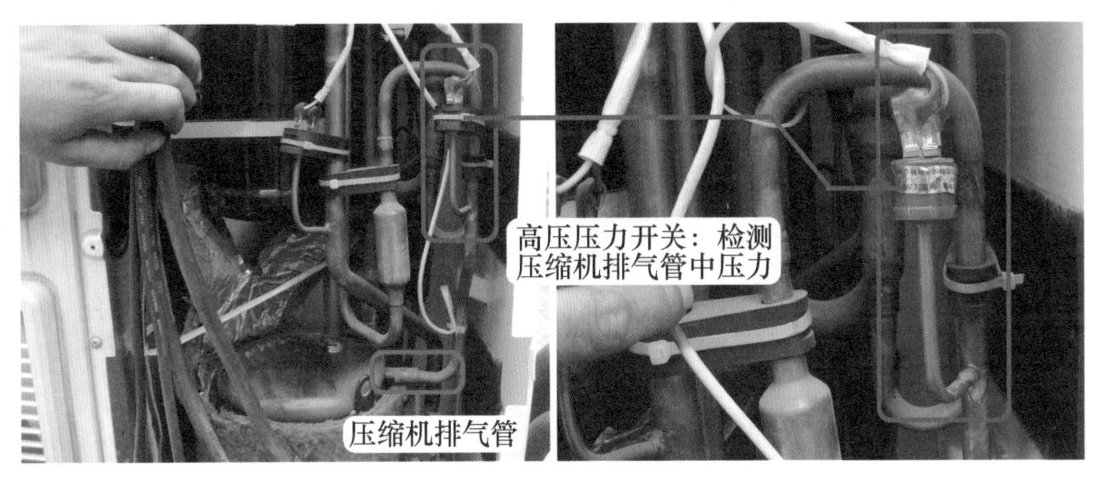

图 4-17　高压压力开关

二、E1 故障检修流程

1. 区分室内机或室外机故障

由于高压保护电路由室外机电控部分、室内机电控部分和室内外机连接线组成，任何一部分出现问题，均可出现 E1 代码，因此在维修时应首先区分是室内机或室外机故障，以缩小故障部位，直至检查出故障根源。常见有 3 种区分方法。

（1）测量 OVC 黄线和 L 端子电压

使用万用表交流电压档，见图 4-18，红表笔接室内机主板上电源相线 L 端子（或接室内机接线端子上 L1 端子），黑表笔接室内机主板上高压保护黄线 OVC 端子。

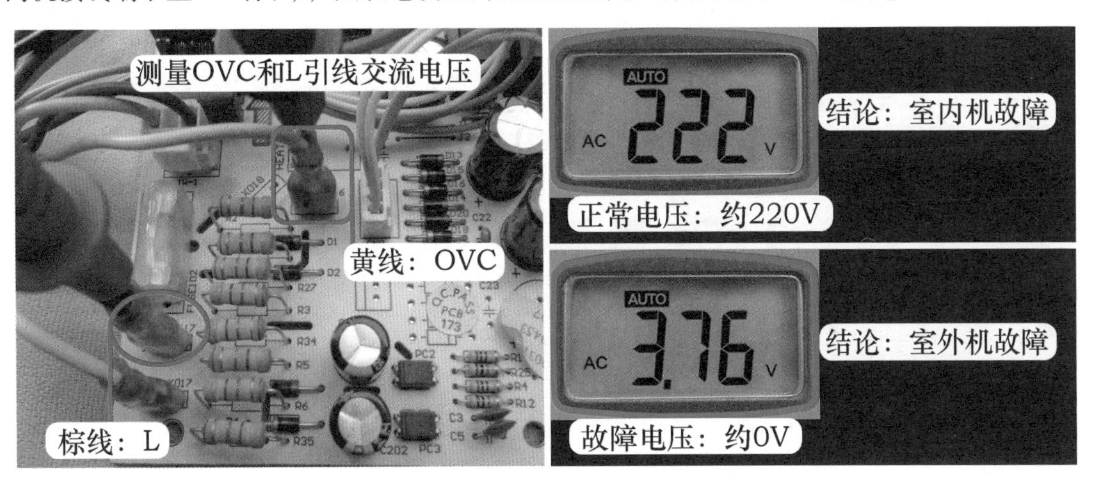

图 4-18　测量 OVC 黄线和 L 端子电压

正常电压为交流220V，说明室外机电流检测板继电器触点闭合、高压压力开关触点闭合且室内外机连接线接触良好，故障在室内机，进入第2检修流程。

故障电压为交流0V，说明室外机N线未传送至室内机主板，故障在室外机或室内外机的连接线，进入第3检修步骤。

（2）短接OVC和N端子

见图4-19，拔下室内机主板上OVC端子上黄线，同时再自备1根引线，两端接上插头。

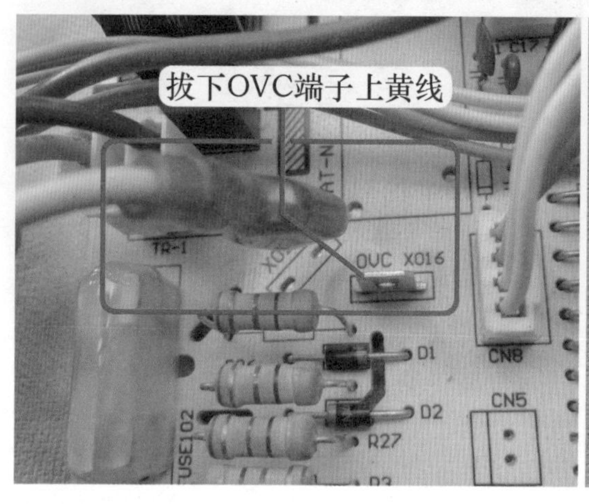

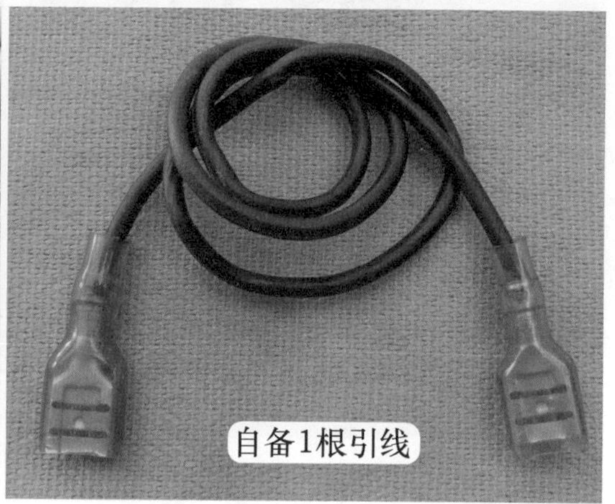

图4-19　拔下OVC端子上黄线

见图4-20，自备引线一端直接插在室内机主板上和N相通的端子（或插在室内机接线端子上N端子），另一端插在主板OVC端子，短接高压保护电路的室外机电控部分，以区分出是室内机或室外机故障，并再次上电。

正常时空调器开机，说明室内机主板和显示板正常，故障在室外机或室内外机连接线。

故障时空调器不能开机，仍显示E1代码或上电无反应，故障在室内机。

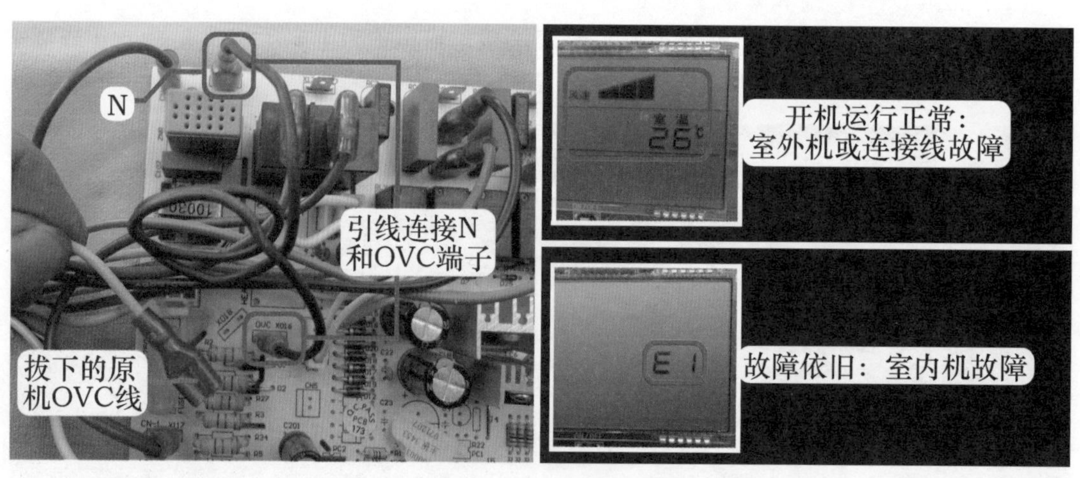

图4-20　使用引线短接OVC和N端子

（3）断电测量OVC黄线和N端子阻值

切断空调器电源，使用万用表电阻档，测量方形对接插头中 OVC 黄线与室内机接线端子上 N 端子阻值。

三相 5P 空调器室外机设有电流检测板，其继电器触点在未上电时为断开状态，见图 4-21左图，正常阻值为无穷大。

见图 4-21 右图，单相 3P 空调器室外机高压保护电路中只有高压压力开关，正常阻值为 0Ω。

也就是说，测量 5P 空调器如实测阻值为无穷大时，不能直接判断室外机高压保护电路损坏，应辅助其他测量方法再确定故障部位；而测量 3P 空调器阻值为无穷大时，可直接判断室外机有故障。

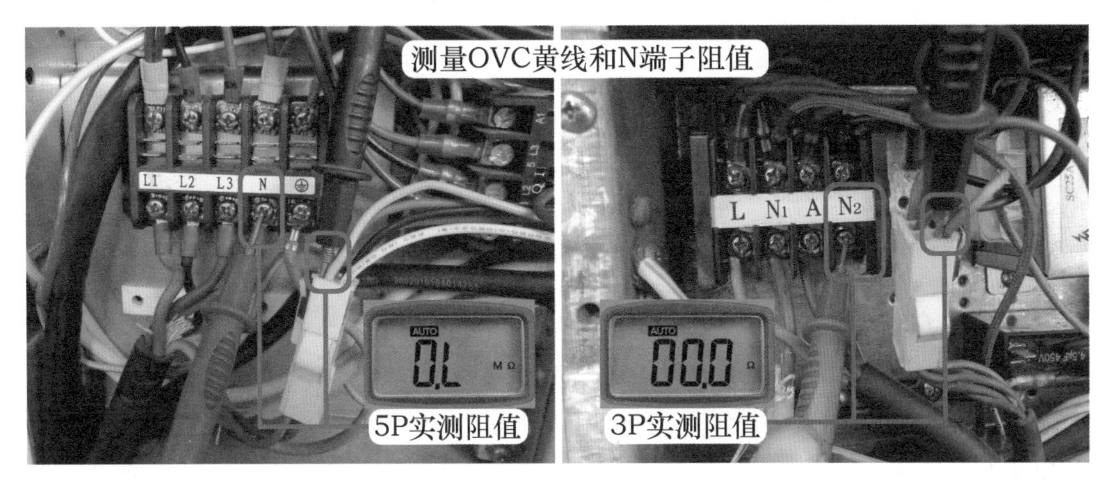

图 4-21　测量 OVC 黄线和 N 端子阻值

2. 室内机故障检修流程

室内机电控部分由室内机主板和显示板组成，如果确定故障在室内机，即室外机和室内外机连接线正常，应做进一步检查，判断故障是在室内机主板还是在显示板，常见有 3 种测量方法。

（1）测量 OVC 和 GND 引线直流电压

使用万用表直流电压档，见图 4-22，黑表笔接 CN6 插座上 GND 引线即地线，红表笔接 OVC 引线，测量高压保护电路电压。

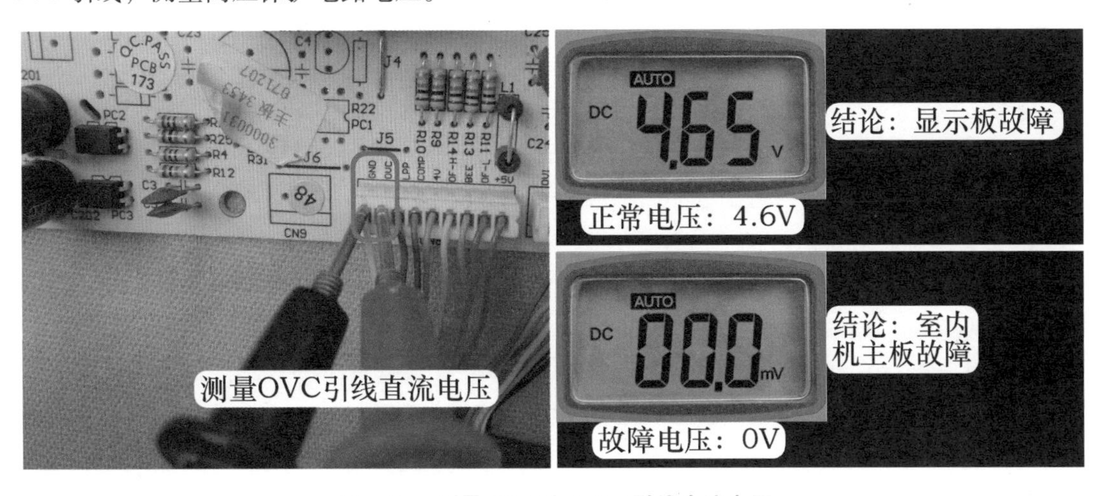

图 4-22　测量 OVC 和 GND 引线直流电压

正常电压为直流4.6V，说明光耦合器PC2次级侧已经导通，故障在显示板，可更换显示板试机。

故障电压为直流0V，说明光耦合器PC2次级侧未导通，故障在室内机主板，可更换室内机主板试机。

（2）短路光耦合器次级引脚

见图4-23，使用万用表的表笔尖直接短接光耦合器PC2次级侧的2个引脚，并再次上电。

正常时空调器开机，说明显示板正常，故障在室内机主板的高压保护电路，即光耦合器次级侧未导通，可更换室内机主板试机。

故障时空调器不能开机，说明室内机主板的光耦合器次级已导通，故障在显示板或显示板和室内机主板的连接线未导通。

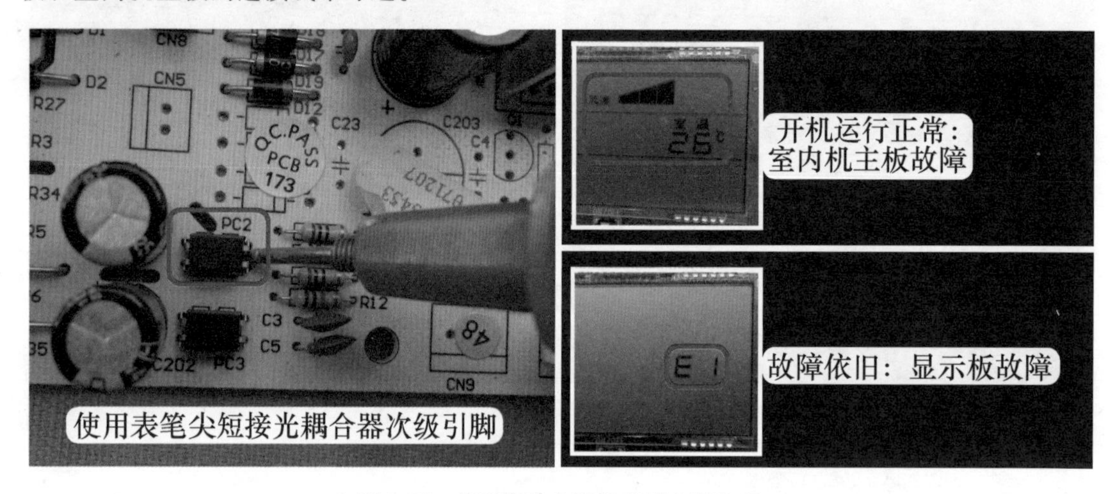

图4-23 使用表笔尖短接光耦合器次级

（3）短接OVC和+5V引线

找一段引线，并在两端剥开适当长度的接头，见图4-24，短接室内机主板CN6插座上OVC（黑线）和+5V（棕线）引线，并再次上电。

正常时空调器开机，说明显示板正常，故障在室内机主板的高压保护电路，可更换室内机主板试机。

故障时空调器不能开机，说明室内机主板正常，故障在显示板或显示板和室内机主板的连接线未导通。

说明：本方法也适用于室内机主板上高压保护电路损坏需更换室内机主板，但暂时无配件更换，而用户又着急使用空调器的应急措施。

3. 测量室外机黄线电压

使用万用表交流电压档，见图4-25，红表笔接方形对插头中高压保护黄线，黑表笔接室外机接线端子上L1端子。

正常电压为交流220V，说明室外机电流检测板继电器触点闭合、高压压力开关触点闭合，即室外机正常。如此时室内机OVC端子和L端子电压为交流0V，应检查室内外机的连接线是否正常。

故障电压约为交流0V，说明故障在室外机，应检查电流检测板和高压压力开关，进入第 4 检修流程。如为 3P 空调器，因为未设计电流检测板，所以应直接检查高压压力开关，进入第 5 检修流程。

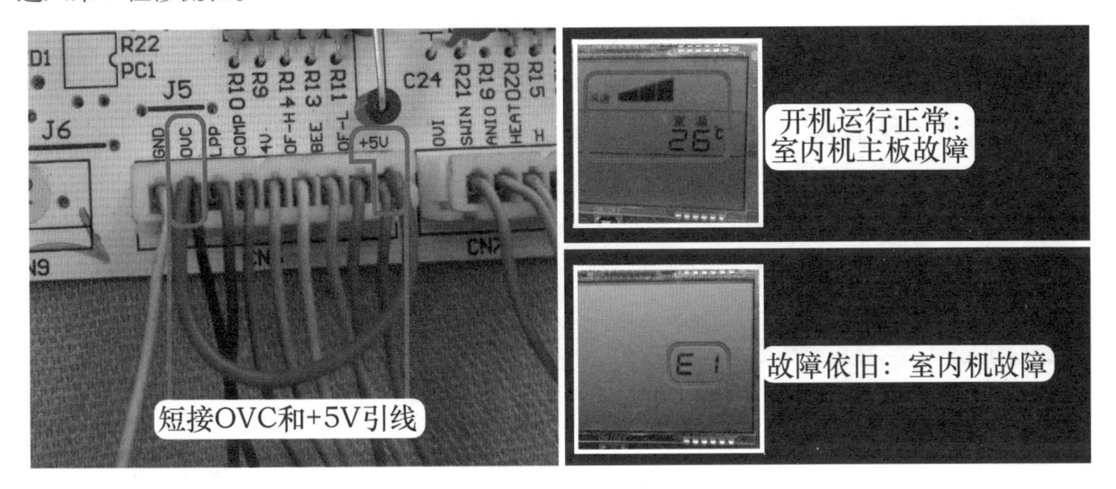

图 4-24　使用引线短接 OVC 和 +5V 引线

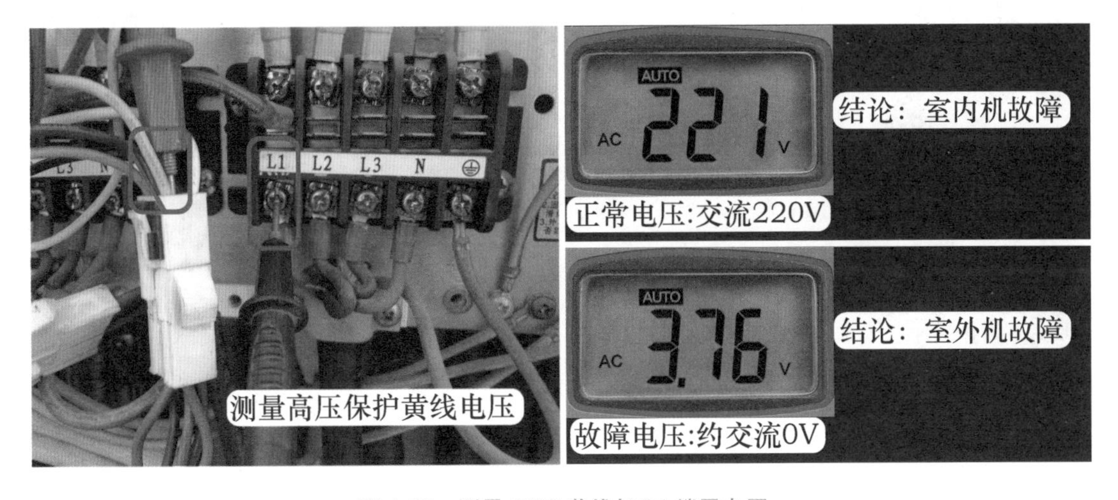

图 4-25　测量 OVC 黄线与 L1 端子电压

4. 电流检测板检修流程

见图 4-26，电流检测板检测压缩机线圈 2 相电流，输出侧即继电器触点的 2 个端子，其中 1 端直接连接室外机接线端子上 N 零线，1 端输出去高压压力开关。判断电流检测板故障时常见有 3 种方法。

（1）测量输出引线和 L1 引线交流电压

使用万用表交流电压档，见图 4-27，黑表笔接电流检测板输出蓝线（零线）、红表笔接电流检测板上输入侧 L 端子棕线（或接室外机接线端子上 L1 端子），测量电压。

正常电压为交流 220V，说明继电器触点闭合，可判断电流检测板正常，应检查高压压力开关阻值。

故障电压约交流 0V，说明继电器触点断开，可判断为电流检测板损坏。

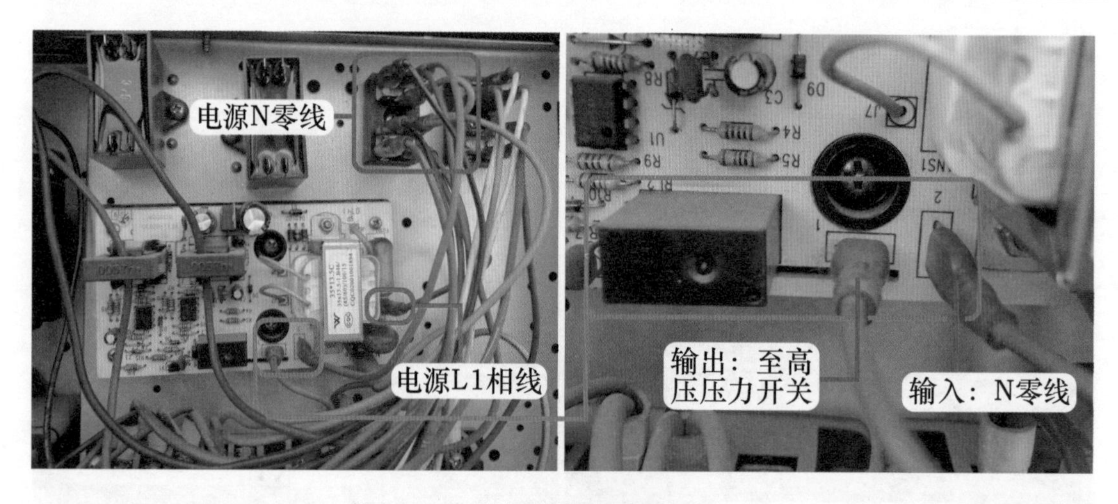

图 4-26 电流检测板继电器输出端子引线

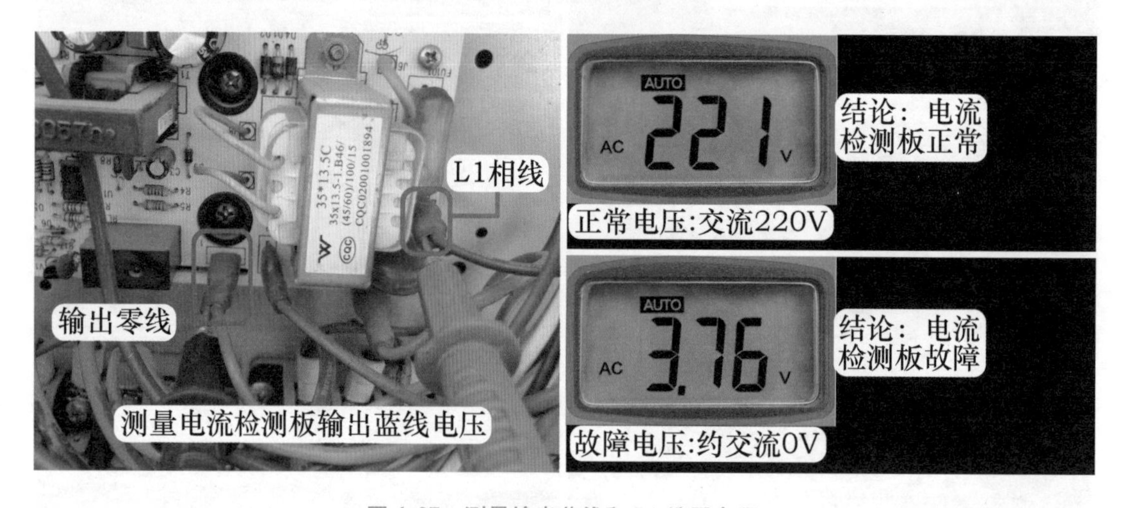

图 4-27 测量输出蓝线和 L1 端子电压

（2）测量输出端子阻值

见图 4-28，拔下继电器端子上即输出侧高压保护电路引线，将空调器上电但不开机即处于待机状态时，使用万用表电阻档测量继电器输出端子阻值。

正常阻值为 0Ω，可判断电流检测板正常。

故障阻值为无穷大，可直接判断为电流检测板故障。

（3）短接输出端子引线

如果在检修时因没有万用表而无法测量，为判断电流检测板是否正常时，见图 4-29，可拔下继电器输出端子的 2 根蓝线并直接相连，相当于短接电流检测板功能，并再次上电开机。

正常时空调器开机，可判断为电流检测板故障。

故障时空调器不能开机，依旧显示 E1 代码，可判断电流检测板正常，应检查其他故障原因。

说明：此方法也适用于确定电流检测板损坏但暂时没有配件更换，而用户又着急使用空调器时，可拔下继电器端子的 2 根蓝线并直接相连，再次开机空调器也能正常运行，待到有配件再进行更换即可。注意，一定要确定空调器无故障且三相电源电压正常，否则，压缩机工作在过电流状态容易损坏。

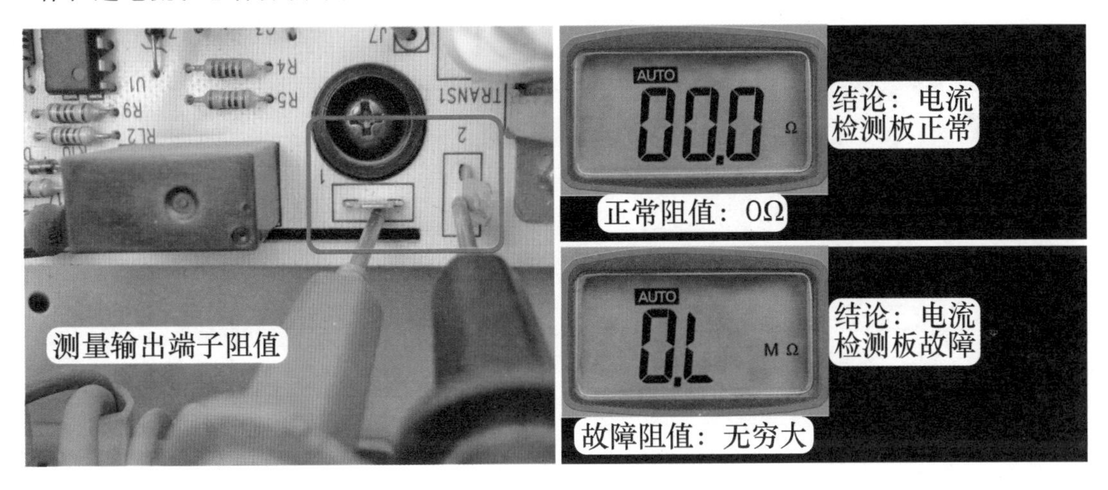

图 4-28　测量继电器输出端子阻值

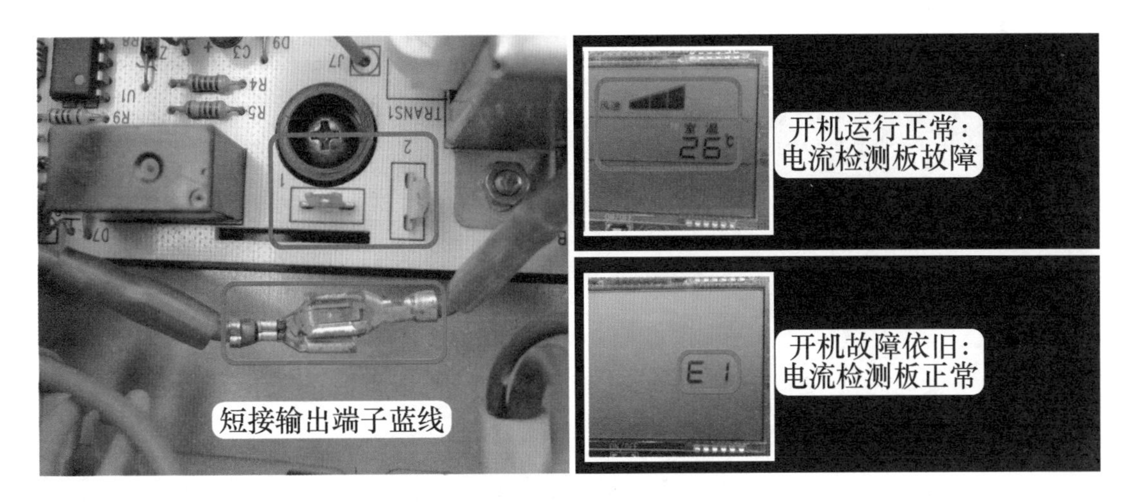

图 4-29　短接继电器输出端子引线

5. 检查高压压力开关

判断高压压力开关故障，常见有 2 种检查方法。

（1）测量触点阻值

切断空调器电源，使用万用表电阻档，见图 4-30，测量高压压力开关阻值。

正常阻值为 0Ω，说明高压压力开关正常。

故障阻值为无穷大，说明高压压力开关损坏。

（2）短接引线

如果暂时没有万用表或由于其他原因无法测量，可直接短接 2 根引线，见图 4-31，即短接高压压力开关，再次上电开机。

正常时空调器开机，说明高压压力开关损坏。

故障时空调器不能开机，依旧显示 E1 代码，说明高压压力开关正常，应检查高压保护电路中其他部位。

说明：此方法也适用于确定高压压力开关损坏，但暂时无法更换，而用户又着急使用空调器时，在确定制冷系统无其他故障的前提下，可应急使用。

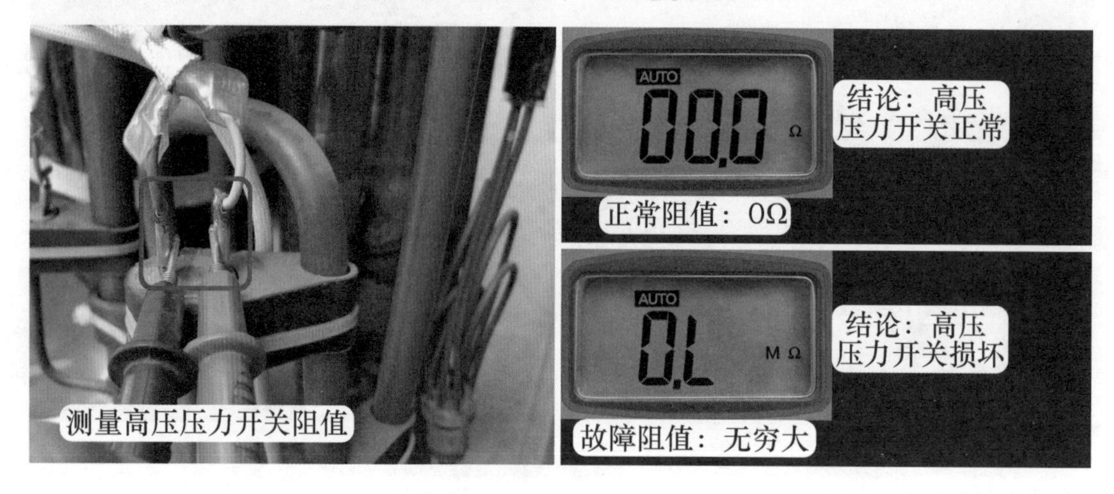

图 4-30　测量高压压力开关阻值

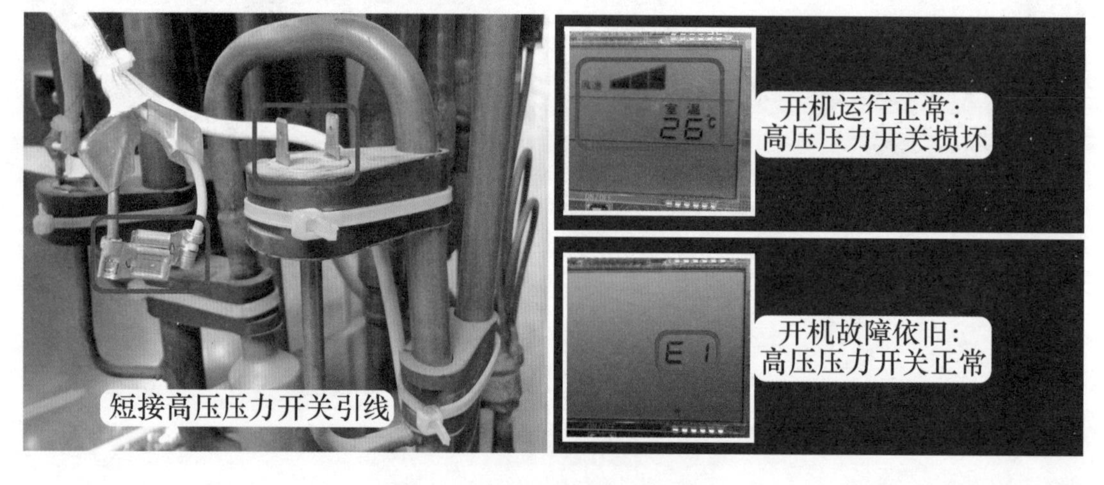

图 4-31　短接高压压力开关引线

三、E3 电路原理和主要元器件

1. 单元电路原理

E3：系统低压保护。压缩机起动 3min 后，CPU 开始检测低压保护电路信号，若连续 2min 检测到低压压力开关断开，则整机停机，指示灯闪烁，显示 E3。

低压保护电路原理图见图 4-32，实物图见图 4-33，低压保护端子电压与整机状态的对应关系见表 4-5。低压保护电路主要由室外机低压压力开关、室内外机连接线中低压保护白线、室内机主板和显示板组成。

室外机电源接线端子上 N 端蓝线经低压压力开关触点、输出白线再经室内外机连接线中的白线、送至室内机主板上 LPP 端子（白线），此时为零线 N，与主板 L 端（接线端子上

L1 端）形成交流 220V，经电阻 R34、R5、R6、R35 降压、二极管 D5 整流、电容 C202 滤波，在光耦合器 PC3 初级侧形成约直流 1.1V 电压，PC3 内部发光二极管发光，光耦合器次级侧光敏晶体管导通，5V 电压经电阻 R4、PC3 次级送到主板 CN6 插座中 LPP 引针，为高电平约直流 4.6V，经室内机主板和显示板的连接线送至显示板，经电阻 R730 送到 CPU⑲脚，CPU 根据高电平 4.6V 判断低压保护电路正常。

压缩机运行约 3min 后，如果因某种原因（例如系统缺氟）使得低压压力开关触点断开，N 端零线开路，室内机主板 LPP 端子与 L 端不能形成交流 220V，光耦合器 PC3 初级侧电压约直流 0.8V，PC3 内部发光二极管不能发光，次级侧断开，5V 电压经电阻 R4 断路，室内机主板 CN6 插座中 LPP 引针经电阻 R12 接地，因此为低电平 0V，经连接线送至 CPU⑲脚，CPU 根据低电平 0V 判断低压保护电路出现故障，并开始计时，约 2min 后判断为系统故障，关闭所有负载，并报出 E3 的故障代码，指示灯持续闪烁。

表 4-5　低压保护端子电压与整机状态的对应关系

低压压力开关触点状态	室内机主板 LPP 与 L 端电压	光耦合器 PC3 初级侧电压	光耦合器 PC3 次级侧状态	主板 LPP 引线与 CPU⑲脚电压	整机状态
闭合	AC 220V	DC 1.1V	导通	DC 4.6V	正常
断开	AC 0V	DC 0.8V	断开	DC 0V	E3

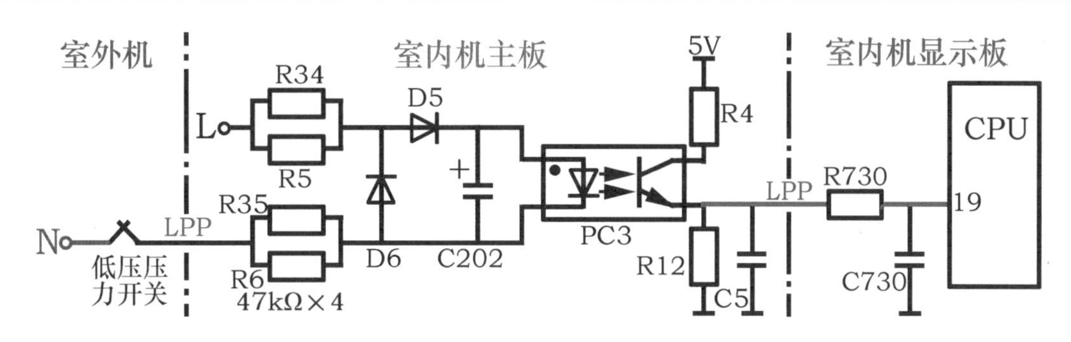

图 4-32　低压保护电路原理图

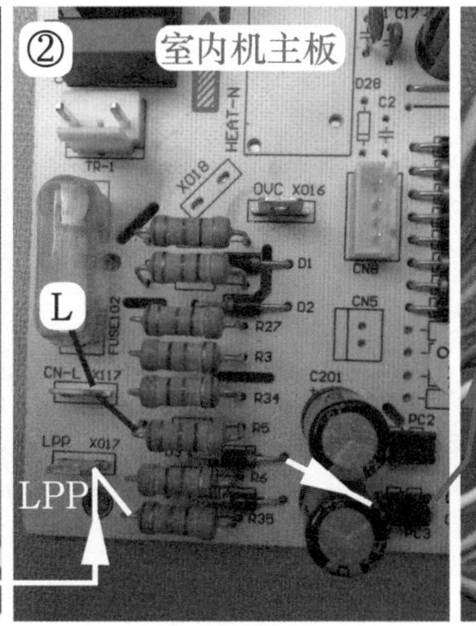

图 4-33　低压保护电路实物图

2. 低压压力开关

实物外形见图4-34。压力开关（压力控制器）是将压力转换为触点接通或断开的器件，低压压力开关的作用是检测压缩机吸气管中的压力。5P 柜式空调器室外机使用型号为YK－0.15MPa低压压力开关，主要参数如下。

① 动作压力为0.05MPa、恢复压力为0.15MPa，即压缩机吸气管压力低于0.05MPa 时低压压力开关的触点断开、高于0.15MPa 时低压压力开关的触点闭合。

② 低压压力开关触点最高工作电压为交流250V、最大电流为3A。

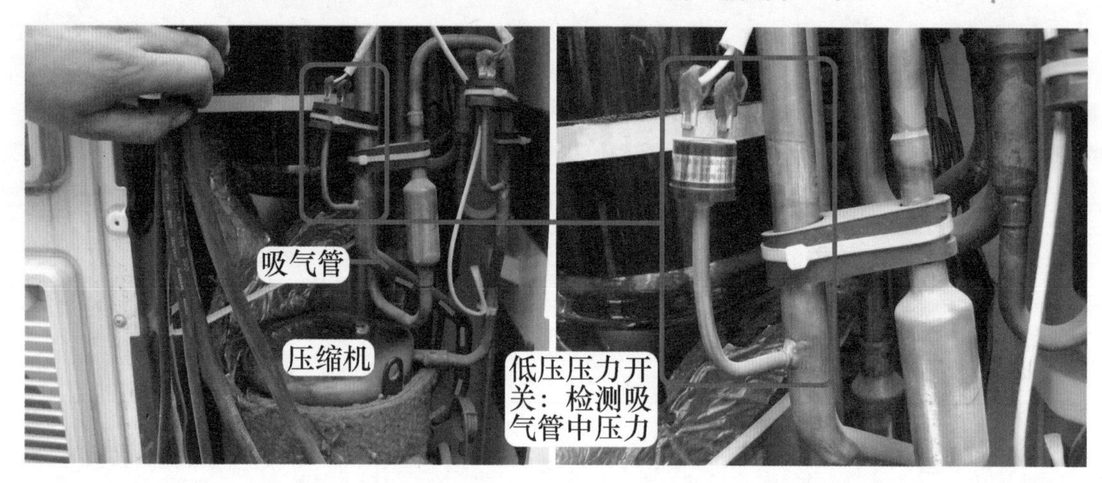

图4-34 低压压力开关

四、E3 故障检修流程

测量室外机三通阀检修口压力，在压缩机未运行时，系统平衡压力通常在0.7MPa 以上（根据室外温度不同而不同），如低于0.7MPa，通常可认为缺氟，但应以压缩机运行时的压力为准。

1. 区分制冷系统和电控系统故障

在压缩机运行时，制冷模式下三通阀的压力应为0.45MPa 左右，如低于0.35MPa，可认为系统缺氟，但不出现E3 代码；如压力低于0.15MPa，可认为制冷系统严重缺氟或无氟，此时可能出现E3 代码。

显示屏报E3 代码，在压缩机运行时，见图4-35，制冷模式下三通阀压力约为0.45MPa 时为电控系统故障；压力低于0.15MPa 时为制冷系统故障。

说明：

① 制冷系统故障一般由缺氟引起，查找漏点并加氟后即可排除故障，本节重点介绍电控系统故障。

② 制冷系统出现故障时即使电控系统正常，也会报出E3 代码，因此在检修电控系统前应确定制冷系统正常。

③ 因为E3 低压保护电路和E1 高压保护电路工作原理相同，所以在维修电控系统时可参考E1 高压保护电路检修方法，本小节只简单介绍检修流程。

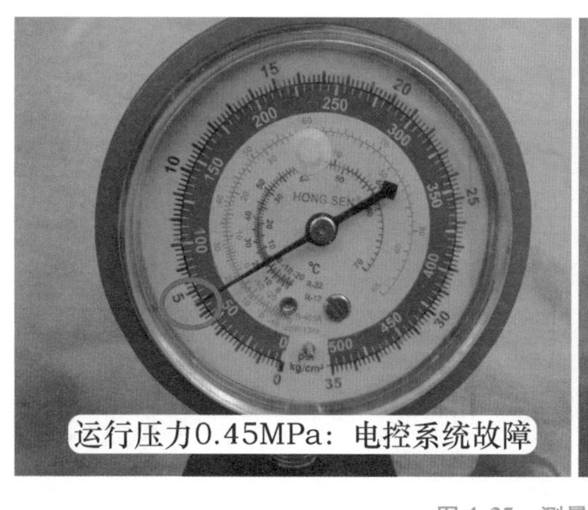

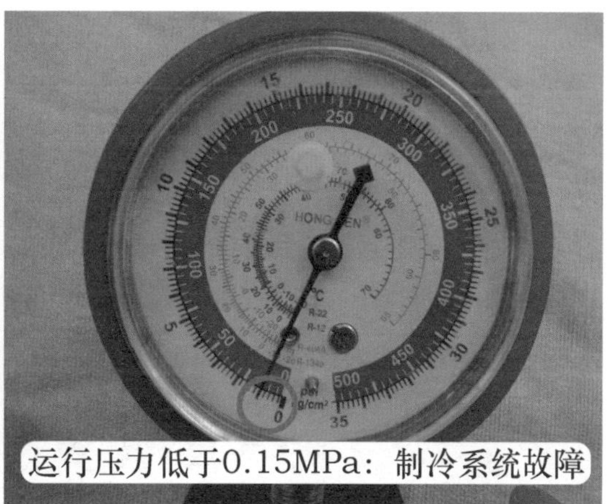

图 4-35　测量三通阀压力

2. 区分室内机和室外机故障

由于低压保护电路由室外机电控部分、室内机电控部分和室内外机连接线组成，任何一部分出现问题，均会出现 E3 代码，因此在维修时应首先区分是室内机或室外机故障，以缩小故障部位，直至检查出故障根源。常见有 3 种方法。

（1）测量 LPP 白线和 L 端子电压

使用万用表交流电压档，见图 4-36，红表笔接室内机主板上棕线 L 端子、黑表笔接低压保护白线 LPP 端子。

正常电压为交流 220V，说明低压压力开关触点闭合，故障在室内机，进入第 3 检修流程。

故障电压约为交流 0V，说明低压压力开关触点断开，故障在室外机，进入第 4 检修流程。

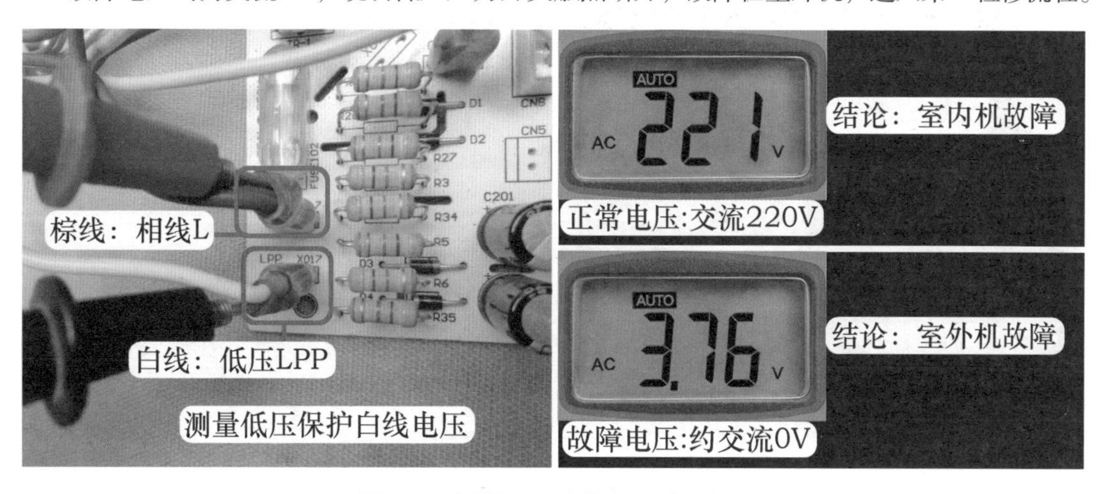

图 4-36　测量 LPP 白线和 L 端子电压

（2）短接 LPP 和 N 端子

见图 4-37，拔下室内机主板上 LPP 端子白线，使用另外 1 根引线，1 端接主板 N 端子、1 端接主板 LPP 端子，相当于短接室外机低压保护开关和引线，并再次上电开机。

正常时空调器开机后运行正常（前提为制冷系统正常），说明为室外机故障。

故障时空调器不能开机，说明为室内机故障。

说明：此方法也适用于在确定低压压力开关损坏但暂时无法更换，而用户又着急使用空调器时的应急方法，但前提是制冷系统正常，否则容易引起压缩机故障。

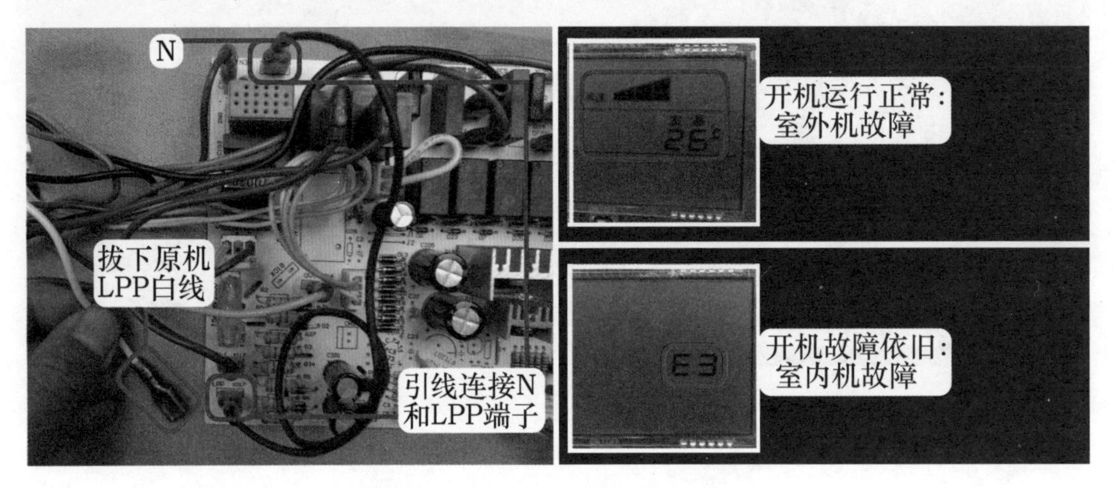

图 4-37 使用引线短接 LPP 和 N 端子

（3）测量 LPP 白线和 N 端子阻值

无论 3P 或 5P 空调器，室外机低压保护电路中只设有低压压力开关，切断电源后，使用万用表电阻档，见图 4-38，红表笔接室内机接线端子 N 端子、黑表笔接方形对接插头中低压保护 LPP 白线，测量阻值。

正常阻值为 0Ω，说明低压压力开关触点闭合，故障在室内机。

故障阻值为无穷大，说明低压压力开关触点断开，故障在室外机。

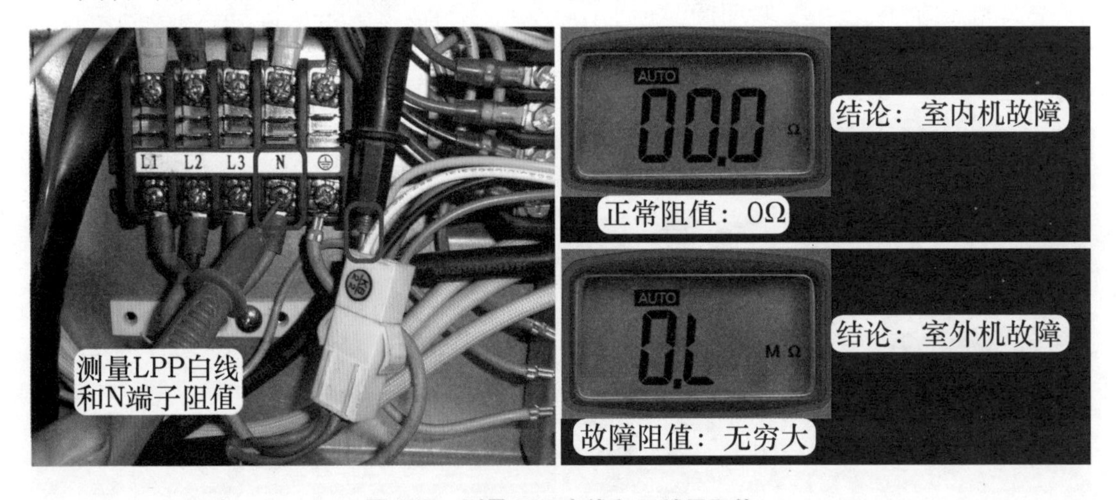

图 4-38 测量 LPP 白线和 N 端子阻值

3. 室内机故障检修流程

如确定故障在室内机，为区分故障在室内机主板还是在显示板时，见图 4-39，可使用万用表直流电压档，黑表笔接室内机主板和显示板连接插座中 GND 引线、红表笔接低压保护 LPP 引线，测量电压。

正常电压约为直流 4.6V，说明光耦合器次级已导通，故障在显示板。

故障电压为直流 0V，说明光耦合器次级未导通，故障在室内机主板。

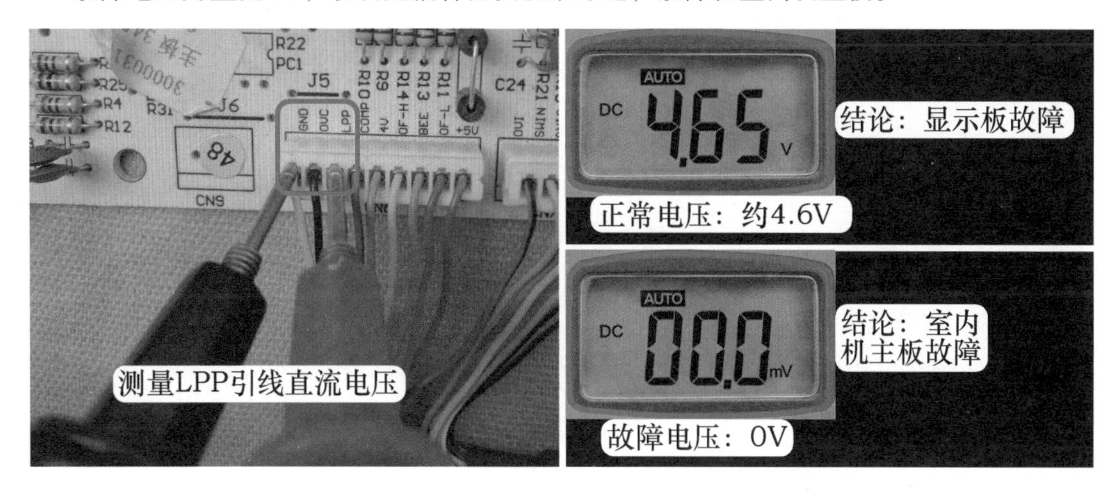

图 4-39　测量 LPP 和 GND 引线直流电压

4. 室外机故障检修流程

如故障在室外机，可切断空调器电源，使用万用表电阻档测量低压压力开关阻值，见图 4-40，正常阻值为 0Ω，如实测阻值为无穷大，在制冷系统压力正常的前提下，可确定低压压力开关损坏，直接更换即可；如暂时无法更换而用户需要使用空调器时，在制冷系统正常的前提下，可将 2 个引线短接，空调器即能正常运行。

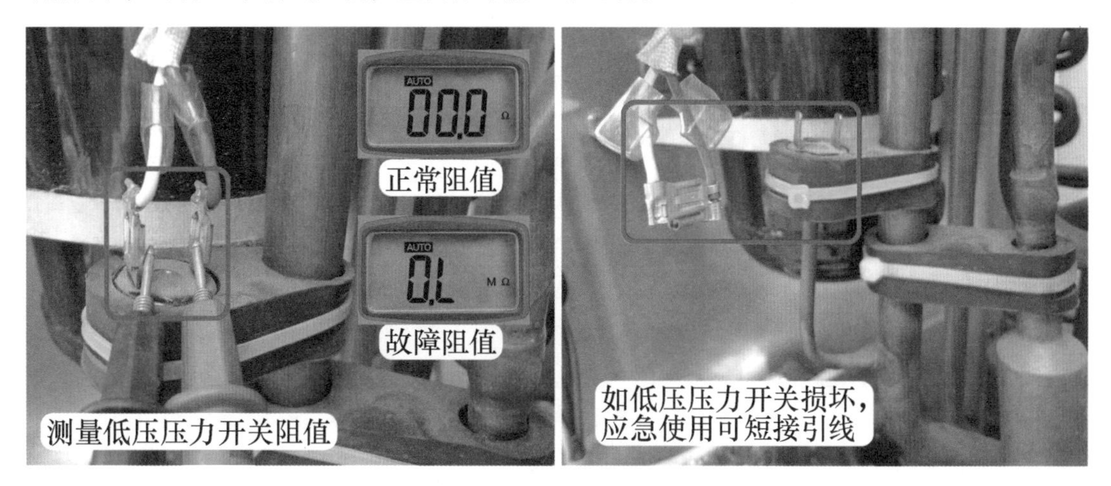

图 4-40　测量低压压力开关阻值

第三节　美的空调器 E6 故障

一、E6 电路原理和主要元器件

表 4-6 为美的空调器“室外机保护”故障代码与机型、生产时间汇总。

表 4-6 美的空调器“室外机保护”故障代码与机型对应表

机型与系列	生产时间	代码显示方式	代码含义
C1、E、F、F1、K、K1、H、I	2004 年以前	E04	室外机保护 或室外机故障
星河 F2、星海 K2	2004 年以前	定时、运行和化霜 3 个 指示灯同时以 5Hz 闪烁	
S、H1	2004 年左右		
S1、S2、S3、S6、Q1、Q2、Q3	2004 年以后	E6	

1. 工作原理

室外机保护电路原理图见图 4-41，实物图见图 4-42，室外机保护状态与室内机 CPU 引脚电压对应关系见表 4-7。

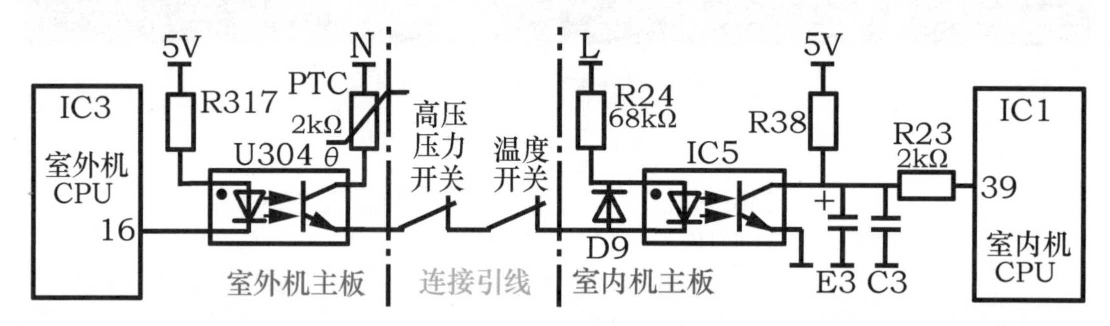

图 4-41 室外机保护电路原理图

空调器整机上电后，室内机主板产生 5V 电压经连接线送到室外机主板，为室外机主板提供电源，室外机 CPU（IC3）开始工作，首先对三相电源的相序和断相进行检测，如全部正常即三相供电符合压缩机运行要求，IC3⑯脚输出低电平，光耦合器 U304 初级发光二极管得到供电，使得次级导通，室外机零线 N 经 PTC 电阻（2kΩ）→光耦合器 U304 次级→压缩机排气管温度开关（温度开关）→压缩机排气管压力开关（高压压力开关），再由室内外机连接线中黄线送到室内机主板 OUT PRO（室外机保护）接线端子。

室外机保护黄线正常时为电源 N 端，室内机主板 L 端经电阻 R24（68kΩ）降压，和保护黄线的电源 N 端一起为光耦合器 IC5 初级供电，初级二极管发光使次级导通，室内机 CPU㊴脚通过电阻 R23、IC5 次级接地，电压为低电平（约直流 0.1V），室内机 CPU（IC1）判断室外机保护电路正常，处于待机状态。

如果上电时三相电源相序错误或断相，室外机 CPU 检测后⑯脚变为高电平，光耦合器 U304 次级断开，室内机主板上的 OUT PRO 端子与电源 N 端不相通，电源 L 端经电阻 R24 降压后与 N 端不能构成回路，光耦合器 IC5 初级无供电，使得次级断开，5V 电压经电阻 R38、R23 为室内机 CPU㊴脚供电，为高电平 5V，CPU 检测后判断室外机保护电路出现故障，立即报出“室外机保护”的故障代码，并不再接收遥控器和按键信号。

空调器上电以后或运行过程中，如 1h 内室内机 CPU㊴脚检测到 4 次高电平即直流 5V，则会停机进行保护，并报出“室外机保护”的故障代码。

表 4-7　室外机保护状态与室内机 CPU 引脚电压对应关系

IC3⑯脚电压	U304 初级电压	U304 次级状态	室内机主板的保护端子	IC5 初级电压	IC5 次级状态	IC1㊴脚电压	空调器状态
低电平	DC 1.1V	导通	电源 N 端	直流 1.1V	导通	DC 0.1V	正常待机
高电平	DC 0V	断开	与 N 端不通	直流 0V	断开	DC 5V	保护停机

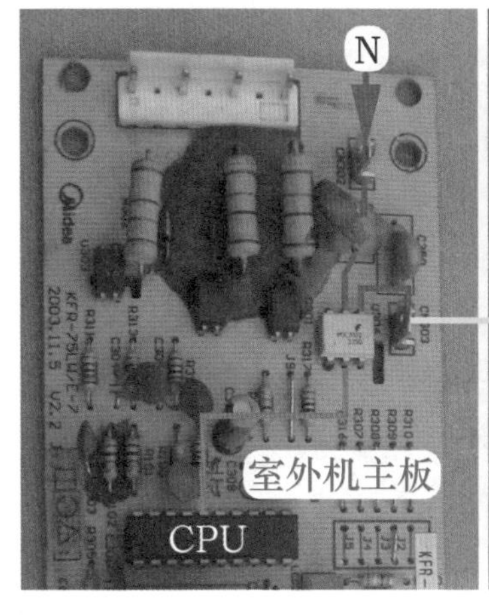

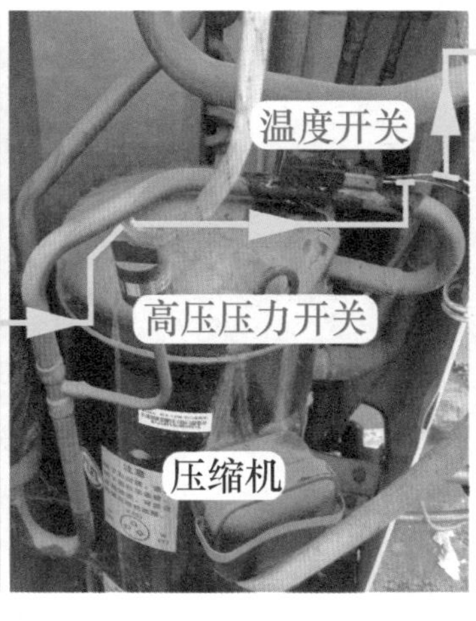

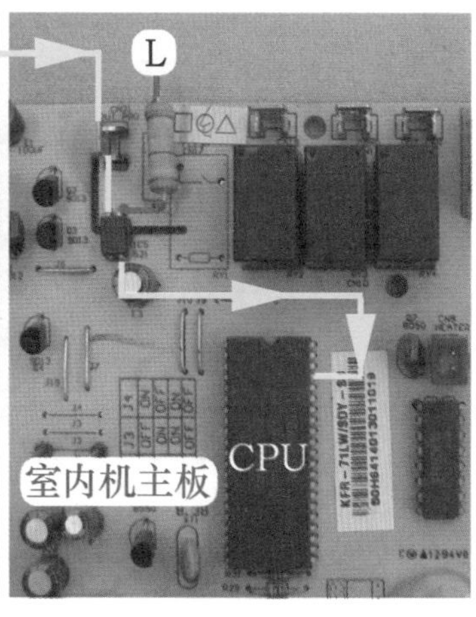

图 4-42　室外机保护电路实物图

2. 室外机主板

见图 4-43，室外机主板输入侧连接室外机接线端子上电源供电的 4 根引线（3 根相线 A-B-C 和 1 根零线 N），作用是检测相序；同时设有电流互感器，检测压缩机 A 相红线电流。

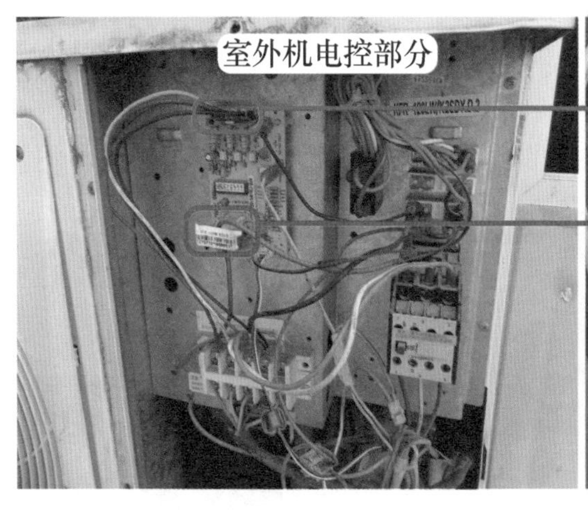

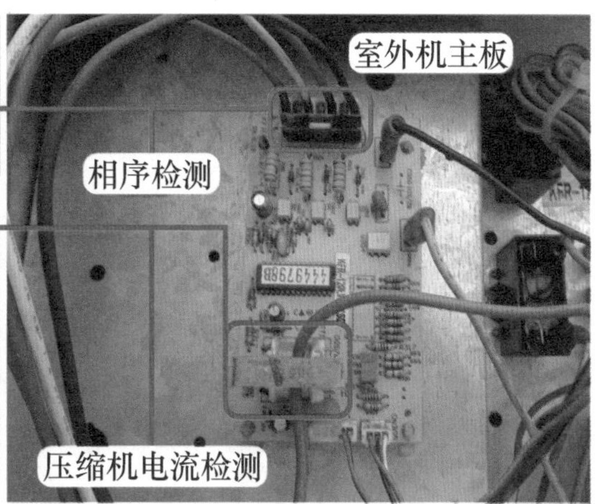

图 4-43　安装位置

室外机主板实物外形见图 4-44，可大致分为 7 路单元电路。

① 5V 供电：室外机未设变压器和电源电路，室外机主板使用的直流 5V 电压由室内机主板经连接线提供。

② 室外管温传感器：只设有插头，转接到室内外机连接线直流 5V 供电插头中的红线。

③ CPU 电路：为室外机主板的控制中心。

④ 电流互感器：向室外机 CPU 提供压缩机运行电流信号。

⑤ 相序检测电路：室外机 CPU 通过此电路检测输入三相电源的相序是否正确及是否断相。

⑥ 指示灯：设有 3 个，显示室外机 CPU 检测的工作状态，也可显示故障代码。

⑦ 保护光耦合器：为室外机主板 CPU 的输出部分，次级侧串接在“室外机保护”黄线中。

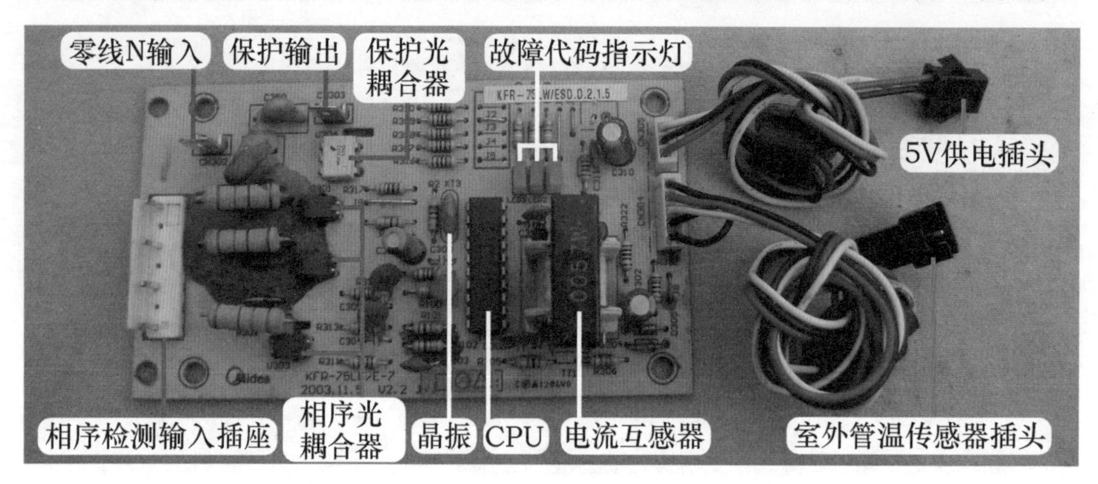

图 4-44　室外机主板

3. 压缩机排气管压力开关和温度开关

美的部分 3P 的三相柜式空调器，室外机未设压缩机排气管温度开关和压力开关，室外机主板“保护输出”端子的黄线，经室内外机连接线直接送至室内机主板上的 OUT PRO（室外机保护）端子。

美的部分 3P 和全部 5P 的三相柜式空调器，见图 4-45，室外机设有压缩机排气管温度开关和压力开关。室外机主板“保护输出”端子的黄线，经串联压力开关和温度开关的引线后，经室内外机连接线送至室内机主板上的 OUT PRO 端子，即 2 个开关引线串接在“室外机保护”黄线之中。

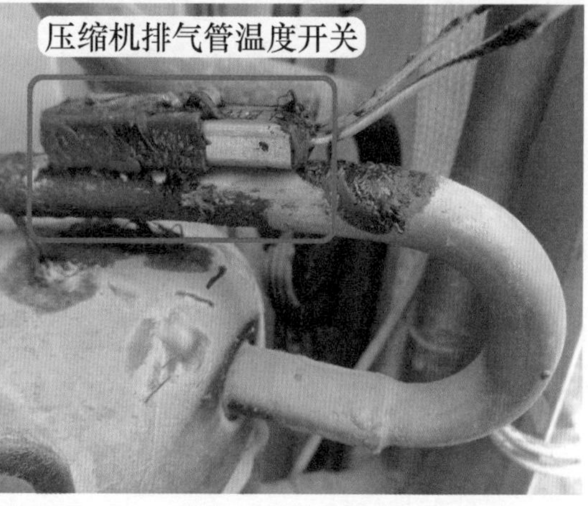

图 4-45　压缩机排气管压力开关和温度开关

压缩机排气管压力开关又称高压压力开关，作用是检测排气管压力，当检测压力高于3.0MPa时其触点断开，当检测压力低于2.4MPa时其触点恢复闭合。

压缩机排气管温度开关的作用是检测排气管温度，当检测温度约高于120℃时其内部触点断开，当检测温度约低于100℃时其内部触点恢复闭合。

二、故障分析和区分部位

1. 显示代码原因

不论任何原因使保护黄线中断，室内机主板都会报代码保护。

① 室内外机弱电信号连接线松脱，室内机主板向室外机主板供电的直流5V中断，室外机主板不工作，光耦合器断开。

② 三相供电相序错误或者断相，室外机主板CPU控制室外机光耦合器断开。

③ 运行过程中压缩机排气管高压压力过高，高压压力开关断开，室内机主板光耦合器次级侧无法导通。

④ 运行过程中压缩机排气管温度过高，温度开关断开，室内机主板光耦合器次级侧无法导通。

⑤ 运行过程中压缩机电流过大，室外机主板CPU控制室外机光耦合器断开。

⑥ 室内外机连接线因被老鼠咬断等原因断开，室内机主板光耦合器次级侧不能导通。

⑦ 室内机主板N与L供电线插反，室内机主板光耦合器次级侧无法导通。

⑧ 室内机或室外机主板损坏，CPU工作不正常。

2. 区分故障点方法

检修时可以根据显示代码时间的长短来区分故障点。如果空调器上电即显示代码，则为电控故障，重点检查①、②、⑥、⑦和⑧项；如运行一段时间显示代码，重点检查③、④和⑤项。

原理为室内机主板CPU在上电后一直在检测室外机保护电压，如出现异常，则立即显示代码，重点检查电控部分；如在运行过程中CPU在1h内连续检测到4次室外机保护电压断开，则停机保护，并显示代码，重点检查系统部分，如运行压力、电流、系统是否缺氟，室外机冷凝器是否过脏，室外风机转速是否正常等。

3. 区分室内机和室外机故障

由于室外机保护电路由室外机电控部分、室内机电控部分和室内外机连接线组成，任何一部分出现问题，均会出现E6代码，因此在维修时应首先区分是室内机或室外机故障，以缩小故障部位，直至检查出故障根源。常见有以下2个方法。

（1）测量对接插头黄线和L端电压

使用万用表交流电压档，见图4-46，红表笔接室内机接线端子上电源相线A端（或B端或C端或室内机主板上L端），黑表笔接室内外机连接线对接插头中室外机保护黄线测量电压。

正常电压为交流220V，说明室外机主板光耦合器次级导通、高压压力开关和温度开关触点闭合，并且室内外机连接线接触良好，故障在室内机，进入本小节“4. 室内机主板故障检修流程”。

故障电压为交流0V，说明室外机N线未传送至室内机主板，故障在室外机或室内外机的连接线，进入本节“三、E6 室外机故障检修流程”。

说明：出现室外机保护故障时，实测室外机保护黄线和 L 端交流电压通常接近 0V，而不是标准的 0V，图片显示 0V 只是示意。

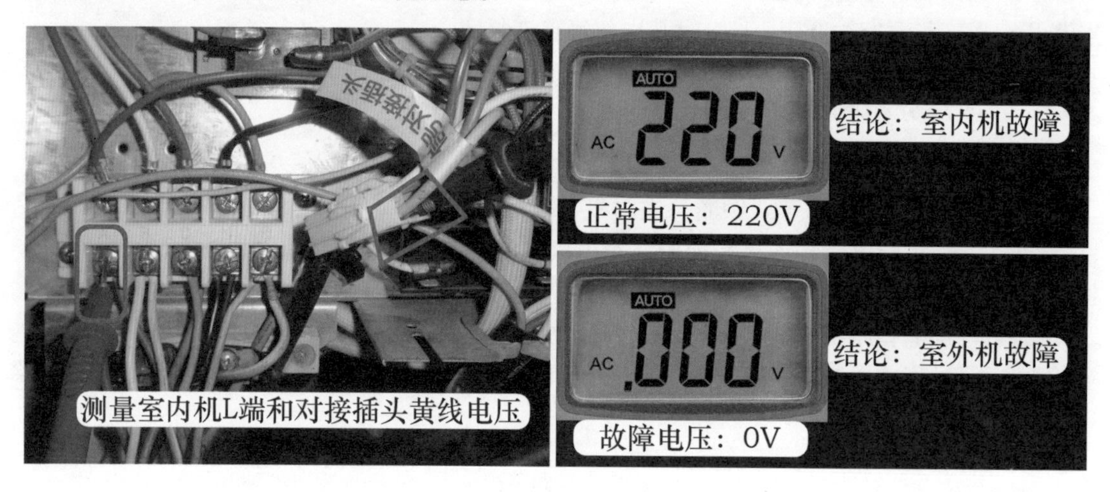

图 4-46　测量对接插头黄线和 L 端电压

（2）使用引线短接保护端子和 N 端

见图 4-47，拔下室内机主板 OUT PRO 端子即室外机保护黄线，同时再自备 1 根引线，按图所示接好插头。

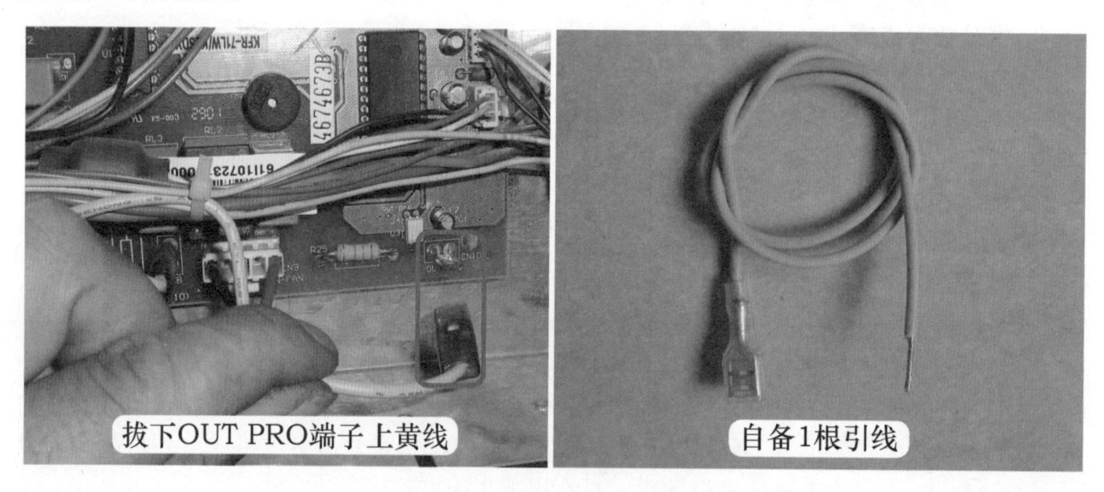

图 4-47　拔下黄线和准备引线

见图 4-48，引线 1 端接在室内机接线端子上 N 端（或插在室内机主板上和 N 端相通的端子），另 1 端插在主板 OUT PRO 端子，短接保护电路的室外机电控部分，以区分出是室内机或室外机故障。

再次上电，如空调器正常开机，说明室内机主板正常，故障在室外机或连接线；如空调器故障依旧，仍显示“E6”故障代码或 3 个指示灯同时闪，故障在室内机主板。

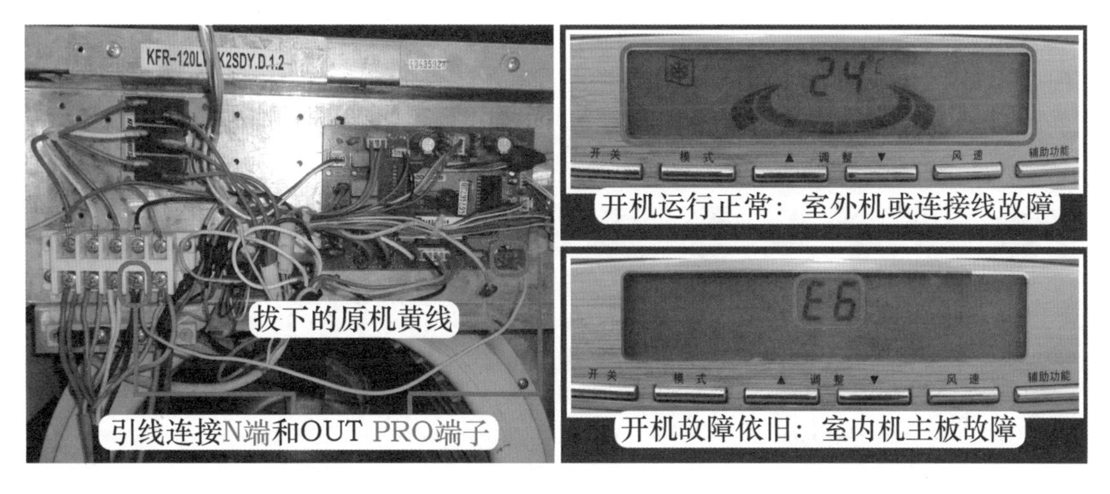

图 4-48　使用引线短接 N 端和 OUT PRO 端子

4. 室内机主板故障检修流程

区分出故障在室内机主板后，见图 4-49，可使用万用表表笔尖直接短接光耦合器次级的 2 个引脚，并再次上电。

上电后正常开机，说明 CPU 相关电路正常，故障在室内机主板前级保护电路，即光耦合器次级侧未导通，可检查光耦合器、68kΩ 降压电阻等，或直接更换室内机主板。

上电后故障依旧，说明室内机主板的光耦合器次级已导通，故障在 CPU 相关电路，可直接更换室内机主板试机。

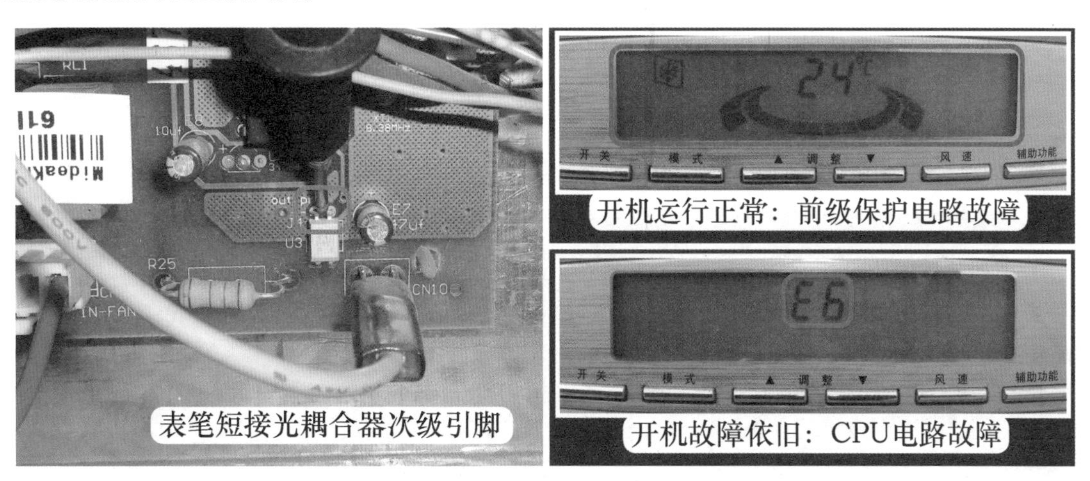

图 4-49　使用表笔尖短接光耦合器次级

三、E6 室外机故障检修流程

1. 测量对接插头黄线和 L 端电压

使用万用表交流电压档，见图 4-50，红表笔接室外机接线端子上电源相线 A 端、黑表笔接室内外机连接线对接插头中室外机保护黄线测量电压。

正常电压为交流 220V，说明室外机主板光耦合器次级导通、高压压力开关和温度开关触点闭合，即室外机正常。如此时室内机黄线和 L 端电压为交流 0V，应检查室内外机的连接线是否正常，进入“10. 检查方形对接插头”步骤。

故障电压约为交流 0V，说明故障在室外机，应检查室外机主板上黄线电压，进入下一检修步骤。

图 4-50　测量对接插头黄线和 L 端电压

2. 测量室外机主板黄线和 L 端电压

见图 4-51，接室外机接线端子上 A 端相线的红表笔不动，黑表笔改接室外机主板黄线测量电压。

正常电压为交流 220V，说明室外机主板光耦合器次级导通，故障在高压压力开关或温度开关触点断开，应进入“9. 测量高压压力开关和温度开关阻值”步骤。

故障电压为交流 0V，说明室外机主板光耦合器次级未导通，故障在室外机主板、交流 380V 无电源、断相或相序错、为室外机主板供电的 5V 电压断路等，进入下一检修步骤。

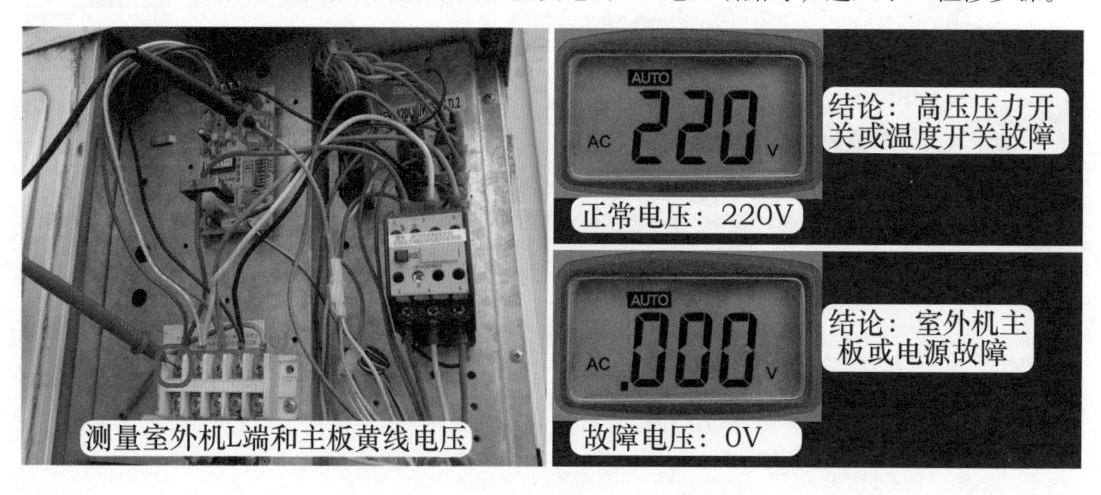

图 4-51　测量主板黄线和 L 端电压

3. 按压交流接触器按钮，聆听压缩机声音

用手按压交流接触器上按钮，见图 4-52，强制使触点闭合为压缩机供电，仔细聆听压缩机声音来判断故障。

压缩机无声音或只有“嗡嗡”声：说明交流 380V 无电源或断相故障，应检查接线端子电压，进入下一检修步骤。

压缩机运行声音沉闷：再用另外 1 只手摸吸气管和排气管感觉温度，如无变化均接近常温，说明电源供电相序错误，进入“5. 对调接线端子引线”步骤。

压缩机运行声音正常：同时手摸压缩机排气管温度迅速上升、吸气管温度迅速冰凉，说明电源供电相序正常，故障为室外机主板故障，进入“6. 测量 5V 电压”步骤。

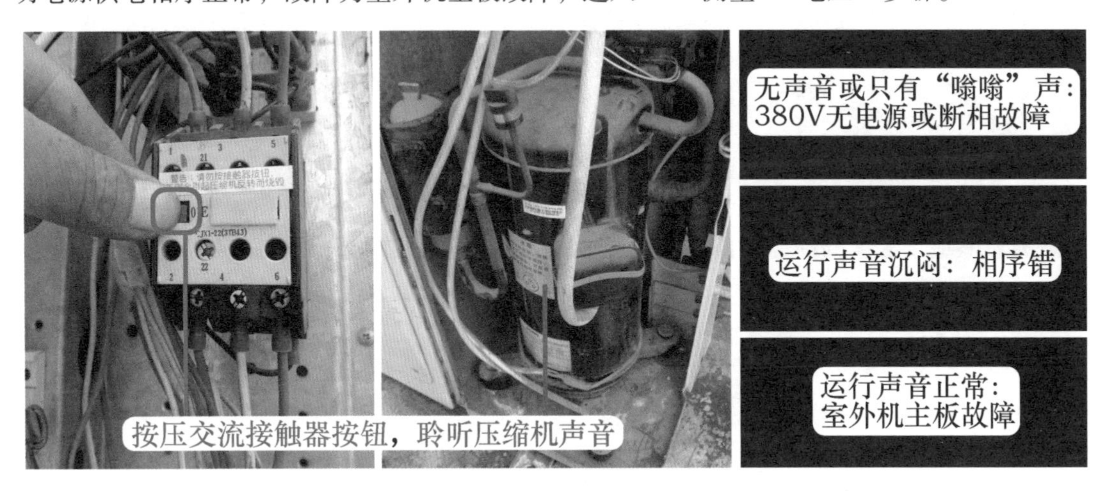

图 4-52 强制起动压缩机

4. 测量接线端子电源电压

使用万用表交流电压档，见图 4-53，使用表笔逐个测量 A-B 端子、A-C 端子、B-C 端子电压，正常时 3 次应均为 380V；如出现 1 次或 2 次或 3 次接近 0V，则说明电源断相；如出现低于 380V 电压较多（如 100V 或 200V），说明对应相线接触不良。

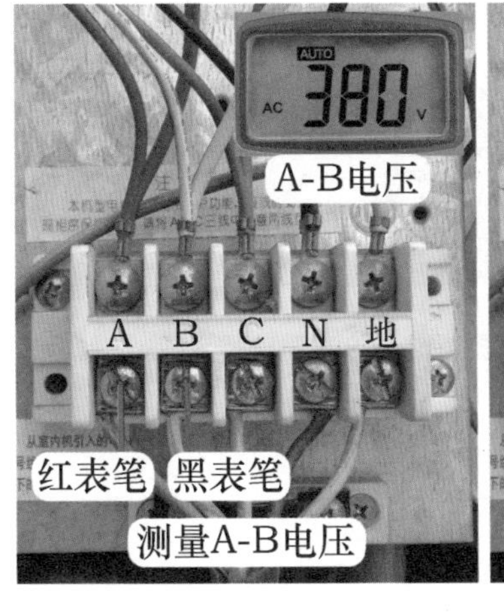

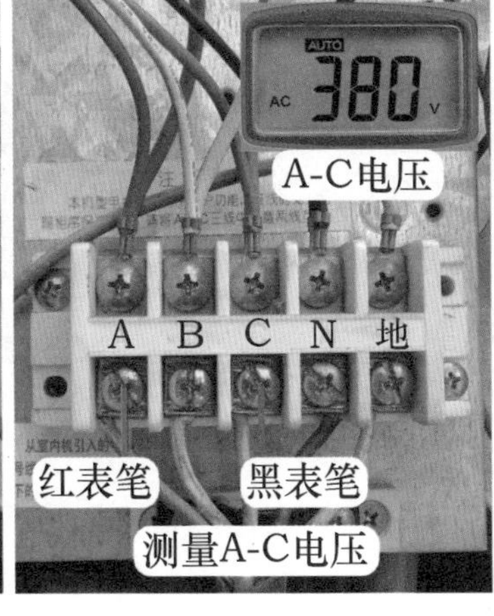

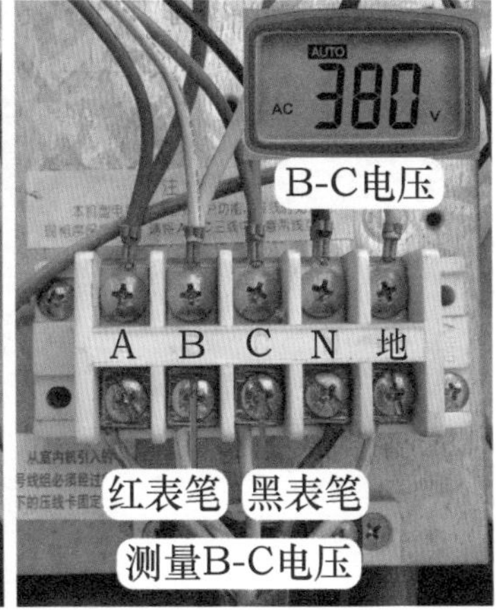

图 4-53 测量相线之间电压

如3次电压均为交流380V，应再使用万用表交流电压档，见图4-54，测量A-N端子、B-N端子、C-N端子电压，3次测量应均为交流220V，才能说明电源供电正常；如出现3次电压均为0V，说明N端零线未接通；如出现1次或2次接近0V，也可说明电源断相故障；如出现低于交流220V电压较多（如100V或150V），说明对应相线接触不良。

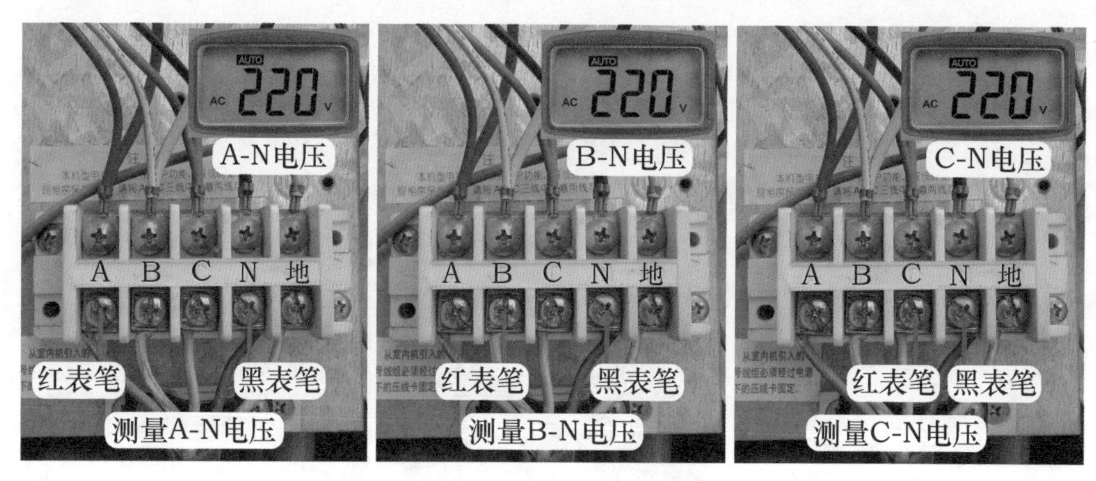

图4-54 测量相线和N端电压

5. 对调接线端子引线

当出现电源供电相序错误时，维修时任意对调2根供电相线位置，即对调A-B引线或A-C引线或B-C引线，均可排除相序错误故障。

见图4-55，本例对调A-B引线，对调前A端为红线、B端为白线，对调后A端为白线、B端为红线。

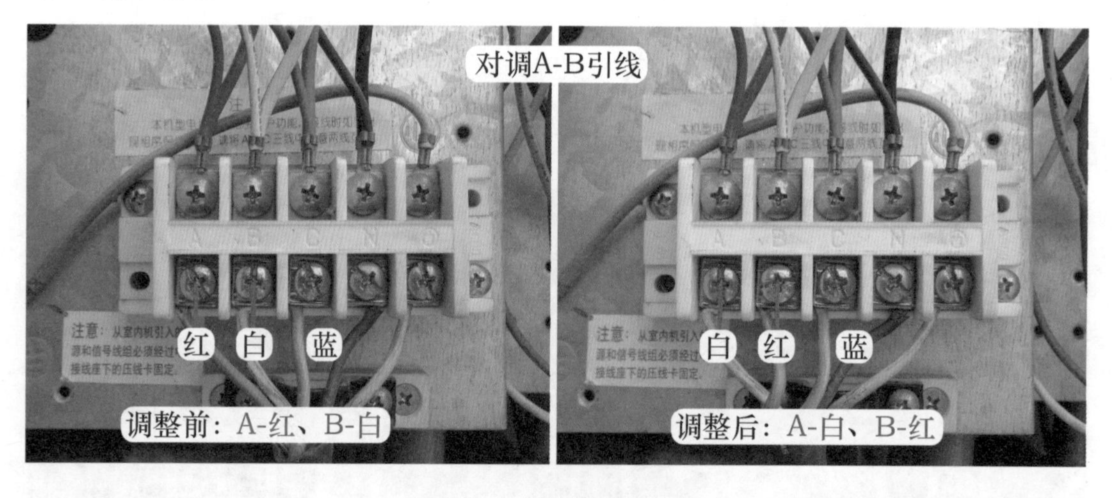

图4-55 对调接线端子引线

6. 测量5V电压

当判断故障为室外机主板时，应检查5V供电是否正常，见图4-56，可通过查看指示灯亮度和测量插头电压来确定。

如查看指示灯时 3 个均为熄灭状态，说明室外机主板 CPU 未工作，应测量 5V 电压；如 3 个指示灯有 1 个点亮或闪烁，或说明 CPU 已工作，故障通常为室外机主板损坏。

测量 5V 电压时，使用万用表直流电压档，黑表笔接黑线、红表笔接白线。

正常电压为直流 5V，说明供电正常，故障在室外机主板，应进入“8. 短接室外机主板输入和输出功能”步骤来确定。

故障电压为直流 0V，说明光耦合器次级未导通原因为室外机 CPU 未工作，应检查室内外机连接线中 5V 电压对接插头或连接线，进入下一检修步骤。

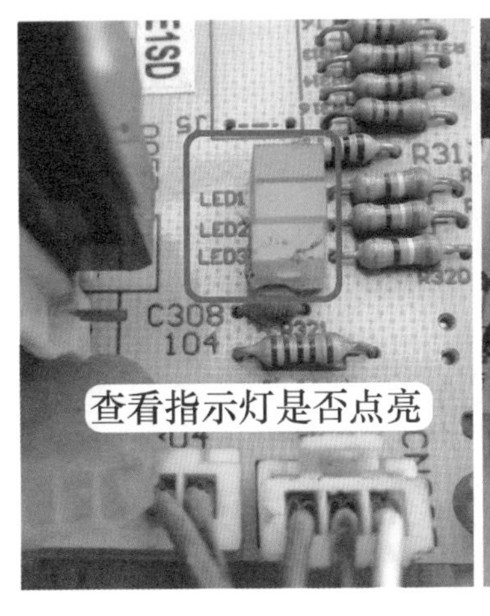

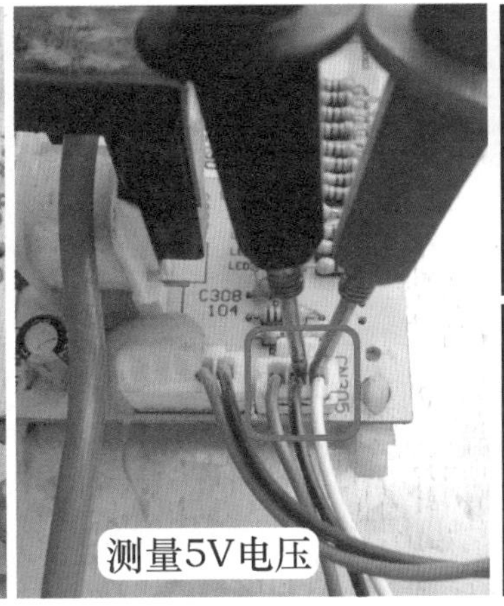

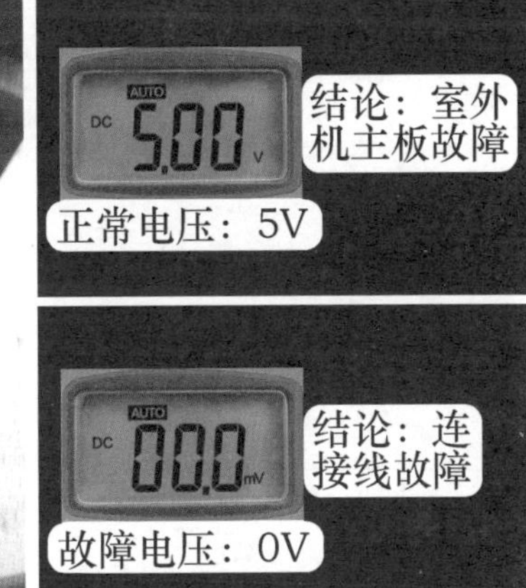

图 4-56　测量 5V 电压

7. 检查 5V 电压对接插头

室内外机共有 3 束连接线。1 束最粗有 5 根引线，即 3 根相线、1 根 N 零线、1 根地线，连接室内机和室外机接线端子，作用是室内机向室外机供电 ；1 束为 5 根引线，连接室内机和室外机电控系统，使用方形对接插头；1 束最细有 3 根引线，作用为室内机主板向室外机主板提供 5V 电压和连接室外机管温传感器。

见图 4-57，检查最细的 3 根连接线，重点检查室外机主板插头、室内机主板插头、室内机和室外机连接线的对接插头是否接触不良导致断路，以及室内外机连接线是否因老鼠咬断而引起断路等，找到故障部位并排除，使室内机主板的 5V 电压能正常输送至室外机主板。

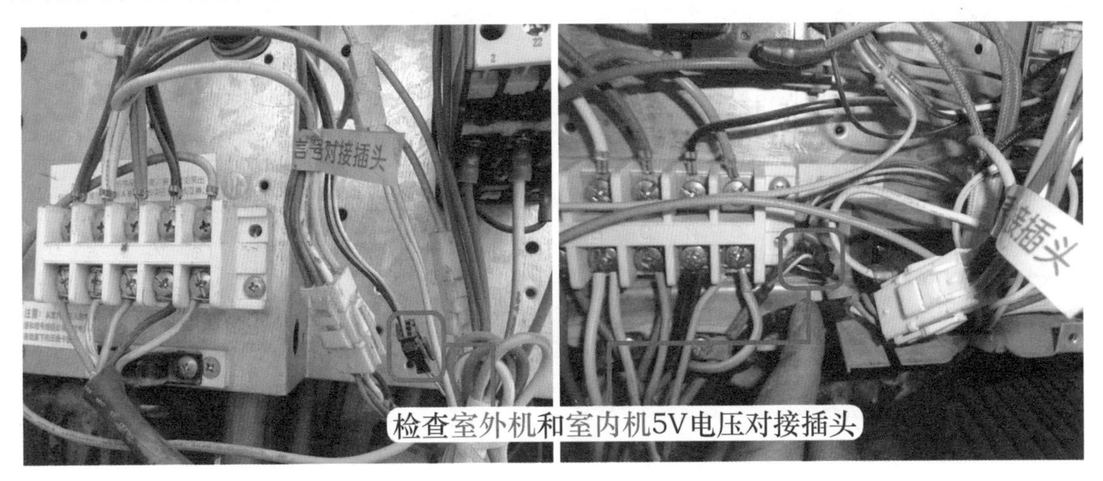

图 4-57　检查 5V 电压对接插头

8. 短接室外机主板输入和输出功能

当检查为室外机主板故障时，为确定故障范围，可短接室外机主板输入和输出引线，见图 4-58 左图，输入引线为黑线，通过插座连接至室外机接线端子上 N 端；输出引线为黄线，通过串接高压压力开关和温度开关插头连接至室内外机对接插头，常见短接方法有 2 种。

说明：短接方法也适用于判断室外机主板损坏，但暂时没有备件更换，而用户又着急使用空调器的应急维修方法。

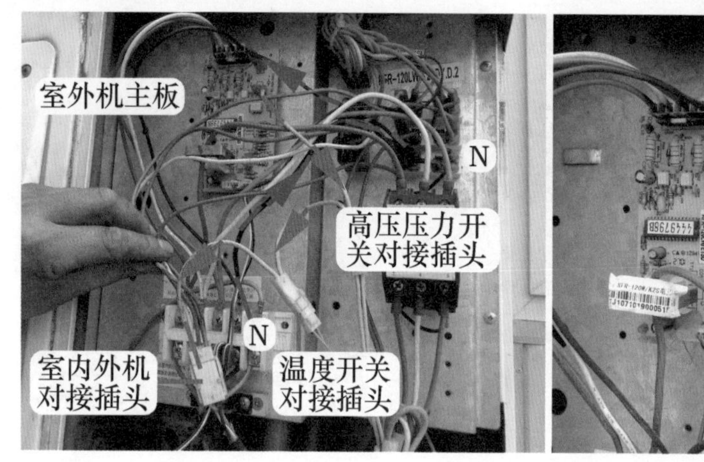

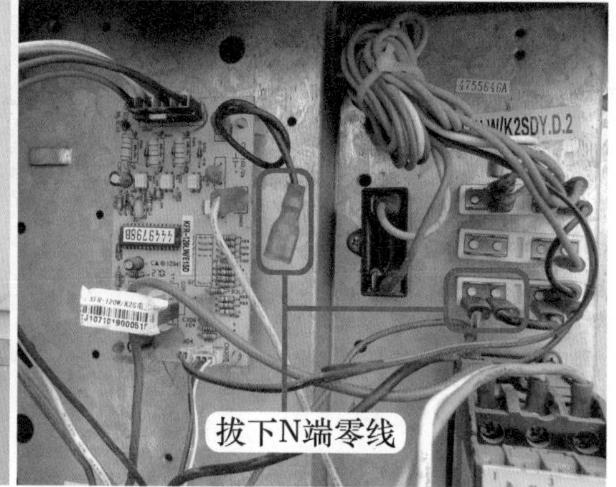

图 4-58　黄线保护流程和拔下 N 端零线

（1）将黄线插至 N 端插座

见图 4-58 右图和图 4-59，拔下室外机主板输入黑线在 N 端插座的插头，并将输出黄线插至 N 端插座，再次上电开机。

开机后空调器运行正常，可确定室外机主板损坏，应更换室外机主板。

开机后空调器不能开机且故障依旧：可排除室外机主板故障，应检查高压压力开关或温度开关阻值，进入下一检修步骤。

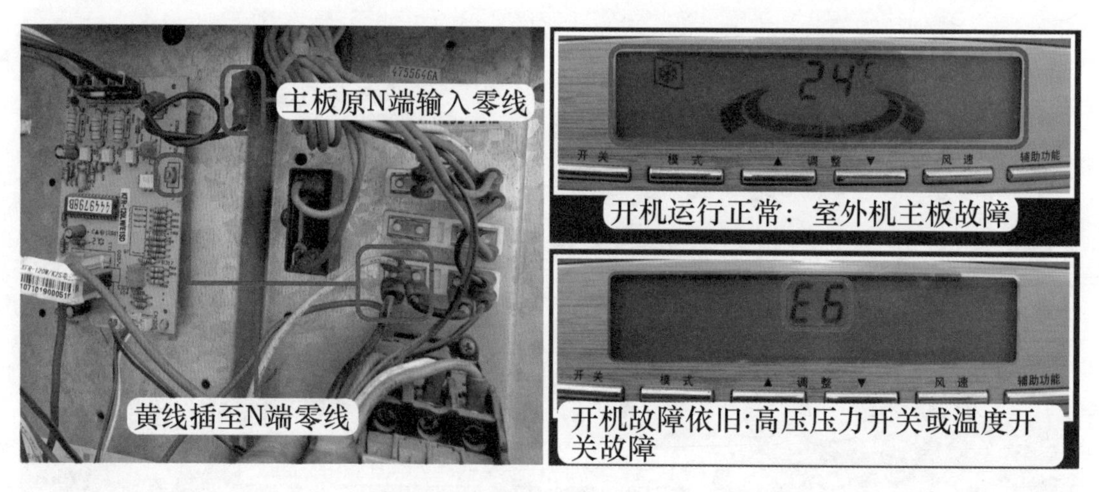

图 4-59　将黄线插至 N 端插座

(2) 短接输入黑线和输出黄线插头

见图4-60，拔下室外机主板输入黑线和输出黄线插头，褪去绝缘护套，将2个端子直接相连，再次上电开机。

开机后空调器运行正常，可确定室外机主板损坏，应更换室外机主板。

开机后空调器不能运行且故障依旧：排除室外机主板故障，可检查高压压力开关或温度开关阻值。

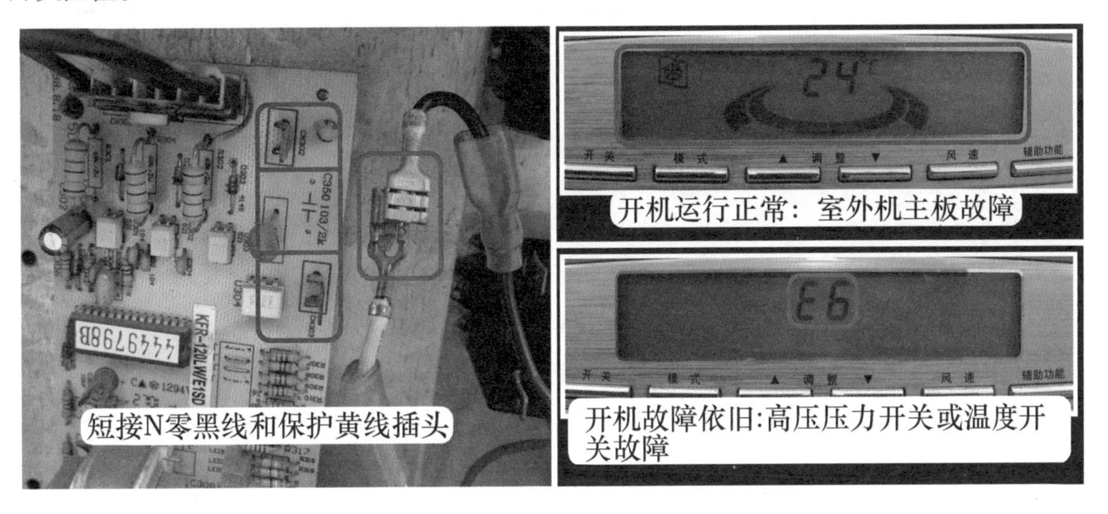

图4-60 短接N零黑线和保护黄线插头

9. 测量高压压力开关和温度开关阻值

当测量室外机对接插头黄线与L端电压为0V、室外机主板黄线与L端电压为220V时，应切断空调器电源，测量压缩机排气管高压压力开关和温度开关阻值。

(1) 测量高压压力开关阻值

见图4-61，找到高压压力开关并拔出引线对接插头，使用万用表电阻档，测量插头阻值。

正常阻值为0Ω，说明高压压力开关正常，应检查温度开关阻值。

故障阻值为无穷大，说明高压压力开关开路损坏，应更换。

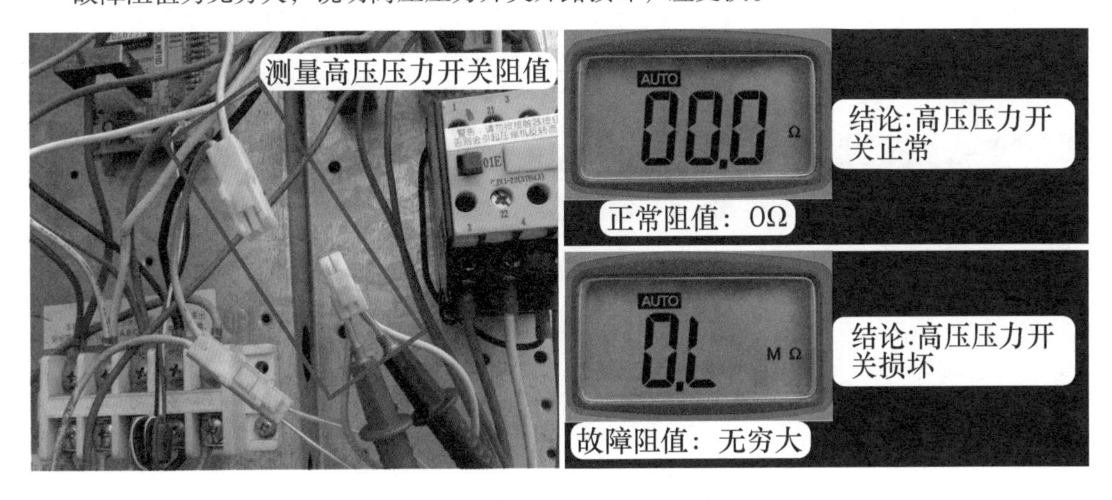

图4-61 测量高压压力开关阻值

（2）测量温度开关阻值

见图4-62，找到温度开关并拔出引线对接插头，使用万用表电阻档，测量插头阻值。

正常阻值为0Ω，说明温度开关正常，应检查连接线对接插头是否接触不良。

故障阻值为无穷大，说明温度开关开路损坏，应更换。

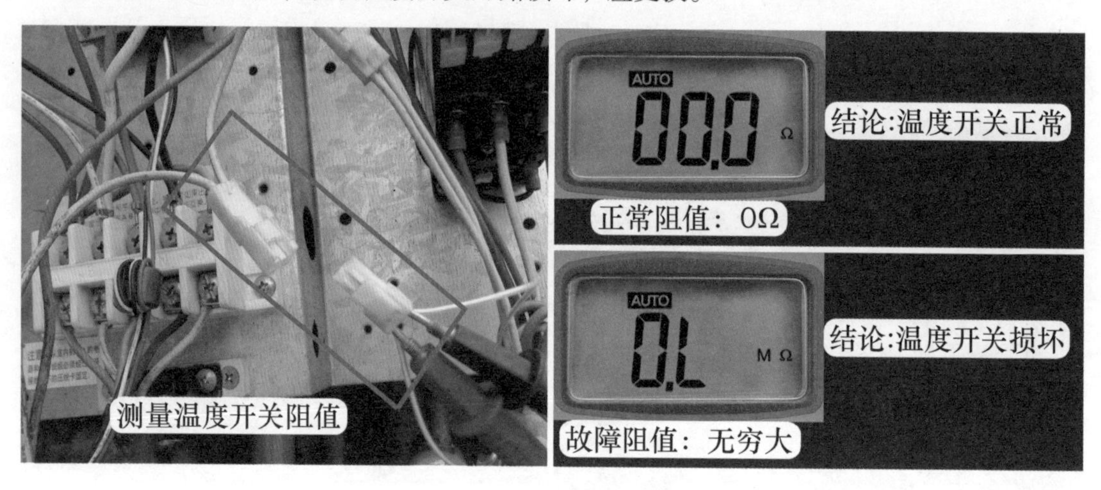

图4-62　测量温度开关阻值

10. 检查方形对接插头

当检查室外机对接插头中黄线与L端电压为220V，但室内机对接插头黄线与L端电压为0V时，见图4-63，应检查室外机方形对接插头、室内机方形对接插头是否接触不良导致断路，以及室内外机连接线是否因老鼠咬断而引起断路等，找到故障部位并排除，使室内机对接插头上黄线与L端电压为交流220V。

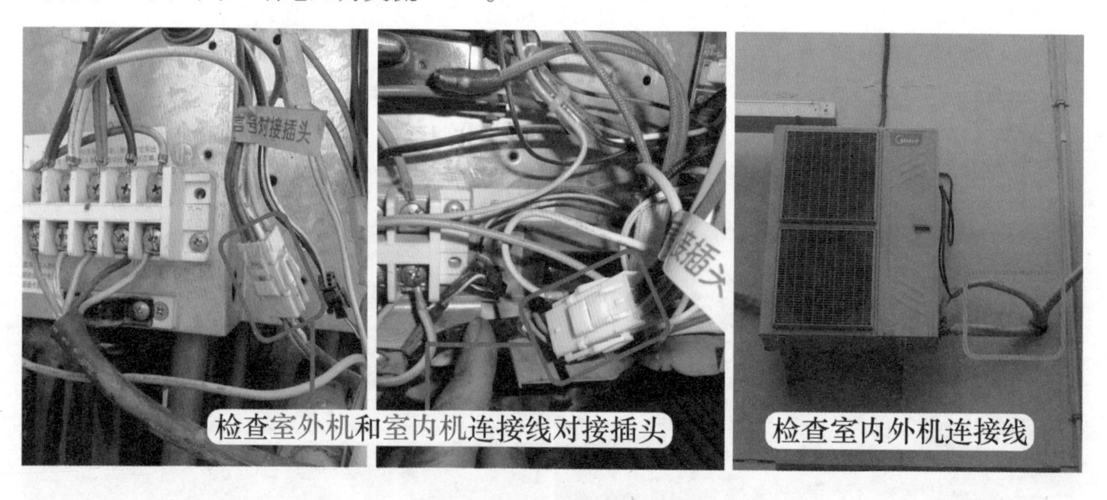

图4-63　检查方形对接插头

第五章　安装原装主板和代换通用板

本章分为两节，以格力 KFR-72LW/(72569）NhBa-3 柜式空调器为例，在检修过程中发现主板损坏时，第一节介绍需要更换相同型号的主板操作步骤；第二节介绍使用通用板代换的操作步骤。

第一节　安装原装主板

一、实物外形和安装位置

图 5-1 左图为电控系统中取下室内机主板后的插头和连接线，包括供电引线、辅助电加热器插头等；图 5-1 右图为室内机主板实物外形，电控系统的中插头和连接线均安装在主板上的插座或接线端子上面。

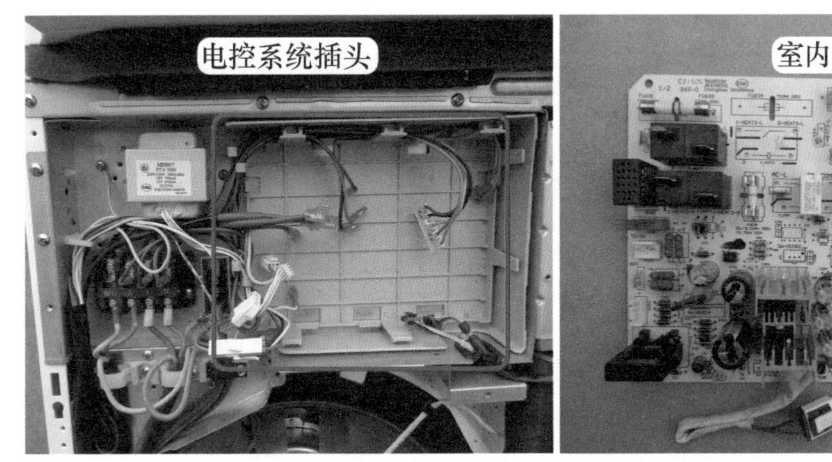

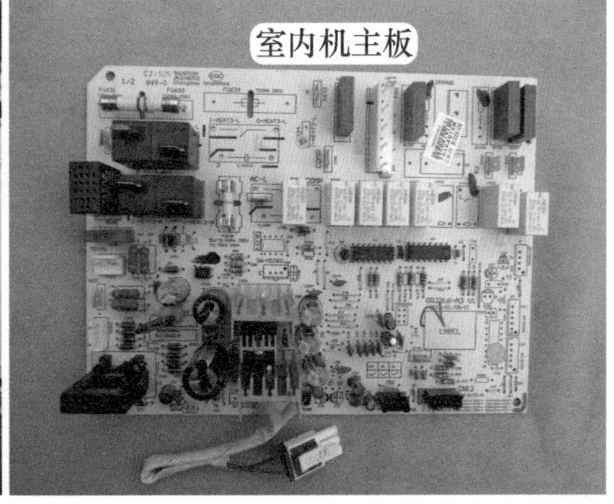

图 5-1　电控系统插头和主板外形

见图 5-2，拨开电控系统中的插头和连接线，先将主板下部安装在电控系统中对应位置，再向里按压主板上部，使卡扣均固定住主板。

二、安装步骤

1. 主板供电引线

室内机主板电源供电输入引线共有 2 根，见图 5-3 左图，棕线为相线 L，取自室内机接线端子上 2 号相线；蓝线为零线 N ，取自接线端子上 N（1）零线。

在室内机主板强电区域中，见图 5-3 右图，标识为 AC-L 的端子接电源相线，标识为 N 的端子接电源零线。

说明：本机电源接线端子共设有 4 位，标号 L、N 的 2 位端子下方连接电源供电引线，直接接至电源插座，L 端和 N 端分为 2 路，其中 1 路为辅助电加热器供电，另 1 路中 L 相线穿过电流互感器后连接 2 端、和 N（1）端组合为室外机和室内机主板供电。接线端子上共有 4 根引线连接室内机主板，L、N 端子引线较粗，为辅助电加热器供电；2、N（1）端子引线较细，为室内机主板供电。

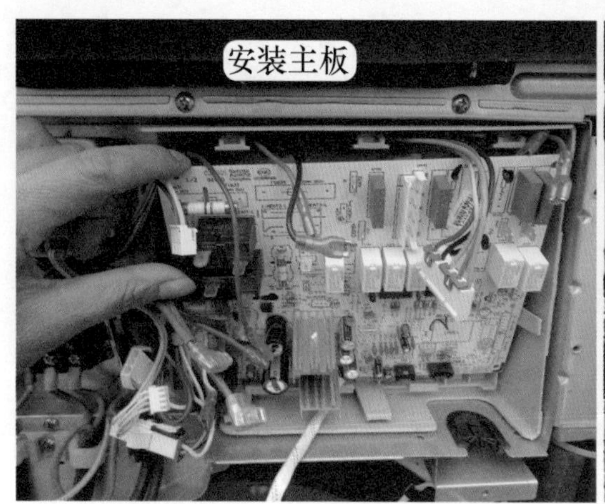

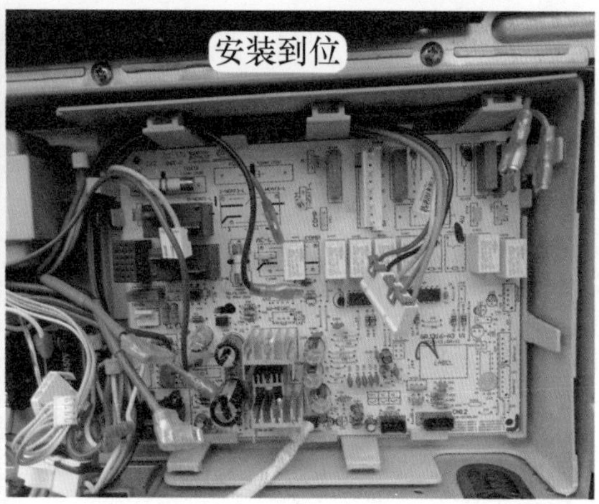

图 5-2　安装主板

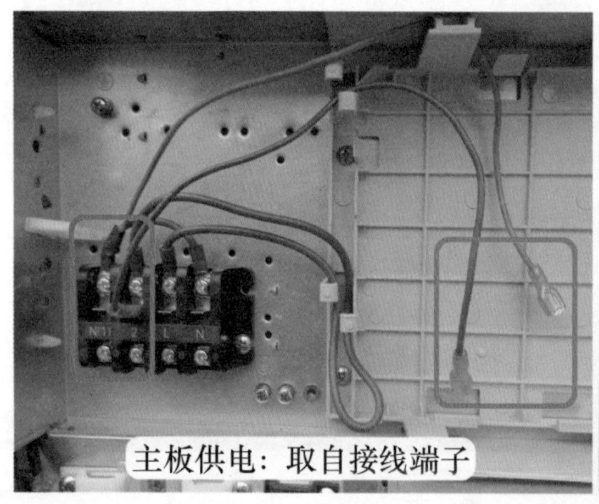

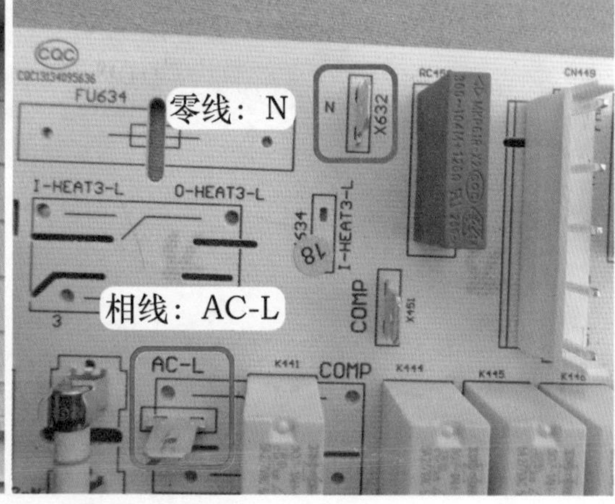

图 5-3　供电引线和端子标识

见图 5-4，将供电棕线（相线）的连接线安装至 AC-L 端子，将供电蓝线（零线）的连接线安装至 N 端子，L-N 引线为主板提供交流 220V 供电。

说明：由于本机设有室外机高压压力开关保护电路，即室外机电源零线 N 端经高压压力开关送至室内机主板 HPP 端子，正常时与零线 N 相通，如果将为室内机主板供电的蓝线和棕线插反，则空调器不能工作，上电即显示 E1（制冷系统高压保护）的故障代码。

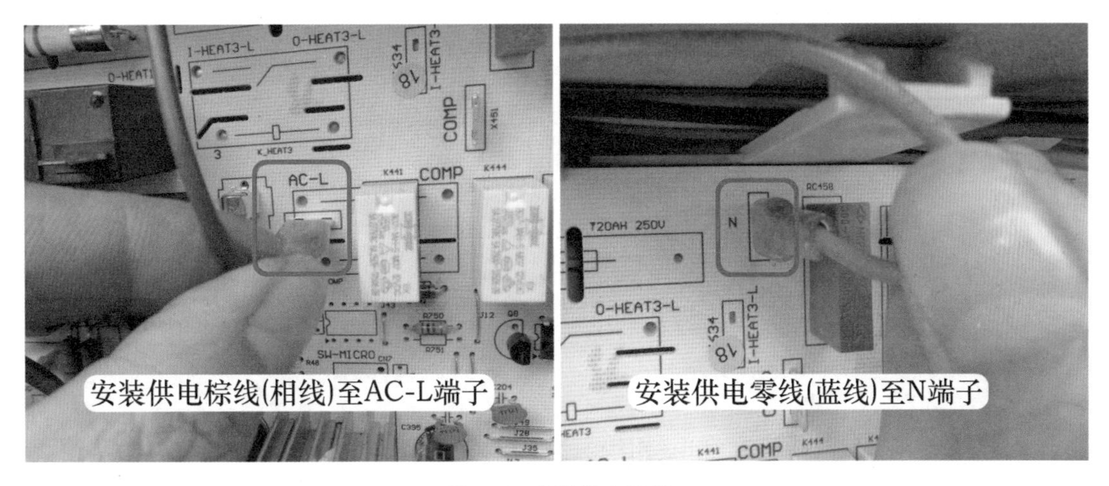

图 5-4　安装供电引线

2. 辅助电加热器引线

见图 5-5，辅助电加热器（以下简称辅电）的供电为交流 220V，取自接线端子上 L-N 端子，由于辅电功率较大，因此其 2 根引线表面均设有耐热护套。

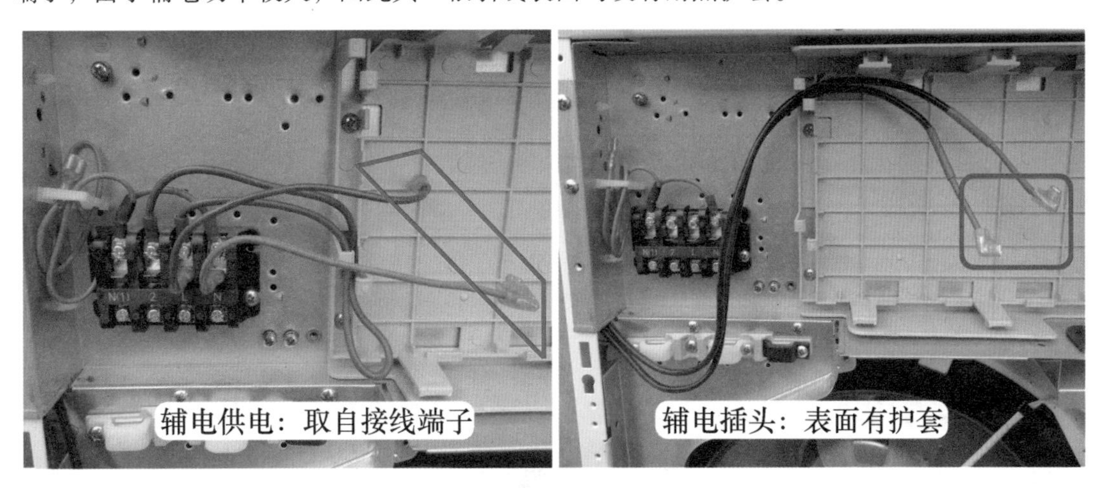

图 5-5　供电引线和辅电插头

电源供电的 2 根引线通过使用 2 个继电器触点为辅电的 2 根引线供电，因此辅电电路共有 4 根引线。

在英文符号中，HEAT 含义为辅电；I 即 IN 含义为输入，接输入电源引线；O 即 OUT 含义为输出，接辅电引线。

见图 5-6，主板强电区域中标识为 I-HEAT1-L 的端子接电源输入相线，标识为 I-HEAT2-N 的端子接电源输入零线，标识为 O-HEAT1-L 的端子接辅电引线中相线，标识为 O-HEAT2-N 的端子接辅电引线中零线。

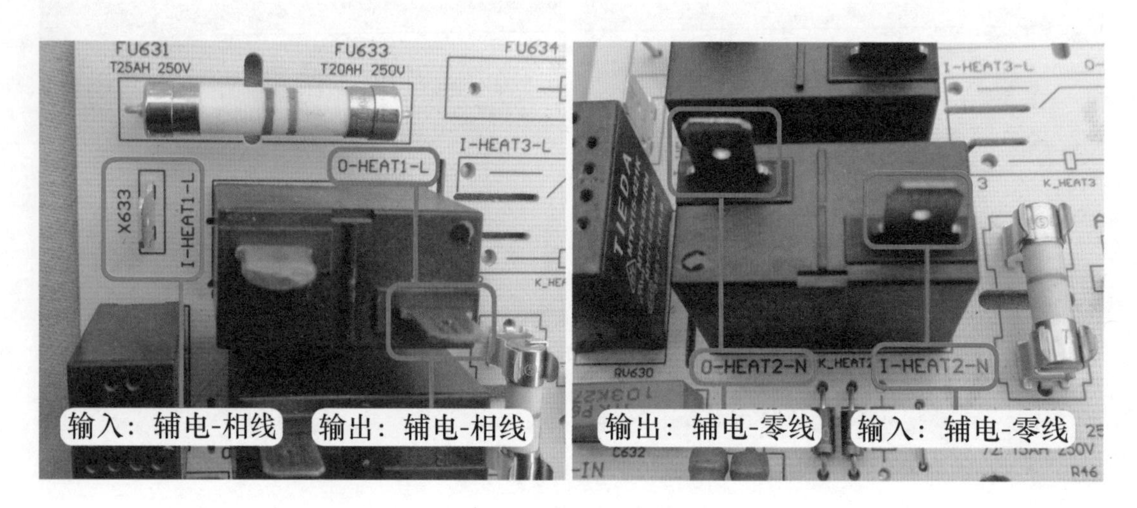

图 5-6　辅电端子标识

见图 5-7，将电源供电棕线（相线）安装至 I-HEAT1-L 端子，电源供电蓝线（零线）安装至 I-HEAT2-N 端子，L-N 引线为辅电提供电源。

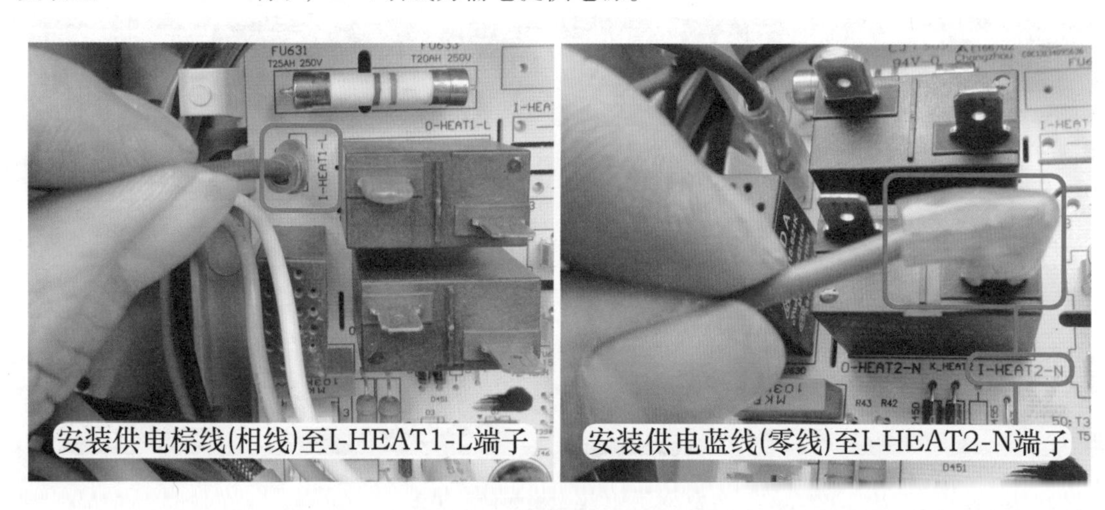

图 5-7　安装辅助供电引线

见图 5-8，将辅电引线中的红线安装至 O-HEAT1-L 端子，辅电引线中的蓝线安装至 O-HEAT2-N端子。

说明：辅电为交流 220V 供电，实际安装时即使插反，也能正常使用。

3. 变压器插头

变压器位于电控系统中左侧位置，见图 5-9 左图，其共有 2 个插头，大插头为一次绕组，接交流 220V 电源，小插头为二次绕组，接整流二极管。

变压器英文标识为 T，见图 5-9 右图，主板强电区域中标识为 TR-IN 的插座接变压器一次绕组插头，弱电区域中标识为 TR-OUT 的插座接变压器二次绕组插头。

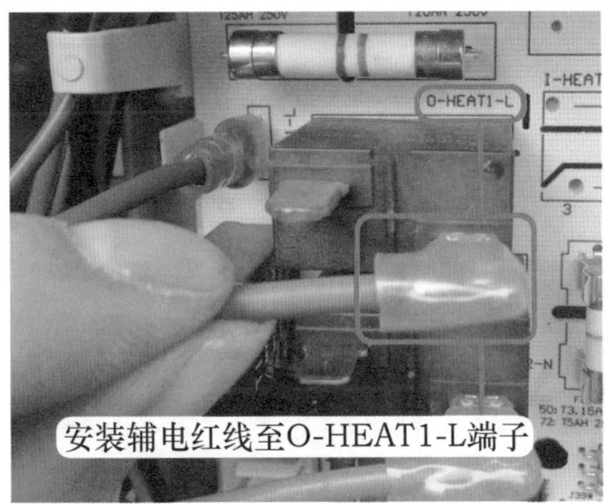

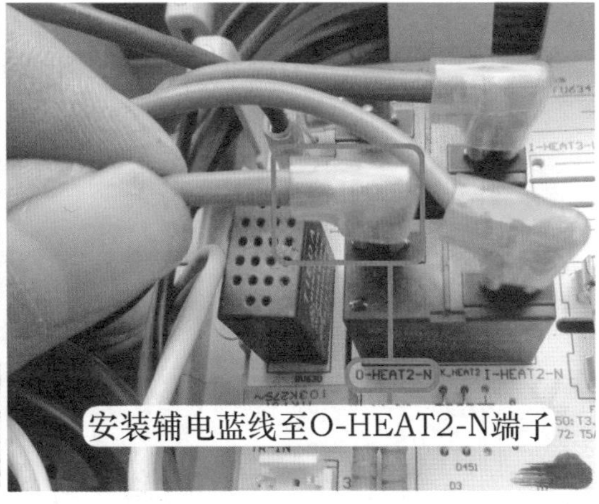

图 5-8　安装辅电引线

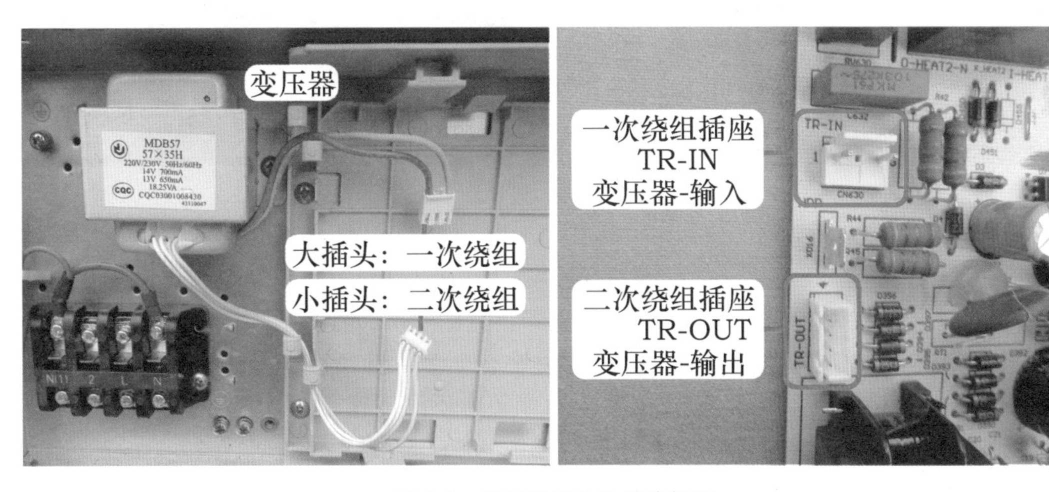

图 5-9　变压器插头和插座标识

见图 5-10，将变压器一次绕组插头安装至主板强电区域中的 TR-IN 插座，将二次绕组插头安装至主板弱电区域中的 TR-OUT 插座。

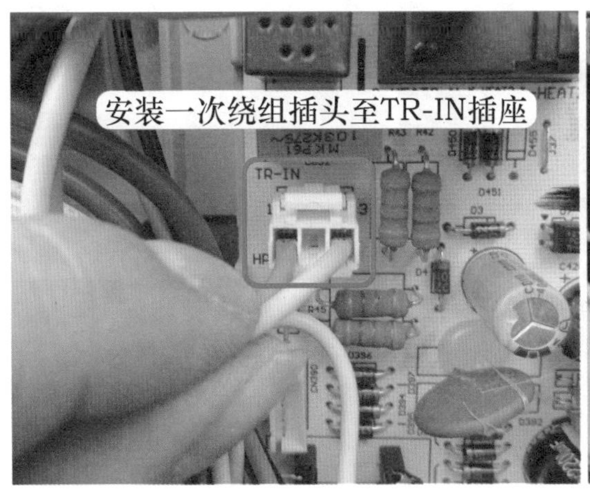

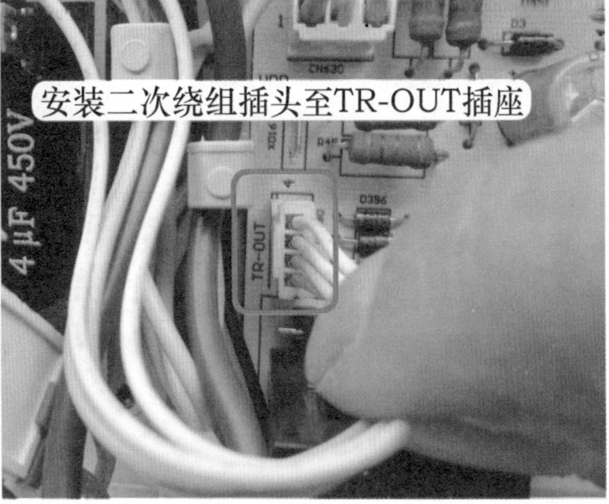

图 5-10　安装变压器插头

4. 电流互感器引线

见图5-11，取下接线端子上2端上方的连接线，并将其穿入电流互感器中间孔，连接至2端后并拧紧固定螺钉。

说明：实际安装时，也可以取L端上方的连接线，穿入电流互感器拧紧螺钉后同样也能正常使用。

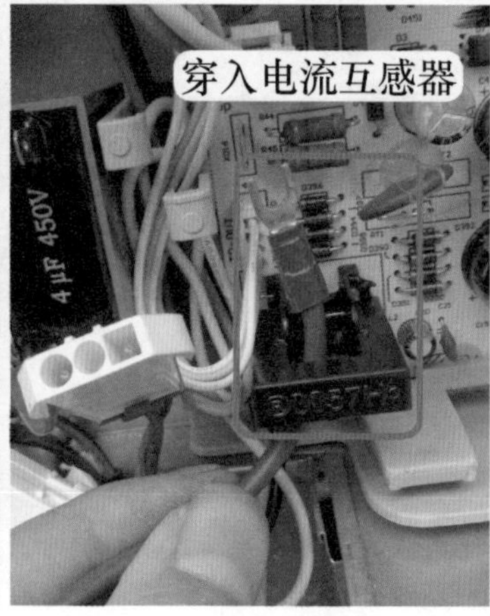

图5-11　安装电流互感器引线

5. 传感器插头

本机室内机设有室内环温和室内管温传感器，见图5-12左图和中图，2个传感器的4根引线做成1个插头，同样，主板弱电区域中设有1个4针插座，标识中含有ROOM和TUBE的插座即为传感器插座，其中ROOM的含义为环温传感器、TUBE的含义为管温传感器。

见图5-12右图，将传感器插头插至主板标有ROOM和TUBE的插座。

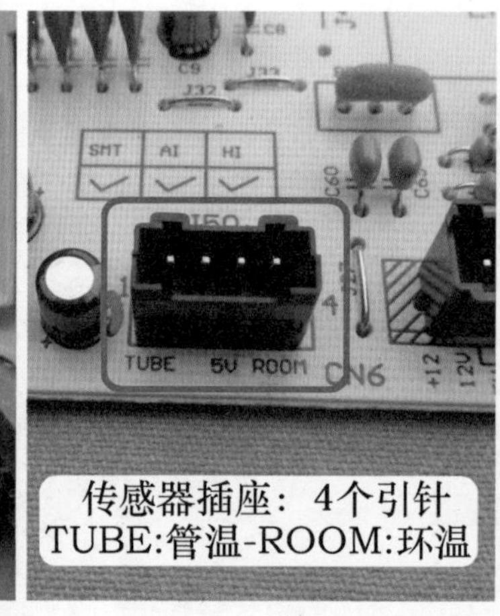

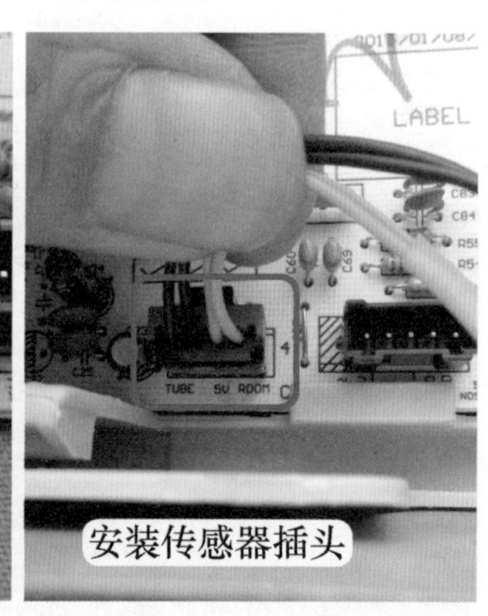

图5-12　传感器插头插座标识和安装插头

6. 显示板插座

柜式空调器室内机基本上均设有主板和显示板共 2 块电路板，主板和显示板使用连接线连接，见图 5-13 左图和中图，本机连接线共有 5 根引线，使用 1 个插头，主板上弱电区域中设有 1 个 5 针插座，标识中含有 DISPLAY 的插座即为显示板插座。其中 COM 含义为通信，DISPLAY 含义为显示器。

见图 5-13 右图，将显示板插头插在主板标有 COM-DISPLAY 的插座。

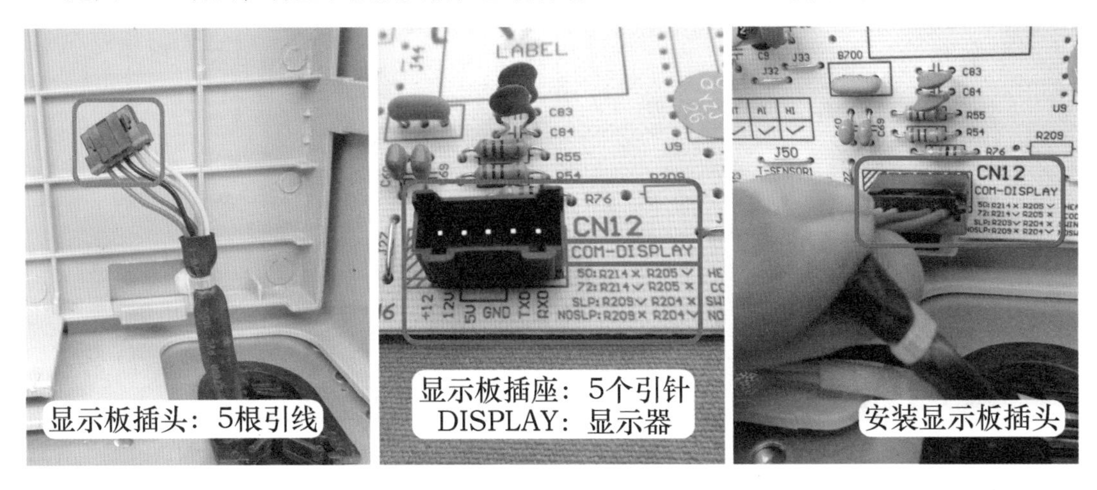

图 5-13　显示板引线插头插座标识和安装插头

7. 室内风机（离心电机）插头

柜式空调器室内风机使用离心电机，本机为抽头式电机，电容由于容量较大，未设计在室内机主板上面，安装在电控系统左侧，电机中电容引线已直接连接，更换室内机主板时只需要安装离心电机插头即可。

见图 5-14，主板强电区域设有 1 个体积较大、标识为 FAN 的插座即为离心电机插座，将离心电机插头插至标有 FAN 的插座。FAN 含义为风扇。

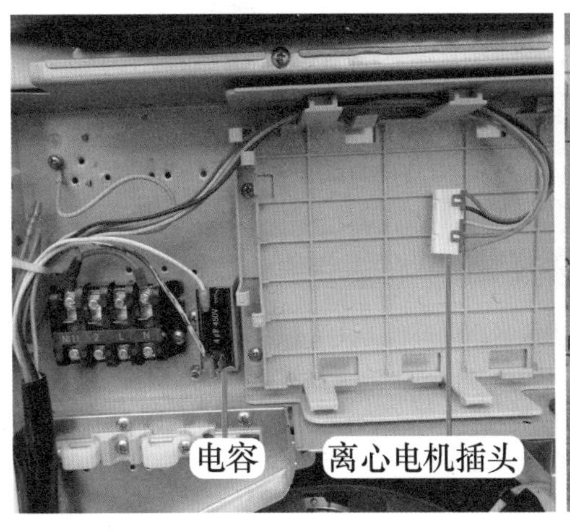

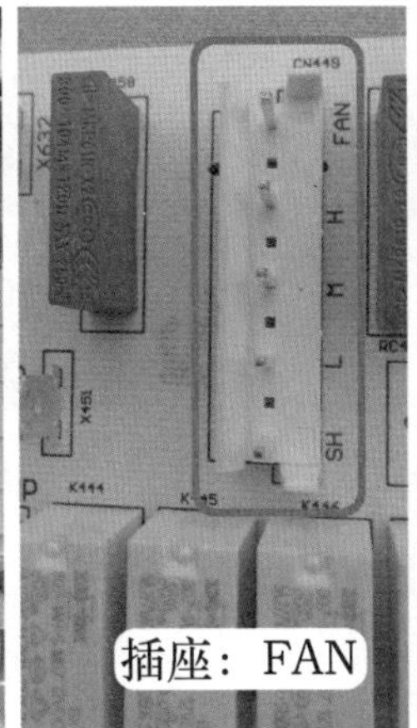

图 5-14　室内风机插头插座标识和安装插头

8. 室内外机对接插头引线

本机室外机未设置电路板，室内机主板通过连接线控制室外机强电负载，见图 5-15 左图，共设有 4 根连接线：黑线连接压缩机交流接触器线圈，橙线为室外风机供电，紫线为四通阀线圈供电，黄线连接室外机高压压力开关。

见图 5-15 右图，在主板强电区域中，标识 COMP 的端子为压缩机。

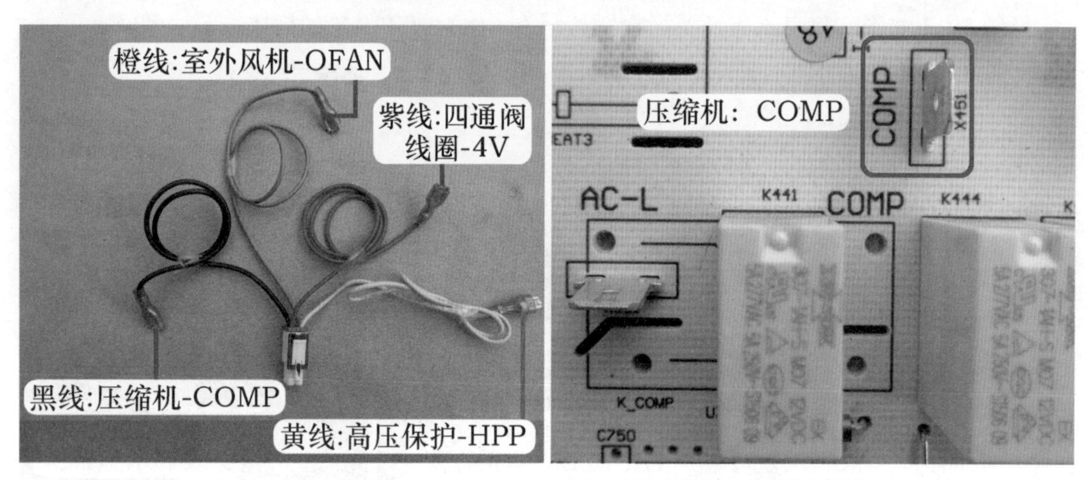

图 5-15　对接插头引线和压缩机端子标识

见图 5-16，标识 OFAN 的端子为室外风机，标识 4V 的端子为四通阀线圈，标识 HPP 的端子为高压保护。

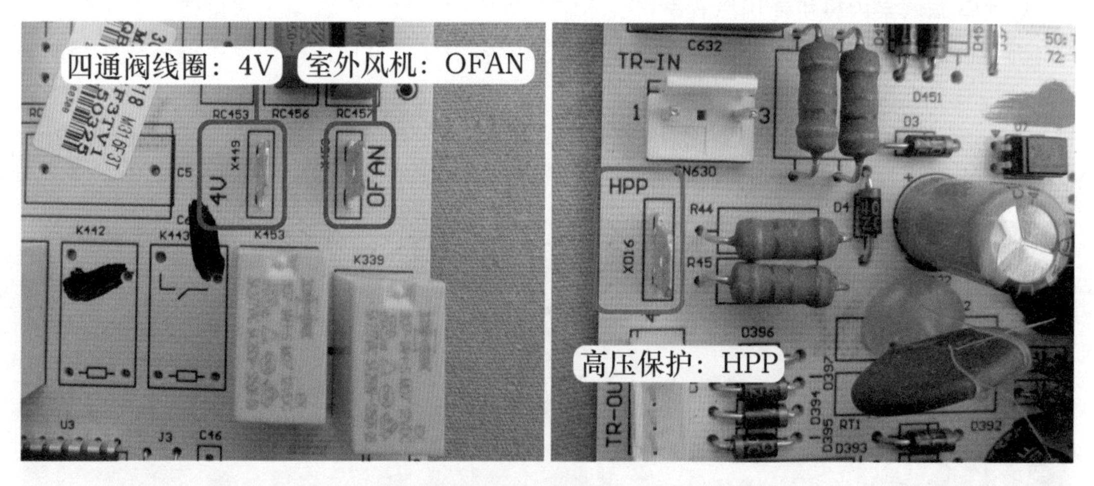

图 5-16　室外风机、四通阀线圈和高压保护端子标识

见图 5-17，将对接插头中的压缩机黑线插至主板标有 COMP 的端子，将室外风机橙线插至主板标有 OFAN 的端子。

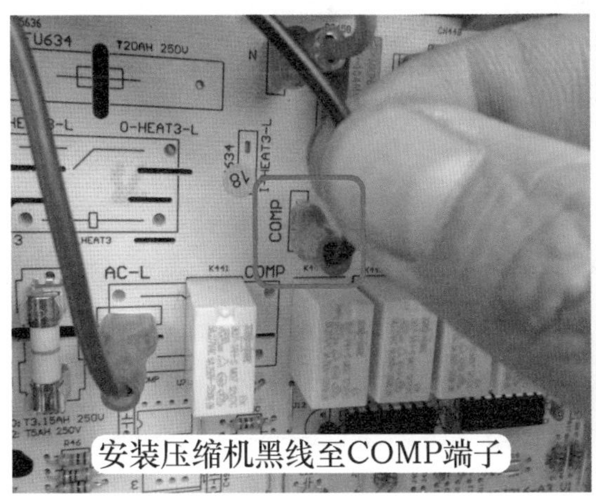

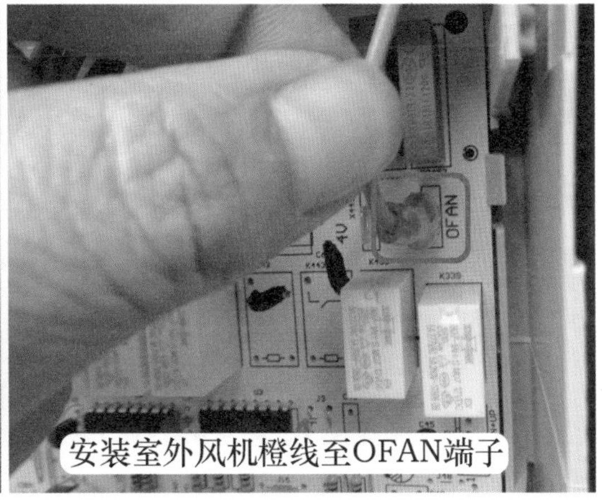

图 5-17　安装压缩机和室外风机引线

见图 5-18，将四通阀线圈紫线插至主板标有 4V 的端子，将高压保护黄线插至主板标有 HPP 的端子。

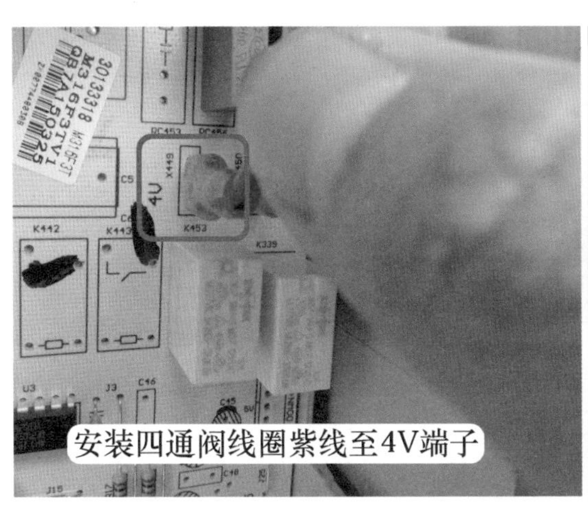

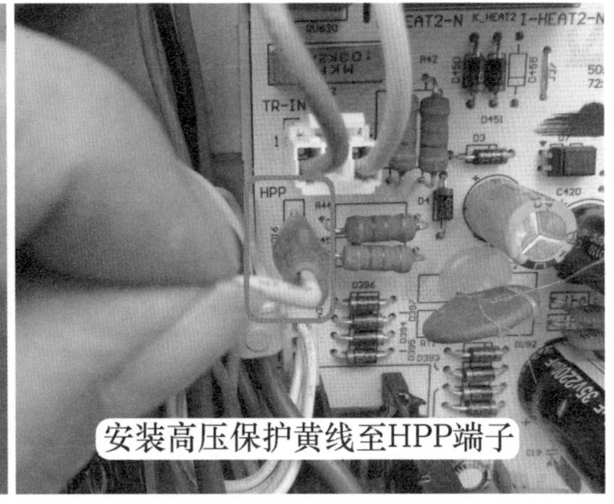

图 5-18　安装四通阀线圈和高压保护引线

9. 室外管温传感器

见图 5-19 左图，查看室内机和室外机的对接插头，会发现共有 2 个：1 个方形对接插头，共 4 根引线，连接强电负载；1 个是扁形对接插头，共 2 根引线，连接室外管温传感器。

主板上弱电区域中设有 1 个连接对接插头的插座，见图 5-19 右图，英文标识为 OUT-TUBE，含义为室外管温，即室外管温传感器的对接插头。

见图 5-20 左图，将室内外机连接线中的扁形对接插头，安装至主板上室外管温传感器插座连接线的对接插头。

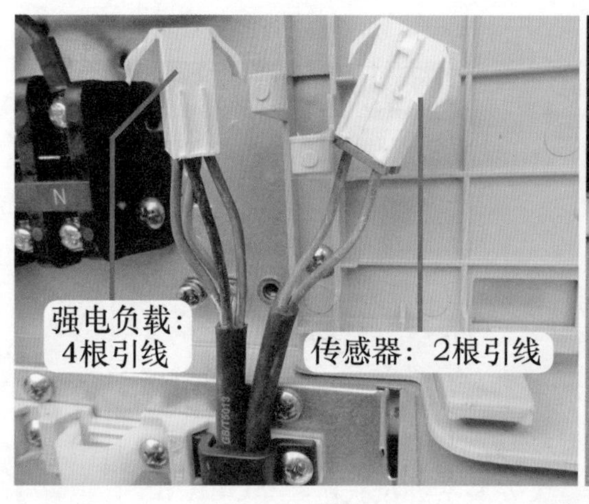

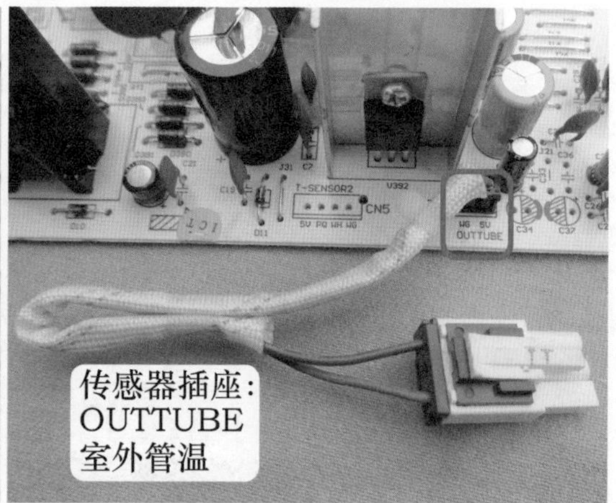

图 5-19　室外管温传感器插头和插座

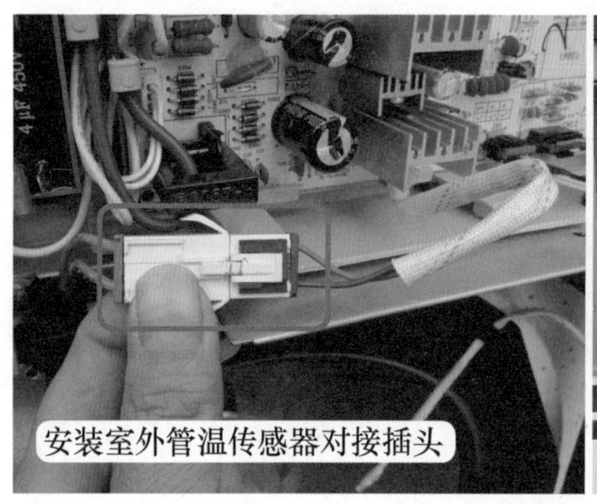

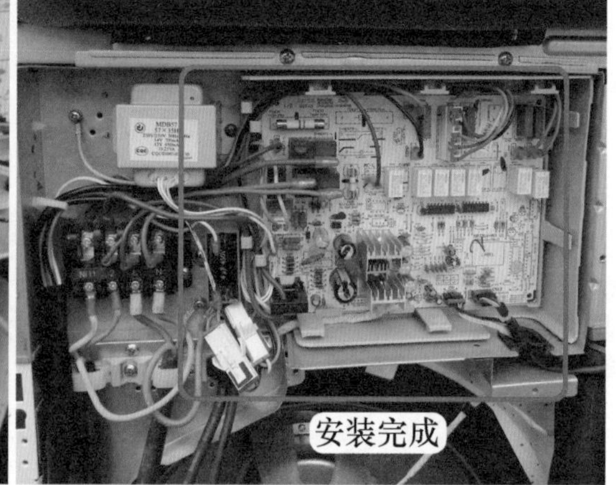

图 5-20　安装传感器插头和安装完成

至此，电控系统所有的插头或接线端子，已全部安装至室内机主板，见图 5-20 右图。

第二节　代换通用板

一、实物外形和设计特点

1. 实物外形

见图 5-21 左图，本例选用某品牌具有液晶显示、具备冷暖两用且带有辅电控制的通用板组件，主要部件有通用板（主板）、显示板、变压器、遥控器、接线插、主板固定螺钉、环温和管温传感器等。图 5-21 右图为通用板电气接线图。

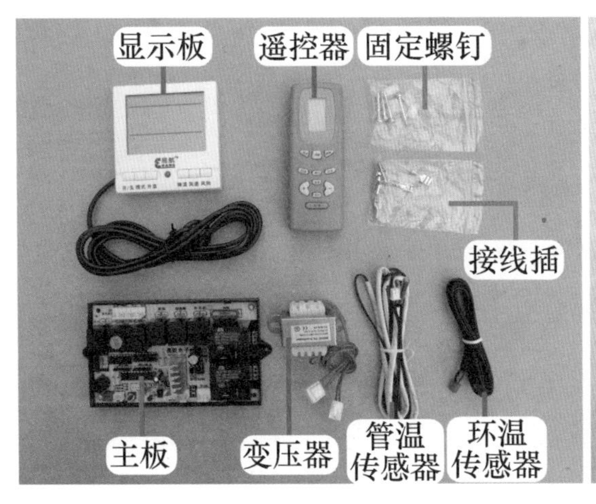

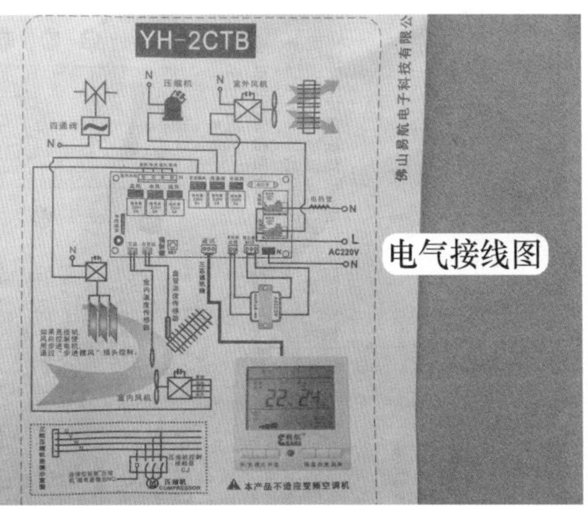

图 5-21　通用板组件和电气接线图

2. 主要接线端子

通用板主板和显示板主要接线端子及插座见图 5-22。

通用板主板供电端子：2 个，主板相线、零线（零线 N）。

辅助电加热器（简称辅电）：辅电相线、辅电（电加热）。

变压器插座：2 个，一次绕组、二次绕组。

传感器插座：2 个，室内环温传感器（环温）、室内管温传感器（管温）。

显示板插座：1 个，（通信）、连接显示板。

室内风机端子：3 个，高风、中风、低风。

同步电机端子：1 个，（摆风）端子，连接同步电机。

步进电机插座：1 个，（步进摆风）插座，连接步进电机。

室外机负载：3 个，压缩机、室外风机、四通阀线圈。

显示板上插头：1 个，连接至主板。

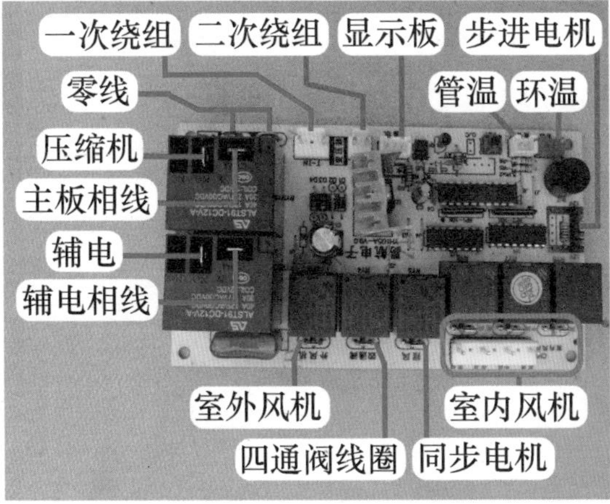

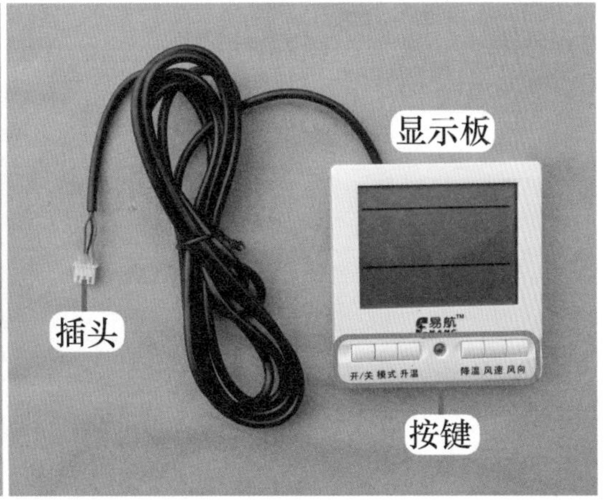

图 5-22　通用板主板和显示板

3. 设计特点

① 自带遥控器、变压器、接线插，方便代换。

② 室内环温和管温传感器插头颜色和主板插座颜色相对应，方便代换。

③ 显示板设有全功能按键，即使不用遥控器，也能正常控制空调器，并且液晶显示屏可更清晰地显示运行状态。

④ 通用板上使用汉字标明接线端子的作用，使代换过程更为简单。

⑤ 通用板只设有2个电源零线N端子。如室内风机、室外机负载、同步电机使用的零线N端子，可由电源接线端子上N端子提供。

⑥ 室内风机提供2种接线方式：见图5-23左图，插座和端子，2种接线方式功能相同，使代换过程更简单。例如室内风机使用插头，调整引线后插入插座即可，不像其他品牌通用板只提供端子，还需要将插头引线剪断、换成接线插，才能连接到通用板。

⑦ 摆风提供2种接线方式：见图5-23右图，如早期或目前部分品牌的空调器左右摆风使用交流220V供电的同步电机，提供有继电器控制的强电同步电机摆风端子；如目前部分品牌空调器左右摆风使用直流12V供电的步进电机，提供有反相驱动器控制的6针弱电步进电机插座。2个插座受遥控器或按键的“风向”键控制，同时运行或断开。

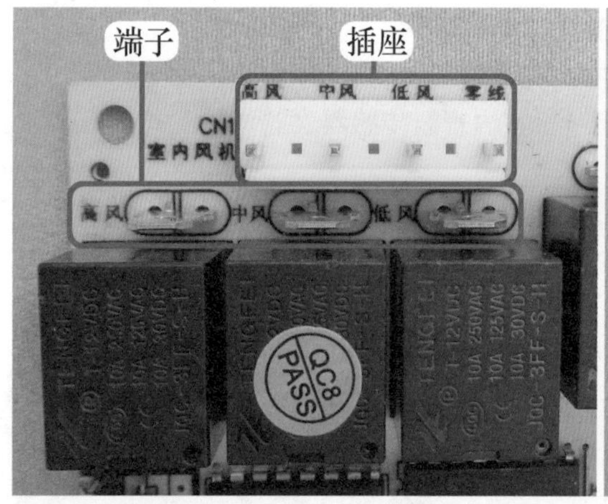

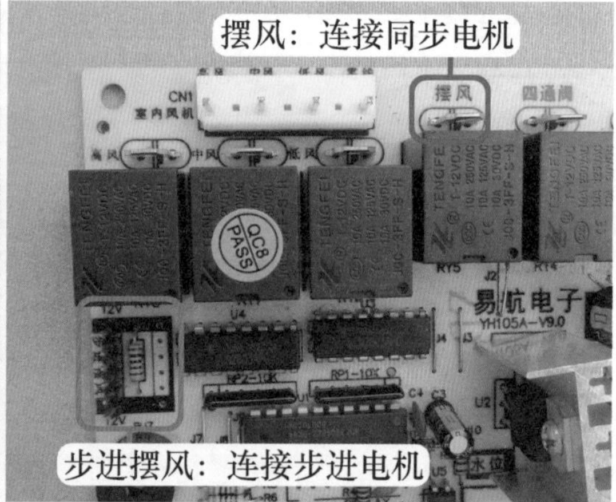

图5-23 室内风机和摆风插座

二、代换步骤

1. 取下原机电控系统和保留引线

见图5-24，取下原机变压器、室内机主板、显示板，保留显示板引线。

见图5-25，取下原机室内环温和管温传感器，连接室外传感器的扁形对接插头；保留为主板供电的棕线和蓝线、室内风机插头、辅电的2根引线、辅电供电的相线、室外机负载引线、显示板引线。

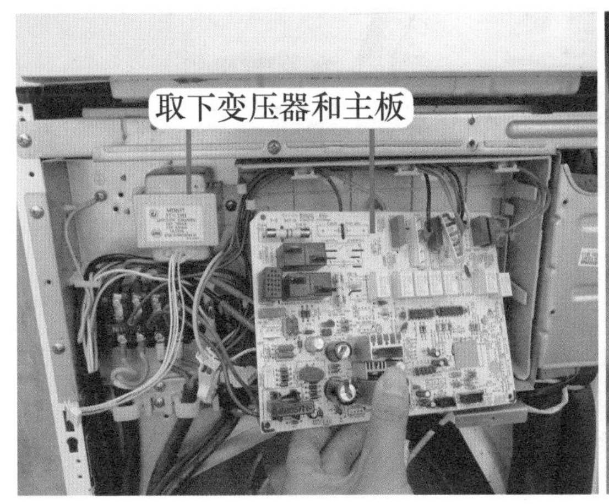

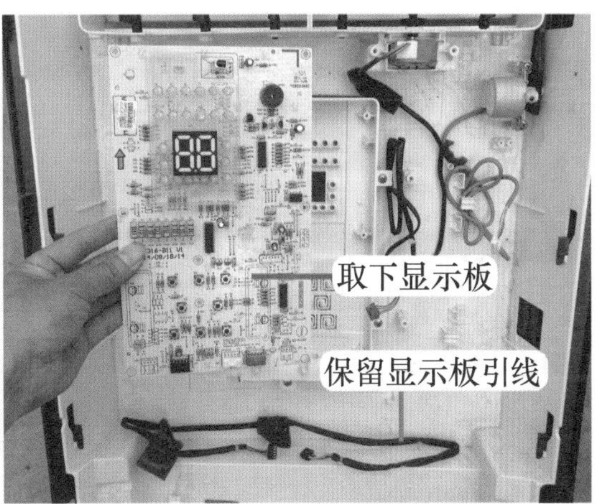

图 5-24　取下主板和显示板

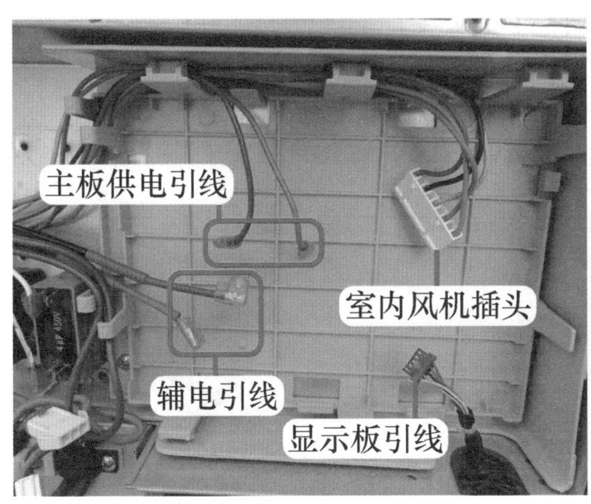

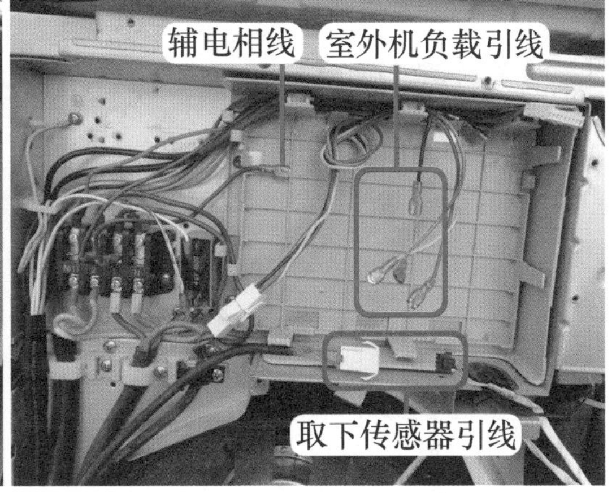

图 5-25　保留的引线

2. 安装通用板

由于原机电控系统设有大面积的塑料壳，主板通过卡扣固定在里面，塑料壳表面未设计螺钉孔，而通用板使用螺钉固定，需要拆除塑料壳。

查看将通用板正立安装时，见图 5-26，辅电继电器和变压器插座位于右侧位置，而辅电供电相线和变压器引线均不够长，不能安装至端子或插座，因此在电控盒内寻找合适位置，将通用板倒立安装，左侧使用螺钉固定，右侧位置因无螺钉孔，使用双面胶固定。

3. 供电引线

主板供电有 2 根引线：相线为棕线、零线为蓝线，见图 5-27，安装供电棕线至通用板压缩机继电器标有“COM”的端子、安装供电零线至标有“零线”N 的端子。

说明：通用板压缩机和辅电继电器 3 个端子英文含义，COM 为公共端，接输入供电相线；NO 为常开触点，线圈未通电时为 COM-NO 触点断开，NO 端子接负载；NC 为常闭触点，线圈未通电时 COM-NC 触点导通，NC 端子在空调器电路中一般不使用。

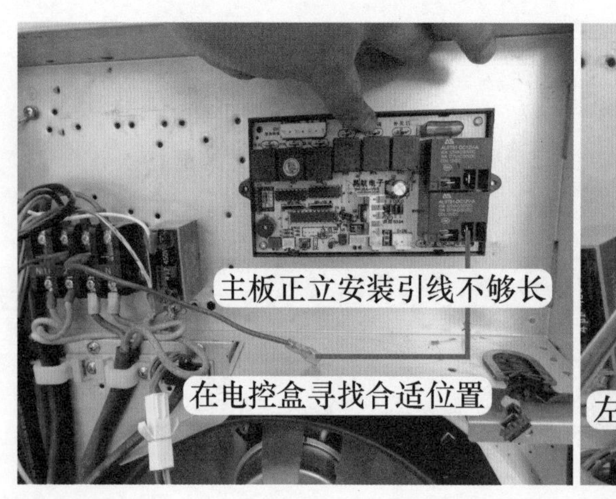

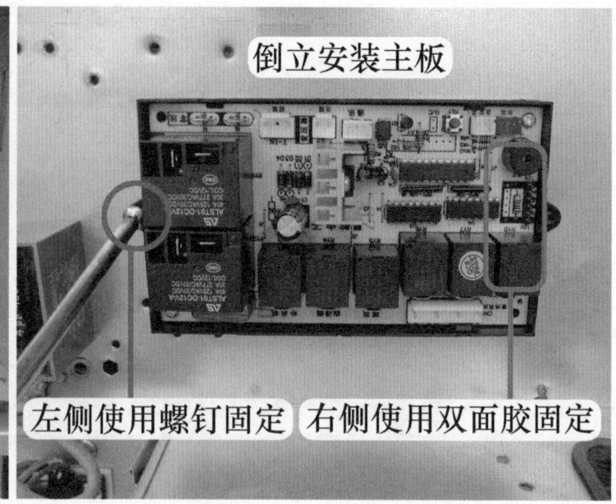

图 5-26　安装通用板

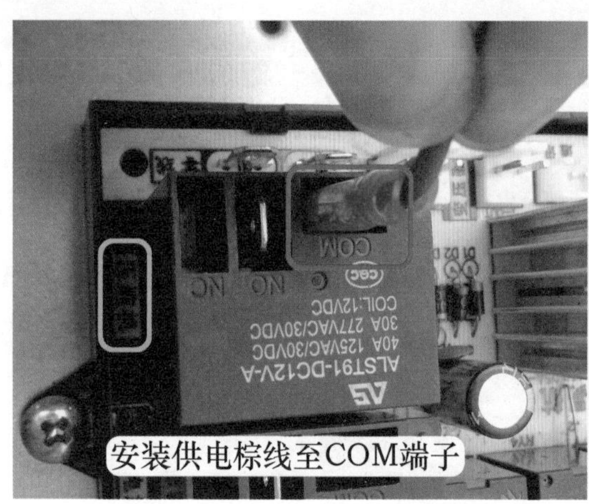

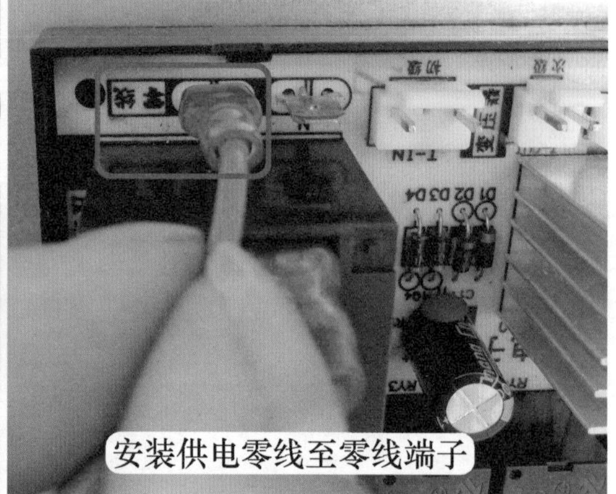

图 5-27　安装供电引线

4. 变压器插头

通用板配备有变压器，设有 2 个插头，大插头为一次绕组（俗称初级线圈）、小插头为二次绕组（俗称次级线圈），见图 5-28 左图，在电控盒寻找合适位置，使用螺钉将变压器固定。

见图 5-28 右图，安装大插头一次绕组至通用板标有变压器“初级”的插座；见图 5-29 左图，安装小插头二次绕组至通用板标有变压器“次级”的插座。

5. 辅电引线

原机主板辅电电路使用 2 个继电器控制，设有 2 根供电引线，而通用板只设有 1 个继电器，应将原机为辅电供电的零线蓝线取下不用，见图 5-29 右图，将辅电蓝线安装至接线端子中标有“N”的端子。

见图 5-30，再将为辅电供电的相线棕线安装至通用板电加热继电器标有“COM”的端子，将辅电红线安装至“NO”端子。

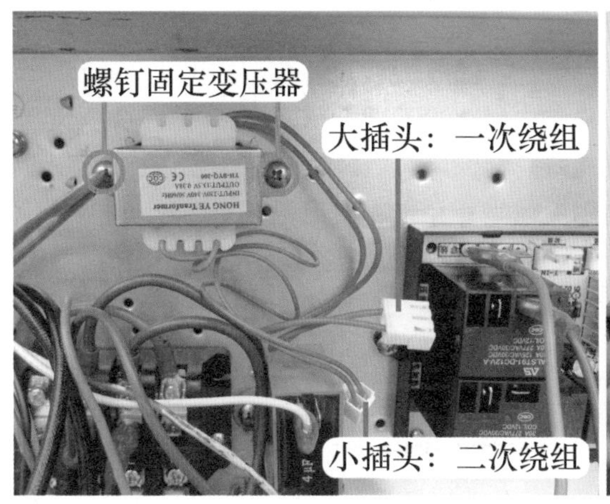

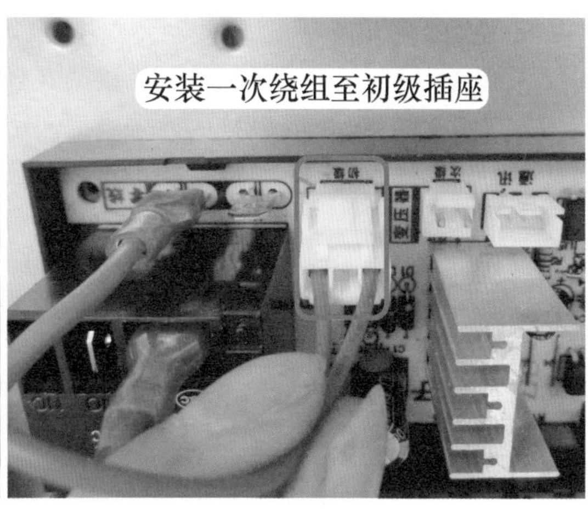

图 5-28　固定变压器和安装一次绕组插头

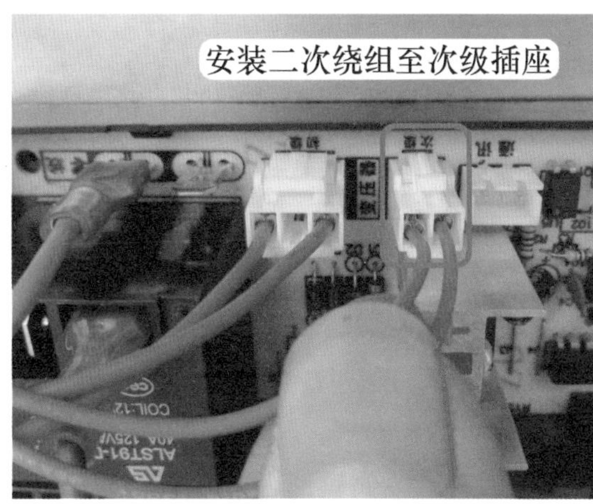

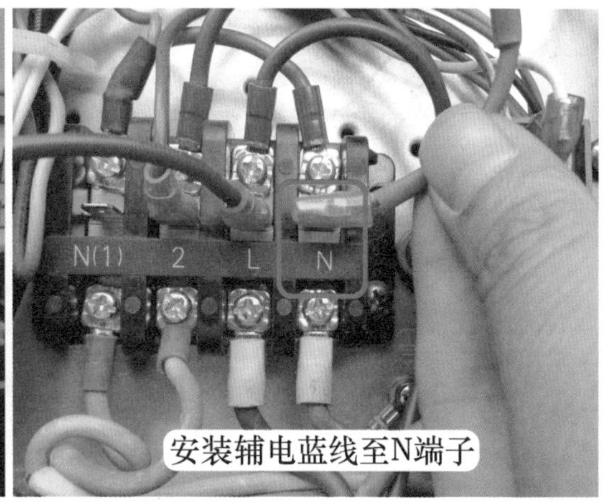

图 5-29　安装二次绕组插头和辅电蓝线

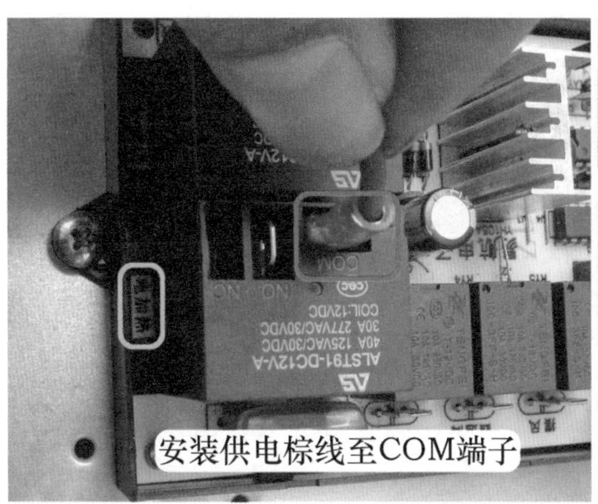

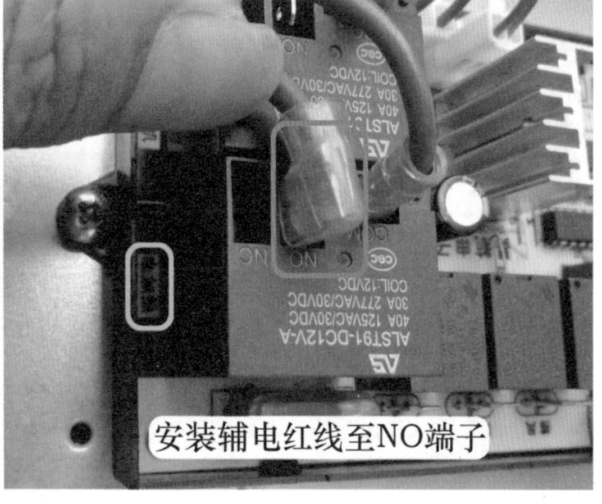

图 5-30　安装辅电供电棕线和红线

6. 室内风机插头

原机室内风机设有 4 档风速，插头共有 5 根引线：红线为零线公共端、黑线为高风、黄线为中风、蓝线为低风、灰线为超强，而通用板室内风机电路只有 3 个继电器即 3 档风速，考虑到超强风速较少使用，决定不再安装，只对应安装低风、中风、高风 3 档风速。

查看安装方向后，将室内风机插头对准通用板插座，并查看通用板插座引针功能和室内风机引线功能，见图 5-31 左图，可知插头高风、中风、低风引线和插座引针相对应，插头中超强和零线公共端位置相反，需要调整插头中引线顺序。

插头引线取出方法见图 5-31 右图，使用万用表表笔尖向下按压引线挡针，同时向外拉引线即可取下。

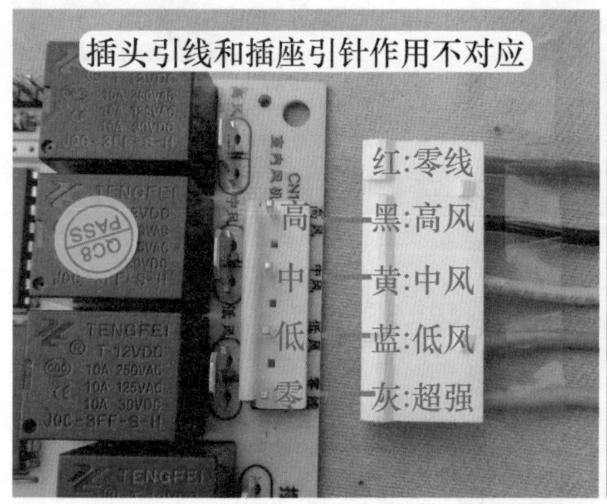

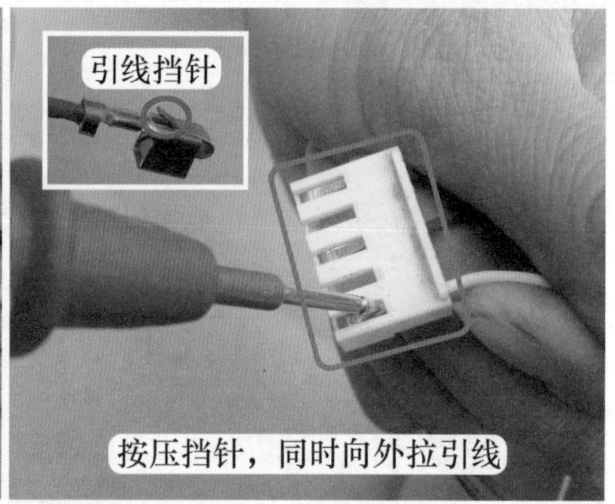

图 5-31　插头与插座不匹配和取出引线方法

对调插头中红线和灰线后，见图 5-32 左图，再将室内风机插头引线对准通用板插座引针，可知此时引线和引针的功能相对应。

见图 5-32 右图，将调整后的室内风机插头安装至通用板标有“室内风机”的插座。

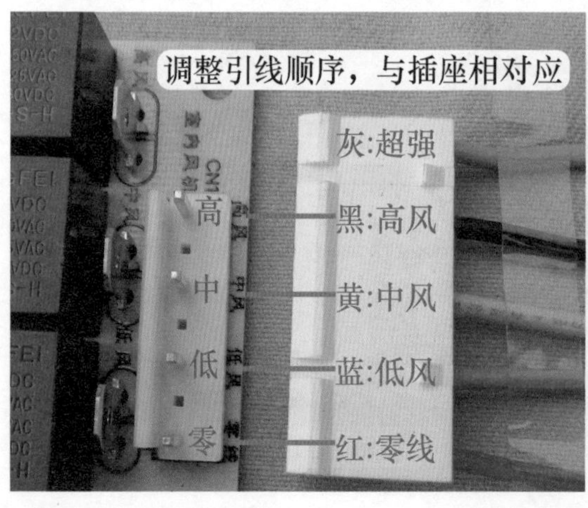

图 5-32　调整引线和安装插头

7. 步进电机插头

原机上下和左右导风板均可以自动调节，由直流12V供电的步进电机驱动，由于通用板只设有1个步进电机插座，考虑到实际使用中上下导风板调节次数较少，决定上下步进电机不再使用，保留驱动左右导风板的步进电机。

原机由显示板驱动上下和左右步进电机，引线插头均安装至显示板，因此步进电机的引线相对较短，不能安装到位于电控盒位置的通用板，见图5-33，查看原机主板和显示板的连接线为5根引线，和步进电机插头引线数量相同，因此保留显示板引线，使用对接端子将步进电机插头和显示板插头互相连接，在连接时要注意将步进电机插头的红线和显示板插头的红线相对应。

说明：如果检修时没有对接端子，可剥开引线绝缘层，将2个插头引线直接相连，再使用绝缘胶布包好。

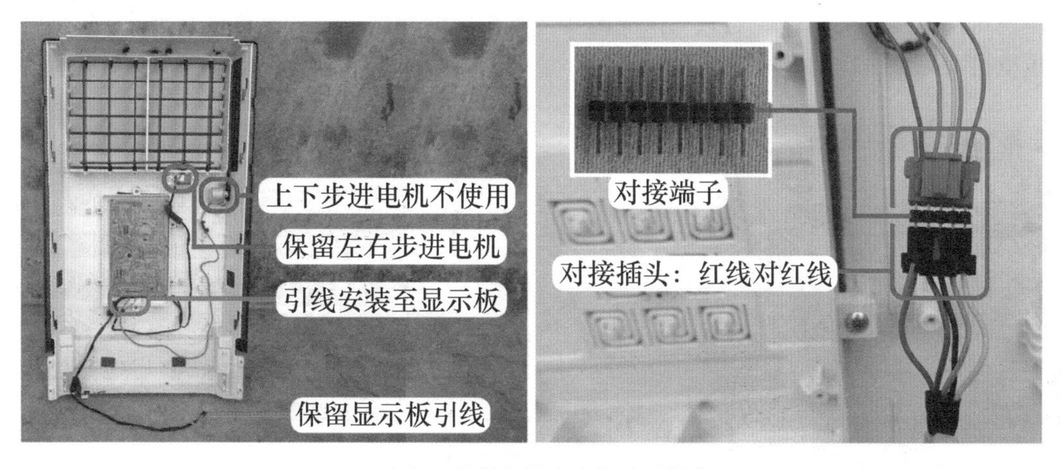

图5-33　保留步进电机和对接插头

为防止对接后的插头移动导致引线接触不良，见图5-34左图，使用胶布包扎对接插头，此时的显示板插头即成为新的左右步进电机插头。

见图5-34右图，通用板步进摆风插座即步进电机插座共设有6个引针，两边的2个引针相通均为供电接直流12V，中间的4个引针为驱动，接反相驱动器；步进电机共设有5根线，红线为公共端需要接直流12V，其他4引线为驱动需要接反相驱动器。

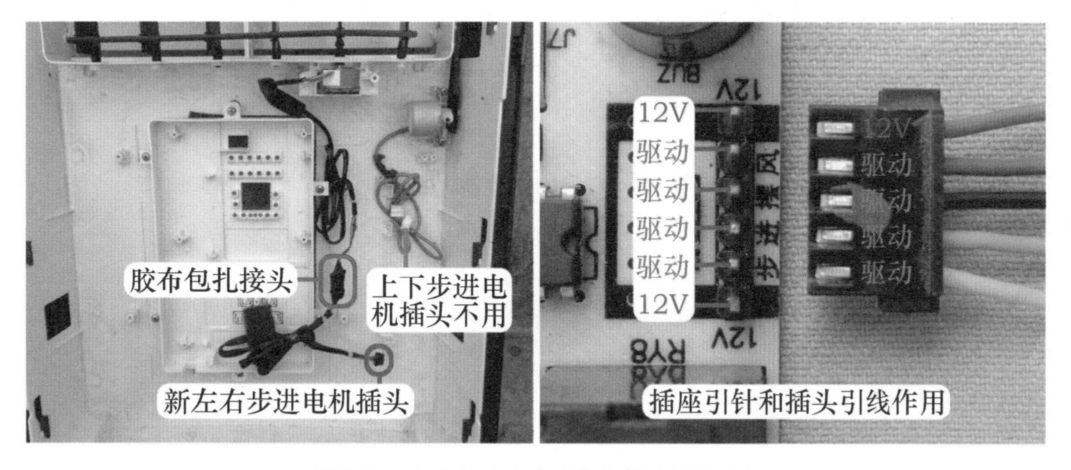

图5-34　包扎接头和步进电机插头插座功能

说明：通用板步进电机插座两边设计 2 个直流 12V 引针的作用是，可以调整步进电机的旋转方向。例如将红线接上方的直流 12V 引针，步进电机为顺时针旋转，而将红线接下方的直流 12V 引针，则步进电机改为逆时针旋转。而本机需要控制的是左右步进电机，驱动左右导风板没有调整的必要；如果本机控制上下步进电机，而需要使用本功能，假如红线接上方直流 12V 引针，通用板上电复位时导风板自动打开，开机后导风板自动关闭，此时拔下步进电机插头，再将红线接下方直流 12V 引针安装插头即可改为上电复位时导风板自动关闭，开机后导风板自动打开。

见图 5-35，将新步进电机插头安装至通用板标有“步进摆风”的插座，注意红线要对应安装 12V 引针，这样左右步进电机受通用板控制，左右导风板可以自动摆动，而上下导风板则需要手动调节。

说明：由于本机使用直流 12V 供电的步进电机驱动导风板，因此提供交流 220V 供电的同步电机摆风端子空闲不用安装。

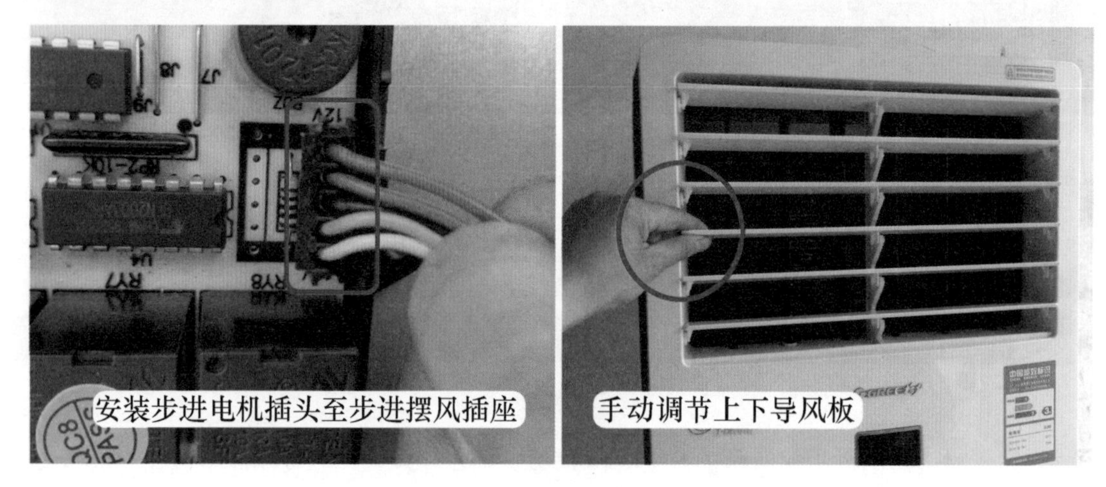

图 5-35　安装步进电机插头和手动调节导风板

8. 室外机负载

室外机负载共有 4 根引线，使用方形对接插头，黑线连接压缩机的交流接触器线圈、橙线连接室外风机、紫线连接四通阀线圈、黄线连接高压压力开关，因为通用板未设计压力保护电路，所以高压保护黄线不用连接。

见图 5-36，将压缩机黑线安装至通用板压缩机继电器上标有“NO”的端子，将室外风机橙线安装至标有“外风机”的端子。

见图 5-37，将四通阀线圈紫线安装至通用板标有“四通阀”的端子，高压保护黄线不再使用，使用防水胶布包扎好插头，防止漏电。

9. 室内环温和管温传感器

见图 5-38，将室内环温传感器探头（环温探头）安装在原环温传感器位置，红色插头安装至通用板标有“室温”的红色插座。

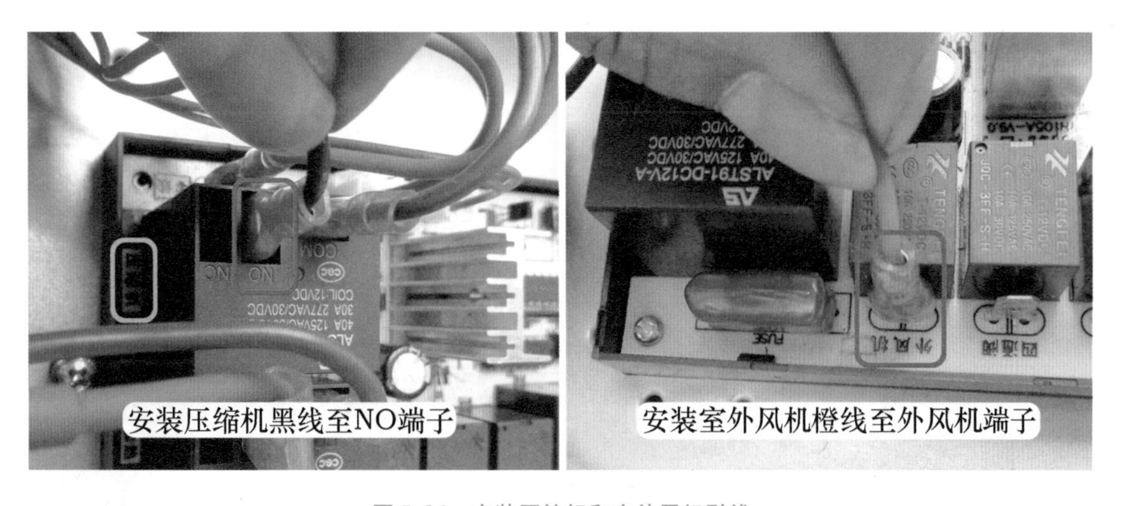

图 5-36　安装压缩机和室外风机引线

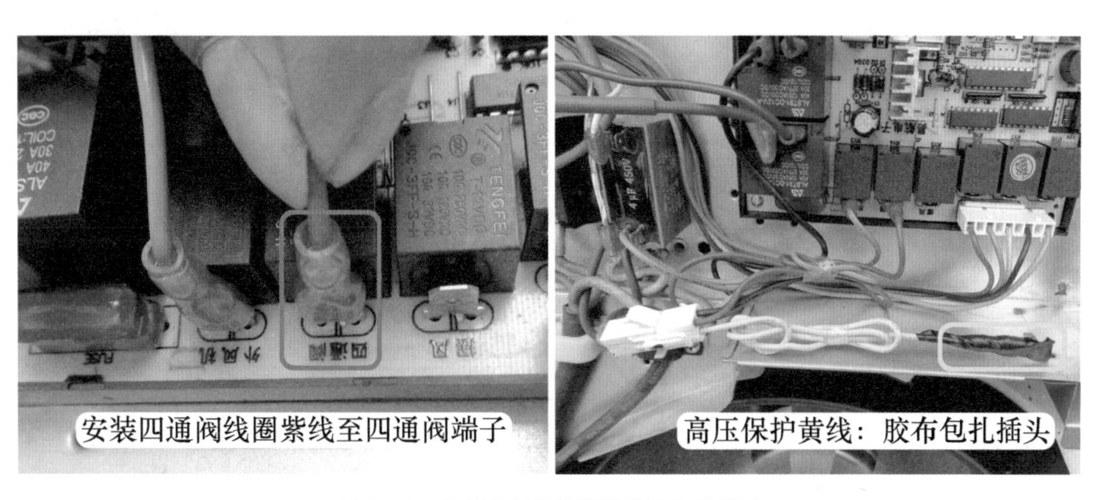

图 5-37　安装四通阀线圈引线和包扎插头

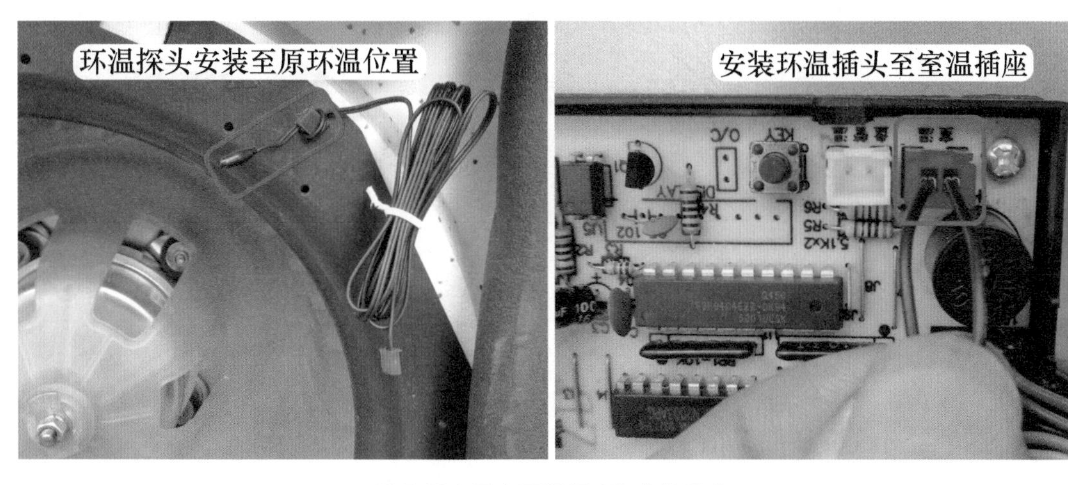

图 5-38　固定环温探头和安装插头

见图5-39，将室内管温传感器探头（管温探头）安装在蒸发器检测孔内，配备的管温传感器引线较长，其白色插头安装在通用板标有“盘管温”的白色插座。

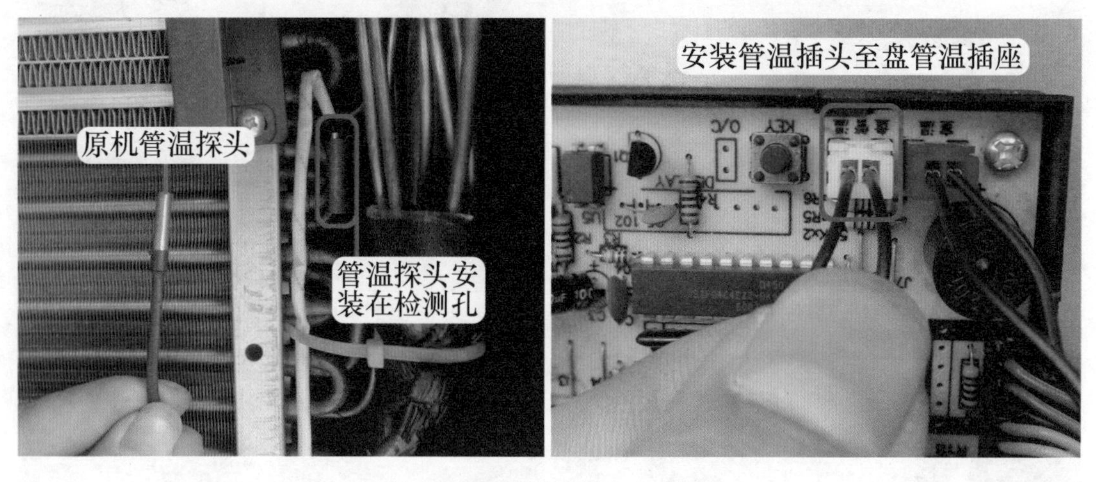

图5-39 固定管温探头和安装插头

10. 显示板插头

在室内机前面板的原机显示屏合适位置扳开缝隙，见图5-40，将通用板配备的显示板引线从缝隙中穿入并慢慢拉出，再使用双面胶一面粘住显示板反面、另一面粘在原机的显示窗口合适位置，固定好显示板，再顺好引线，将插头安装至通用板标有“通讯”的插座。

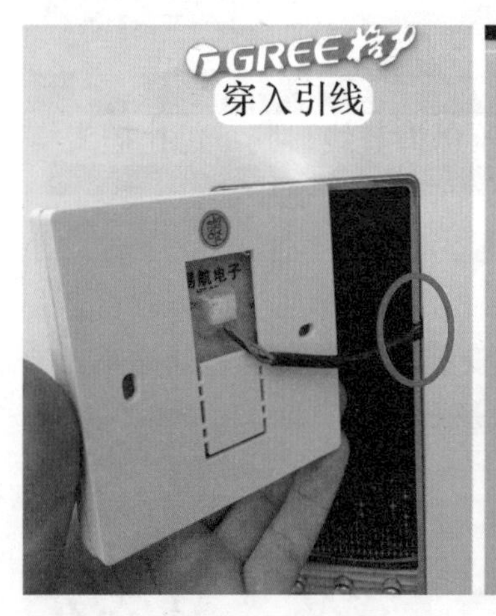

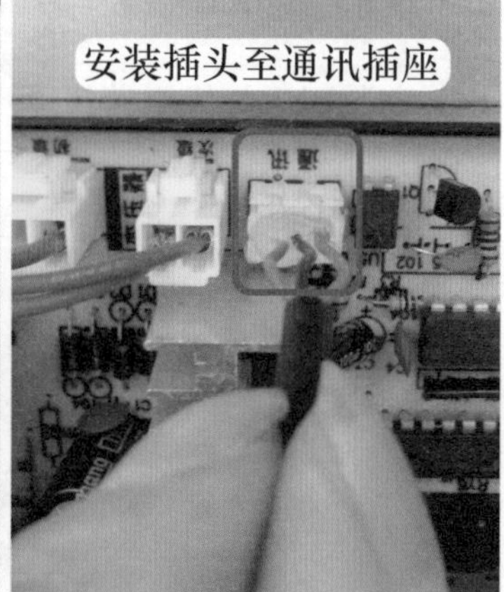

图5-40 固定显示板和安装插头

11. 代换完成

至此，室内机和室外机的负载引线已全部连接，见图5-41左图，即代换通用板的步骤也已结束。

图5-41中图，按压显示板上的“开/关”按键，室内风机开始运行，转换“模式”至制冷，当设定温度低于房间温度，待3min延时过后，压缩机和室外风机开始运行，空调器制冷也恢复正常。

见图5-41右图，按压遥控器上的“开/关”按键，显示板显示遥控器发送的信号，同时对空调器进行控制。

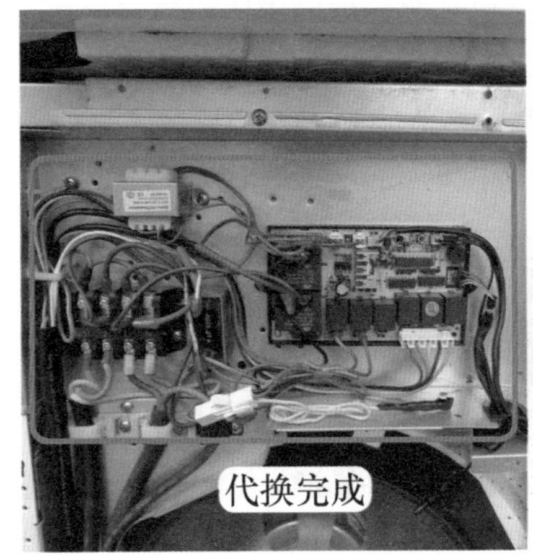

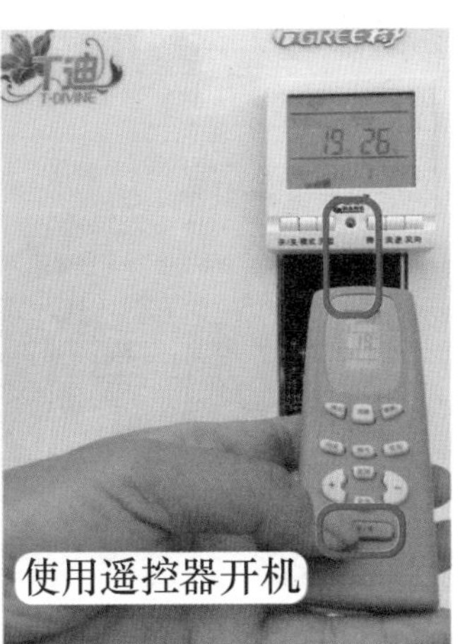

图5-41　代换完成和开机

三、利用原机高压保护电路

格力部分3P或5P空调器，室外机压缩机排气管上均设有高压压力开关，与室内机主板组成高压保护电路，可最大程度地保护压缩机免受过载损坏。但是更改成通用板后，因为通用板未设计高压保护电路，所以原机的高压保护电路或低压保护电路均不再使用，这样空调器虽然也能运行，但是由于取消了相应保护电路，压缩机损坏的比例也相应增加，在实际代换过程中，经过实际试验，即使使用代换的通用板，也可利用原机的高压保护电路，以保护压缩机，方法如下。

1. 工作原理

其实原理很简单，通用板在正常工作时，如果忽然停止供电，由于弱电电路中继电器线圈正常工作，迅速消耗掉电源电路中滤波电容的电量，使直流12V和5V电压均为0V，即使断电后迅速接通电源（如断电约3s），通用板CPU也将重新复位，进入待机状态。

2. 更换方法

高压压力开关在室外机连接电源零线N端，高压保护黄线也为零线N端，如果需要利用原机的高压保护电路，见图5-42，可将为通用板提供电源零线N端的蓝线取下，由方形对接插头中高压保护黄线为通用板N端供电。

代换通用板后的空调器在运行中，如室外机由于冷凝器脏堵、室外风机未运行、压缩机卡缸（5P三相供电空调器）等原因，使高压压力开关触点或电流检测板上继电器触点断开，通用板将停止供电，并断开压缩机和室外风机的供电。

当压缩机停止工作，高压压力开关触点或电流检测板继电器触点由断开到闭合通常需要约15s时间，因此触点闭合后再次为通用板供电，通用板CPU将重新复位，处于待机状态。

所以，当高压保护电路断开，使用原机主板时表现为整机停机，显示E1代码，不能再次自动运行，需人为操作关机后再开机才能再次运行。而使用通用板，则表现为整机停机，电控系统处于待机状态，也不能再次自动运行，需人为操作开机后才能再次运行。因此，通过更改引线，通用板也能起到高压保护电路的作用。

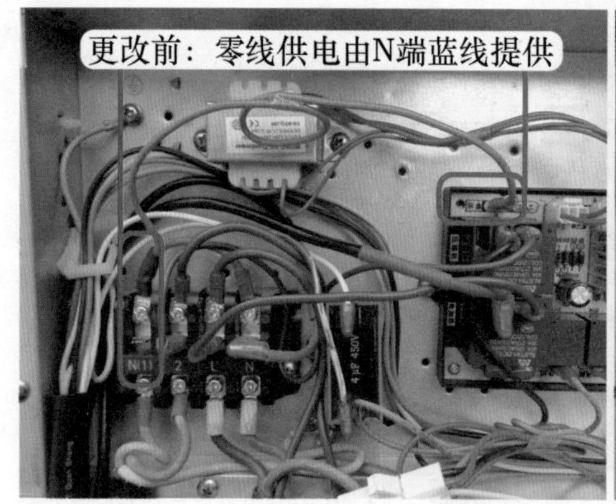

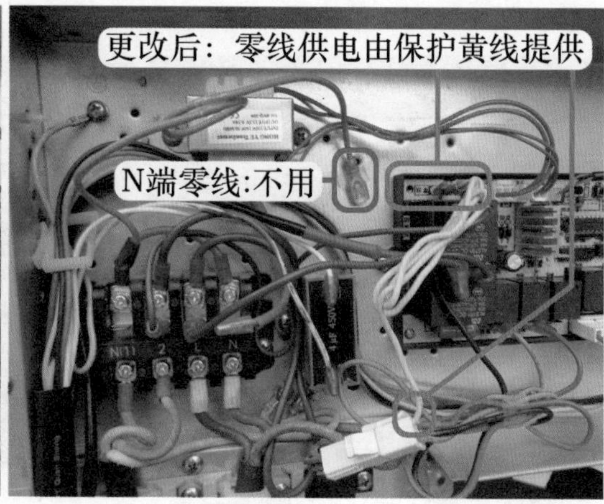

图 5-42 调整引线

第六章　电控系统故障

本章分为两节，第一节介绍室内机电控系统常见故障；第二节介绍室外机电控系统常见故障。

第一节　室内机故障

一、变压器一次绕组开路损坏

故障说明：美的 KFR-51LW/DY-GA（E5）柜式空调器，用户反映上电无反应，使用遥控器和按键均不能开机。上门检查，将空调器重新接通电源，没有听到蜂鸣器的声音，显示屏无复位时的全屏显示，使用遥控器和按键均不能开启空调器。电源电路原理图见图 6-1。

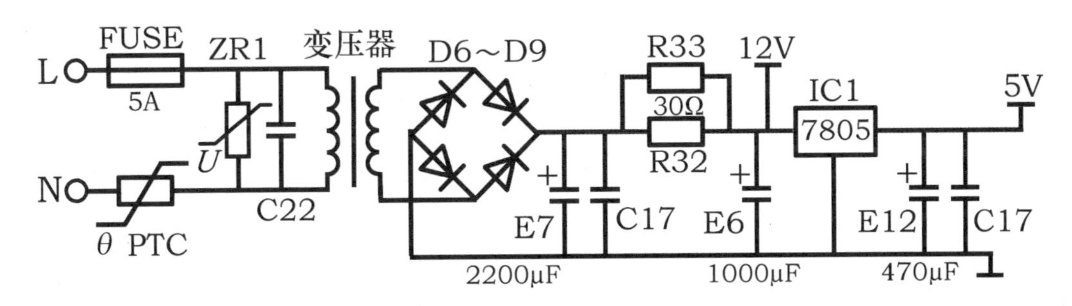

图 6-1　电源电路原理图

1. 测量供电电压和 5V 电压

取下室内机进风格栅和电控盒盖板，使用万用表交流电压档，见图 6-2 左图，测量室内机接线端子 L-N 电压，实测为交流 220V，说明电源供电已送至室内机。

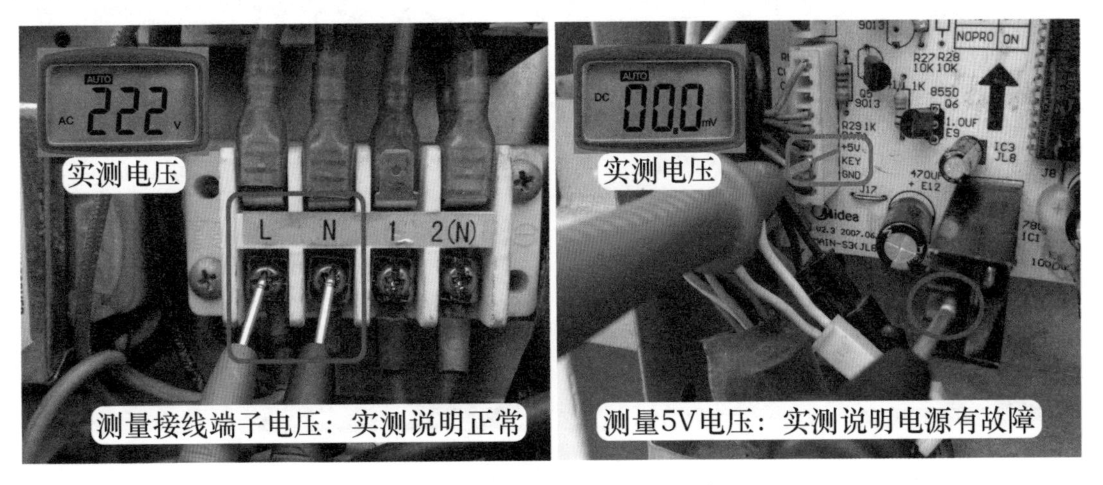

图 6-2　测量交流供电和直流 5V 电压

重新上电无反应，说明 CPU 没有工作，应测直流 5V 电压，使用万用表直流电压档，见图 6-2 右图，黑表笔接地（实接 7805 散热片）、红表笔接主板和显示板连接插座中标示有 +5V的红线，实测电压为直流 0V，说明为主板供电的电源电路出现故障。

2. 测量变压器插座电压

直流 5V 由变压器二次绕组经整流、滤波、7805 稳压后提供，因此使用万用表交流电压档，见图 6-3 左图，测量变压器二次绕组插座电压，实测为交流 0V，说明变压器未输出供电。

依旧使用万用表交流电压档，见图 6-3 右图，测量变压器一次绕组插座电压，实测为交流 220V，和接线端子 L-N 电压相同，说明供电和熔丝管均正常，二次绕组未输出电压可能为变压器损坏。

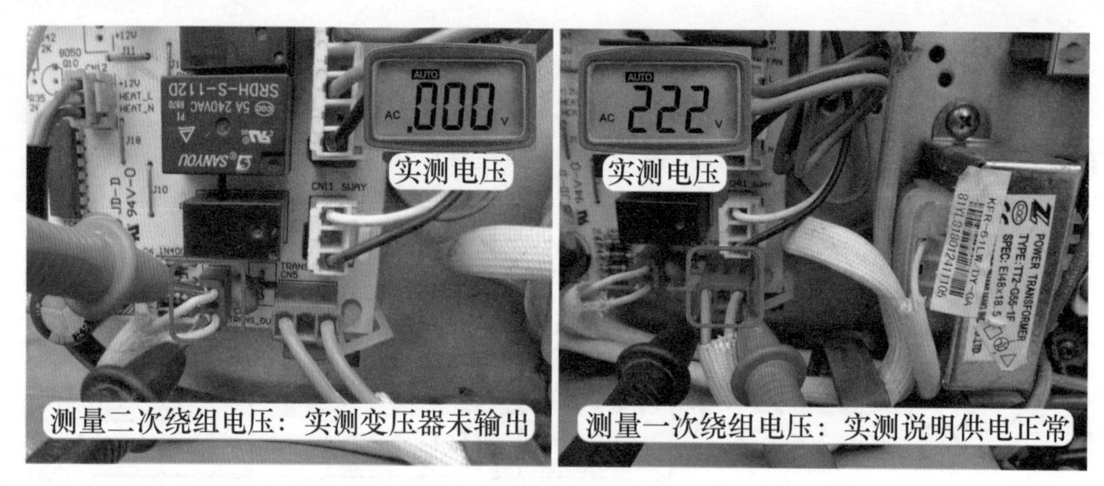

图 6-3 测量变压器插座电压

3. 测量一次绕组阻值

切断空调器电源，使用万用表电阻档，见图 6-4 左图，测量变压器一次绕组阻值，正常约 400Ω，实测阻值为无穷大，说明开路损坏。

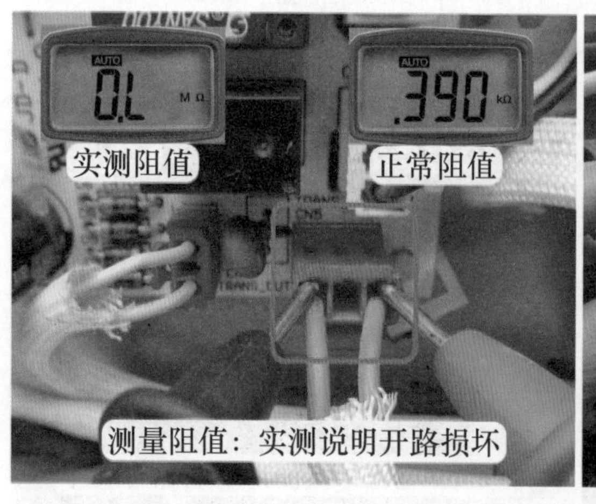

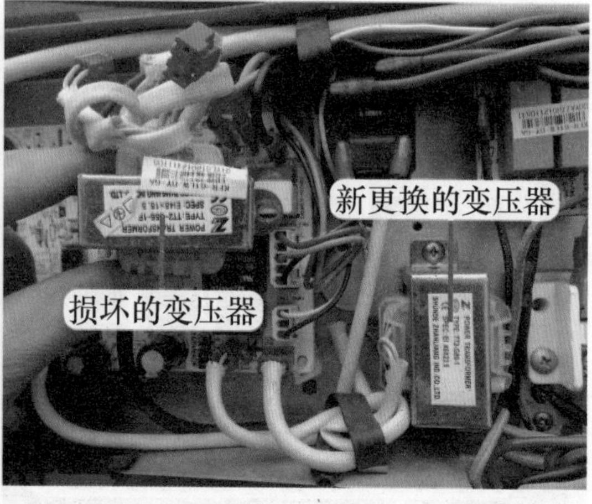

图 6-4 测量一次绕组阻值和更换变压器

维修措施：见图6-4右图，更换变压器。更换后将空调器接通电源，能听到蜂鸣器的响声，同时显示屏全屏显示复位，约3s后熄灭，按压遥控器开关按键，空调器开始运行，制冷正常，故障排除。

总结：

变压器一次绕组开路损坏，在实际维修中经常遇到，是一个常见故障。如果柜式空调器设有电源插头，由于变压器一次绕组与电源供电L-N并联，利用这一原理，简单的判断方法如下，使用万用表电阻档，见图6-5，测量电源插头L-N阻值，如果为无穷大，说明变压器一次绕组回路有开路故障，再测量熔丝管阻值，正常为0Ω，排除熔丝管开路故障后，即可初步判断变压器一次绕组开路损坏，然后再测量一次绕组插头阻值确定即可。

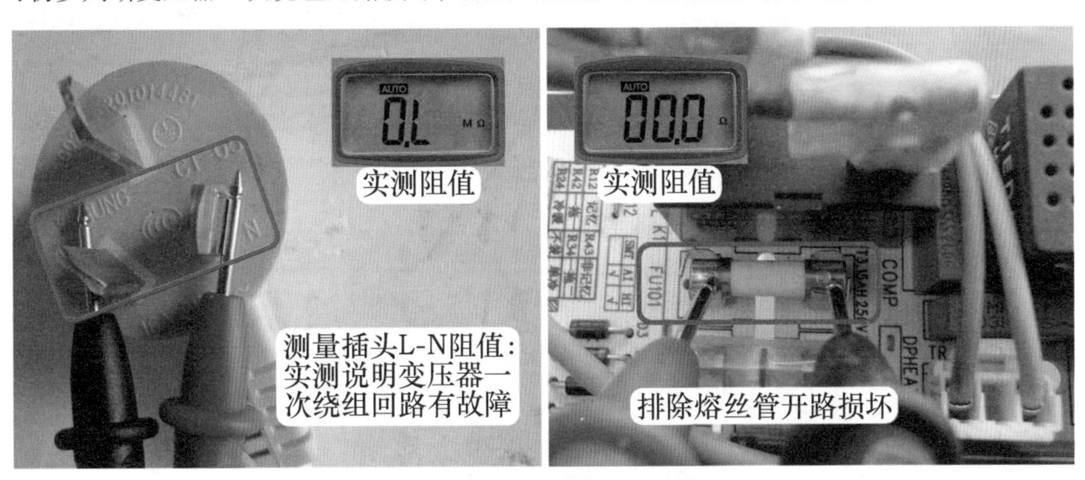

图6-5　测量插头和熔丝管阻值

二、接收器损坏

格力KFR-72LW/NhBa-3柜式空调器，用户使用遥控器不能控制空调器，使用按键控制正常。接收器电路原理图见图2-18。

1. 检查遥控器和测量电源电压

上门检查，按压遥控器上开关按键，室内机没有反应；见图6-6左图，按压前面板上开关按键，室内机按自动模式开机运行，说明电路基本正常，故障在遥控器或接收器电路。

使用手机摄像头检查遥控器，见图6-6右图，方法是打开相机功能，将遥控器发射头对准手机摄像头，按压遥控器按键的同时观察手机屏幕，遥控器正常时在手机屏幕上能观察到发射头发出的白光，损坏时不会发出白光。本例检查能看到白光，说明遥控器正常，故障在接收器电路。

2. 测量电源和信号电压

本机接收器电路位于显示板，使用万用表直流电压档，见图6-7左图，黑表笔接接收器外壳铁壳地，红表笔接②脚电源引脚测量电压，实测电压约4.8V，说明电源供电正常。

见图6-7右图，黑表笔不动依旧接地、红表笔改接①脚信号引脚测量电压，在静态即不接收遥控信号时实测约4.4V；按压开关按键，遥控器发射信号，同时测量接收器信号引脚即动态测量电压，实测仍约为4.4V，未有电压下降过程，说明接收器损坏。

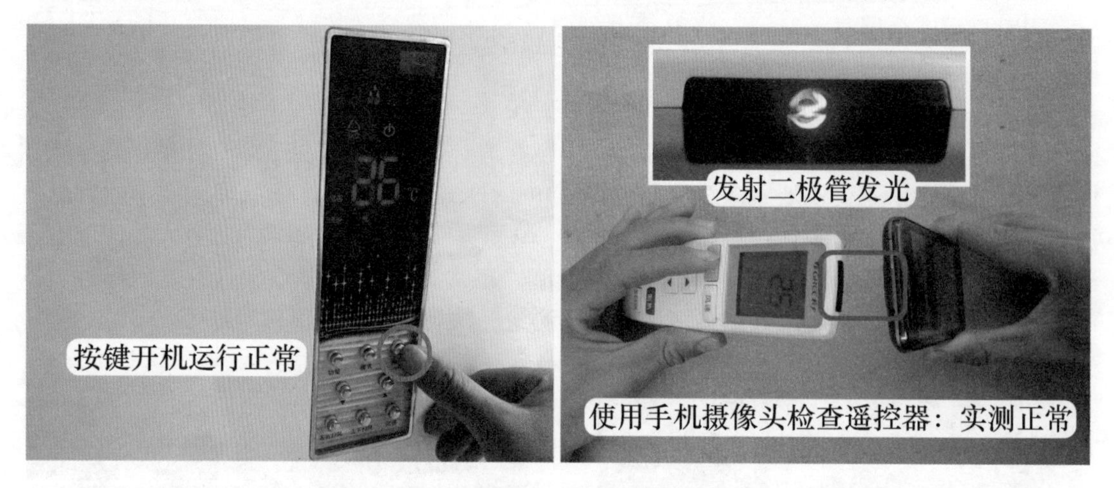

图6-6 按键开机和检查遥控器

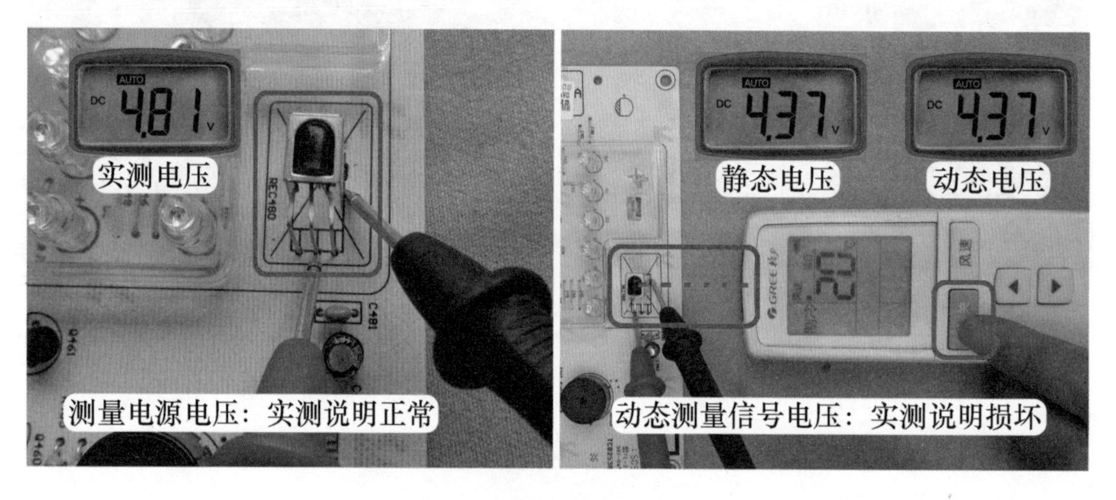

图6-7 测量电源和信号电压

3. 代换接收器

本机接收器型号为19GP，暂时没有相同型号接收器，使用常见的0038接收器代换，见图6-8，方法是取下19GP接收器，查看焊孔功能：①脚为信号、②脚为电源、③脚为地，而0038接收器引脚功能：①脚为地、②脚为电源、③脚为信号，由此可见①脚和③脚功能相反，代换时应将引脚掰弯，按功能插入显示板焊孔，使之与焊孔功能相对应。

维修措施：使用0038接收器代换19GP接收器。代换后使用万用表直流电压档，见图6-9，测量0038接收器电源引脚电压为4.8V，信号引脚静态电压约4.9V，按压按键遥控器发射信号，接收器接收信号即动态时信号引脚电压下降至约3V（约1s），然后再上升至约4.9V，同时蜂鸣器响一声，空调器开始运行，故障排除。

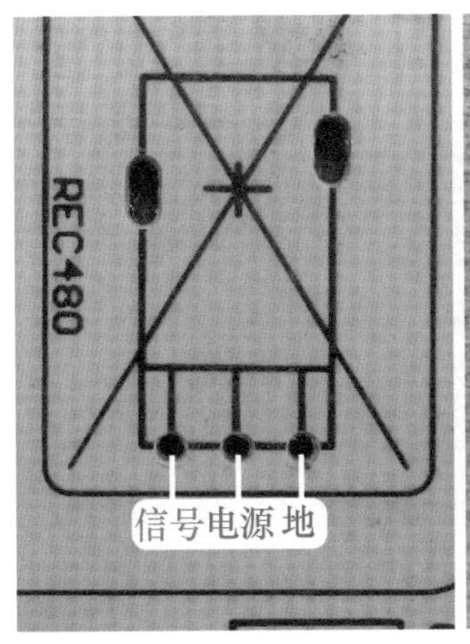

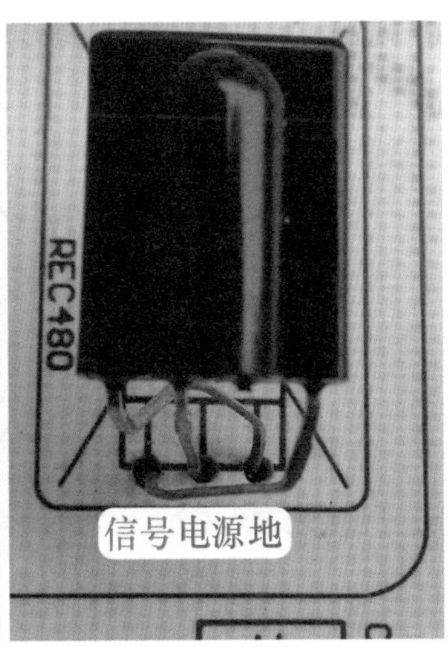

图6-8　代换接收器

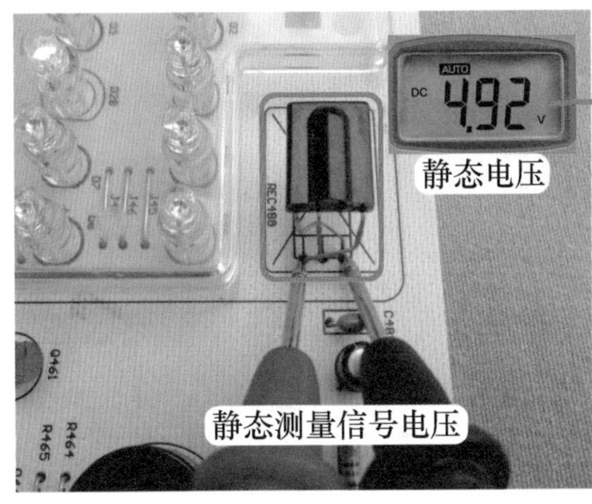

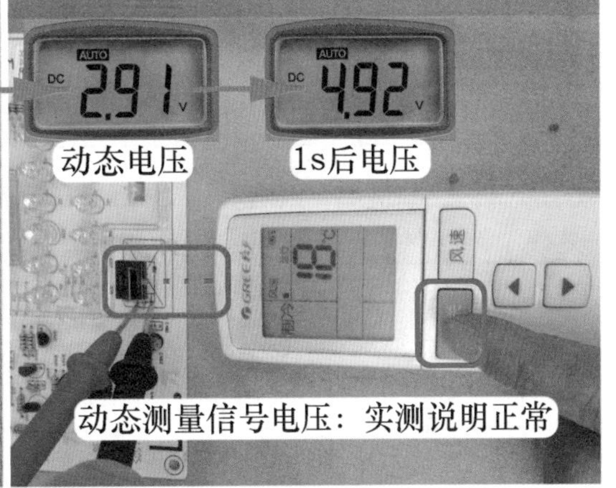

图6-9　测量信号电压

三、按键内阻增大损坏

故障说明：美的 KFR-50LW/DY-GA（E5）柜式空调器，用户反映遥控器控制正常，但按键不灵敏，有时候不起作用需要使劲按压，有时候按压时功能控制混乱，见图6-10，比如按压模式按键时，显示屏左右摆风图标开始闪动，实际上是辅助功能按键在起作用；比如按压风速按键时，显示屏显示锁定图标，再按压其他按键均不起作用，实际上是锁定按键在起作用。

1. 工作原理

功能按键设有8个，而CPU只有㉖脚共1个引脚检测按键，基本工作原理为分压电路，电路原理图见图6-11，和格力 KFR-72LW/NhBa-3 柜式空调器按键电路相同，本机上分压电阻为R38，按键和串联电阻为下分压电阻，CPU㉖脚根据电压值判断按下按键的功能，从而对整机进行控制，按键状态与CPU引脚电压对应关系见表6-1。

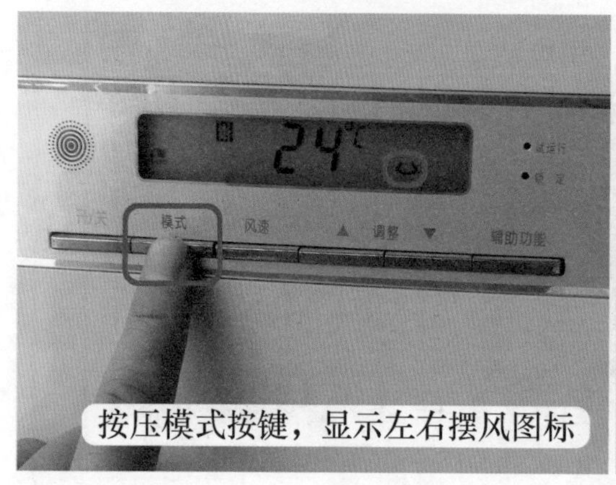

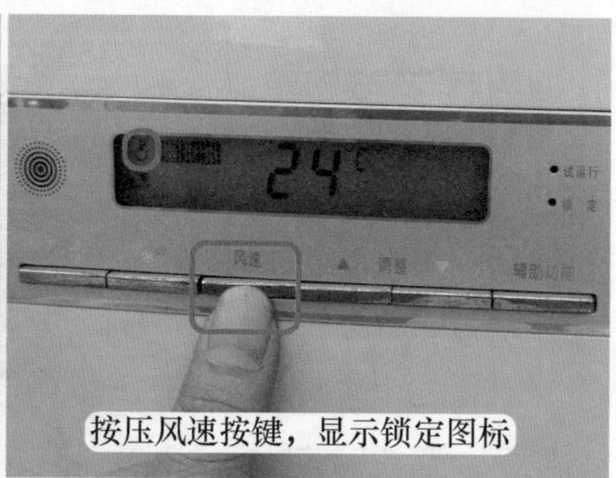

图 6-10 按键控制混乱

比如㉖脚电压为 2.5V 时，CPU 通过计算，得出温度“上调”键被按压一次，控制显示屏的设定温度上升 1℃，同时与室内环温传感器温度相比较，控制室外机负载的工作与停止。

表 6-1 按键状态与 CPU 引脚电压对应关系

名称	开/关	模式	风速	上调	下调	辅助功能	锁定	试运行
英文	SWITCH	MODE	SPEED	UP	DOWN	ASSISTANT	LOCK	TEST
CPU 电压	0V	3.96V	1.7V	2.5V	3V	4.3V	2V	3.6V

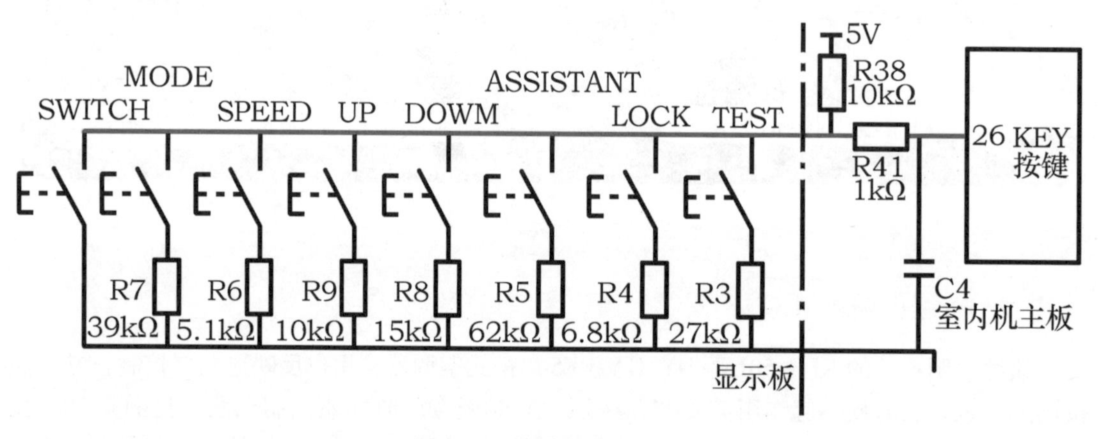

图 6-11 按键电路原理图

2. 测量 KEY 电压和按键阻值

使用万用表直流电压档，见图 6-12 左图，黑表笔接 7805 散热片铁壳地、红表笔接主板上显示板插座中 KEY（按键）对应的白线测量电压，在未按压按键时约为 5V，按压风速按键时电压在 1.7～2.2V 之间跳动变化，同时显示板显示锁定图标，说明 CPU 根据电压判断为锁定按键被按下，确定按键电路出现故障。

按键电路常见故障为按键损坏，切断空调器电源，使用万用表电阻档，见图 6-12 右图，测量按键阻值，在未按压按键时，阻值为无穷大，而在按压按键时，正常阻值为 0Ω，而实测阻值在 100～600kΩ 之间变化，且使劲按压按键时阻值会明显下降，说明按键内部触点有锈斑，当按压按键时触点不能正常导通，锈斑产生电阻和下分压电阻串联，与上分压电阻 R38 进行分压，由于阻值增加，分压点上升，CPU 根据电压判断其他按键被按下，因此按键控制功能混乱。

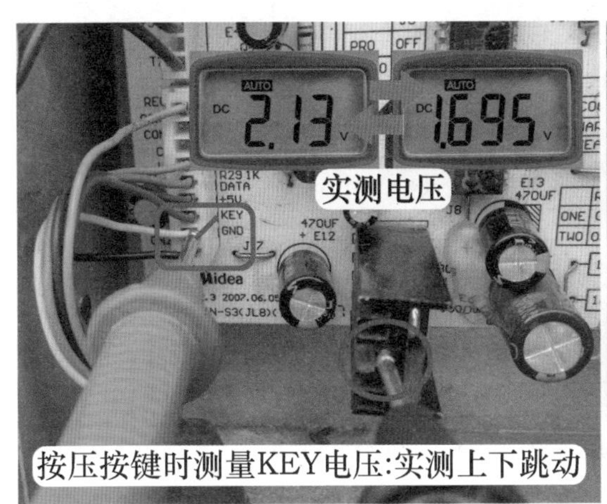

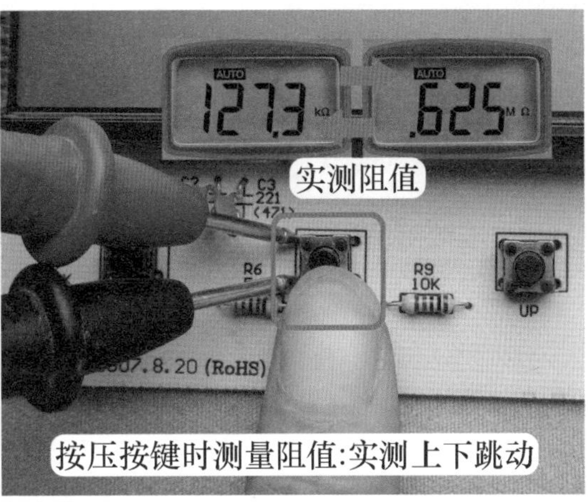

图 6-12　测量按键电压和阻值

维修措施：按键内阻变大一般由湿度大引起，而按键电路的 8 个按键处于相同环境下，因此应将按键全部取下，见图 6-13，更换 8 个相同型号的按键。

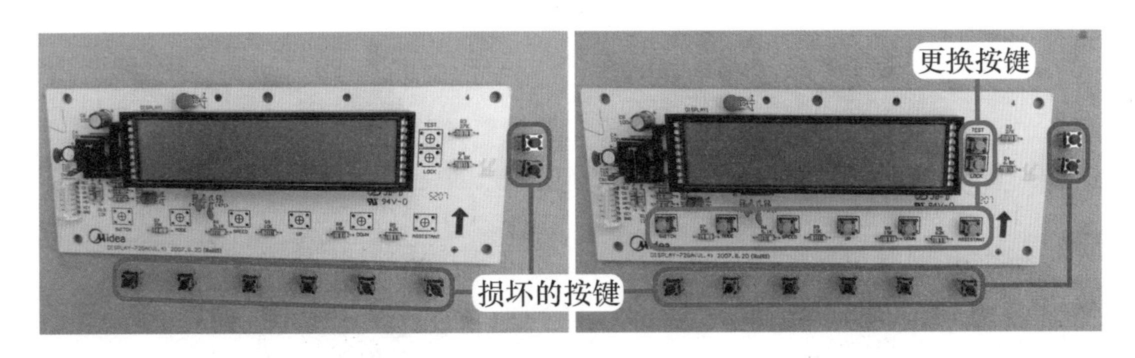

图 6-13　更换按键

更换后使用万用表电阻档测量按键阻值，见图 6-14 左图，未按压按键时阻值为无穷大，轻轻按压按键时阻值由无穷大变为 0Ω。

再将空调器接通电源，使用万用表直流电压档，见图 6-14 右图，测量主板去显示板插座 KEY 按键白线电压，未按压按键时约为 5V，按压风速按键时电压稳压约为 1.7V，不再上下跳动变化，蜂鸣器响一声后，显示屏风速图标变化，同时室内风机转速也随之变化，说明按键控制正常，故障排除。

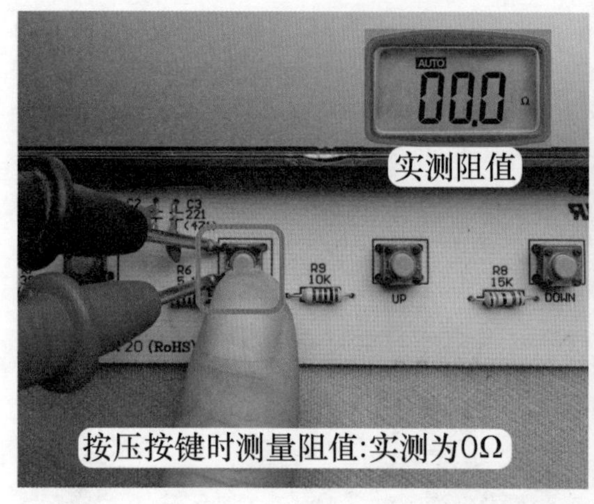

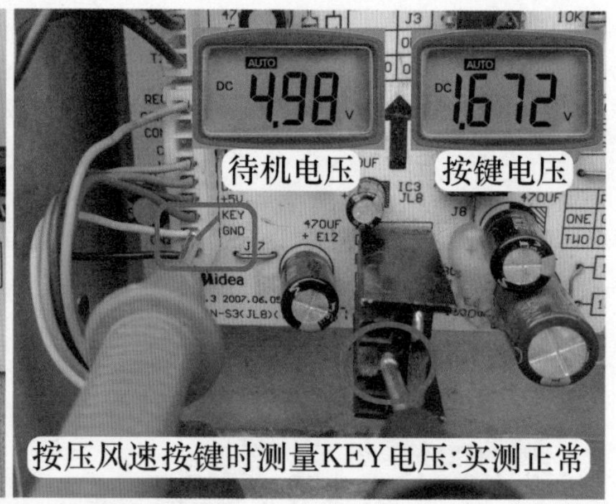

图 6-14 测量按键阻值和电压

3. 早期空调器按键内阻增大时故障现象

三菱电机 MFH-72ZVH（KFR-72LW/D）柜式空调器，见图 6-15 左图，用户反映遥控器控制正常，但按压开关按键室内机无反应，使用遥控器开机后，再按压其他按键如模式、风速等可控制并做相应转换，由于使用遥控器控制正常，说明电控系统基本正常，故障在按键电路。

取下显示板后，见图 6-15 右图，查看显示板由按键、指示灯、数码管、接收器等组成，使用 1 个大插头多根连接线连接至主板。

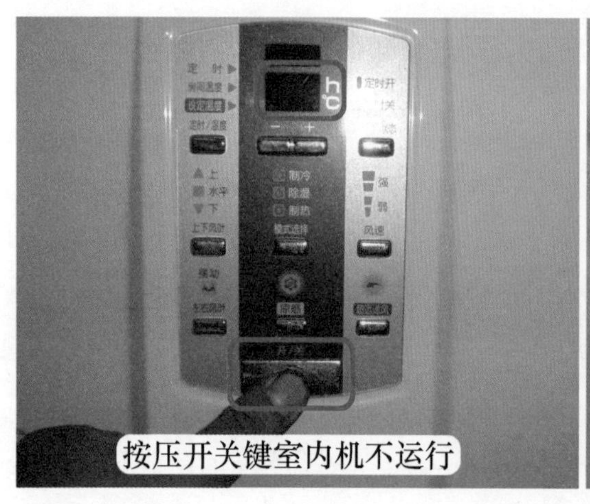

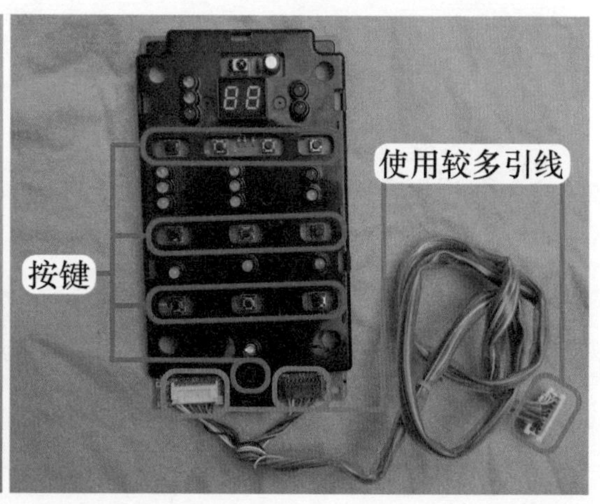

图 6-15 按键开机和显示板引线

此机按键开关采用矩阵式电路，电路原理图见图 6-16，当某个按键按下时，CPU（D101）的 2 个引脚接通（如按下 S303 时㊶脚与㉝脚接通），CPU 内部电路识别按键信息，输出信号控制相关电路，使空调器按用户意愿工作。

根据工作原理可知，早期空调器按键使用矩阵式电路，特点是 CPU 使用多个引脚、通过多根引线连接按键，并且某个按键损坏时只是相对应功能不起作用，其他按键可正常工作，不会引起控制混乱。

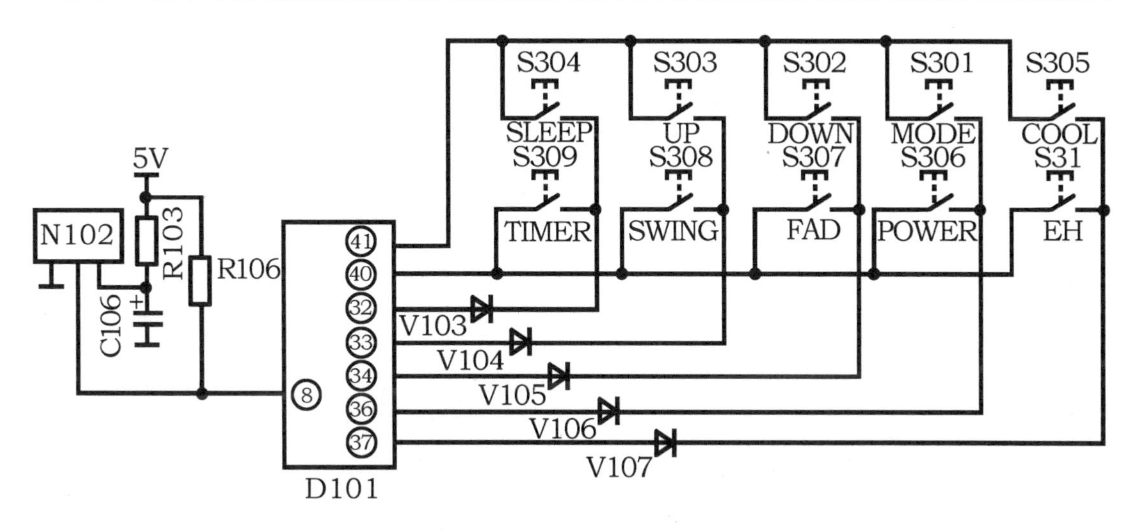

图 6-16　华宝 KFR-50LW/K2D1 显示板按键电路原理图

使用万用表电阻档测量开关按键阻值，未按压按键时阻值为无穷大，按压按键时阻值仍约为无穷大，说明按键开路损坏，例如本机故障，维修时更换 1 个开关按键即可，但考虑到按键电路处于同一环境，其他按键的寿命也接近老化，见图 6-17，在实际维修时将按键全部取下，并全部更换成新的同型号按键。更换后上电试机，轻轻按压开关按键，空调器按自动模式运行，按压其他按键也均正常控制，说明故障排除。

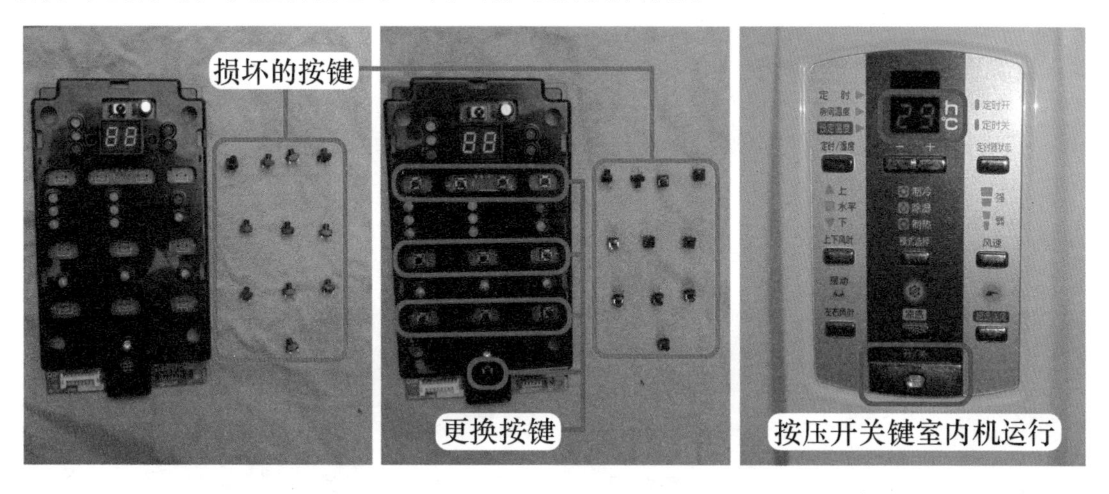

图 6-17　更换按键

四、管温传感器阻值变大损坏

故障说明：美的 KFR-50LW/DY-GA（E5）柜式空调器，用户反映开机后刚开始制冷正常，但约 3min 后不再制冷，室内机吹自然风。

1. 检查室外风机和测量压缩机电压

上门检查，遥控器制冷模式设定 16℃开机，空调器开始运行，室内机出风较凉。运行 3min 左右后不制冷的常见原因为室外风机不运行、冷凝器温度升高导致压缩机过载保护所致。

到室外机检查，见图6-18左图，将手放在出风口部位感觉室外风机运行正常，手摸冷凝器表面温度不高，下部接近常温，排除室外机通风系统引起的故障。

使用万用表交流电压档，见图6-18右图，测量压缩机和室外风机电压，在室外机运行时均为交流220V，但约3min后电压均变为0V，同时室外机停机，室内机吹自然风，说明不制冷故障由电控系统引起。

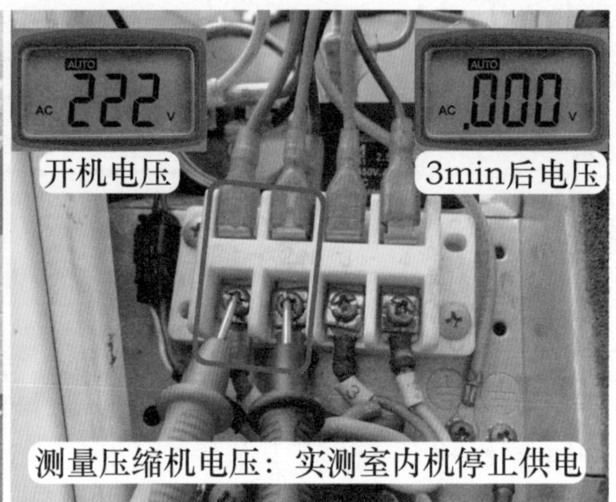

图6-18　感觉室外机出风口和测量压缩机电压

2. 测量传感器电路电压

检查电控系统故障时应首先检查输入部分的传感器电路，使用万用表直流电压档，见图6-19左图，黑表笔接7805散热片铁壳地，红表笔接室内环温传感器T1的2根白线插头测量电压，公共端为5V、分压点约为2.4V，初步判断室内环温传感器正常。

见图6-19右图，黑表笔不动依旧接地、红表笔改接室内管温传感器T2的2根黑线插头测量电压，公共端为5V、分压点约为0.4V，说明室内管温传感器电路出现故障。

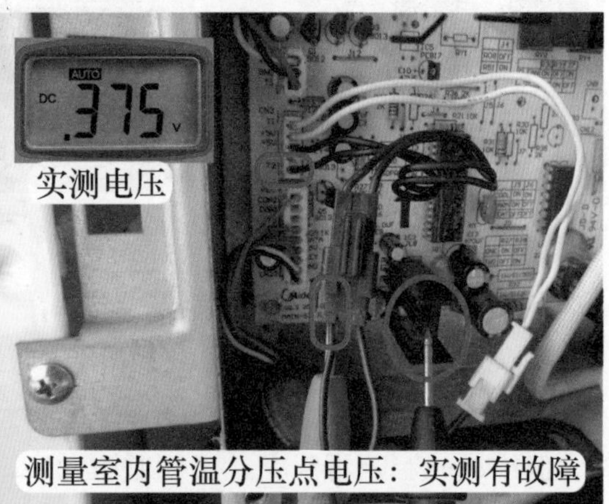

图6-19　测量分压点电压

3. 测量传感器阻值

分压电路由传感器和主板的分压电阻组成，为判断故障部位，使用万用表电阻档，见图6-20，拔下管温传感器插头，测量室内管温传感器阻值约为100kΩ，测量型号相同、温度接近的室内环温传感器阻值约为8.6kΩ，说明室内管温传感器阻值变大损坏。

说明：本机室内环温、室内管温、室外管温传感器型号均为25℃/10kΩ。

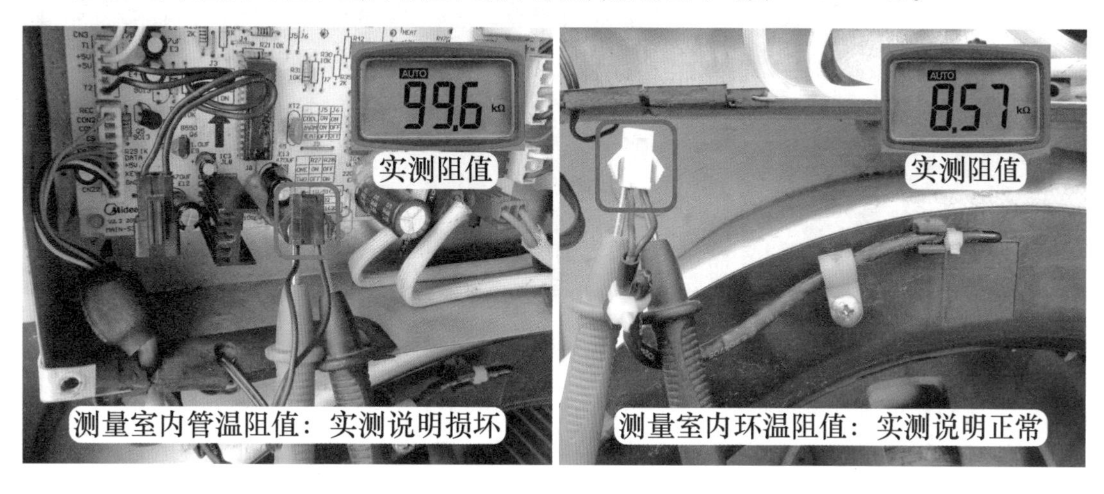

图6-20　测量阻值

4. 安装配件传感器

由于暂时没有同型号的传感器更换，因此使用市售的维修配件代换，见图6-21，选择10kΩ的铜头传感器，在安装时由于配件探头比原机传感器小，安装在蒸发器检测孔时感觉很松，即探头和管壁接触不紧固，解决方法是取下检测孔内的卡簧，并按压弯头部位使其弯曲面变大，这样配件探头可以紧贴在蒸发器检测孔。

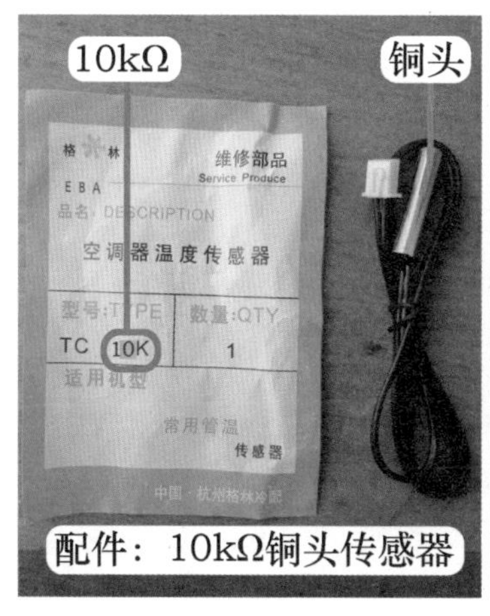

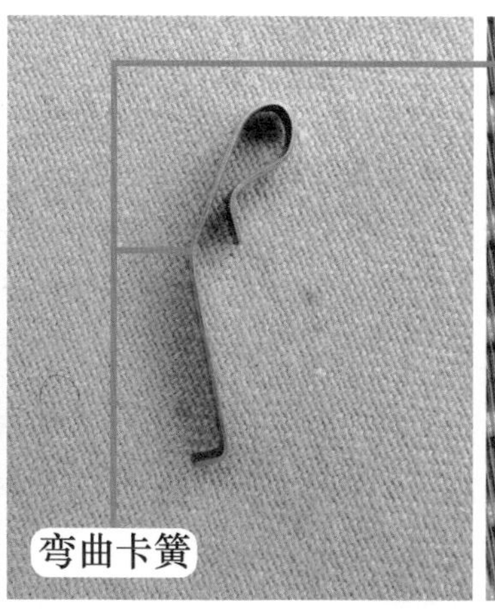

图6-21　配件传感器和安装传感器探头

由于配件传感器引线较短，因此还需要使用原机的传感器引线，见图6-22，方法是取下原机的传感器，将引线和配件传感器引线相连，使用防水胶布包扎接头，再将引线固定在蒸发器表面。

图 6-22 包扎引线和固定安装

维修措施： 更换管温传感器。更换后在待机状态测量室内管温传感器分压点电压约为直流 2.2V，和室内环温传感器接近，使用遥控器开机，室外风机和压缩机一直运行，空调器也一直制冷，故障排除。

总结：

由于室内管温传感器阻值变大，相当于蒸发器温度很低，室内机主板 CPU 检测后进入制冷防结冰保护，因而 3min 后停止室外风机和压缩机供电。

5. 查看传感器温度方法

本例示例机型在维修故障时，如果需要检查传感器电路，可以使用本机的“试运行”功能来查看主板 CPU 检测的传感器温度值。

见图 6-23，寻找 1 个尖状物体例如牙签等，伸入试运行旁边的小孔中，向里按压内部按键，听到蜂鸣器响一声后，显示屏显示 T1 字符，即进入试运行功能，按压温度调整上键或下键可以循环转换 T1、T2、T3、故障代码等。

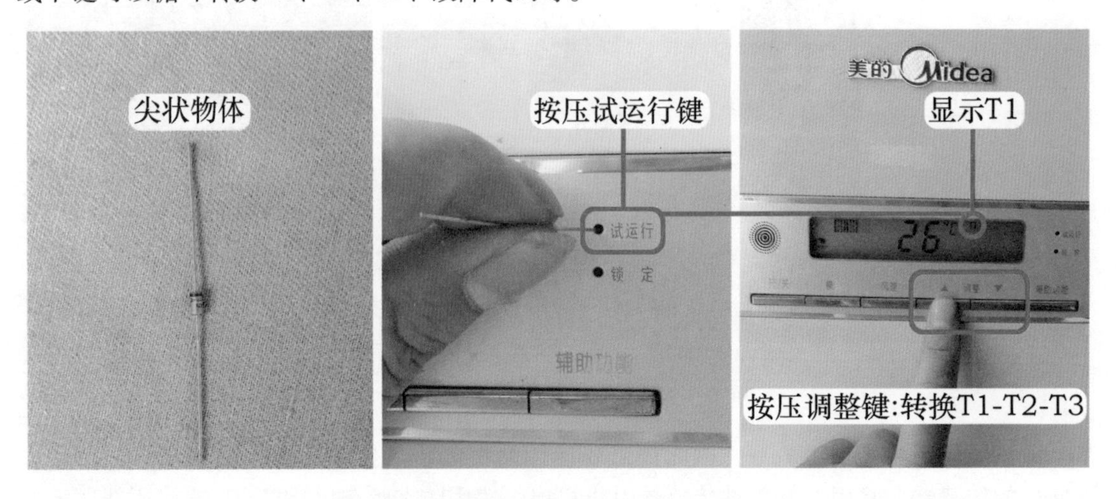

图 6-23 尖状物体按压试运行和转换显示方法

T1 为室内环温传感器检测的室内房间温度，T2 为室内管温传感器检测的蒸发器温度，T3 为室外管温传感器检测的冷凝器温度。在空调器运行在制冷模式时，见图 6-24，查看 T1 为 26℃、T2 为 7℃、T3 为 45℃。

利用试运行功能判断传感器是否损坏时，可在待机状态查看 3 个温度值，T1 和 T2 温度接近，为室内房间温度，T3 为室外温度；如果温度相差较大，则对应的传感器电路出现故障。例如检修本例故障，待机状态时查看 T1 为 25℃、T2 为 -14℃、T3 为 32℃，根据结果可知室内管温传感器电路出现故障。

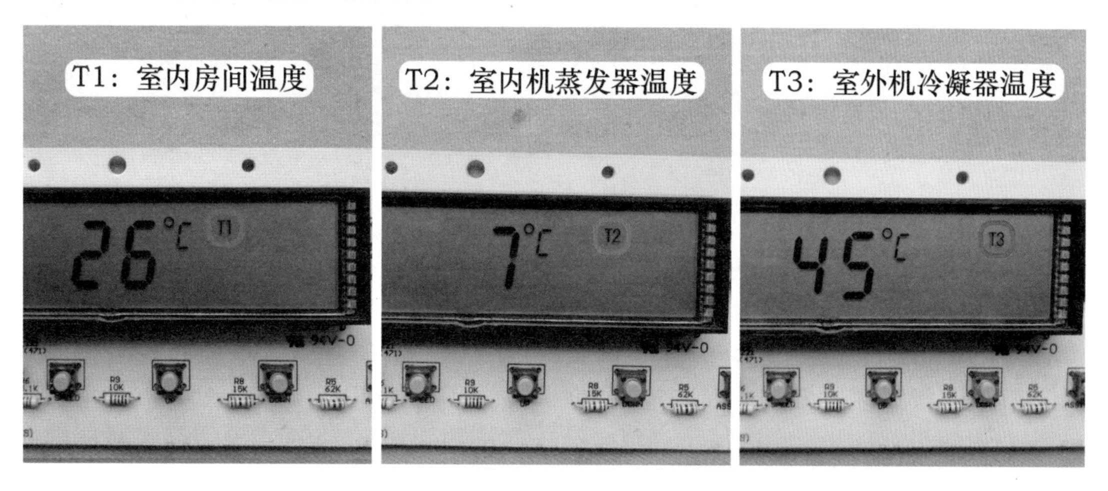

图 6-24　T1-T2-T3 温度

五、继电器触点损坏

故障说明： 海信 KFR-50LW/A 柜式空调器，用户反映室内风机低风不能运行，中风和高风运行正常。室内风机（离心电机）电路原理图见图 2-48。

1. 将主板带回维修

上门检查，按压开关按键制冷模式开机，压缩机和室外风机运行，室内风机在高风或中风运行时转速正常，同时制冷也正常，但转换到低风运行时，室内风机停止运行，同时可看到蒸发器慢慢结霜，说明压缩机和室外风机在运行，但由于蒸发器冷量不能及时吹出导致结霜，说明故障在室内机主板或室内风机。

取下电控盒盖板，使用万用表交流电压档，在显示屏显示低风运行时，测量室内风机低风抽头供电约为交流 0V，说明故障在室内机主板，低风运行时不能为室内风机提供电压，需要更换主板，但由于机型太老同型号主板厂家不再提供，与用户商定后决定将主板带回维修，见图 6-25，带回维修时需要拆开原机主板、显示板（可控制室内机主板）、变压器（为主板供电）、3 个传感器（防止检修时出现故障代码，可取下室内环温传感器，室内管温和室外管温传感器使用配件代替），再使用电源插头为主板提供电源。

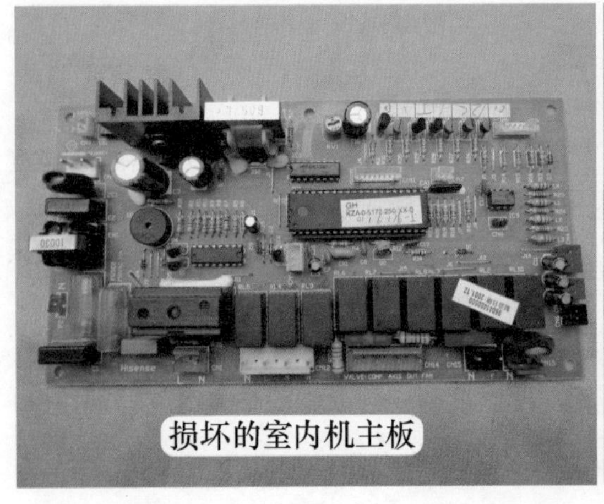

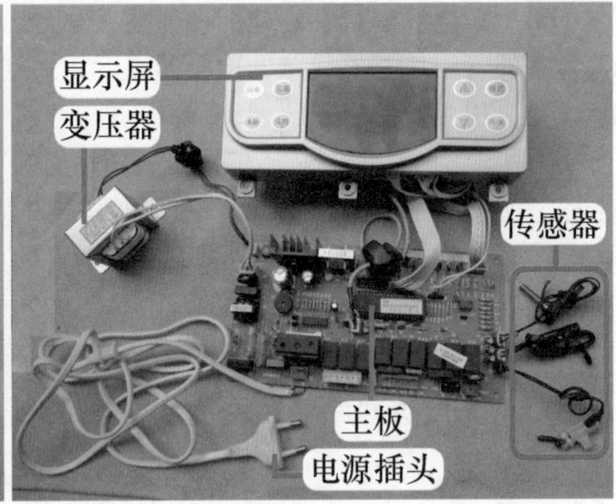

图 6-25 损坏的主板和带回的配件

2. 测量室内风机电压

将电源插头插入电源插座，显示板和主板处于待机状态，使用按键开机，选择制冷模式，按压“风速”按键转换风速至高风，见图 6-26，能听到继电器触点吸合的声音，使用万用表交流电压档，黑表笔接室内风机插座上标识 N 对应引针，红表笔接 H（高风）对应引针，测量室内风机高风电压，实测约为交流 220V，说明高风对应继电器电路正常。

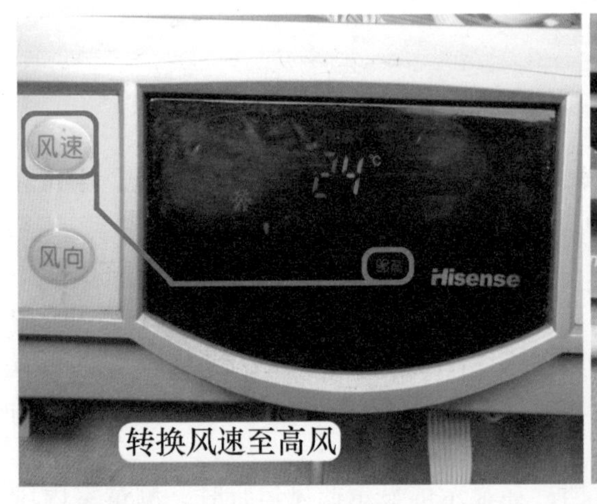

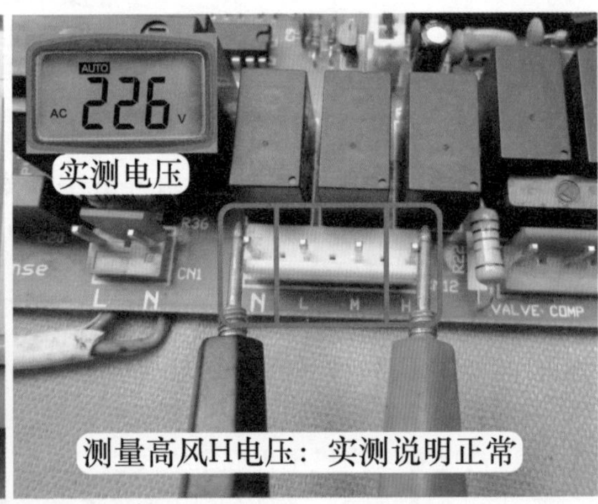

图 6-26 转换至高风和测量高风电压

按压“风速”按键，转换风速至中风运行，此时仍能听到继电器触点声音，见图 6-27 左图，黑表笔接 N 端引针不动，红表笔改接 M（中风）对应引针，测量中风电压，实测电压约为交流 220V，说明中风对应继电器电路正常。

按压“风速”按键，转换风速至低风运行，此时能听到继电器触点声音，见图 6-27 右图，黑表笔接 N 端引针不动，红表笔改接 L（低风）对应引针，测量低风电压，实测电压约为交流 0V，说明低风对应继电器电路损坏，故障可能为继电器线圈开路或触点锈蚀、反相驱动器 2003 不能反相输出、CPU 低风引脚未输出高电平 5V 电压。

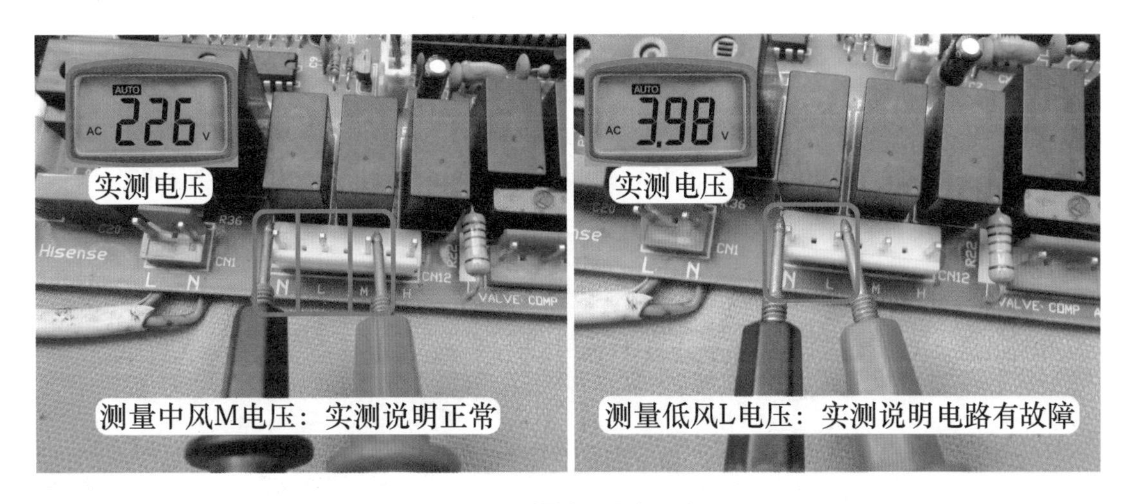

图 6-27　测量中风和低风电压

3. 测量继电器线圈电压

将主板翻到反面，查看到继电器共有 4 个引脚，强电和弱电各 2 个，强电触点中 1 个接电源相线 L、1 个接室内风机低风抽头 L；弱电线圈中 1 个接直流电压 12V、1 个接反相驱动器输出端。

使用万用表直流电压档测量继电器线圈 2 端电压，见图 6-28 左图，红表笔接直流 12V、黑表笔接驱动，实测电压为直流 15.5V，说明 CPU 已输出电压且反相驱动器已反相驱动并加至继电器线圈引脚，但其触点未闭合，判断继电器损坏。

为准确判断反相驱动器输出端是否输出低电平电压，见图 6-28 右图，将黑表笔接主板标有 GND 引针即地脚、红表笔接线圈驱动引脚测量电压，实测电压约为 0.7V，也说明反相驱动器已输出低电平，故障在继电器。

说明：本机未使用 7812 稳压块，因此测量继电器线圈电压为直流 15.5V，如使用 7812 稳压块，线圈电压为直流 11.2V。

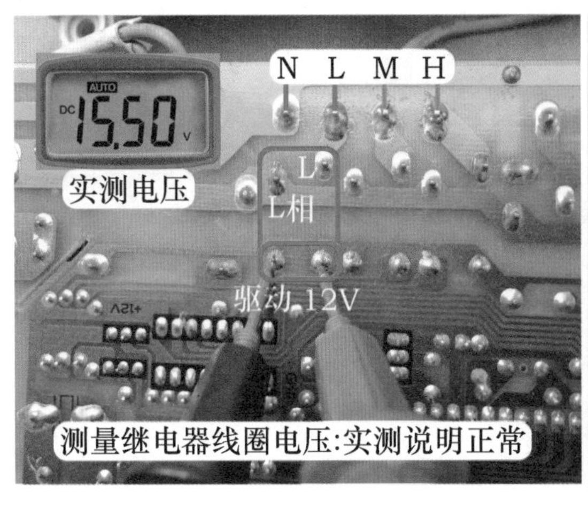

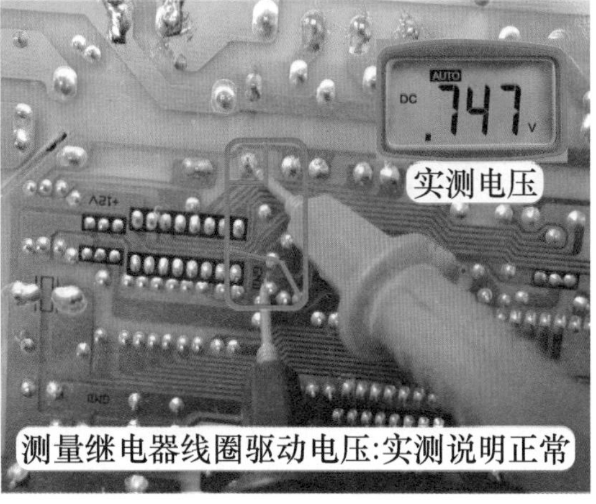

图 6-28　测量线圈电压和驱动电压

4. 测量继电器线圈阻值

为判断继电器是线圈开路损坏还是触点锈蚀损坏，切断主板电源，使用万用表电阻档，见图6-29，红、黑表笔接继电器线圈引脚，实测阻值为361Ω，说明继电器线圈正常，为触点锈蚀损坏，继电器主要参数为线圈供电为直流12V、触点电流为5A，找到同型号继电器准备更换。

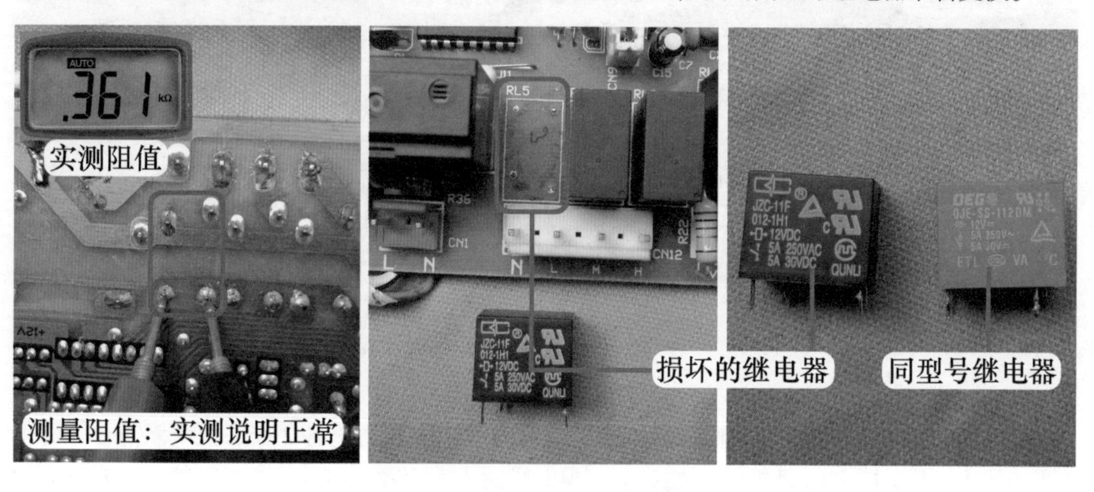

图6-29　测量阻值和继电器损坏

维修措施：见图6-30，更换同型号继电器。更换后按压按键再次制冷开机，并将风速转换至低风，使用万用表交流电压档，测量室内风机插座N和L引针电压约为交流220V，说明低风抽头电压已恢复正常，将主板、显示板、传感器和变压器等安装至室内机试机，室内风机低风运行正常，故障排除。

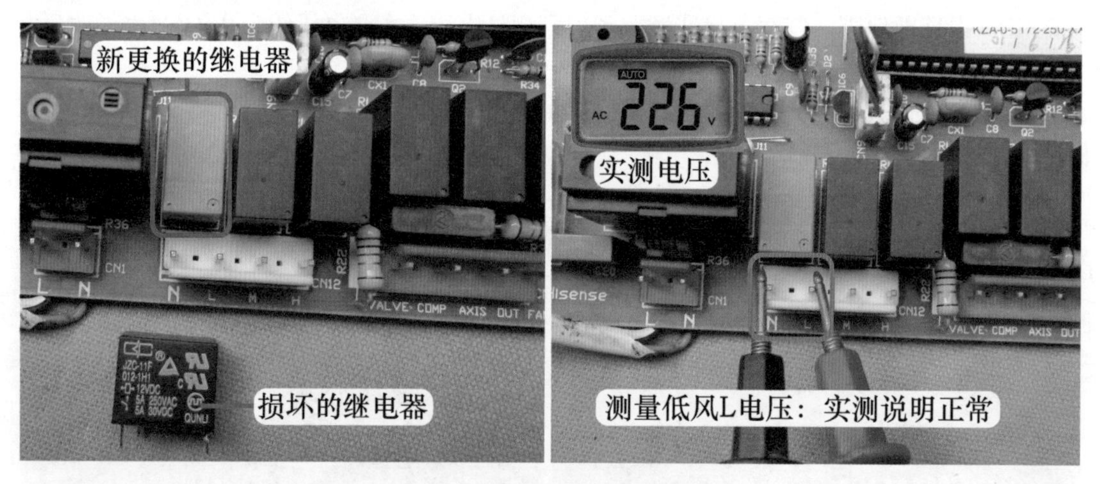

图6-30　更换继电器和测量低风电压

六、格力空调器显示板损坏

故障说明：格力KFR-120LW/E（1253L）V-SN5柜式空调器，用户反映开机后不制冷，室内机吹自然风。

1. 查看交流接触器和测量压缩机电压

上门检查，重新上电开机，室内机吹自然风。到室外机检查，发现室外风机运行，但听不到压缩机运行的声音，手摸室外机二通阀和三通阀均为常温，判断压缩机未运行。

取下室外机前盖，见图 6-31 左图，查看交流接触器的强制按钮，发现未吸合，说明线圈控制电路有故障。

使用万用表交流电压档，见图 6-31 右图，黑表笔接室外机接线端子上零线 N 端、红表笔接方形对接插头中的压缩机黑线测量电压，实测电压约为交流 0V，说明室外机正常，故障在室内机。

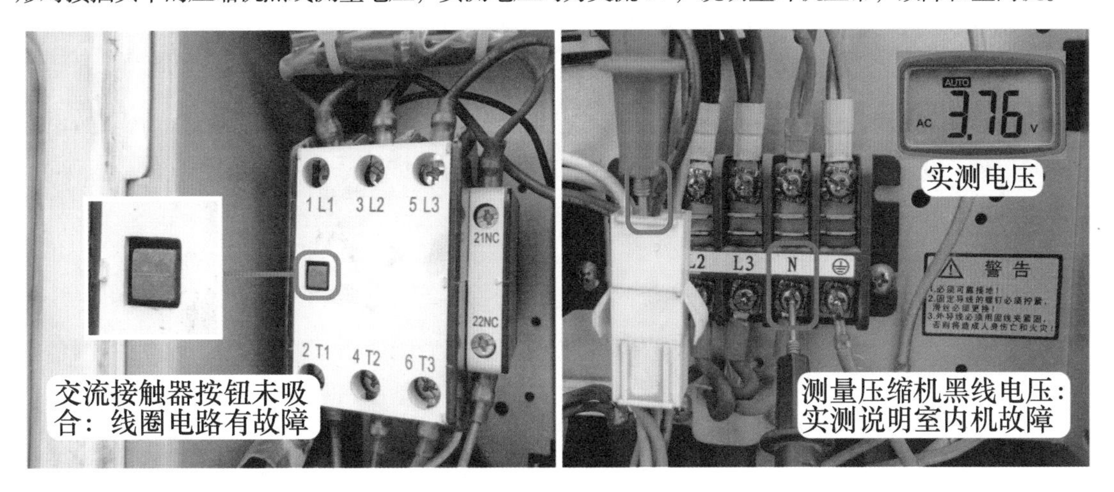

图 6-31　查看交流接触器和测量压缩机电压

2. 测量室内机主板压缩机端子和引线电压

到室内机检查，使用万用表交流电压档，见图 6-32 左图，黑表笔接室内机主板零线 N 端子、红表笔接 COMP 端子压缩机黑线，正常电压为交流 220V，而实测电压约为 0V，说明室内机主板未输出电压，故障在室内机主板或显示板。

为区分故障，使用万用表直流电压档，见图 6-32 右图，黑表笔接室内机主板和显示板连接线插座的 GND 引线、红表笔接 COMP 引线，实测电压为直流 0V，说明显示板未输出高电平电压，判断为显示板损坏。

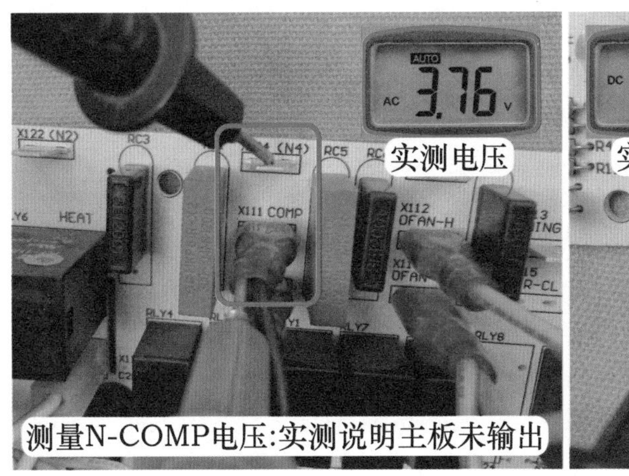

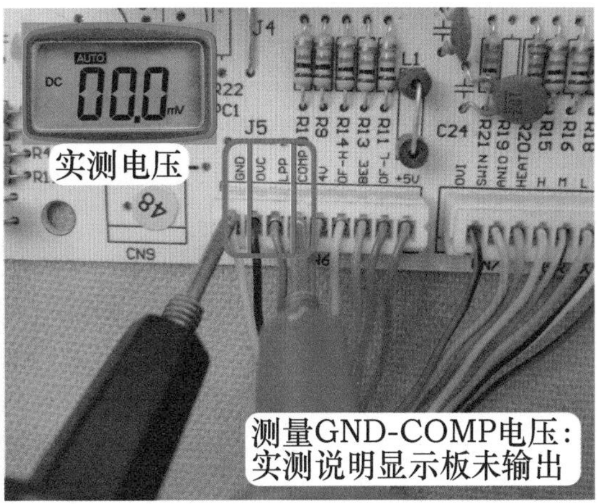

图 6-32　测量压缩机电压

维修措施：更换显示板，实物外形见图3-9左图。更换后上电试机，按压“开/关”按键，室内机和室外机均开始运行，制冷恢复正常，故障排除。

第二节 室外机故障

一、加长连接线接头烧断

故障说明：格力KFR-72LW/NhBa-3柜式空调器，用户反映刚安装时制冷正常，使用一段时间以后，接通电源即显示E1代码，同时不能开机。E1代码含义为制冷系统高压保护，电路原理图见图2-31。

1. 测量高压保护黄线电压

为区分故障范围，在室内机接线端子处使用万用表交流电压档，见图6-33左图，红表笔接L端子相线、黑表笔接方形对接插头中高压保护黄线测量电压，正常为交流220V，实测为交流0V，说明室内机正常，故障在室外机。

切断空调器电源，使用万用表电阻档，见图6-33右图，测量N端子相线和黄线阻值，由于3P单相柜式空调器中室外机只有高压压力开关，测量阻值应为0Ω，而实测阻值为无穷大，也说明故障在室外机。

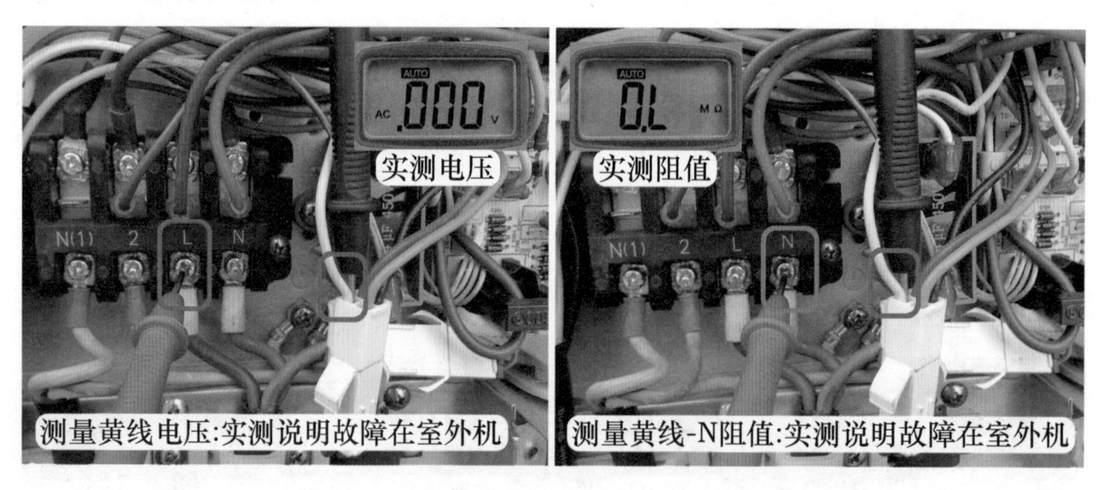

图6-33 测量室内机黄线电压和黄线-N阻值

2. 测量室外机黄线电压和阻值

到室外机检查，在接线端子处使用万用表电阻档，见图6-34左图，红表笔接N（1）端子零线、黑表笔接方形对接插头中高压保护黄线测量阻值，实测阻值为0Ω，说明高压压力开关正常。

再将空调器接通电源，使用万用表交流电压档，见图6-34右图，红表笔改接2号端子相线、黑表笔接黄线，实测电压仍为0V，根据结果也说明故障在室外机。

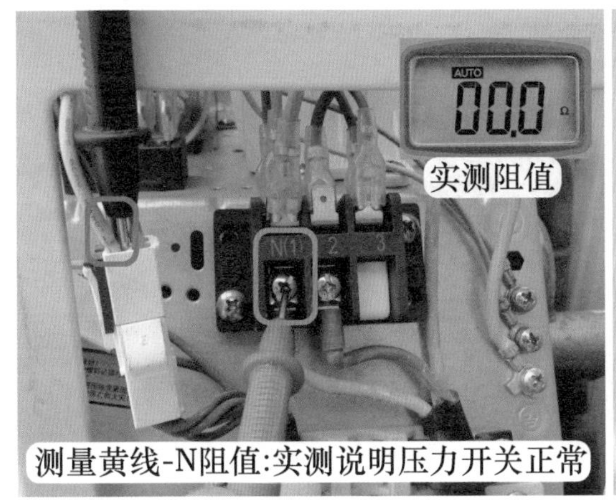

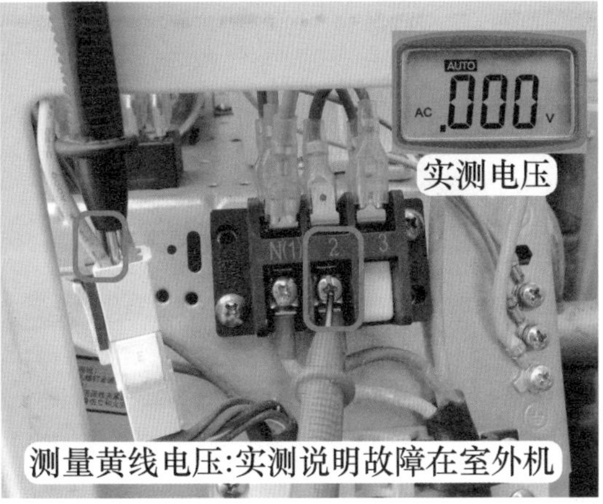

图 6-34　测量室外机黄线-N 阻值和黄线电压

3. 测量室外机和室内机接线端子电压

由于室外机只设有高压压力开关且测量阻值正常，而输出电压（黄线 -2 相线）为交流 0V，应测量高压压力开关输入电压即接线端子上 N（1）零线和 2 相线，使用万用表交流电压档，见图 6-35 左图，实测电压为 0V，说明室外机没有电源电压输入。

室外机 N（1）和 2 端子由连接线与室内机 N（1）和 2 端子相连，见图 6-35 右图，测量室内机 N（1）和 2 端子电压，实测为交流 221V，说明室内机已输出电压，应检查电源连接线。

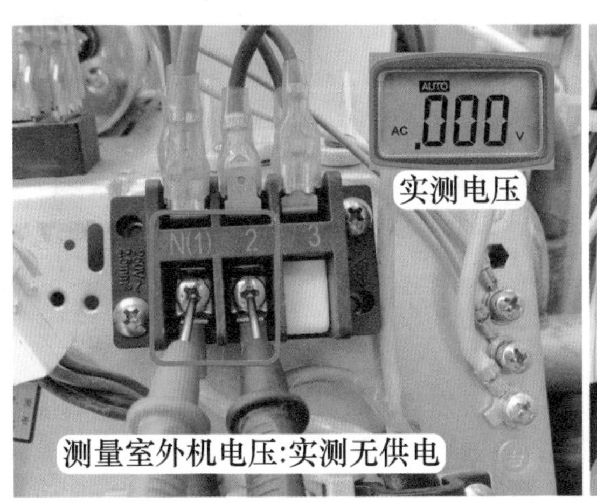

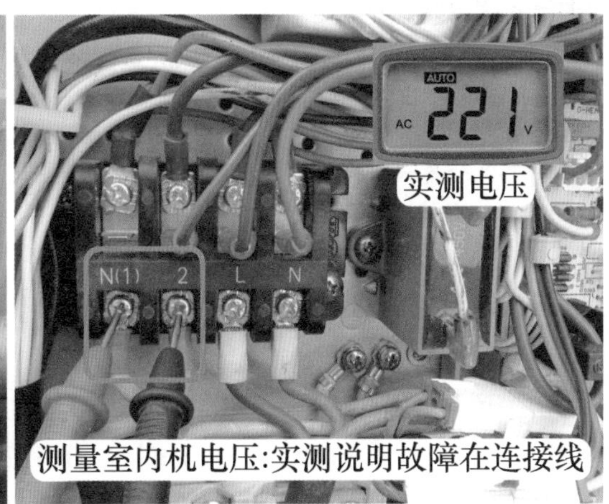

图 6-35　测量室外机和室内机接线端子电压

4. 检查加长连接线接头

本机室内机和室外机距离较远，加长约 3m 管道，同时也加长了连接线，检查加长连接线接头时，发现连接管道有烧黑的痕迹，见图 6-36 左图，判断加长连接线接头烧断。

见图 6-36 右图，切断空调器电源，剥开包扎带，发现 3 芯连接线中 L 和 N 线接头烧断，地线正常。

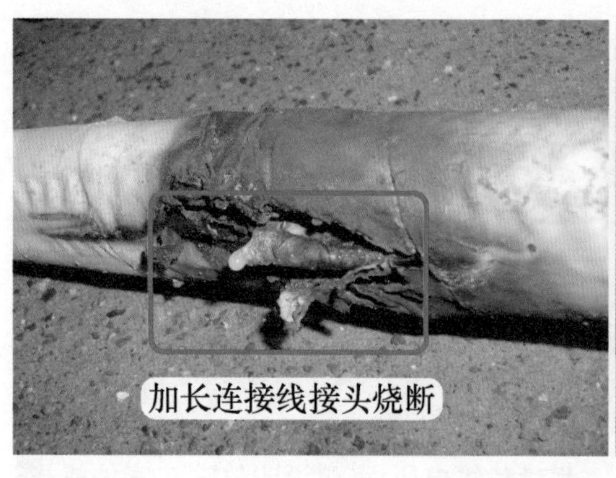

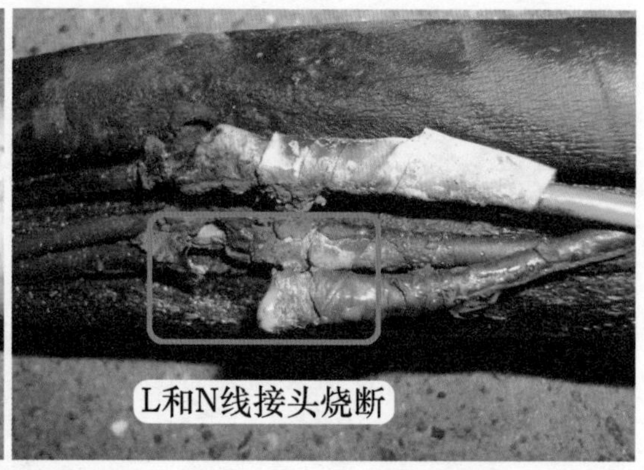

图 6-36 查看加长连接线接头

5. 连接加长线接头

见图 6-37，剪掉烧断的接头，将 3 根引线 L、N、地的接头分段连接，尤其是 L 和 N 的接头更要分开，并使用防水胶布包好，再次上电试机，开机后室内机和室外机均开始运行，不再显示“E1”代码，制冷恢复正常。

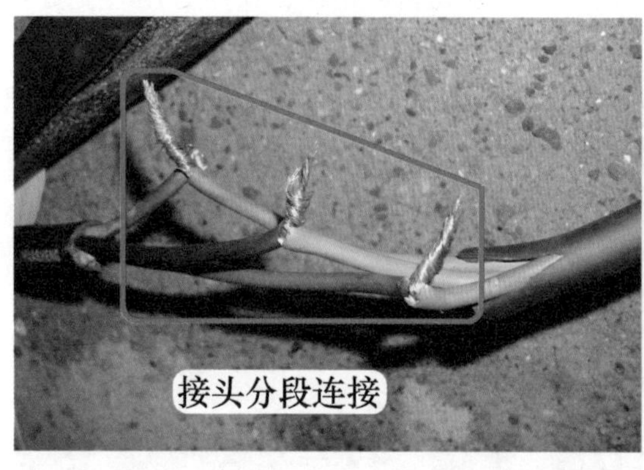

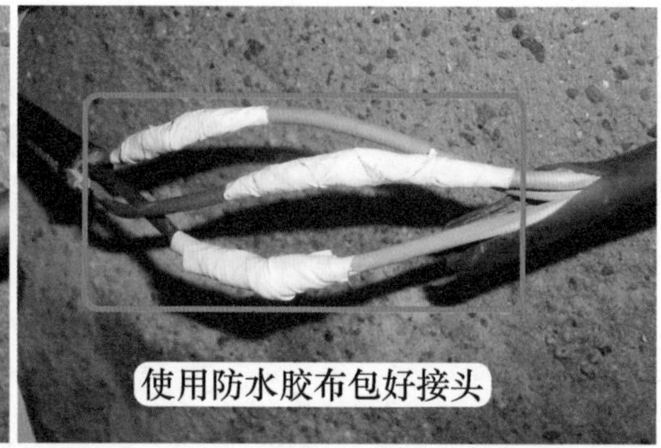

图 6-37 分段连接和包扎接头

维修措施： 重接分段连接加长线中电源线 L、N、地接头。

总结：

由于单相 3P 柜式空调器运行电流较大约 12A，接头发热量较大，而原机 L、N、地接头处于同一位置，空调器运行一段时间后，L 和 N 接头的绝缘烧坏，L 线和 N 线短路，造成接头处烧断，而高压保护电路 OVC 黄线由室外机 N 端供电，所以高压保护电路中断，从而引发本例故障。

二、压缩机顶部温度开关损坏

故障说明： 麦克维尔 MCK050AR（KFR-120QW）吸顶式空调器，用户反映上电无反应，使用遥控器不能开机和关机。

1. 测量室内机接线端子电压

上门检查，将空调器上电试机，室内机未发出蜂鸣器响声，按压遥控器上的开关按键，室内机没有反应，说明空调器有故障。取下过滤网和电控盒盖板，查看室内机接线端子，此机共设有7个端子和室外机连接，其中L、N、A、地共4个端子由室外机提供，向室内机供电，这里需要说明的是，N端子只向室内风机提供电源，其不向室内机主板提供零线，A端子连接室内机主板提供零线，和L端子组合为交流220V，为电控系统供电；COMP（压缩机）、OF（室外风机）、4V（四通阀线圈）共3个端子由室内机主板提供，控制室外机负载。

使用万用表交流电压档，见图6-38左图，测量L-A端子电压约为交流0V，说明室外机电控系统未向室内机供电，测量L-N端子电压约为交流220V，说明相线L正常，故障在A端子连接的保护电路。

图6-38右图为室外机电气接线图。

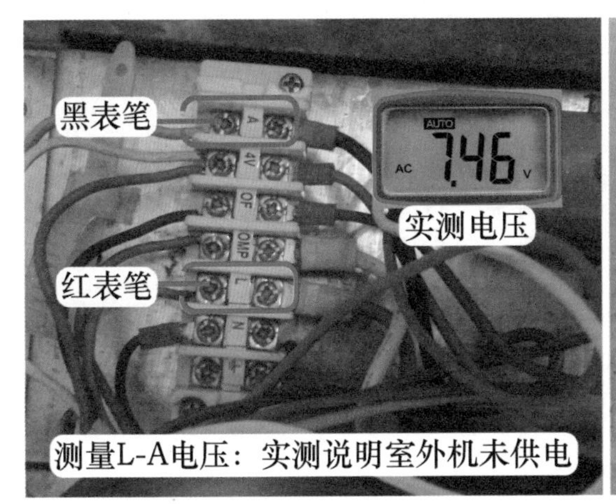

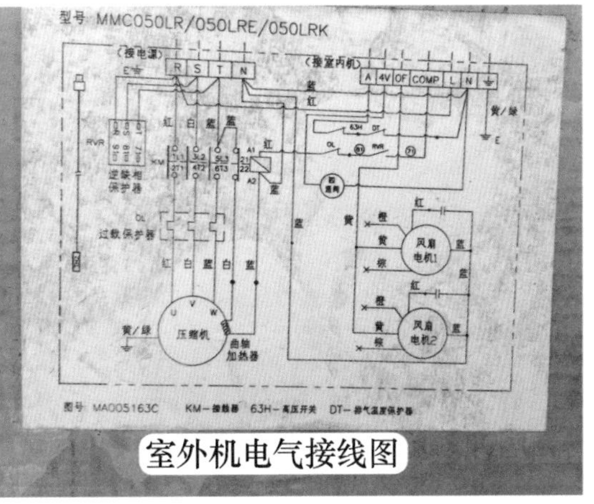

图6-38　测量室内机电压和电气接线图

2. 测量室外机L-N和L-A电压

到室外机检查，使用万用表交流电压档，见图6-39左图，红表笔接室外机接线端子L端子、黑表笔接N端子测量电压，实测约为交流220V，和室内机相同。

见图6-39右图，红表笔依旧接L端子、黑表笔接A端子测量电压，实测约为交流0V，也确定故障在室外机，排除室内外机连接线故障。

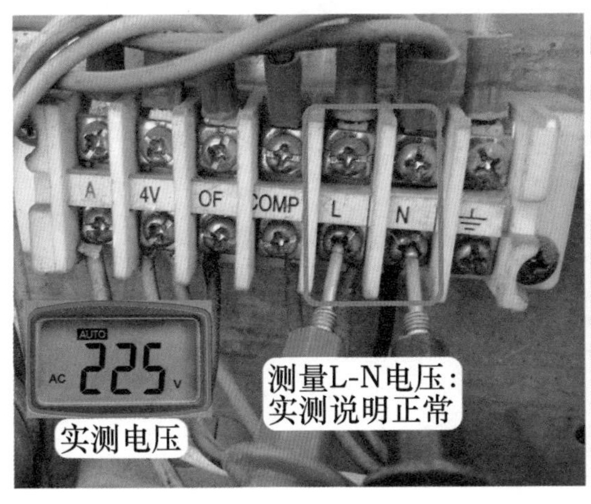

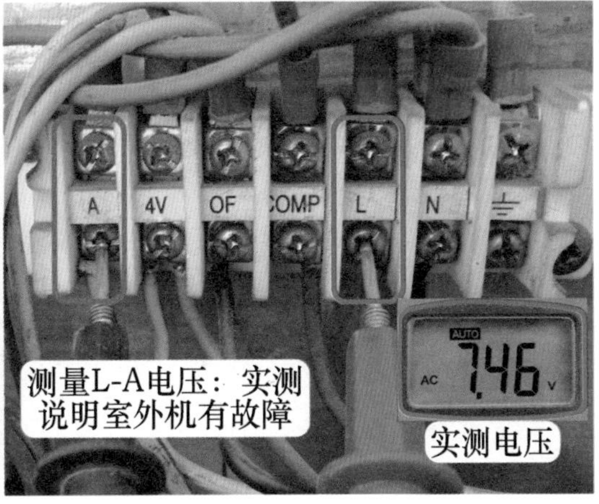

图6-39　测量室外机L-N和L-A电压

3. 测量N-A端子阻值

见图6-40，查看室外机电气接线图可知，A端子零线由N端子经压缩机顶部温度开关和排气管压力开关触点提供，切断空调器电源，使用万用表电阻档，测量N-A端子阻值，实测结果为无穷大，说明温度开关或压力开关有开路故障。

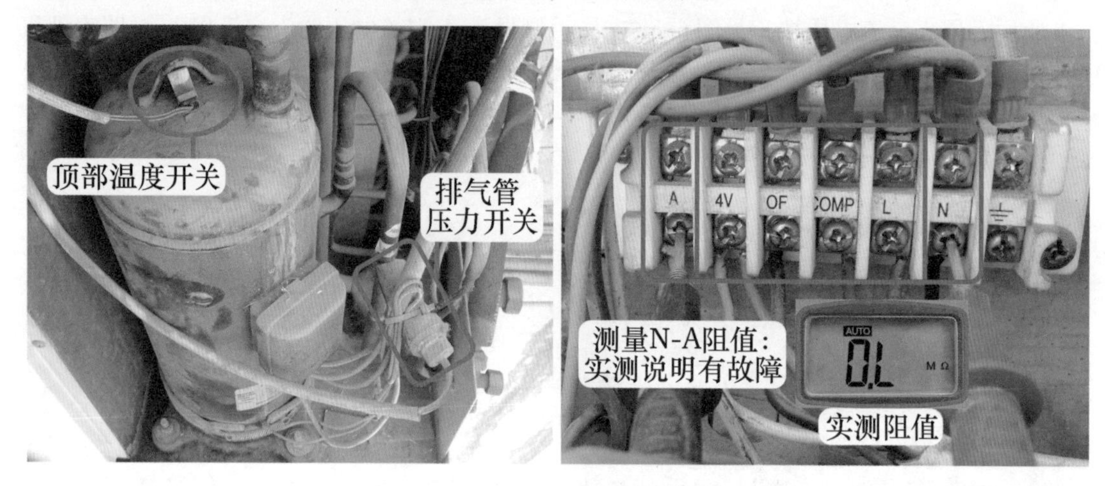

图6-40 保护器件和测量N-A端子阻值

4. 测量温度开关和压力开关阻值

使用万用表电阻档，见图6-41左图，测量压缩机顶部温度开关的2根黄线阻值，正常阻值为0Ω，实测阻值为无穷大，说明开路损坏。

见图6-41右图，测量压缩机排气管压力开关的棕线和蓝线阻值，正常阻值为0Ω，实测阻值说明正常。

图6-41 测量温度开关和压力开关阻值

5. 单独测量温度开关阻值

剪断引线后从压缩机顶部取下温度开关，使用万用表电阻档，见图6-42，再次测量2根黄线阻值，实测结果仍为无穷大，确定温度开关损坏；仔细查看温度开关，发现一侧表面有穿孔现象，也说明内部触点损坏。

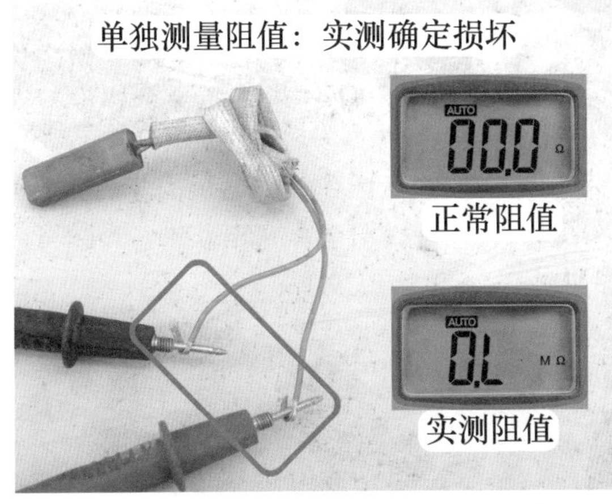

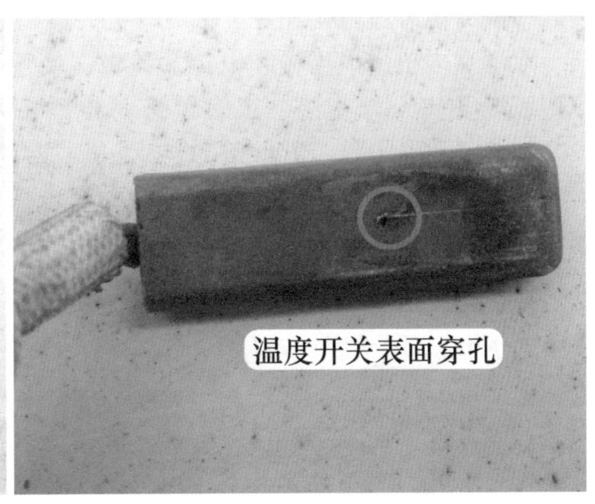

图 6-42　测量温度开关阻值和查看表面

维修措施： 见图 6-43 左图和中图，更换温度开关。更换时应将温度开关安装在顶部卡簧下面，使表面紧贴压缩机顶部且不能移动，再使用胶布包扎接头。使用万用表电阻档，测量室外机接线端子 N-A 阻值时，实测阻值为 0Ω，说明已经导通；再次上电试机，见图 6-43 右图，使用万用表交流电压档，测量 L-A 端子电压约为交流 220V，说明室外机已正常，到室内机检查，使用遥控器开机，室内风机开始运行，制冷正常，故障排除。

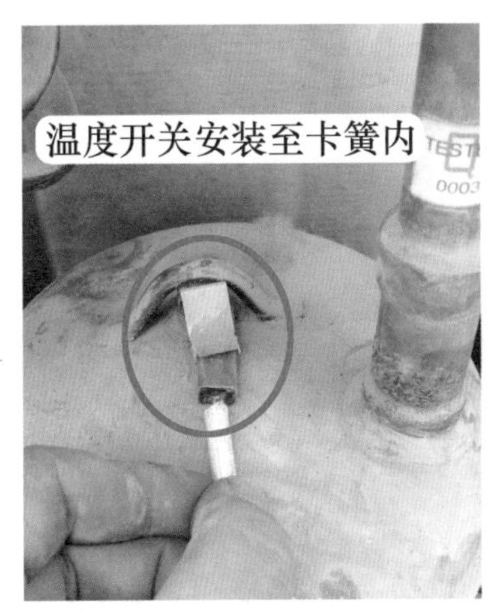

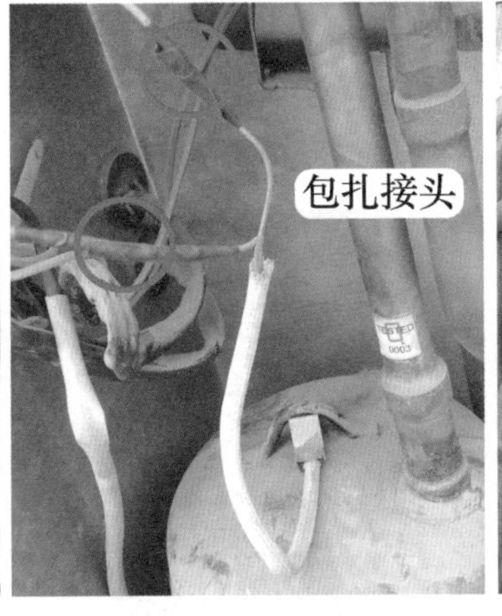

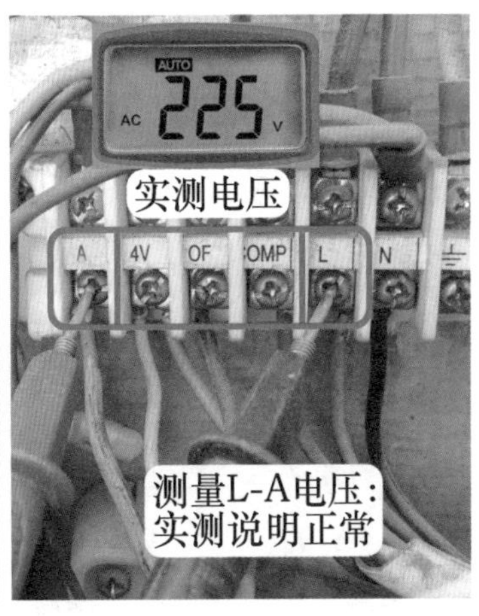

图 6-43　更换温度开关和测量 L-A 电压

三、美的空调器室外机主板损坏

故障说明： 美的 KFR-120LW/K2SDY 柜式空调器，用户反映上电后室内机 3 个指示灯同时闪，不能使用遥控器或显示板上按键开机。

1. 测量室外机保护电压

上门检查，将空调器接通电源，显示板上 3 个指示灯开始同时闪烁，使用遥控器和按键均不能开机，3 个指示灯同时闪烁的代码含义为“室外机故障”，经询问用户得知最近没有装修即没有更改过电源相序。

取下室内机进风格栅和电控盒盖板，使用万用表交流电压档，见图 6-44 左图，红表笔接接线端子上 A 端相线、黑表笔接对接插头中室外机保护黄线测量电压，正常应为交流 220V，实测约为 0V，说明故障在室外机或室内外机连接线。

到室外机检查，依旧使用万用表交流电压档，见图 6-44 右图，红表笔接接线端子上 A 端相线、黑表笔接对接插头中黄线测量电压，实测约为 0V，说明故障在室外机，排除室内外机连接线故障。

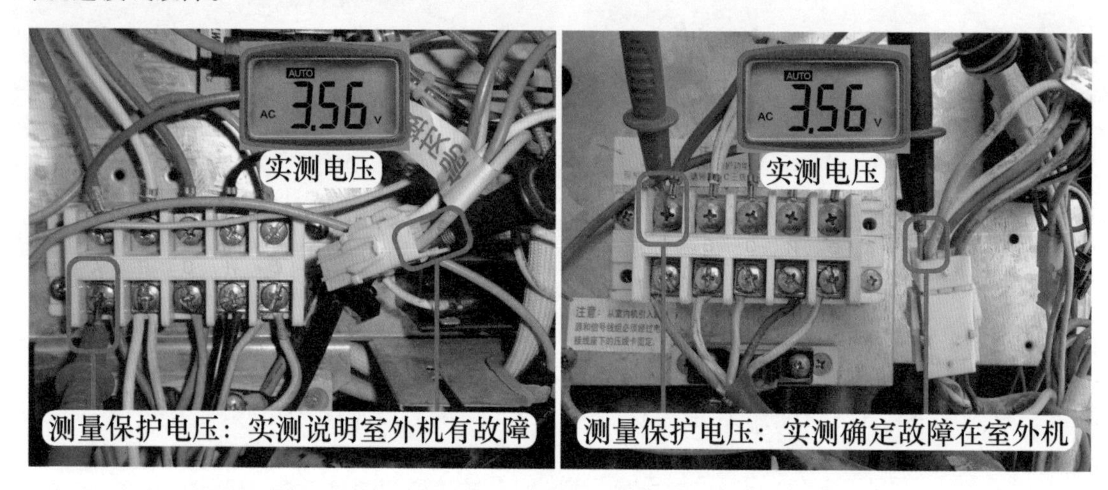

图 6-44　测量保护黄线电压

2. 测量室外机主板和按压交流接触器按钮

见图 6-45 左图，接接线端子相线的红表笔不动、黑表笔改接室外机主板上黄线测量电压，实测约为 0V，说明故障在室外机主板。

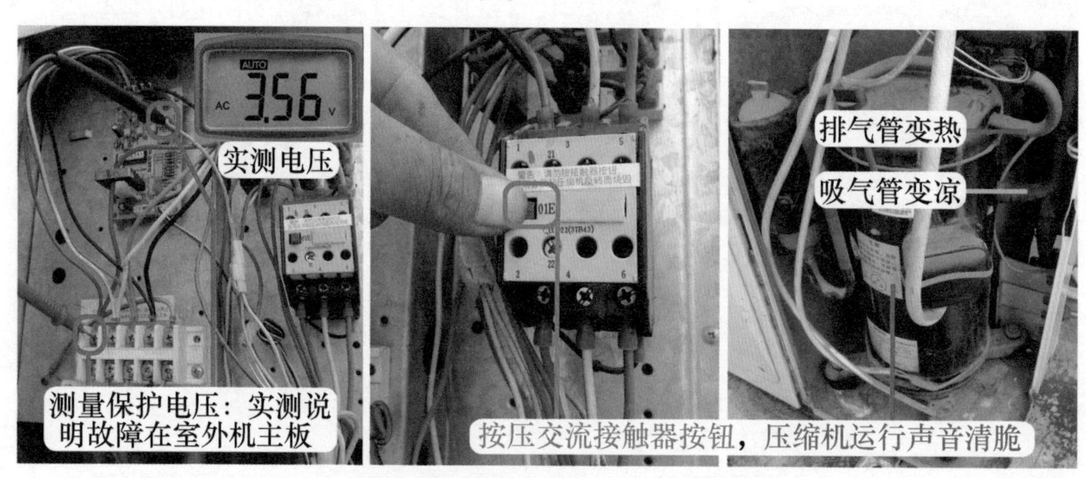

图 6-45　测量主板保护黄线电压和按压交流接触器按钮

判断室外机主板损坏前应测量其输入部分是否正常，即电源电压、电源相序、供电直流 5V 等。判断电源电压和电源相序的简单方法是按压交流接触器按钮，强制触点闭合为压缩机供电，再聆听压缩机声音：无声音检查电源电压、声音沉闷检查电源相序、声音正常说明供电正常。

见图 6-45 中图和右图，本例按压交流接触器按钮时压缩机运行声音清脆，手摸排气管温度迅速变热、吸气管温度迅速变凉，说明压缩机运行正常，排除电源供电故障。

3. 测量 5V 电压和短接输入输出引线

使用万用表直流电压档，见图 6-46 左图，黑表笔接插头中黑线、红表笔接白线测量电压，实测为 5V，说明室内机主板输出的直流 5V 电压已供至室外机主板，查看室外机主板上指示灯也已点亮，说明 CPU 已工作，故障为室外机主板损坏。

为判断空调器是否还有其他故障，切断空调器电源，见图 6-46 右图，拔下室外机主板上输入黑线、输出黄线插头，并将 2 个插头直接连在一起，再次将空调器接通电源，室内机 3 个指示灯不再同时闪烁，为正常的熄灭处于待机状态，使用遥控器开机，室内风机和室外机均开始运行，同时开始制冷，说明空调器只有室外机主板损坏。

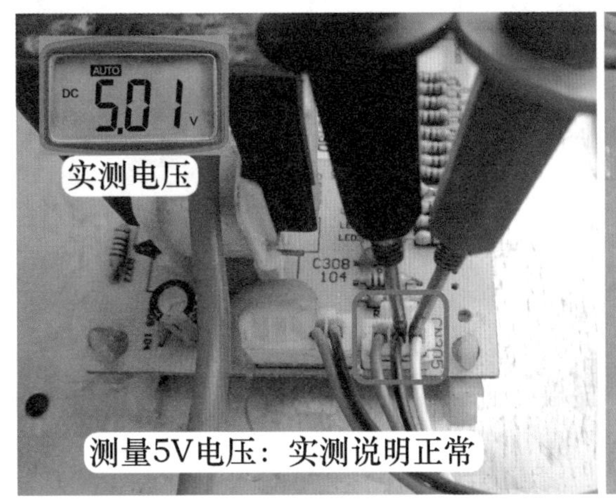

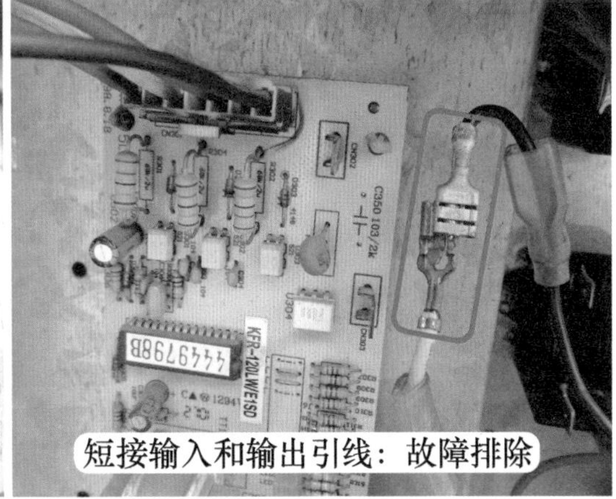

图 6-46　测量 5V 电压和短接室外机主板

维修措施：见图 6-47，由于暂时没有相同型号的新主板更换，使用型号相同的配件代

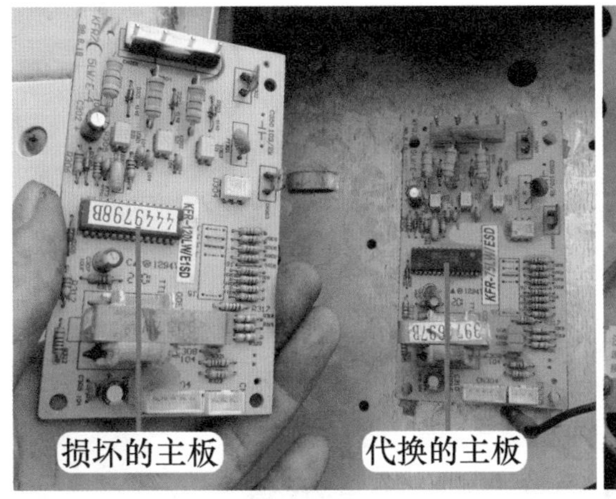

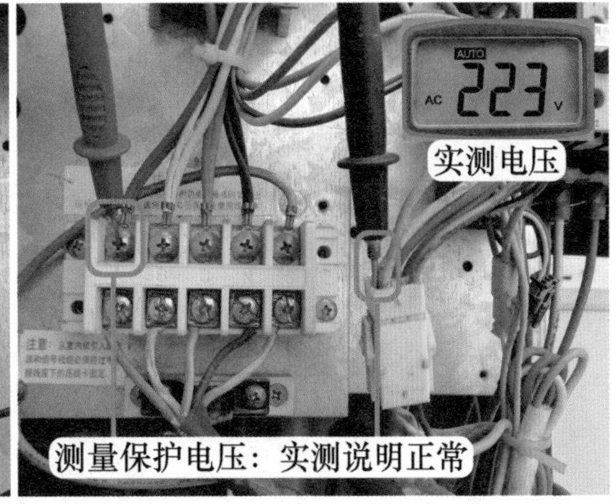

图 6-47　更换主板

换，上电试机空调器制冷正常。使用万用表交流电压档测量室外机接线端子相线 A 和对接插头黄线电压，实测约为交流 220V，说明故障已排除。

四、代换美的空调器相序板

如果美的 KFR-120LW/K2SDY 柜式空调器室外机主板损坏，但暂时没有配件更换时，可使用通用相序保护器进行代换，其实物外形和接线图见图 3-32 和图 3-33，代换步骤如下。

1. 固定接线底座

取下室外机前盖，见图 6-48，由于通用相序保护器体积较大且较高，应在室外机电控盒内寻找合适的位置，使安装室外机前盖时不会影响保护器，找到位置后使用螺钉将接线底座固定在电控盒铁皮上面。

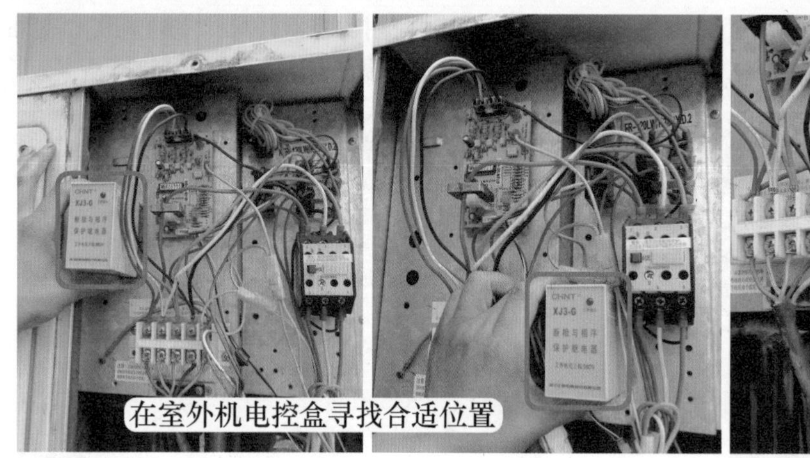

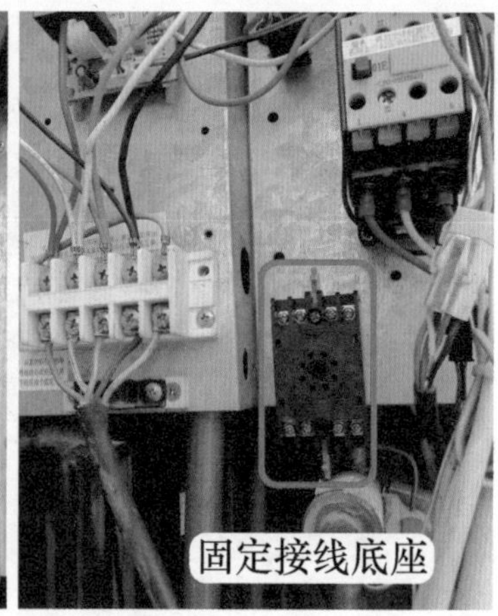

图 6-48　固定接线底座

2. 安装引线

见图 6-49，拔下室外机主板（相序板）相序检测插头，其共有 4 根引线即 3 根相线和 1 根 N 零线，由于通用相序保护器只检测三相相线且使用螺钉固定，取下 N 端黑线和插头，并将 3 根相线剥开适当长度的绝缘层。

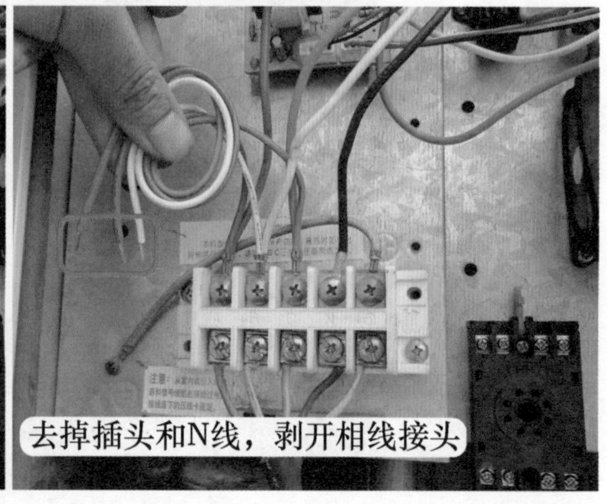

图 6-49　拔下原主板插头并剪断引线

（1）安装输入侧引线

见图 6-50，将室外机接线端子上 A 端红线接在底座 1 号端子、将 B 端白线接在底座 2 号端子、将 C 端蓝线接在底座 3 号端子，完成安装输入侧的引线。

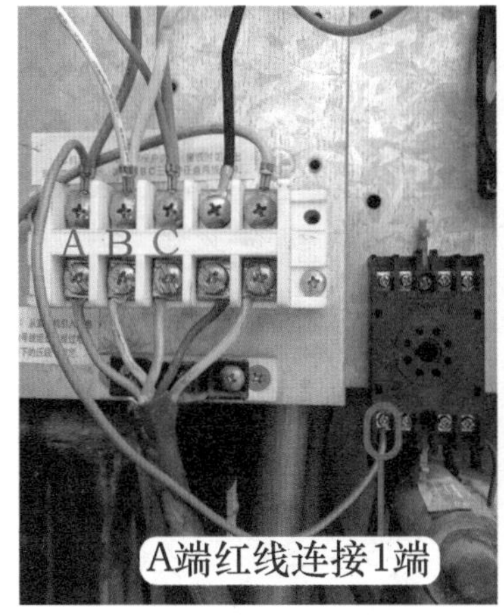

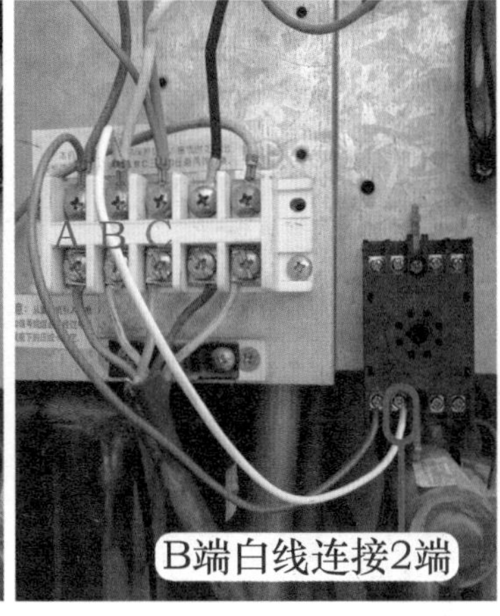

图 6-50　安装输入侧引线

（2）安装输出侧引线

查看为压缩机供电的交流接触器线圈端子，见图 6-51 左图，1 端子接 N 端零线，另 1 端子接对接插头上红线，受室内机主板控制，由于原机设有室外机主板，当检测到相序错误或断相等故障时，其输出信号至室内机主板，室内机主板 CPU 检测后立即停止压缩机和室外风机供电，并显示故障代码进行保护。

取下室外机主板后对应的相序检测或断相等功能改由通用相序保护器完成，但其不能直接输出至室内机，见图 6-51 中图和右图，因此应剪断对接插头中红线，使为交流接触器线圈的供电串接在输出侧继电器触点回路中，并将交流接触器线圈红线接至输出侧 6 号端子。

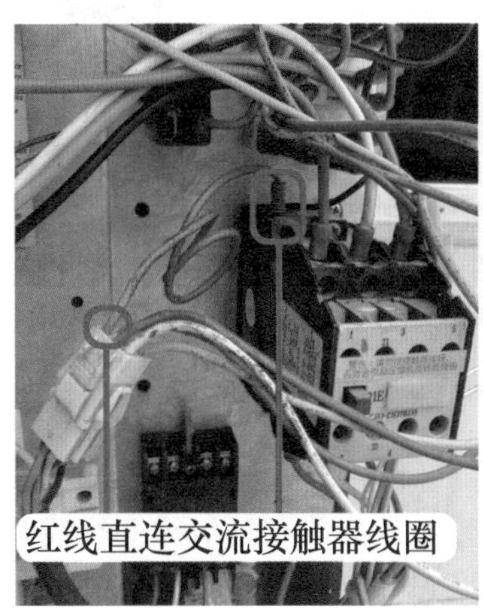

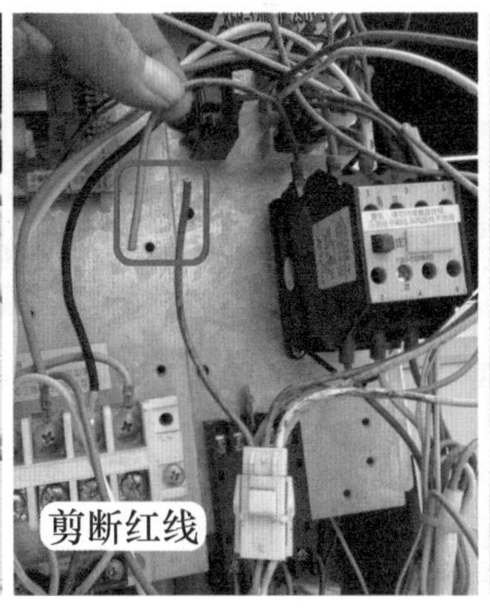

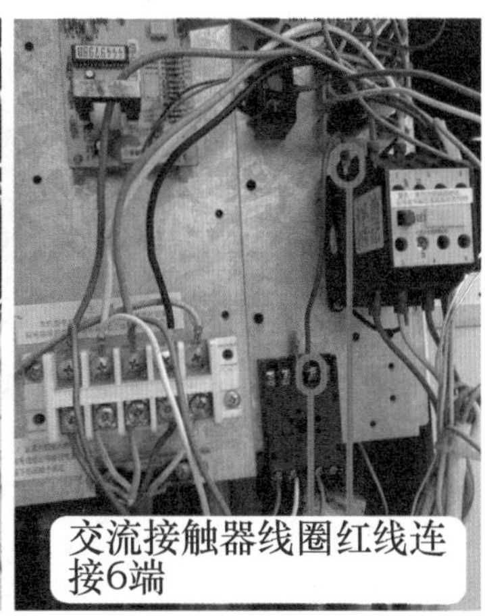

图 6-51　安装交流接触器线圈红线

见图6-52，再将对接插头中红线接在输出侧的5号端子，这样输出侧和输入侧的引线就全部安装完成，接线底座上共有5根引线，即1-2-3号端子为相序检测输入、5-6号端子为继电器常开触点输出，其4-7-8号端子空闲不用，再将控制盒安装在接线底座并锁紧。

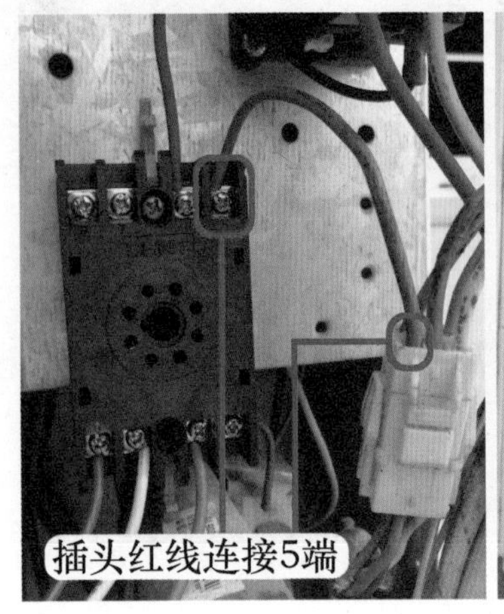

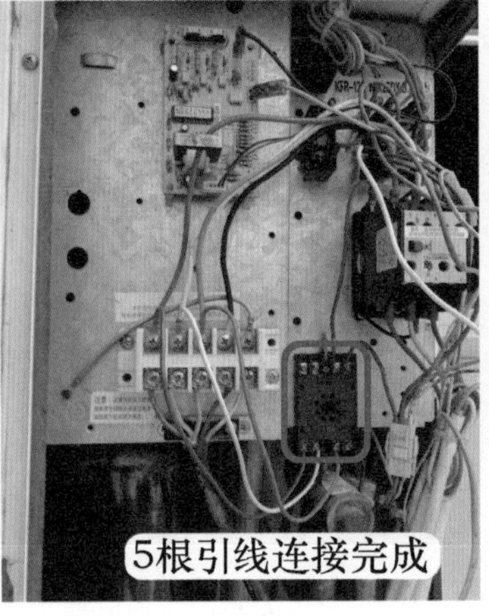

图6-52 安装对接插头中红线

3. 更改主板引线

见图6-53，取下室外机主板，并将输出的保护黄线插头插在室外机电控盒中N零线端子，相当于短接室外机主板功能。

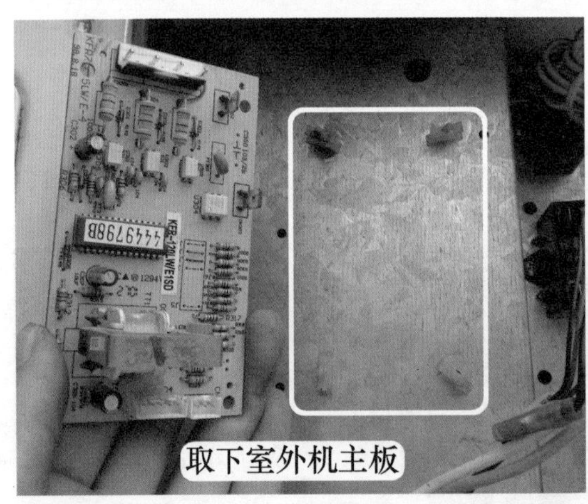

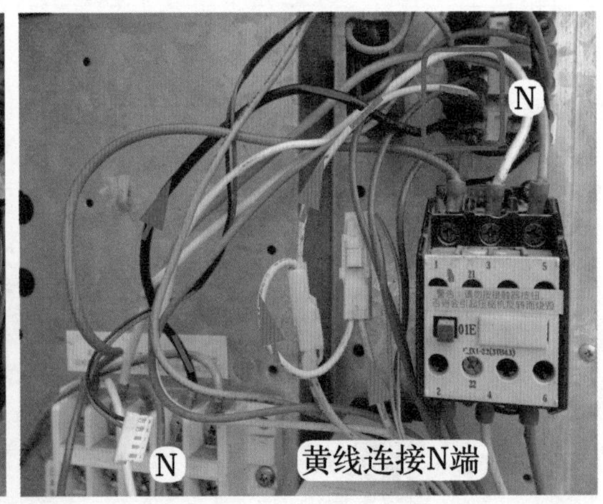

图6-53 取下原主板和更改主板引线

见图6-54，找到室外机主板的5V供电插头和室外管温传感器插头，查看5V供电插头共有3根引线：白线为5V、黑线为地线、红线为传感器，传感器插头共有2引线即红线和黑线，将5V供电插头和传感器插头中的红线、黑线剥开绝缘层，引线相连并联接在一起，再使用绝缘胶布包裹。

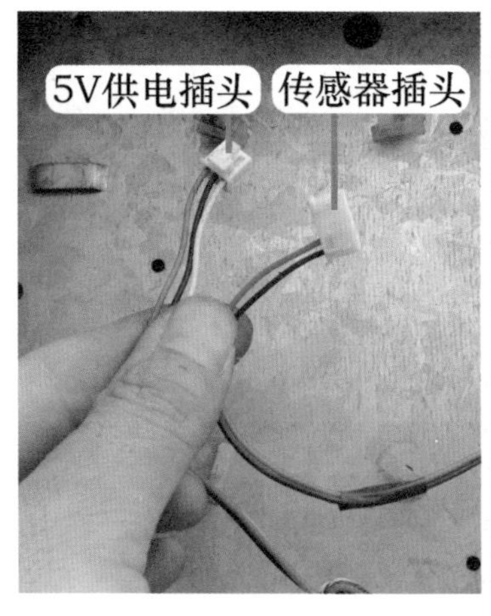

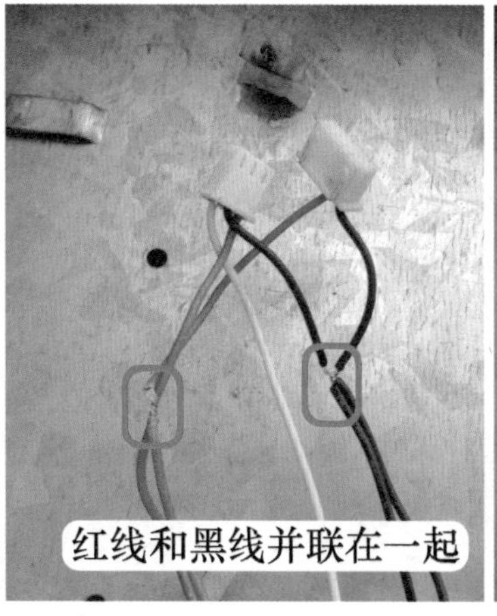

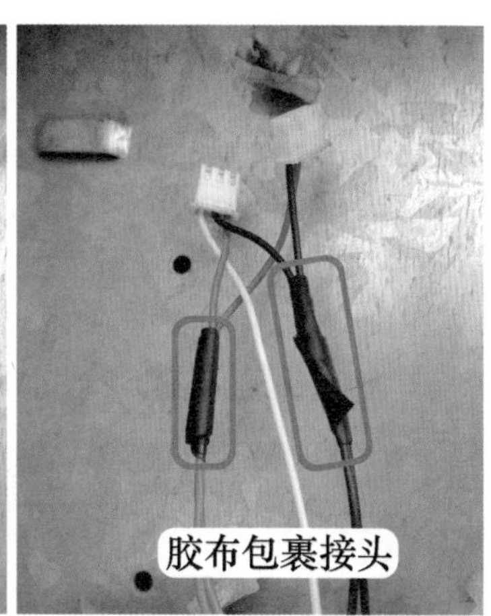

图 6-54　短接传感器引线

4. 安装完成

此时，使用通用相序保护器代换相序板的工作就全部完成，见图 6-55 左图。

上电试机，当相序保护器检测相序正常，见图 6-55 中图，其工作指示灯点亮，表示输出侧 5-6 号端子接通，遥控开机，室内机主板输出压缩机和室外风机供电电压时，交流接触器触点吸合，压缩机应能运行，同时室外风机也能运行。

如果上电后相序保护器上工作指示灯不亮，见图 6-55 右图，表示检测相序错误，输出侧 5-6 号端子断开，此时即使室内机主板输出压缩机和室外风机工作电压，也只有室外风机运行，压缩机因交接线圈无供电、触点断开而不能运行。此时只要切断空调器电源，对调相序保护器接线底座上 1-2 号端子引线即可。

图 6-55　代换完成

五、代换海尔空调器相序板

故障说明：海尔 KFR-120LW/L（新外观）柜式空调器，用户反映不制冷，室内机吹自然风。上门检查，遥控开机，电源和运行指示灯亮，室内风机运行，但吹风为自然风，到室外机查看，发现室外风机运行，但压缩机不运行。

1. 测量电源电压

压缩机由三相电源供电，首先使用万用表交流电压档，见图 6-56 左图，测量三相电源电压是否正常，分 3 次测量，实测室外机接线端子上 R-S、R-T、S-T 电压均约为交流 380V，初步判断三相供电正常。

为准确判断三相供电，依旧使用万用表交流电压档，见图 6-56 右图，测量三相供电与零线 N 电压，分 3 次测量，实测 R-N、S-N、T-N 电压均约为交流 220V，确定三相供电正常。

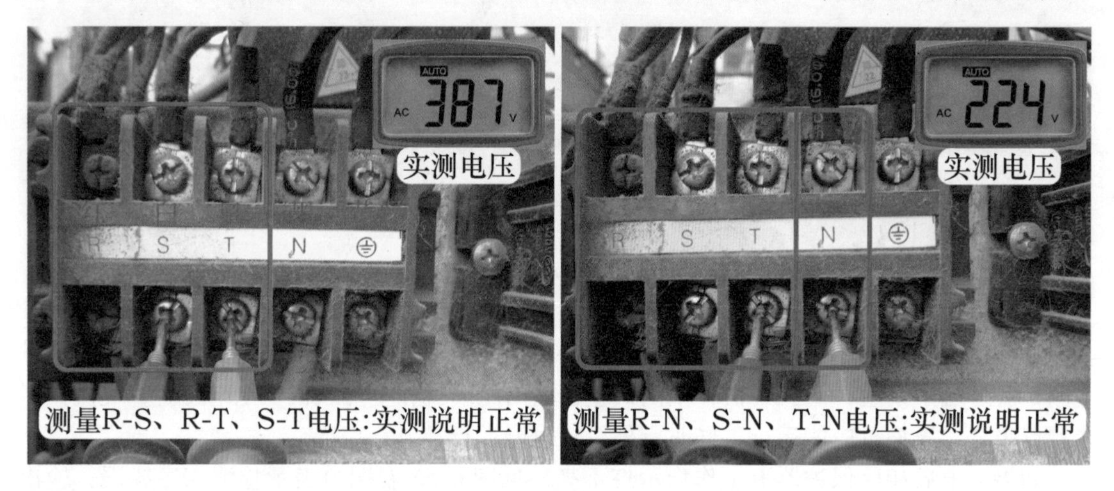

图 6-56　测量三相相线和三相－N 电压

2. 测量压缩机和室外风机电压

室外机 6 根引线的接线端子连接室内机，1 号白线为相线 L、2 号黑线为零线 N、6 号黄绿线为地，共 3 根线由室外机电源向室内机供电；3 号红线为压缩机、4 号棕线为四通阀线圈、5 号灰线为室外风机，共 3 根线由室内机主板输出，去控制室外机负载。

使用万用表交流电压档，见图 6-57 左图，黑表笔接 2 号零线 N 端子，红表笔接 3 号压缩机端子，实测电压约为交流 220V，说明室内机主板已输出压缩机供电，故障在室外机。

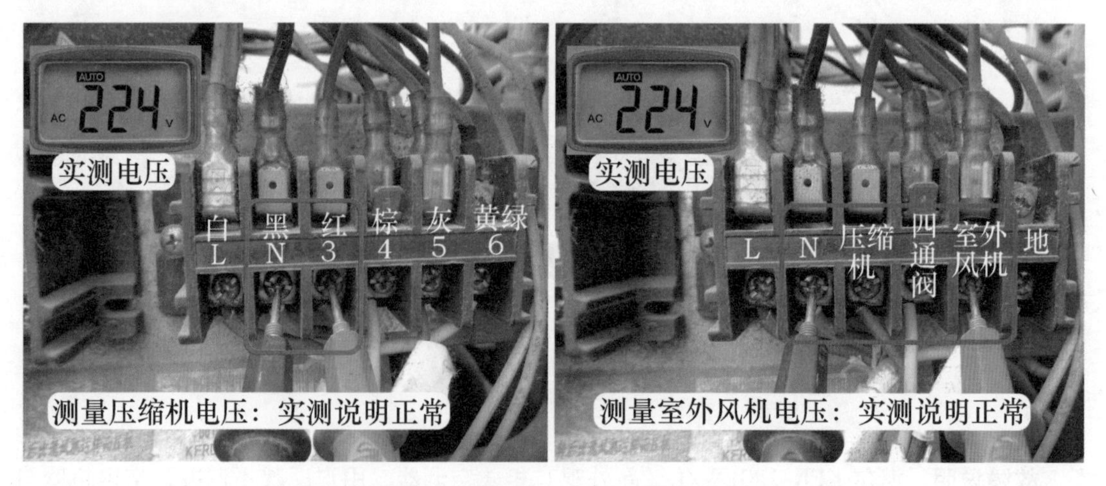

图 6-57　测量压缩机和室外风机电压

见图 6-57 右图，黑表笔不动接 2 号零线 N 端子，红表笔接 5 号室外风机端子，实测电压约为交流 220V，也说明室内机主板已输出室外风机供电。

3. 按压交流接触器按钮和测量线圈电压

取下室外机顶盖，见图 6-58 左图，查看为压缩机供电的交流接触器按钮未吸合，说明其触点未导通，用手按压按钮，强制使触点吸合，此时压缩机开始运行，手摸排气管发热、吸气管变凉，说明制冷系统和供电相序均正常。

使用万用表交流电压档，见图 6-58 右图，红、黑表笔接交流接触器线圈的 2 个端子测量电压，实测电压约为交流 0V，说明室外机电控系统出现故障。

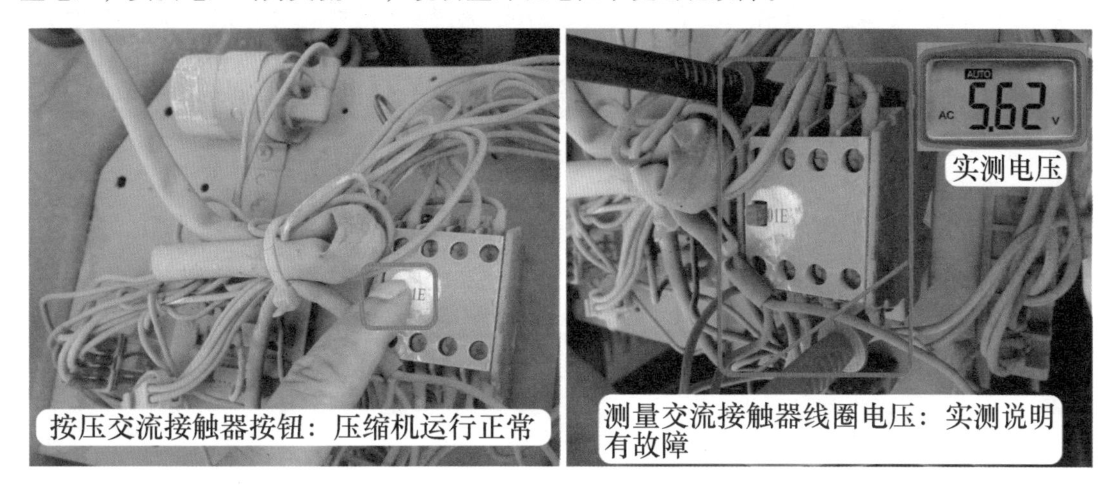

图 6-58　按压交流接触器按钮和测量线圈电压

4. 测量相序板电压

查看室外机接线图或实际连接线，发现交流接触器线圈引线 1 端经相序板接零线、1 端经 3 号端子接室内机主板相线，原理和格力空调器相同。

相序板实物外形见图 6-59 左图，共有 5 根引线：输入端有 3 根引线，为三相相序检测，连接室外机接线端子 R-S-T 端子；输出端共 2 根引线，连接继电器的 2 个端子，1 根接零线 N、1 根接交流接触器线圈。

使用万用表交流电压档，见图 6-59 中图，红表笔接交流接触器线圈相线 L 相当于接 3 号端子压缩机引线，黑表笔接相序板零线引线，实测电压约为交流 220V，说明零线已送至相序板。

见图 6-59 右图，红表笔不动依旧接相线 L，黑表笔接相序板上连接交流接触器线圈引线，实测电压约为交流 0V，说明相序板继电器触点未吸合，由于三相供电电压和相序均正常，判断相序板损坏。

5. 使用通用相序保护器代换

由于暂时配不到原机相序板，查看其功能只是相序检测功能，决定使用通用相序保护器进行代换，其实物外形和接线图见图 3-32 和图 3-33，代换步骤如下。

代换时切断空调器电源，见图 6-60，拔下相序板的 5 根引线，并取下相序板，再将通用相序保护器的接线底座固定在室外机合适的位置。

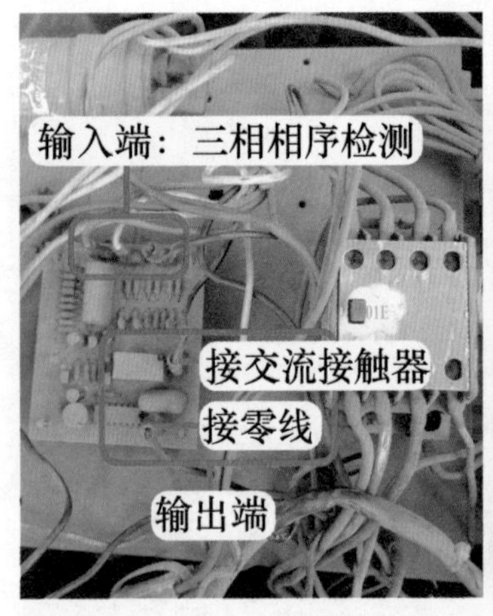

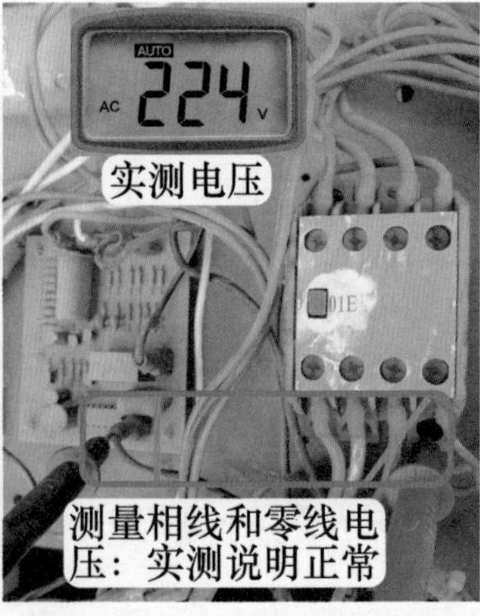

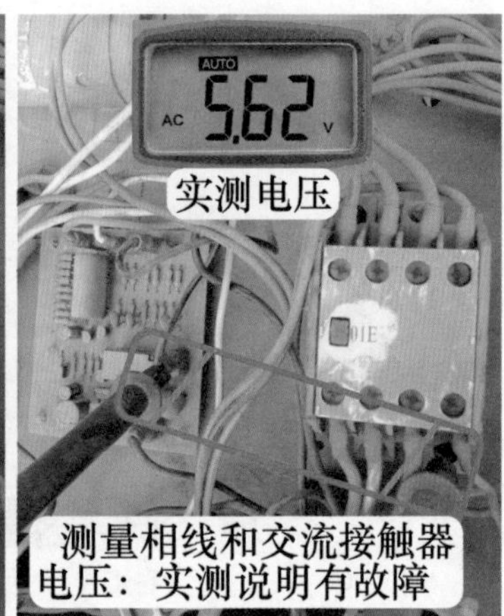

图 6-59　测量相序板电压

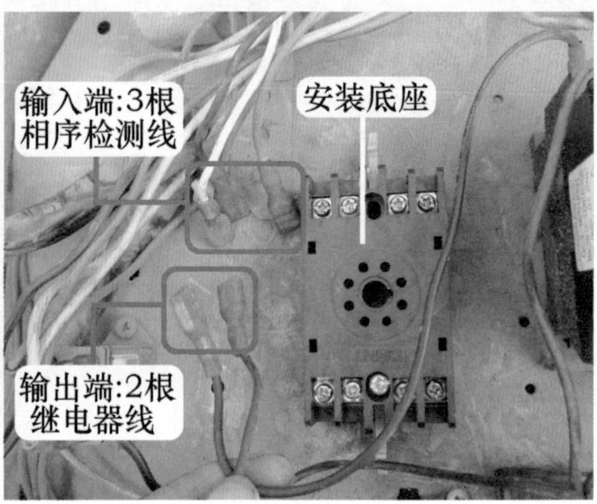

图 6-60　取下相序板和安装底座

原机相序板使用接线端子，引线使用插头，而接线底座使用螺钉固定，见图 6-61，因此剪去引线插头，并剥出适当长度的接头，将 3 根相序检测线接入底座 1-2-3 端子。

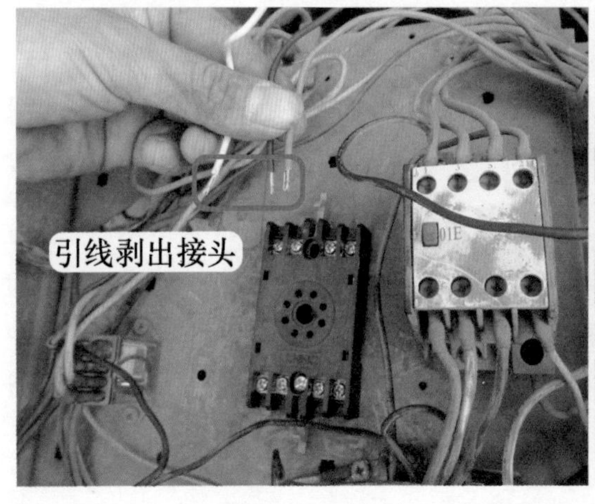

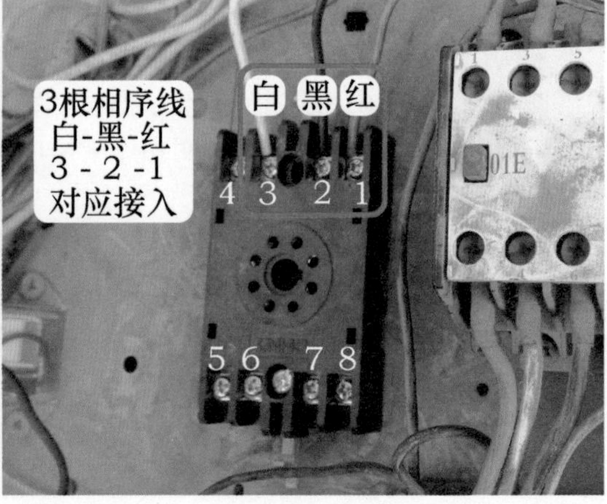

图 6-61　安装输入端引线

见图 6-62，把原相序板 2 根输出端的继电器引线不分反正接入 5-6 端子，再将相序保护器的控制盒安装在底座上并锁紧，完成使用通用相序保护器代换原机相序板的接线。

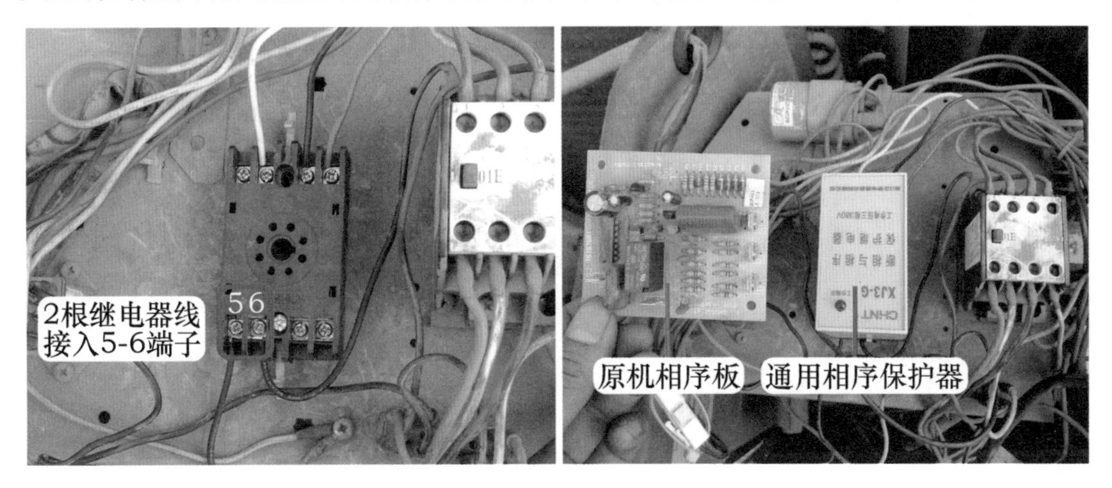

图 6-62　安装输出引线和代换完成

6. 对调输入侧引线

将空调器接通电源，见图 6-63 左图，查看通用相序保护器的工作指示灯不亮，判断其相测相序与电源相序不相同，使用遥控器开机后，交流接触器按钮未吸合，不能为压缩机供电，压缩机依旧不运行，只有室外风机运行。

由于原机电源相序符合压缩机运行要求，只是通用相序保护器检测不相同，因此切断空调器电源，见图 6-63 中图和右图，取下控制盒，对调接线底座上 1-2 端子引线，安装后上电试机，通用相序保护器工作指示灯已经点亮，遥控开机后压缩机和室外风机均开始运行，故障排除。

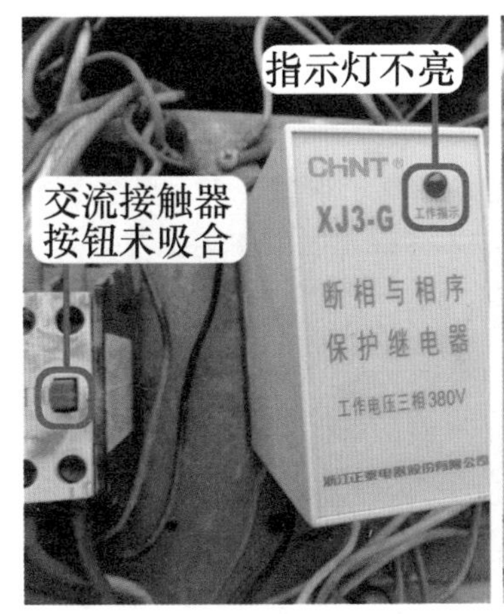

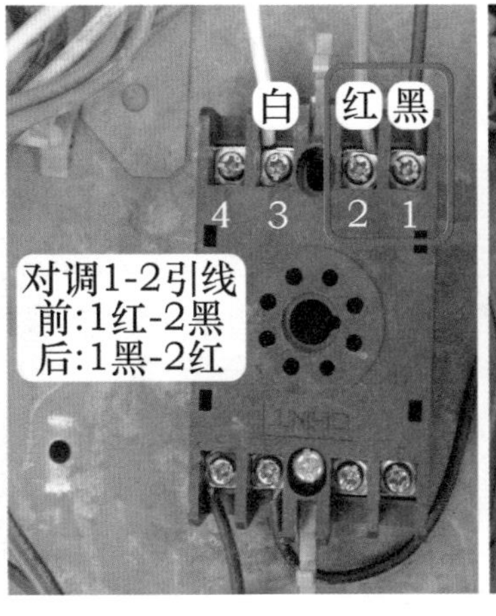

图 6-63　对调输入侧引线

维修措施：使用通用相序保护器代换相序板。

第七章　通风系统和压缩机电路故障

本章分为两节，第一节介绍通风系统常见故障；第二节介绍压缩机电路故障，包括单相供电和三相供电压缩机电路的常见故障。

第一节　通风系统故障

一、室内风机电容容量变小

故障说明：家庭使用的某型号柜式空调器，使用约8年，现用户反映制冷效果差，运行一段时间以后显示E2代码。

1. 查看三通阀

上门检查，空调器正在使用。到室外机检查，见图7-1左图，三通阀严重结霜；取下室外机外壳，发现三通阀至压缩机吸气管全部结霜（包括储液瓶），判断蒸发器温度过低，应到室内机检查。

2. 查看室内风机运行状态

到室内机检查，将手放在出风口，感觉出风温度很低，但风量很小，且吹不远，只在出风口附近能感觉到有风吹出。取下室内机进风格栅，观察过滤网干净，无脏堵现象，用户介绍，过滤网每年清洗，排除过滤网故障。

室内机出风量小在过滤网干净的前提下，通常为室内风机转速慢或蒸发器背部脏堵所致，见图7-1右图，目测室内风机转速较慢，按压显示板上的“风速”按键，在高风-中风-低风转换时，室内风机转速变化也不明显（应仔细观察由低风转为高风的瞬间转速），判断故障为室内风机转速慢。

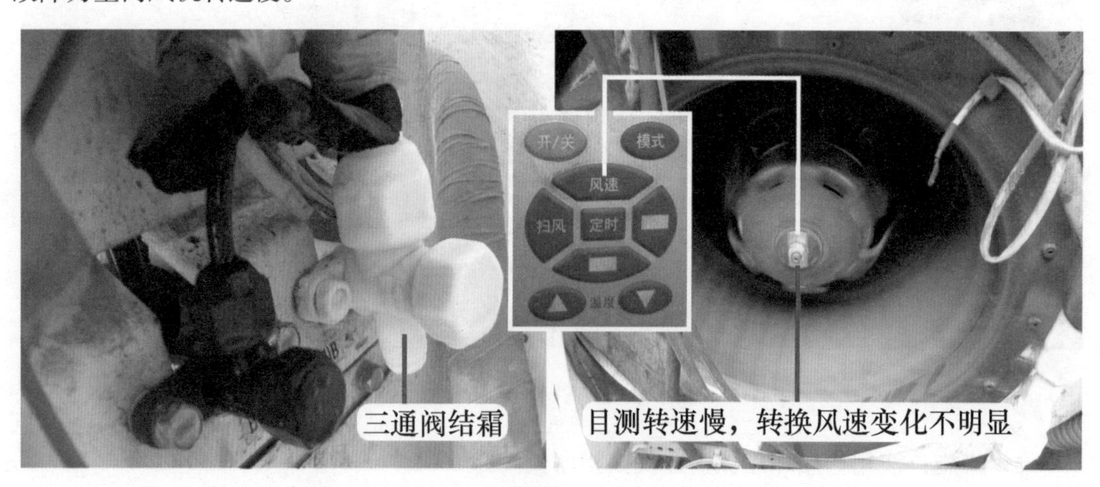

图7-1　三通阀结霜和查看室内风机运行状态

3. 测量室内风机公共端红线电流

室内风机转速慢常见原因有电容容量变小和线圈短路，为区分故障，使用万用表交流电流档，见图7-2，钳头夹住室内风机红线N端（即公共端）测量电流，实测低风档0.51A、中风档0.53A、高风档0.57A，接近正常电流值，排除线圈短路故障。

注意：室内风机型号为LN40D（YDK40-6D），功率40W、电流0.65A、6极电机、配用4.5μF电容。

图7-2　测量室内风机电流

4. 代换室内风机电容和测量容量

室内风机转速慢时，而运行电流接近正常值，通常为电容容量变小损坏，本机使用4.5μF电容，见图7-3左图，使用1个相同容量的电容代换，代换后上电开机，目测室内风机转速明显变快，用手在出风口感觉风量很大，吹风距离也增加很多，长时间开机运行不再显示E2代码，手摸室外机三通阀温度较低，但不再结霜改为结露，确定室内风机电容损坏。

见图7-3右图，使用万用表电容档测量拆下来的电容，标注容量为4.5μF，而实测容量约为0.6μF，说明容量变小。

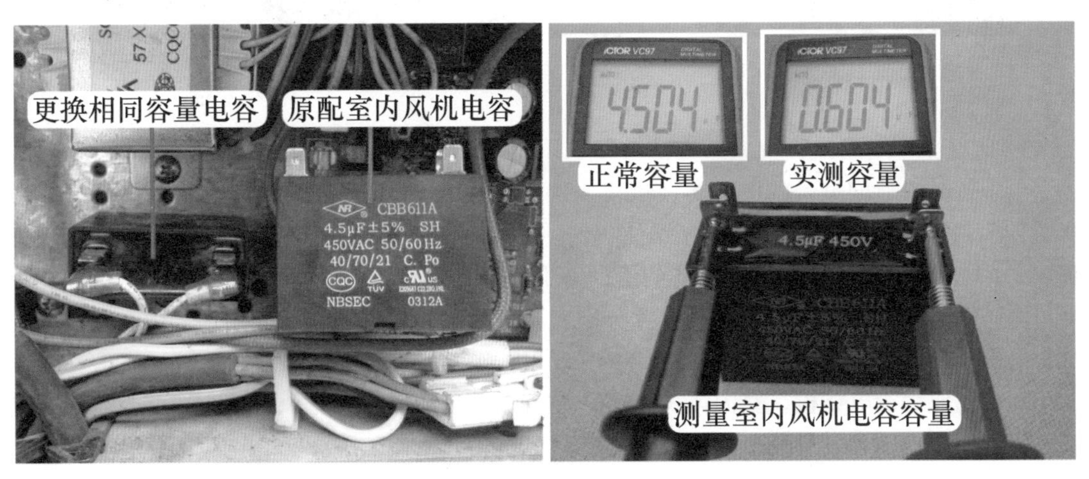

图7-3　代换室内风机电容和测量电容容量

维修措施：更换室内风机电容。

总结：

室内风机电容容量变小，室内风机转速变慢，出风量变小，蒸发器表面冷量不能及时吹出，蒸发器温度越来越低，引起室外机三通阀和储液瓶结霜；显示板 CPU 检测到蒸发器温度过低，停机并报出 E2 代码，以防止压缩机液击损坏。

二、室内风机电容代换方法

故障说明：海尔 KFR-120LW/L（新外观）柜式空调器，用户反映制冷效果差。

1. 查看风机电容

上门检查，用户正在使用空调器，室外机三通阀处结霜较为严重，测量系统运行压力约为 0.4MPa，到室内机查看，室内机出风口为喷雾状，用手感觉出风很凉，但风量较弱；取下室内机进风格栅，查看过滤网干净。

检查室内风机转速时，目测风速较慢，使用遥控器转换风速时，室内风机驱动离心风扇转换不明显，同时在出风口感觉风量变化不大，说明室内风机转速慢；使用万用表电流档测量室内风机电流约为 1A，排除线圈短路故障，初步判断室内风机电容容量变小，见图 7-4，查看本机使用的电容容量为 8μF。

图 7-4　原机电容

2. 使用 2 个 4μF 电容代换

由于暂时没有同型号的电容更换试机，决定使用 2 个 4μF 电容代换，切断空调器电源，见图 7-5，取下原机电容后，将 1 个配件电容使用螺钉固定在原机电容位置（实际安装在下面）、另 1 个固定在变压器下端的螺钉孔（实际安装在上面），将室内风机电容插头插在上面的电容端子，再将 2 根引线合适位置分别剥开绝缘层并露出铜线，使用烙铁焊在下面电容的 2 个端子，即将 2 个电容并联使用。

焊接完成后上电试机，室内风机转速明显变快，在出风口感觉风量较大，并且吹风距离较远，说明原机电容容量减小损坏，引起室内风机转速变慢故障。

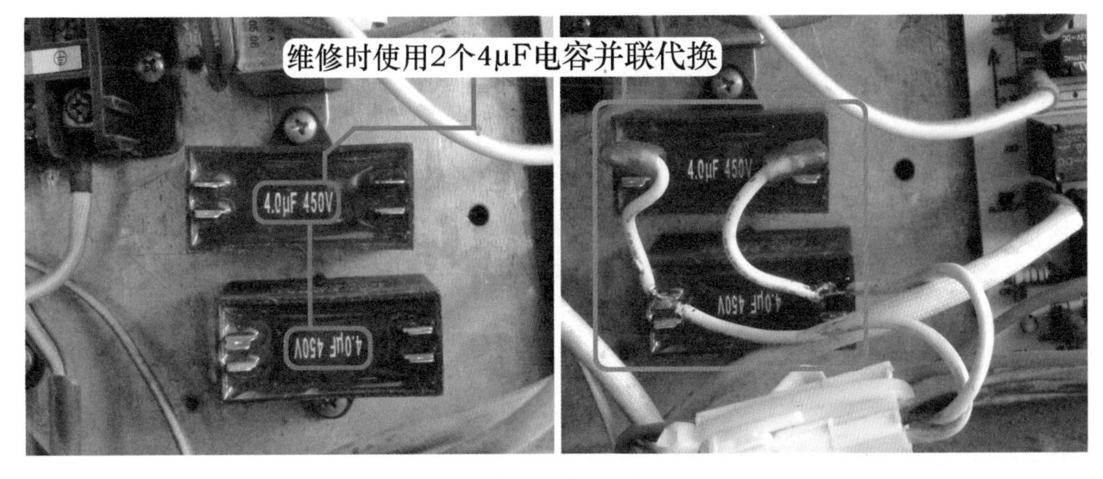

图 7-5　代换电容

维修措施：使用 2 个 4μF 电容并联代换 1 个原机 8μF 风机电容。

三、蒸发器背面脏堵

故障说明：格力 KFR-120LW/E（1253L）V-SN5 柱式空调器，使用场所为门面房，用户反映制冷效果差，运行一段时间显示 E2 代码。

1. 检查出风口和清洗过滤网

上门检查，空调器正常运行，见图 7-6 左图，将手放在室内机出风口处，感觉出风温度较凉但风量很小，到室外机查看，三通阀结霜，说明蒸发器温度过低。

取下室内机的进风格栅，抽出过滤网，发现严重脏堵，几乎不透气，将过滤网清洗干净后试机故障依旧，出风口处风量依然很小。

2. 查看室内风机转速

见图 7-6 右图，目测室内风机转速很快，按压“风速”按键转换高风-中风-低风时，能看到明显的速度变化。关闭空调器，待室内风机停止运行，双手扶住离心风扇，再次开机，室内机主板为室内风机供电后，感觉起动力量很大，初步判断室内风机转速正常。

图 7-6　感觉出风口风量和查看室内风机转速

3. 蒸发器背部脏堵

将过滤网清洗干净、室内风机转速正常，出风口处的风量仍然很小，还有一个最常见的原因是蒸发器背部脏堵。但由于查看蒸发器背部需要将室内机全部拆开，过程比较麻烦，主要是万一判断错误，安装时需要耽误很长时间。

为判断蒸发器背部是否脏堵，见图 7-7 左图，比较简单的方法是取下离心风扇，将手从进风口伸入，用手摸蒸发器背部来判断：如果脏堵，再拆开室内机清洗即可；如果正常，只需要安装离心风扇和进风口罩圈，实际维修时比较节省时间。

本例取下离心风扇，将手从进风口伸入摸蒸发器的背面，感觉尘土很多；于是取下室内机前面板、隔风挡板、出风框，松开蒸发器的固定螺钉，见图 7-7 右图，观察蒸发器背部已经严重脏堵，从上到下几乎全部附上了一层泥膜。

图 7-7　手摸蒸发器背部和背部脏堵

维修措施：见图 7-8，使用毛刷从上到下轻轻刷过，刷掉附在蒸发器背部的泥膜，清洗干净后安装试机，在出风口感觉出风量明显变大，观察室外机三通阀结露不再结霜，长时间运行不再显示 E2 代码，房间温度也比清洗前下降很快，故障排除。

图 7-8　清洗蒸发器

四、冷凝器脏堵

故障说明：格力 KFR-120LW/E（12568L）A1-N2 柜式空调器，用户反映刚开机时制冷，但不定时停机并显示 E1 代码，早上或晚上可正常运行或运行很长时间才显示 E1 代码，中午开机时通常很快就显示 E1 代码，同时感觉制冷效果变差。

1. 感觉出风口温度和测量系统运行压力

根据用户描述早上和晚上开机时间长、中午开机时间短，判断故障应在通风系统。上门检查，重新上电开机，室内机和室外机均开始运行，在室内机出风口感觉温度较凉，说明压缩机已开始运行。

到室外机检查，见图 7-9，将手放在室外机出风口，感觉出风口温度很烫并且风量很小；在室外机二通阀和三通阀处均接上压力表，查看三通阀压力约 0.47MPa、二通阀压力约 1.7MPa，但随着时间运行，三通阀和二通阀压力均慢慢上升，查看显示 E1 代码瞬间即室外机停机时，二通阀压力约 2.7MPa，接近高压压力开关 3.0MPa 的动作压力，判断本例显示 E1 代码的原因为压缩机排气管压力过高、导致高压压力开关断开。

图 7-9　感觉出风口温度和测量二通阀压力

2. 冷凝器脏堵

压缩机排气管压力过高通常由于散热系统出现故障所致，常见有室外风机转速慢、冷凝器脏堵，此机为单位机房使用，刚购机约 1 年，可排除室外风机转速慢；见图 7-10，查看冷凝器背部时，发现整体已被灰尘完全堵死。

3. 清洗灰尘

切断空调器电源，取下背部的防护网，见图 7-11，使用毛刷轻轻地上下划过冷凝器，刷掉表面的灰尘，并将冷凝器的灰尘全部清洗除掉。

图 7-10 冷凝器脏堵

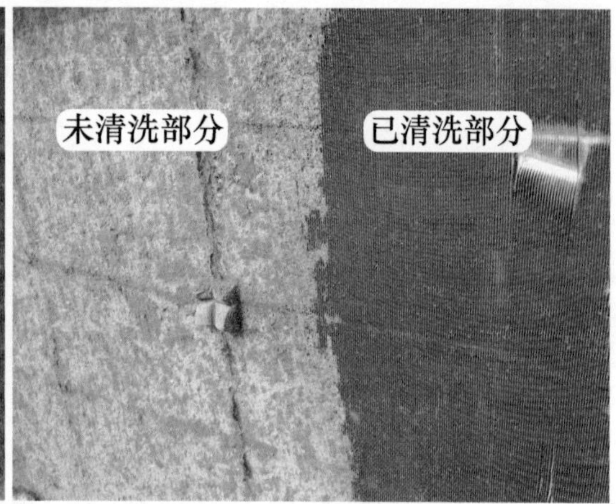

图 7-11 清除灰尘

4. 清水清洗冷凝器和测量二通阀压力

将冷凝器表面灰尘全部清除，再将空调器开机，待室外风机运行时，使用毛刷反复横向划过冷凝器，可将翅片中的尘土吹出，待吹干净后，再将空调器关机，见图 7-12 左图，并使用清水清洗冷凝器，可将翅片中的尘土最大程度冲掉。

再次开机，通过长时间运行，空调器不再停机，也不再显示 E1 代码，同时制冷效果比清洗前好很多，见图 7-12 右图，测量系统压力，二通阀压力约 1.5MPa 且保持稳定不再上升、三通阀压力约 0.45MPa。

总结：

冷凝器脏堵所占 E1 故障代码的比例约为 70%，尤其是单位机房、饭店等长期使用空调器的场所。通常情况下，只要是用户反映显示不定时关机并显示 E1 代码，绝大部分就是冷凝器脏堵，有条件的情况下直接带上高压清洗水泵，清洗冷凝器后即可排除故障。

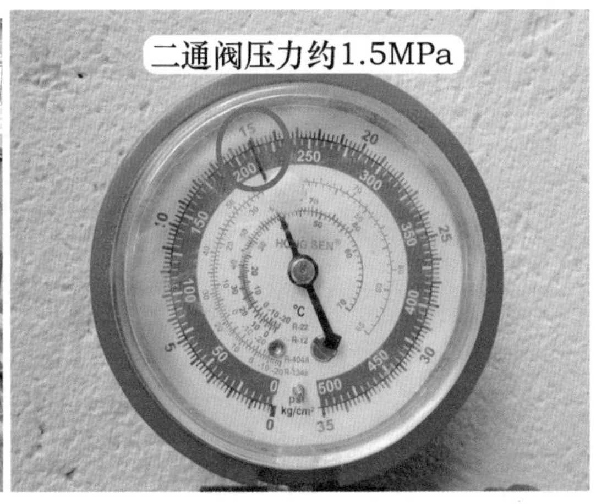

图 7-12　清洗冷凝器和测量二通阀压力

五、室外风机内部轴承损坏

故障说明：海尔 KFR-120LW/6302 柜式空调器，用户反映制冷效果差，长时间开机后有时不制冷。

1. 查看室内机和室外机

上门检查，用户正在使用空调器，见图 7-13，将手放在出风框感觉温度，有凉风但不是很凉。到室外机检查，发现室外风扇运行不正常，此机室外机使用 2 个室外风扇，上面的室外风扇运行，但下面的室外风扇不运行。手摸冷凝器温度，上部略高于室外温度，但下部高于室外温度很多，说明冷凝器散热不好。

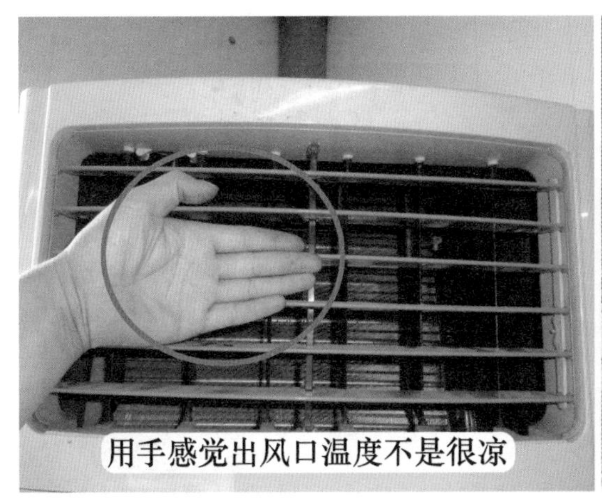

图 7-13　室内机出风不凉和下部室外风扇不运行

2. 测量室外风机供电和电流

室外风扇由室外风机驱动，使用万用表交流电压档，见图 7-14 左图，测量室外风机供电电压，实测为交流 218V，且 2 个室外风机线圈插头处电压相同，说明室外机主板已输出供电，故障在不运行的室外风机。

使用万用表交流电压档，见图7-14右图，测量2个室外风机的公共端白线电流，实测正在运行的风机电流约为0.5A，不运行的风机电流也约为0.5A，说明室外风机线圈已通电运行，排除开路损坏，故障为轴承卡死或风机电容损坏。

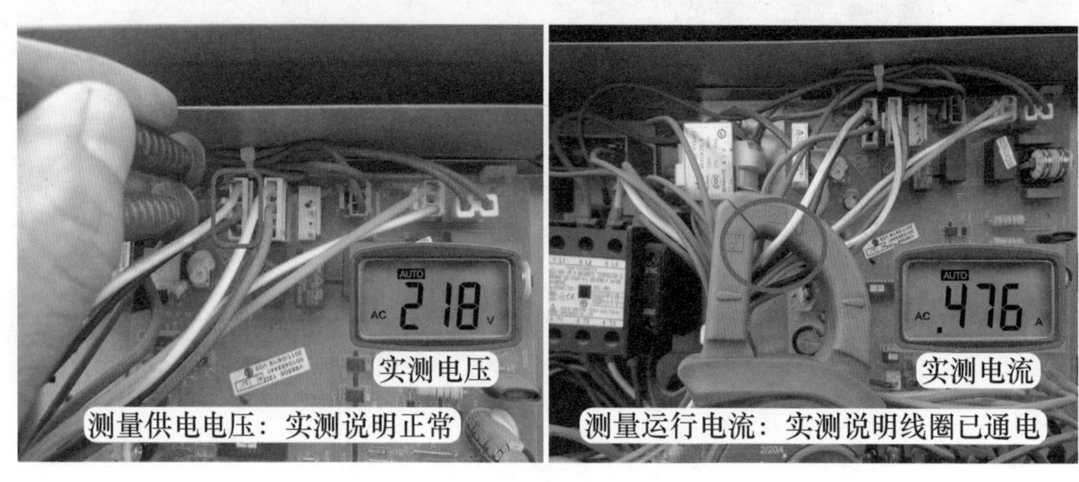

图7-14 测量室外风机供电和电流

3. 晃动室外风扇扇叶

使用螺丝刀从出风框伸入，拨动扇叶，感觉阻力很大，于是取下下部的出风框，见图7-15左图，用手拨动室外风扇时感觉很沉重，且有很大的“嗡嗡”声。

在室外机电路板上拔下室外风机线圈插头，室外风机停止供电，拨动室外风扇时阻力明显下降，能慢慢拨动，见图7-15右图，手扶室外风扇上下晃动时幅度较大，说明室外风机内部轴承损坏。此时再将室外风机线圈插头插入电路板，只见室外风扇转了约半圈，便又卡住某一部位停止转动了。

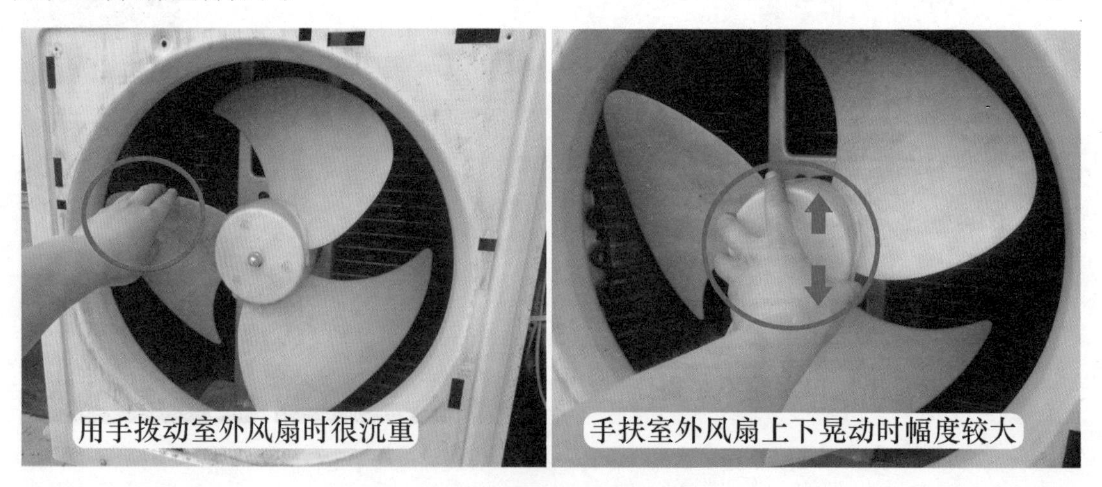

图7-15 晃动室外风扇扇叶

4. 晃动电机轴

再次拔下室外风机线圈插头，并取下室外风扇，见图7-16左图，用手上下晃动室外风机轴头，感觉幅度依旧很大，确定室外风机损坏。

图 7-16　晃动电机轴头和更换室外风机

维修措施：见图 7-16 右图，更换室外风机。更换后上电开机，室外机上部和下部的风扇均开始运行，运行一段时间后在室内机出风口感觉温度很凉，制冷恢复正常。

总结：

本例由于下部室外风机不运行，冷凝器散热效果变差，因而制冷效果也明显下降，引起制冷效果差的故障；如果长时间运行或室外温度较高，冷凝器散热更差，压缩机运行在过载状态，运行电流变大，室外机主板检测后停止室外机供电，因而空调器不制冷，并在室内机显示故障代码。

第二节　压缩机电路故障

一、交流接触器线圈开路

故障说明：美的 KFR-120LW/K2SDY 柜式空调器，用户反映不制冷，室内机吹自然风。

1. 测量室内机主板电压和查看室外机

上门检查，使用遥控器开机，电源和运行指示灯点亮，室内风机开始运行，用手在出风口感觉为自然风，没有凉风吹出。

取下室内机电控盒盖板，使用万用表电压档，见图 7-17 左图，黑表笔接室内机接线端子上 N 端、红表笔接主板 comp 端子红线测量压缩机电压，实测约为交流 220V；黑表笔接 N 端不动、红表笔接主板 out fan 端子白线测量室外风机电压，实测约为交流 220V，说明室内机主板已输出供电，故障在室外机。

到室外机查看，见图 7-17 右图，发现室外风机运行，但压缩机不运行，说明不制冷故障由压缩机未运行引起。

图 7-17 测量压缩机电压和查看室外机

2. 按压交流接触器按钮

见图 7-18，查看为压缩机供电的交流接触器，发现按钮未吸合，说明触点未吸合；用手按压交流接触器按钮，强制使触点吸合，压缩机开始运行，手摸排气管迅速变热、吸气管迅速变凉，说明供电相序和压缩机均正常，故障在交流接触器电路。

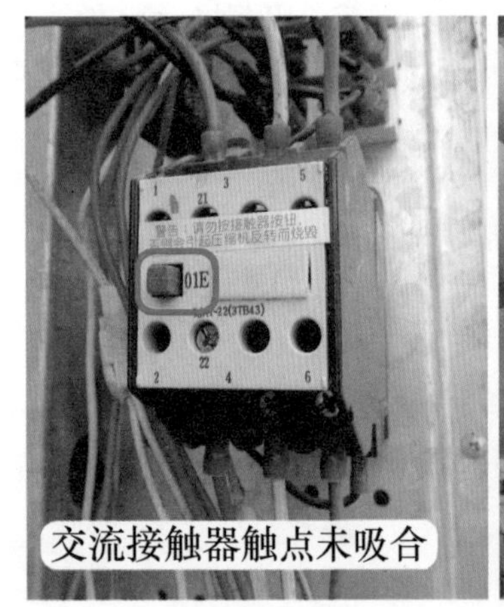

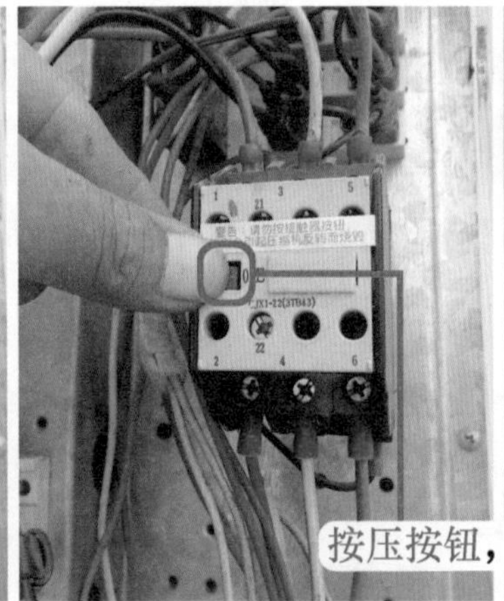

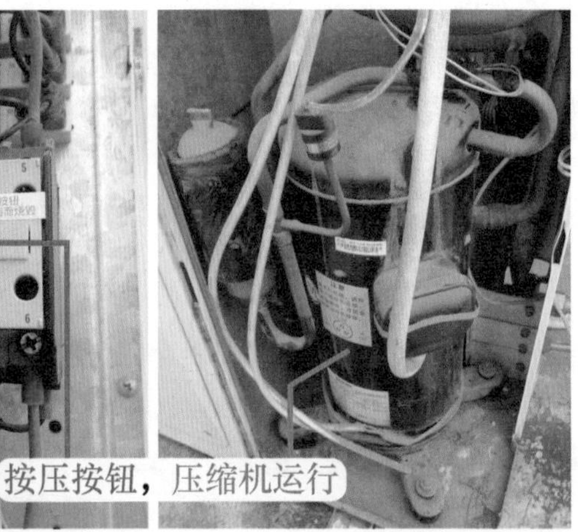

图 7-18 按压交流接触器按钮

3. 测量交流接触器线圈电压

依旧使用万用表交流电压档，见图 7-19 左图，黑表笔接室外机接线端子上 N 端、红表笔接对接插头中红线测量压缩机电压，实测结果约为交流 220V，说明室内机主板输出的供电已送至室外机。

见图 7-19 右图，用万用表表笔直接测量交流接触器线圈引线即红线和黑线，实测结果约为交流 220V，说明室内机主板输出的供电已送至交流接触器线圈，初步判断故障为交流接触器线圈开路损坏。

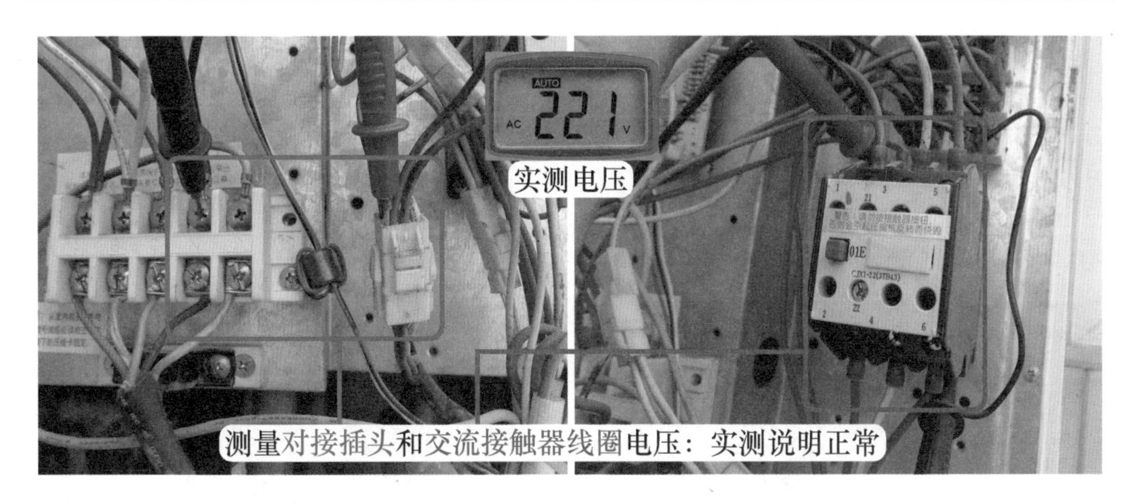

图 7-19　测量交流接触器线圈电压

4. 测量交流接触器线圈阻值

切断空调器电源，使用万用表电阻档，直接测量交流接触器线圈阻值，正常阻值约 300Ω，实测阻值为无穷大，为准确判断，取下交流接触器线圈引线、输入和输出触点引线后，再取下固定螺钉后取下交流接触器，见图 7-20 左图，使用万用表电阻档测量线圈阻值，实测结果仍为无穷大，确定交流接触器线圈开路损坏。

维修措施：见图 7-20 中图和右图，使用备件更换交流接触器，恢复连接线后上电试机，交流接触器按钮吸合，说明交流接触器触点吸合，压缩机和室外风机均开始运行，同时空调器开始制冷，故障排除。

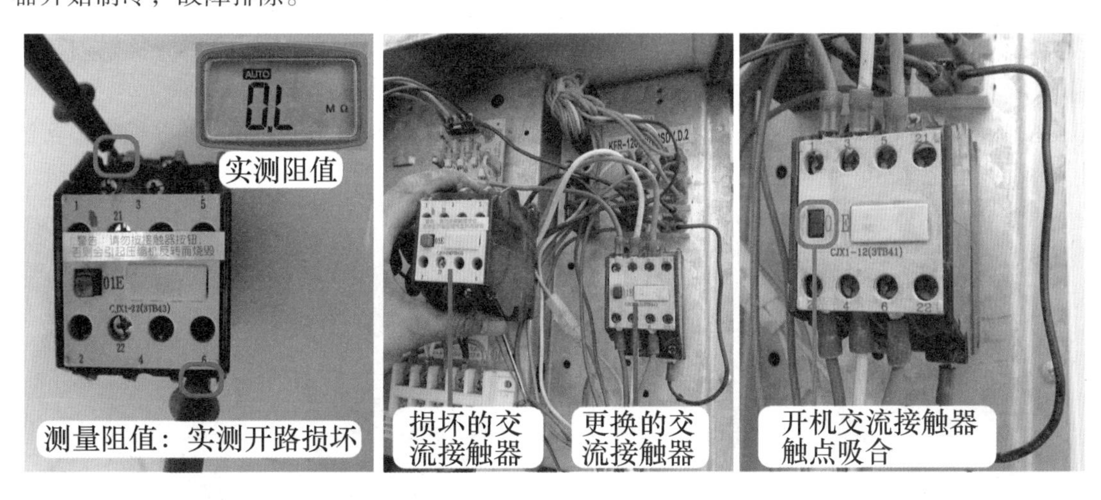

图 7-20　测量线圈阻值和更换交流接触器

二、交流接触器触点炭化

故障说明：格力 KFR-72LW/(72566) Aa-3 悦风系列柜式空调器，用户反映刚购机约 1 年，现在开机后不制冷，室内机吹自然风。

1. 测量压缩机电流和主板电压

上门检查，重新上电开机，在室内机出风口感觉为自然风。取下室内机电控盒盖板，使用万用表交流电流档，见图 7-21 左图，钳头夹住穿入电流互感器的压缩机引线，实测电流约为 0A，说明压缩机未运行。

将万用表档位改为交流电压档，见图 7-21 右图，黑表笔接室内机主板 N 端子、红表笔接 COMP 端子黑线，实测电压约为交流 220V，说明室内机主板已输出供电，故障在室外机。

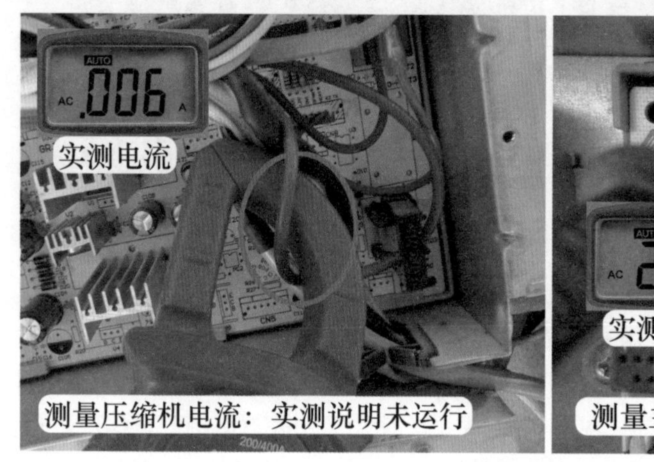

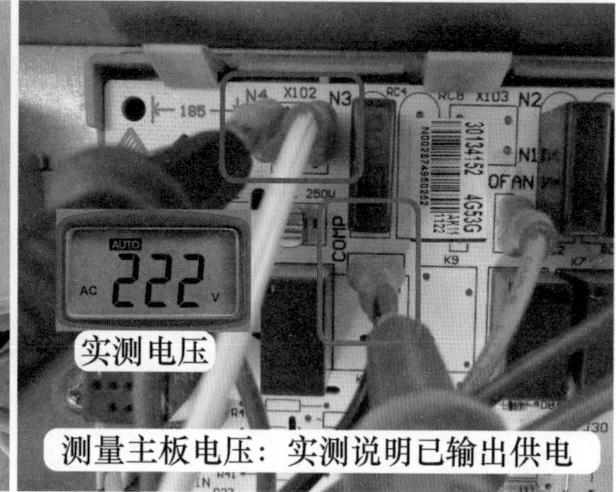

图 7-21　测量压缩机电流和主板电压

2. 测量交流接触器输出端和输入端电压

到室外机检查，发现室外风机运行，但听不到压缩机运行的声音。使用万用表交流电压档，见图 7-22 左图，黑表笔接交流接触器线圈的 N 端（蓝线）、红表笔接交流接触器输出端的压缩机公共端红线测量电压，实测为交流 0V，说明交流接触器触点未导通。

见图 7-22 右图，接 N 端的黑表笔不动、红表笔接交流接触器输入端的供电棕线，实测电压约为交流 220V，说明室外机接线端子上的供电电压正常。

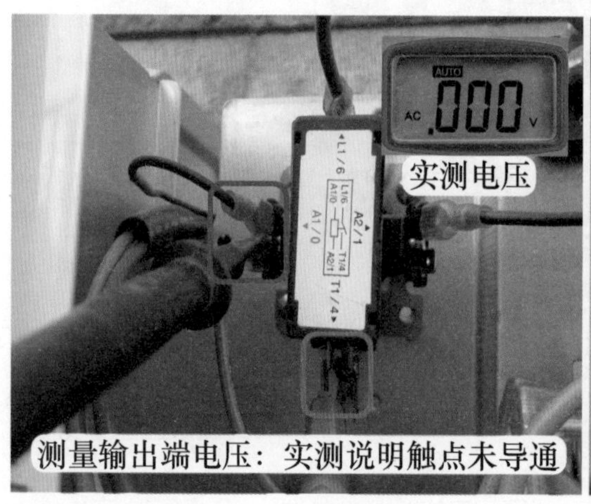

图 7-22　测量交流接触器输出端和输入端电压

3. 测量交流接触器线圈电压和阻值

见图 7-23 左图，接 N 端的黑表笔不动、红表笔接交流接触器线圈的另 1 端子压缩机黑线，测量线圈电压，实测约为交流 220V，说明室内机主板输出的电压已送至交流接触器线圈，故障为交流接触器损坏。

切断空调器电源，见图 7-23 右图，拔下交流接触器线圈的 1 个端子引线，使用万用表电阻档测量线圈阻值，实测阻值约为 1.1kΩ，说明线圈阻值正常，故障为触点损坏。

图 7-23　测量交流接触器线圈电压和阻值

4. 查看交流接触器触点

从室外机上取下交流接触器，再取下交流接触器顶盖后，见图 7-24 左图和中图，查看动触点整体发黑，取下 2 个静触点和 1 个动触点，发现触点均已经炭化，在交流接触器线圈供电后，动触点与静触点接触后阻值依然为无穷大，交流 220V 电压 L 端棕线不能送至压缩机公共端红线，造成压缩机不运行、空调器不制冷的故障。

正常的动触点和静触点见图 7-24 右图。

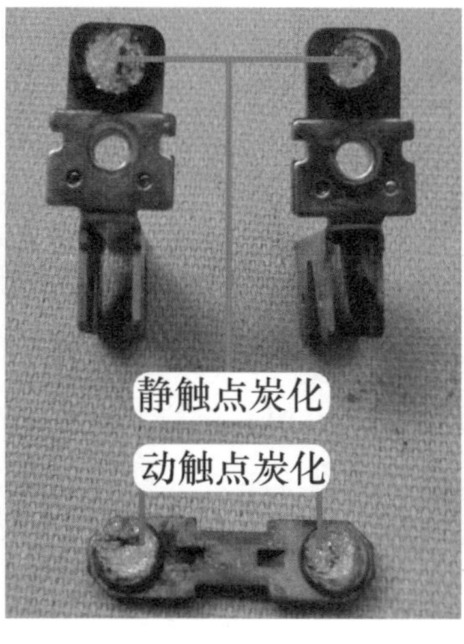

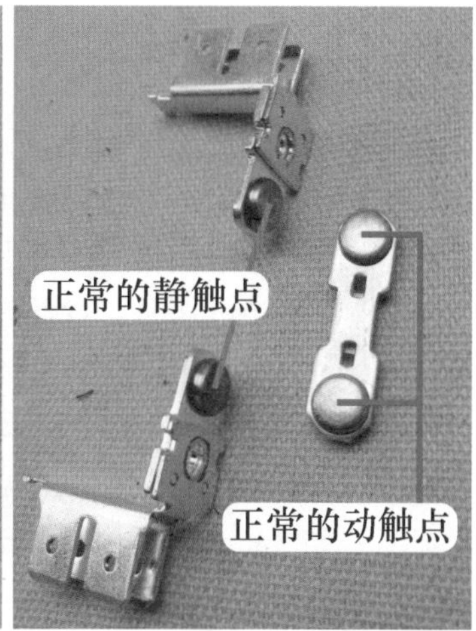

图 7-24　查看交流接触器触点

维修措施：见图 7-25 左图，更换同型号的交流接触器，更换后上电开机，压缩机和室外风机均开始运行，空调器开始制冷，故障排除。

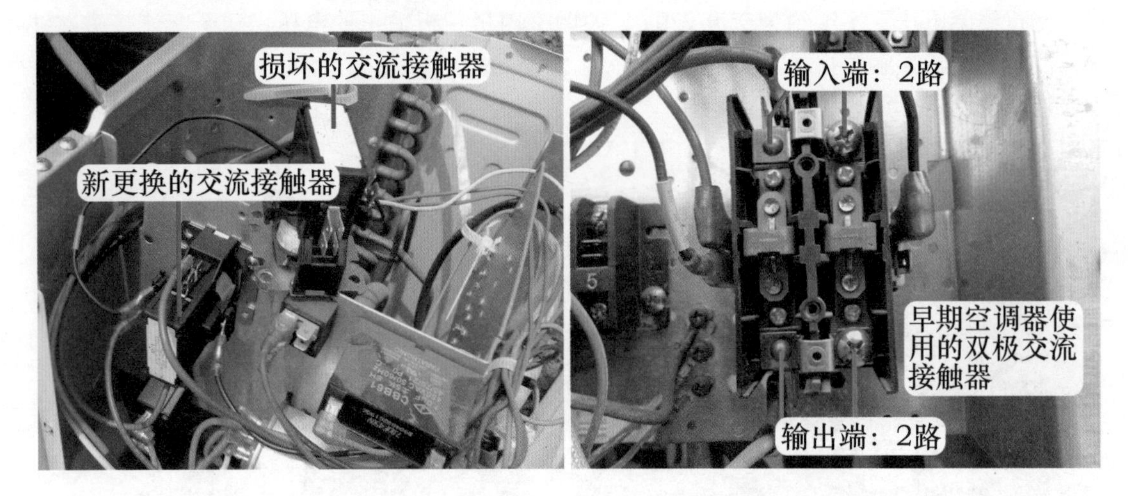

图 7-25 更换交流接触器

总结：

本例空调器使用在一个公共场所，开机时间较长，而交流接触器触点又为单极（1 路）设计，触点通过的电流较大，时间长了以后因发热而引起炭化，触点不能导通，出现如本例故障。而早期空调器使用双极（触点 2 路并联）形式的交流接触器，见图 7-25 右图，则相同故障的概率比较小。

三、电源电压低

故障说明：格力 KFR-72LW/E1（72568L1）A1-N1 清新风系列柜式空调器，用户反映不制冷，并显示 E5 代码（低电压过电流保护）。

1. 测量压缩机电流

上门检查，重新上电开机，到室外机检查，见图 7-26 左图，压缩机发出“嗡嗡”声但起动不起来，室外风机转一下就停机。

使用万用表交流电流档，见图 7-26 右图，测量室外机接线端子上 N 端电流，待 3min 后室内机主板再次为压缩机交流接触器线圈供电，交流接触器触点吸合，但压缩机依旧起动不起来，实测电流最高约 50A，由于是刚购机 3 年左右的空调器，压缩机电容通常不会损坏，应着重检查电源电压是否过低和压缩机是否卡缸损坏。

2. 测量电源电压

使用万用表交流电压档，见图 7-27，黑表笔接室外机接线端子 N（1）端子、红表笔接 3 号端子测量电压，在压缩机和室外风机未运行（静态）时，实测约交流 200V，低于正常值 220V；待 3min 后室内机主板控制压缩机和室外风机运行（动态）时，电压直线下降至约 140V，同时压缩机起动不起来，3s 后室外机停机，由于压缩机起动时电压下降过多，说明电源电压供电线路有故障。

到室内机检查电源插座，测量墙壁中为空调器提供电源的引线，实测电压在压缩机起动

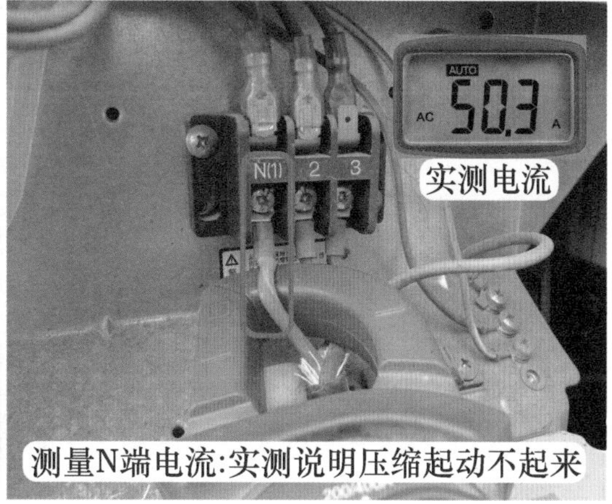

图 7-26　测量室外机电流

时仍为交流 140V，初步判断空调器正常，故障为电源电压低引起，于是让用户找物业电工来查找电源供电故障。

说明：室外机接线端子上 2 号为压缩机交流接触器线圈的供电引线。

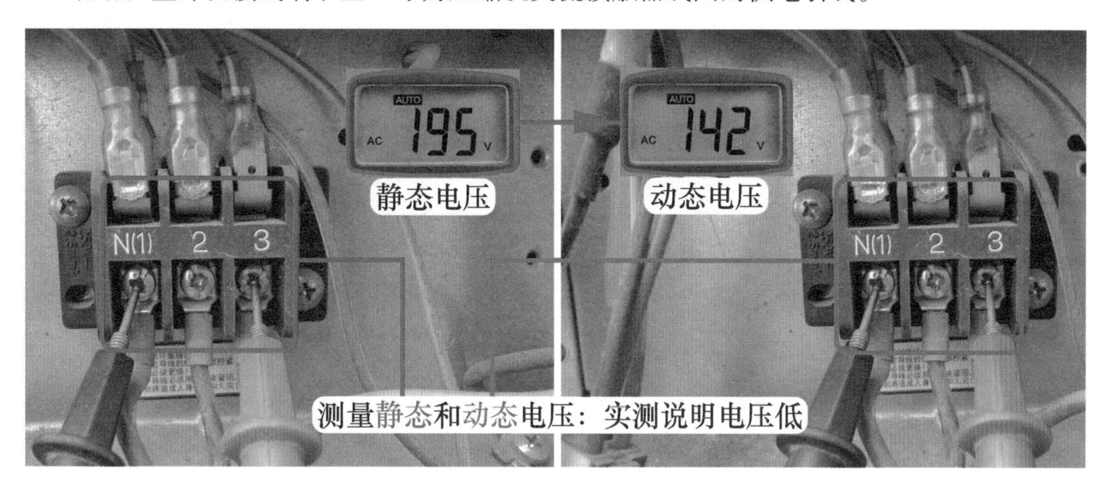

图 7-27　测量电源电压

维修措施：经小区物业电工排除电源供电故障，再次上电但不开机，待机电压约为交流 220V，压缩机起动时动态电压下降至约 200V 但马上又上升至约 220V，同时压缩机运行正常，制冷也恢复正常。

总结：

① 空调器中压缩机功率较大，对电源电压值要求相对比较严格一些，通常在压缩机起动时电压低于交流 180V 便容易引起起动不起来故障，而正常的电源电压即使在压缩机卡缸时也能保证约为交流 200V。

② 家用电器中如电视机、机顶盒等物品，其电源电路基本上为开关电源宽电压供电，即使电压低至交流 150V 也能正常工作，对电源电压值要求相对较宽，因此不能以电视机等电器能正常工作便确定电源电压正常。

③ 测量电源电压时，不能以待机（静态）电压为准，而是以压缩机起动时（动态）电压为准，否则容易引起误判。

四、压缩机电容无容量

故障说明： 格力 KFR-72LW/NhBa-3 柜式空调器，用户反映不制冷，一段时间后显示 E5 代码，查看代码含义为低电压过电流保护，根据用户描述和故障代码内容，初步判断压缩机起动不起来，电路原理图见图 2-58。

1. 测量压缩机电流和电源电压

上门检查，使用万用表交流电流档，见图 7-28 左图，钳头夹住室内机主板穿入电流互感器的引线，遥控器开机后室外机未运行时电流约为 0.9A（室内风机电流），室内机主板为室外机供电，实测电流约为 48A，说明压缩机起动不起来。

到室外机检查，将万用表档位转换到交流电压档，见图 7-28 右图，表笔接接线端子上 N（1）端和 2 号端子测量电压，压缩机未起动时即待机静态电压约为交流 223V，3min 后压缩机再次起动（动态），电压下降至交流 208V，但同时压缩机仍起动不起来，说明电源电压正常。

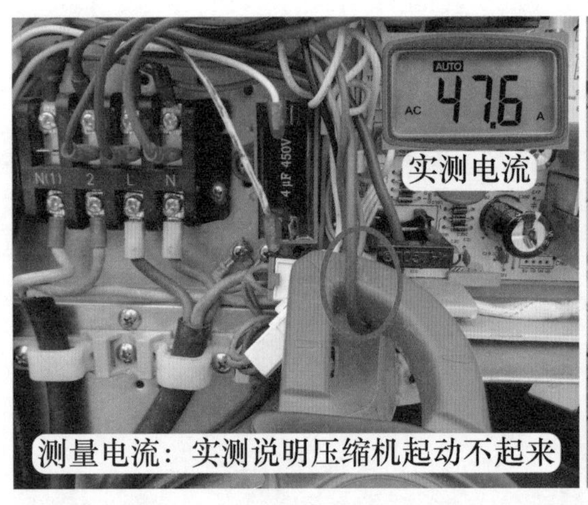

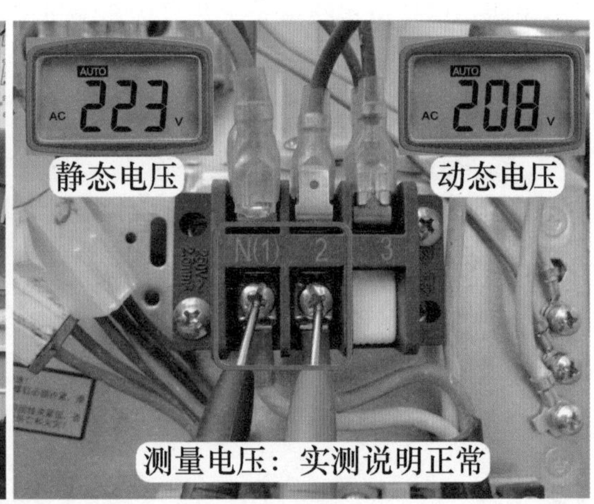

图 7-28　测量压缩机电流和电源电压

2. 故障部件

在电源电压正常的前提下，压缩机起动不起来，见图 7-29，常见原因有压缩机电容无容量或容量减小损坏或压缩机（卡缸、线圈短路等）损坏，其中压缩机电容损坏的比例较大，约占到压缩机起动不起来故障中的 70%。

3. 代换压缩机电容

查看压缩机原配电容容量为 50μF，见图 7-30，使用相同容量电容代换后，再次上电试机，同时测量压缩机电流，在交流接触器触点吸合为压缩机供电的瞬间，电流约为 50A，但约 1s 后随即下降至约 10A；供电的同时听到“铛”的一声后，压缩机随即开始运行，手摸排气管变热、吸气管变凉，室内机开始吹凉风，说明空调器已恢复正常。运行一段时间后，压缩机电流上升至约 12A，也在正常范围内。

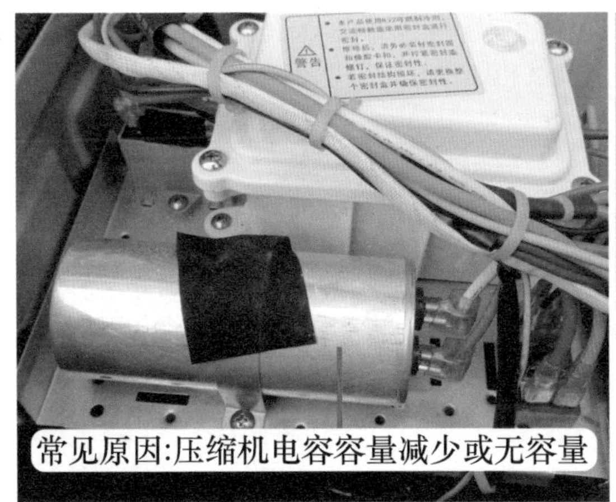

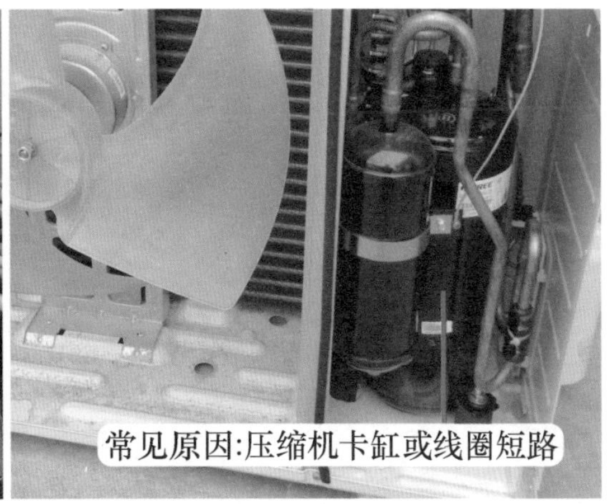

图 7-29　压缩机起动不起来常见故障原因

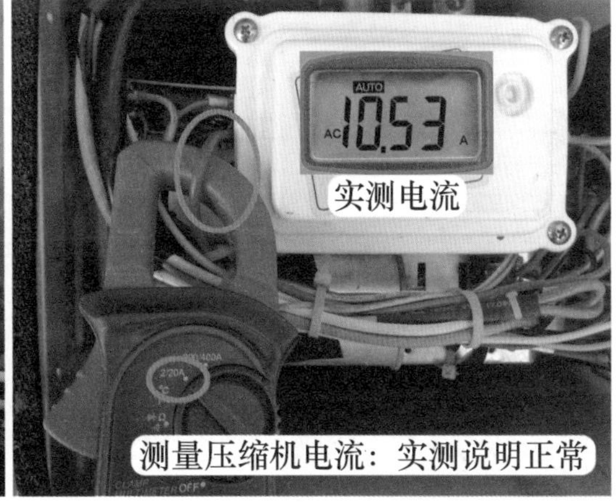

图 7-30　代换压缩机电容

维修措施：更换压缩机电容。

总结：压缩机起动不起来损坏比例

① 70% 为压缩机电容损坏，25% 为压缩机损坏，5% 为电源电压低。

② 家庭用户通常为压缩机电容损坏，6 年之内的商业用户（尤其是旅馆或饭店等场所）通常为压缩机损坏，农村用户通常为电源电压低。

五、压缩机卡缸

故障说明：格力 KFR-72LW/E1（72d3L1）A-SN5 柜式空调器，用户反映不制冷，室外风机一转就停，一段时间后显示 E5 代码（低电压过电流保护）。

1. 测量压缩机电流和代换压缩机电容

到室外机检查，见图 7-31 左图，使用万用表交流电流档，钳头卡住室外机接线端子上 N 端蓝线，测量室外机电流，在上电压缩机起动时实测约为 65A，说明压缩机起动不起来。在压缩机起动时测量接线端子处供电电压约为交流 210V，说明供电电压正常，初步判断压缩机电容损坏。

见图 7-31 右图，使用相同容量的新电容代换试机，故障依旧，N 端电流仍为约 65A，从而排除压缩机电容故障，初步判断为压缩机损坏。

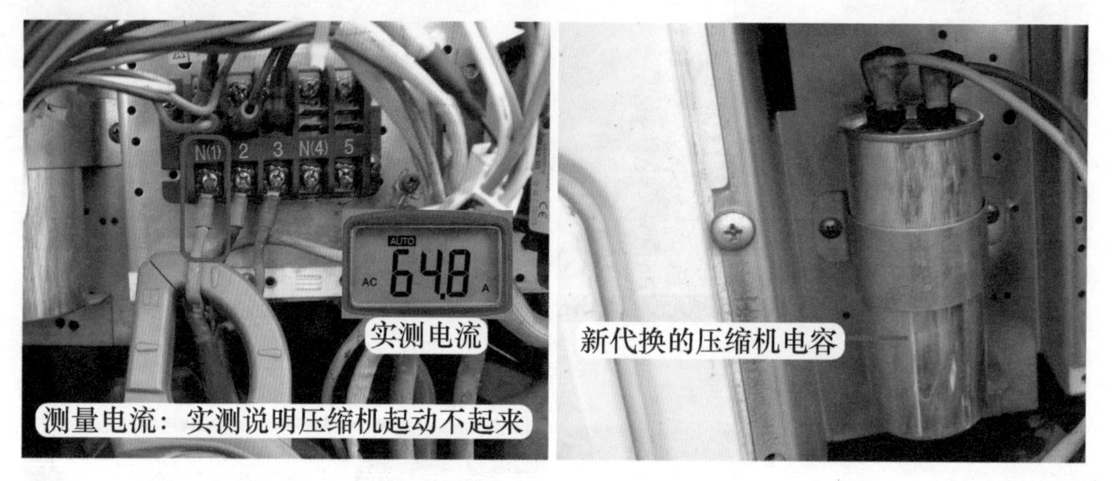

图 7-31 测量压缩机电流和代换压缩机电容

2. 测量压缩机线圈阻值

为判断压缩机为线圈短路损坏还是卡缸损坏，切断空调器电源，使用万用表电阻档，见图 7-32，测量压缩机线圈阻值：实测红线公共端（C）与蓝线运行绕组（R）的阻值为 1.1Ω、红线 C 与黄线起动绕组（S）阻值为 2.3Ω、蓝线 R 与黄线 S 阻值为 3.3Ω，根据 3 次测量结果判断压缩机线圈阻值正常。

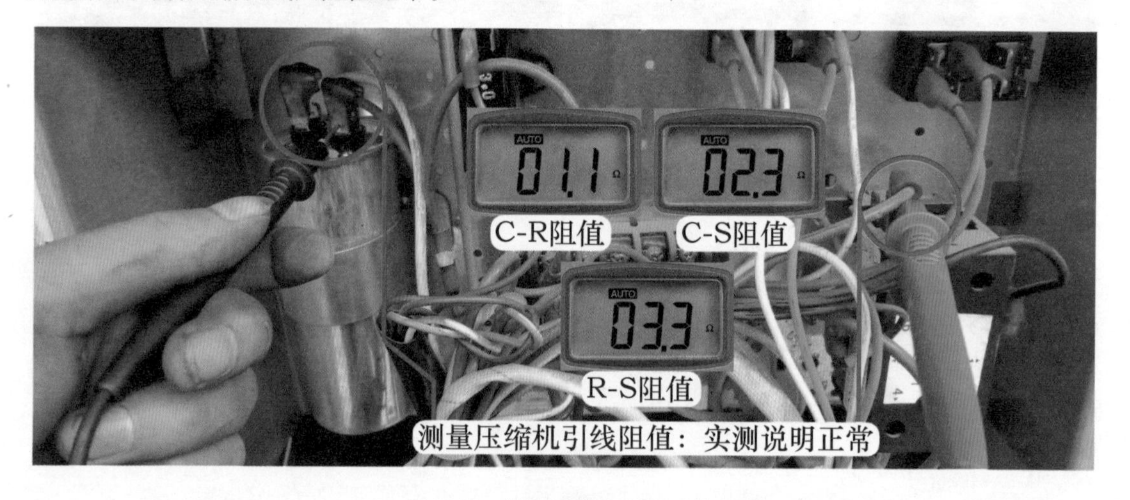

图 7-32 测量压缩机引线阻值

3. 查看压缩机接线端子

压缩机的接线端子或连接线烧坏，也会引起起动不起来或无供电的故障，因此在确定压缩机损坏前应查看接线端子引线，见图 7-33 左图，本例查看接线端子和引线均良好。

松开室外机二通阀螺母，将制冷系统的氟 R22 全部放空，再次上电试机，压缩机仍起动不起来，依旧是 3s 后室内机停止压缩机和室外风机供电，从而排除系统脏堵故障。

见图7-33右图，拔下压缩机线圈的3根引线，并将接头包上绝缘胶布，再次上电开机，室外风机一直运行不再停机，但空调器不制冷，也不报E5代码，从而确定为压缩机卡缸损坏。

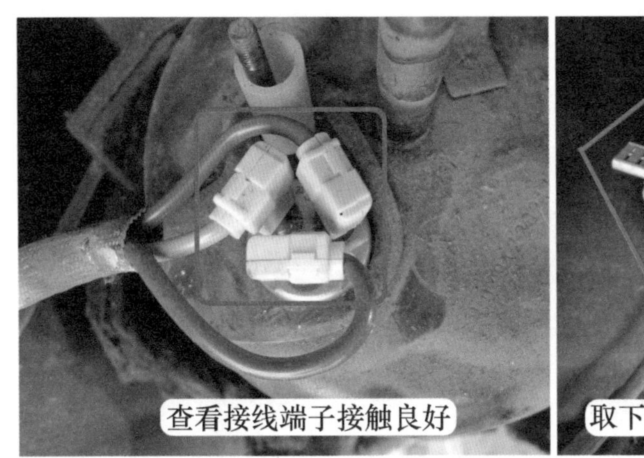

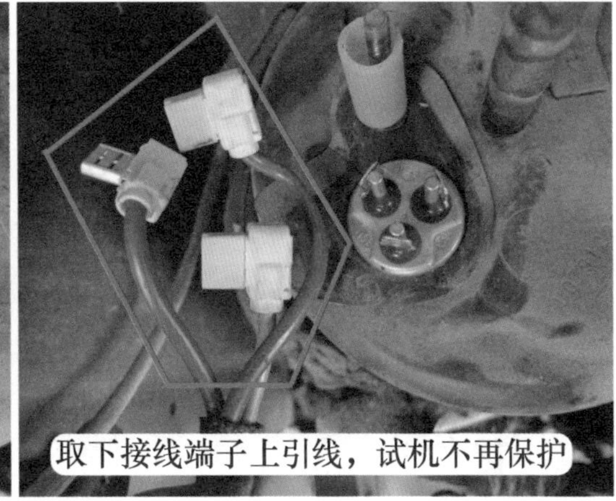

图7-33　查看压缩机接线端子

维修措施： 见图7-34，更换压缩机，型号为三菱LH48VBGC。更换后上电开机，压缩机和室外风机运行，顶空加氟至约0.45MPa后制冷恢复正常，故障排除。

图7-34　更换压缩机

总结：

① 压缩机更换过程比较复杂，因此确定其损坏前应仔细检查是否由电源电压低、电容无容量、接线端子烧坏、系统加注的氟过多等原因引起，在全部排除后才能确定压缩机线圈短路或卡缸损坏。

② 新压缩机在运输过程中禁止倒立。压缩机出厂前内部充有气体，尽量在安装至室外机时再把吸气管和排气管的密封塞取下，可最大程度地防止润滑油流动。

六、调整三相供电相序

故障说明：格力 KFR-120LW/E（12568L）A1-N2 柜式空调器，用户反映头一年制热正常，但等到第二年入夏使用制冷模式时，发现不制冷，室内机吹自然风。

1. 按压交流接触器按钮

首先到室外机检查，室外风机运行，但压缩机不运行，见图 7-35 左图，查看交流接触器的强制按钮，发现触点未吸合。

使用万用表交流电压档，见图 7-35 右图，表笔接交流接触器线圈端子测量电压，正常为交流 220V，实测为 0V，说明交流接触器线圈的控制电路有故障。

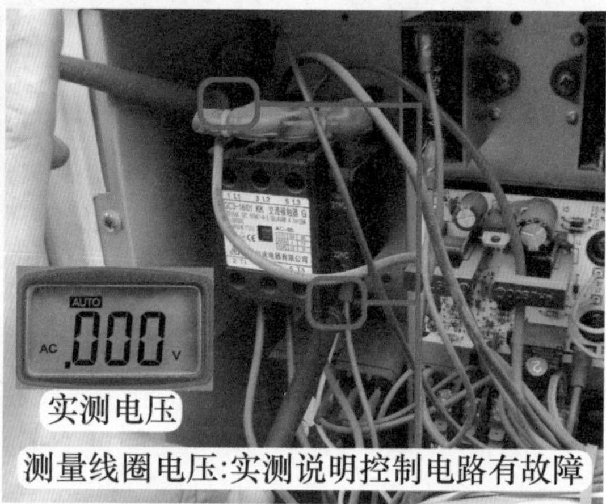

图 7-35 交流接触器未吸合和测量线圈电压

2. 测量黑线电压和按压交流接触器强制按钮

依旧使用万用表交流电压档，见图 7-36 左图，黑表笔接室外机接线端子 N 端、红表笔接方形对接插头中压缩机黑线，实测电压约为交流 220V，说明室内机主板已输出供电，故障在室外机。

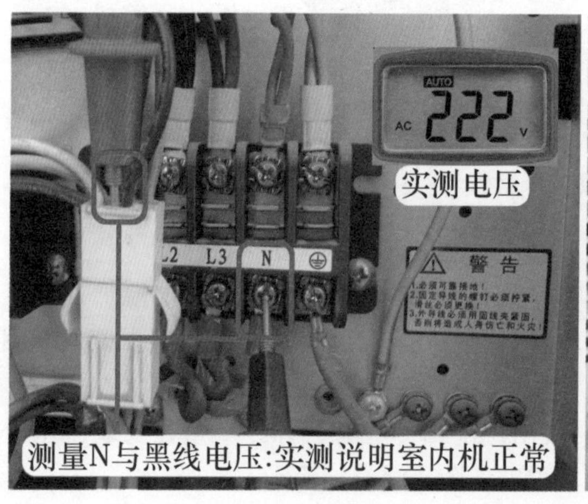

图 7-36 按压交流接触器强制按钮

交流接触器线圈 N 端中串接有相序保护器，当相序错误或断相时其触点断开，也会引起压缩机不运行的故障。使用万用表交流电压档，测量三相供电 L1-L2、L1-L3、L2-L3 电压均为交流 380V，三相供电与 N 端即 L1-N、L2-N、L3-N 电压均为交流 220V，说明三相供电正常。

见图 7-36 右图，使用螺丝刀头按住强制按钮，强行接通交流接触器的 3 路触点，此时压缩机运行，但声音沉闷，手摸吸气管和排气管均为常温，说明三相供电相序错误。

维修措施：见图 7-37，调整相序。方法是任意对调三相供电引线中的 2 根引线位置，见图 7-29，本例对调 L1 和 L2 端子引线位置。

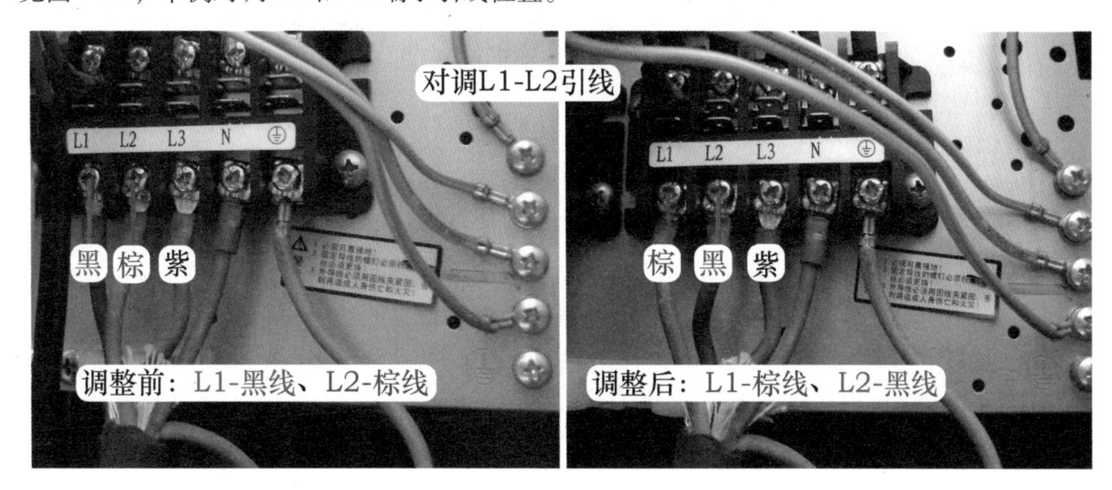

图 7-37　对调电源引线

总结：

因电源供电相序错误需要调整，常见于刚安装的空调器、长时间不用在此期间供电部门调整过电源引线（电线杆处）、房间因装修调整过电源引线（断路器处）。

七、三相断相

故障说明：格力 KFR-120LW/E（1253L）V-SN5 柜式空调器，用户反映不制冷，开机后整机马上停机，显示 E1 代码，关机后再开机，室内风机运行，但 3min 后整机再次停机，并显示 E1 代码。

1. 测量高压保护黄线电压

使用万用表交流电压档，见图 7-38，红表笔接室内机主板 L 端子棕线、黑表笔接 OVC 端子黄线，测量待机电压约为交流 220V，说明高压保护电路室外机部分正常。

按压显示板“开/关”键开机，CPU 控制室内风机、室外风机、压缩机运行，但 L 与 OVC 电压立即变为约 0V，约 3s 后整机停机并显示 E1 代码，待约 30s 后 L 与 OVC 电压又恢复成正常值 220V，根据开机后 L 与 OVC 电压变为约交流 0V，判断室外机出现故障。

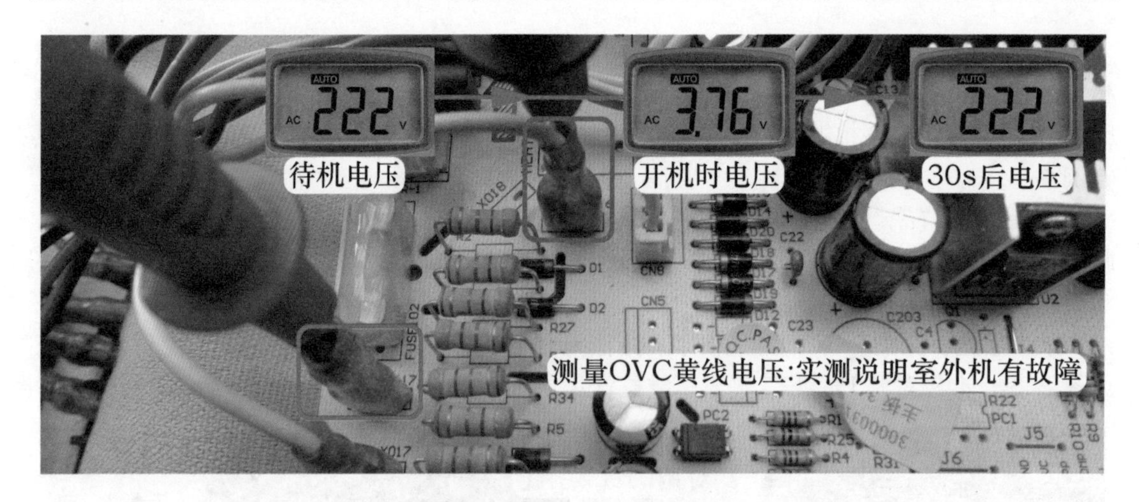

图 7-38 测量高压保护电路电压

2. 测量电流检测板输出端子电压

到室外机查看，让用户切断空调器电源，约1min后再次上电开机，见图7-39左图，在开机瞬间细听压缩机发出“嗡嗡”声，但起动不起来，约3s后听到电流检测板继电器触点响一声（断开），约3s后室内机主板停止压缩机交流接触器线圈和室外风机供电，同时整机停机并显示E1代码，约30s后能听到电流检测板上继电器触点再次响一声（闭合）。

使用万用表交流电压档，见图7-39右图，黑表笔接电源接线端子L1端（实接电流检测板上L棕线）、红表笔接电流检测板继电器的输出蓝线（连接高压压力开关），实测待机电压约为交流220V，在压缩机起动时约3s后继电器触点响一声后（断开）变为交流0V，再待约3s后室内机主板停止交流接触器线圈供电，即断开压缩机供电，待约30s继电器触点响一声后（闭合），电压恢复至交流220V，从实测说明由于压缩机起动时电流过大，使得电流检测板继电器触点断开，高压保护电路断开，室内机显示E1代码，判断为压缩机或三相电源供电故障。

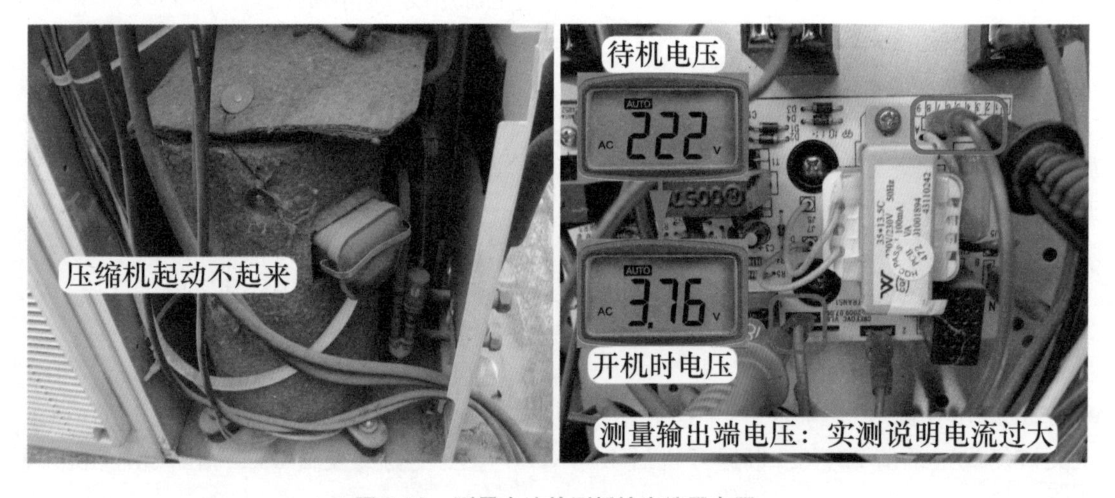

图 7-39 测量电流检测板输出端子电压

3. 测量压缩机线圈阻值

待机状态交流接触器触点断开，相当于断开供电，输出端触点电压为交流 0V，此时即使室外机接线端子三相供电正常，使用万用表电阻档，测量交流接触器下方输出端触点的压缩机引线阻值，也不会损坏万用表。

见图 7-40，实测棕线-黑线阻值为 2.2Ω、棕线-紫线阻值为 2.2Ω、黑线-紫线阻值为 2.3Ω，3 次测量阻值相等，判断压缩机线圈正常。

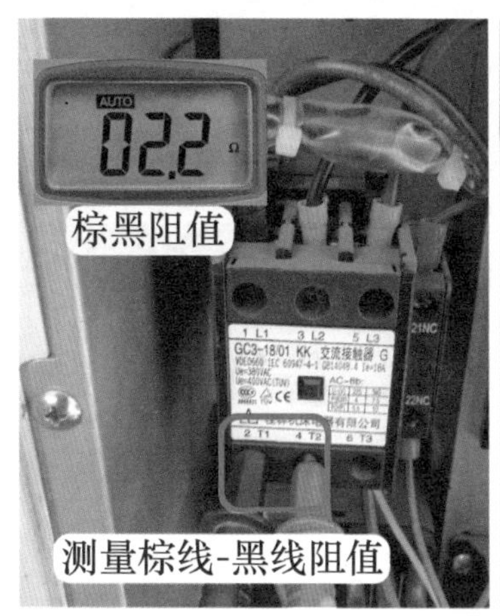

图 7-40　测量交流接触器输出端引线阻值

4. 测量接线端子电压

因为三相供电不正常也会引起压缩机起动不起来，所以使用万用表交流电压档，测量三相供电电压；又因电源接线端子上三相供电直接连接到交流接触器上方输入端触点，测量交流接触器上方输入端触点引线电压相当于测量电源接线端子的 L1-L2-L3 端子电压。

见图 7-41，测量棕线（接 L1）-黑线（接 L2）电压为交流 382V、棕线-紫线（接 L3）电压为交流 293V、黑线-紫线电压为交流 115V，说明三相供电电源不正常，紫线端子出现故障。

图 7-41　测量交流接触器上方引线电压

依旧使用万用表交流电压档，测量三相供电端子与 N 端电压，见图 7-42，实测 L1-N 端子电压为交流 221V、L2-N 端子电压为交流 219V、L3-N 端子电压为交流 179V，根据测量结果也说明 L3 端子对应紫线有故障。

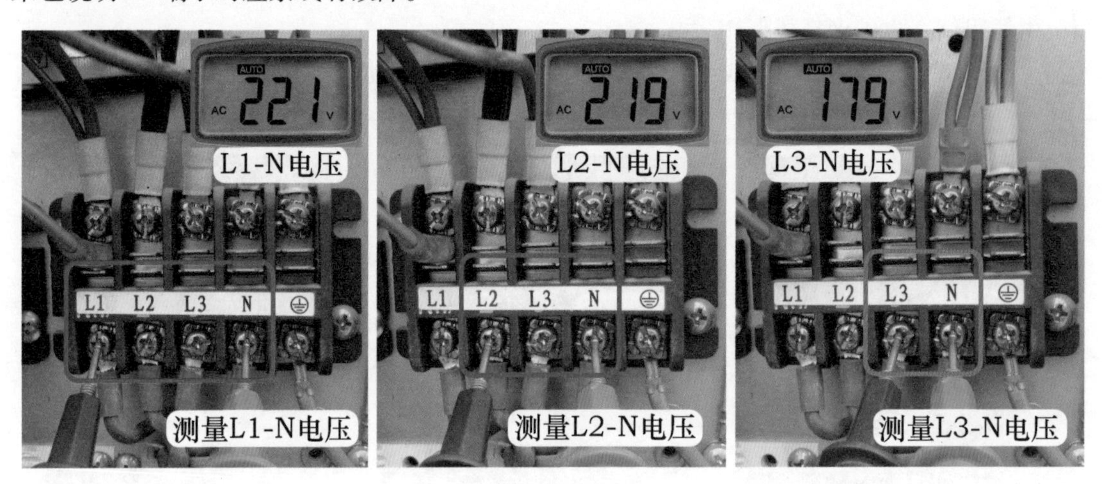

图 7-42　测量 L1-L2-L3 端子和 N 端电压

5. 测量压缩机电流

使用螺丝刀头按压交流接触器的强制按钮，强制为压缩机供电，同时使用万用表交流电流档，见图 7-43，依次测量压缩机的 3 根引线电流，实测棕线电流约 43A、黑线电流约 43A、紫线电流为 0A。综合测量三相电压结果，判断压缩机起动不起来，是由于紫线即 L3 端子断相导致。

说明：压缩机起动不起来时因电流过大，如长时间强制供电，容易使压缩机内部过载保护器断开，断开后压缩机 3 根引线阻值均为无穷大，且恢复等待的时间较长，因此测量电流时速度要快。在强制供电的同时，能听到电流检测板继电器触点吸合或断开的声音，此时为正常现象。

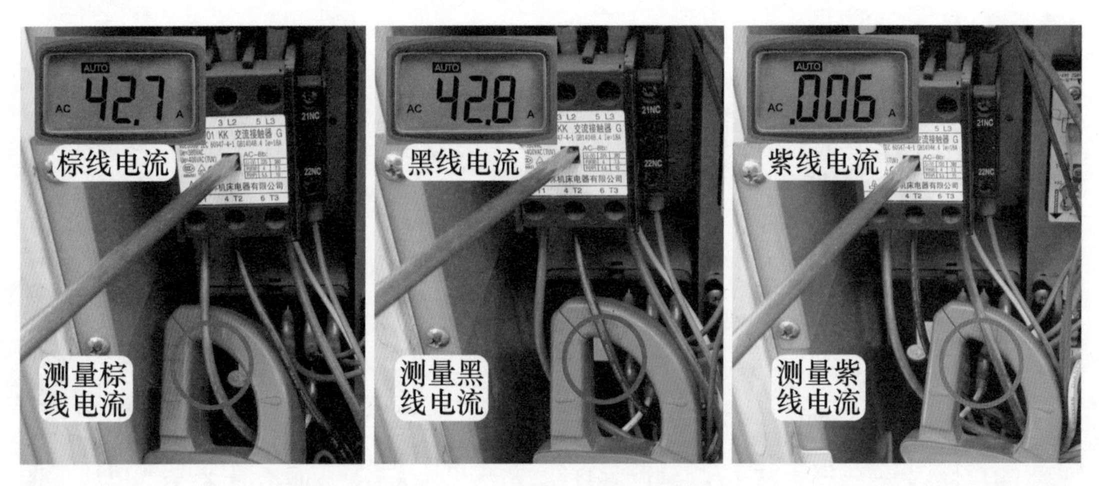

图 7-43　测量压缩机电流

维修措施：检查空调器的三相供电电源，在断路器处发现对应于L3端子的引线螺钉未拧紧（即虚接），经拧紧后在室外机电源接线端子处测量L1-L2-L3端子电压，3次测量均为交流380V，判断供电正常，再次上电开机，压缩机起动运行，制冷恢复正常。

总结：

① 本例断路器处相线虚接，相当于接触不良，L3端子与L1、L2端子电压变低（不为交流0V），相序保护器检测后判断供电正常，其触点吸合，但室内机主板控制交流接触器触点吸合为压缩机线圈供电时，由于L3端断相，压缩机起动不起来时电流过大，电流检测板继电器触点断开，CPU检测后控制整机停机并显示E1代码。

② 如果断路器处L3端子未连接，L3与L1、L2端子电压为交流0V，相序保护器检测后判断为断相，其触点断开，引起开机后室外风机运行、压缩机不运行、空调器不制冷的故障，但不报E1代码。

八、压缩机卡缸

故障说明：格力KFR-120LW/E（1253L）V-SN5柜式空调器，用户反映不制冷，开机后整机马上停机，显示E1代码，关机后再开机，室内风机运行，但3min后整机再次停机，并显示E1代码。

1. 检修过程

本例空调器上电时正常，但开机后立即显示E1代码，判断由于压缩机过电流引起，应首先检查室外机。

到室外机查看，让用户切断空调器电源后，并再次上电开机，在开机瞬间细听压缩机发出“嗡嗡”声，但起动不起来，约3s后听到电流检测板继电器触点响一声（断开），再待约3s后室内机主板停止压缩机交流接触器线圈和室外风机供电，同时整机停机并显示E1代码，待约30s后能听到电流检测板上继电器触点再次响一声（闭合）。

根据现象说明故障为压缩机起动不起来（卡缸），使用万用表交流电压档测量室外机接线端子上L1-L2、L1-L3、L2-L3电压均为交流380V，L1-N、L2-N、L3-N电压均为交流220V，说明三相供电电压正常。

使用万用表电阻档，测量交流接触器下方输出端的压缩机3根引线之间阻值，实测棕线-黑线为3Ω、棕线-紫线为3Ω、黑线-紫线为2.9Ω，说明压缩机线圈阻值正常。

2. 测量压缩机电流

切断空调器电源并再次开机，同时使用万用表交流电流档，见图7-44，快速测量压缩机的3根引线电流，实测棕线电流约56A、黑线电流约56A、紫线电流约56A，3次电流相等，判断交流接触器触点正常，上方输入端触点的三相380V电压已供至压缩机线圈，判断为压缩机卡缸损坏。

3. 断开压缩机引线

为判断故障，见图7-45，取下交流接触器下方输出端的压缩机引线，即断开压缩机线圈，再次开机，3min延时过后，交流接触器触点吸合、室外风机和室内风机均开始运行，同时不再显示E1代码，使用万用表交流电压档测量方形对接插头中OVC黄线与L1端子电压一直为约交流220V，从而确定为压缩机损坏。

维修措施：见图7-46，更换压缩机。本机压缩机型号为三洋C-SBX180H38A，安装后

图 7-44　测量压缩机电流

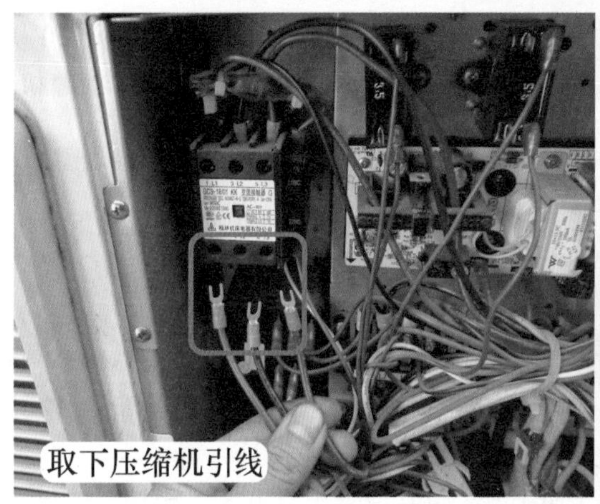

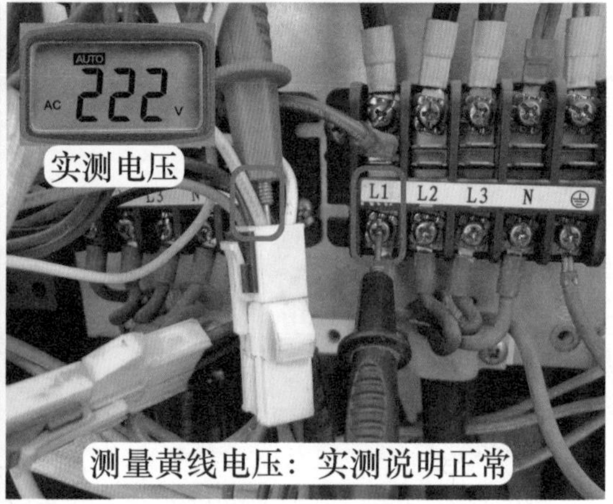

图 7-45　断开压缩机引线和测量黄线电压

顶空加氟至 0.45MPa，制冷恢复正常，故障排除。

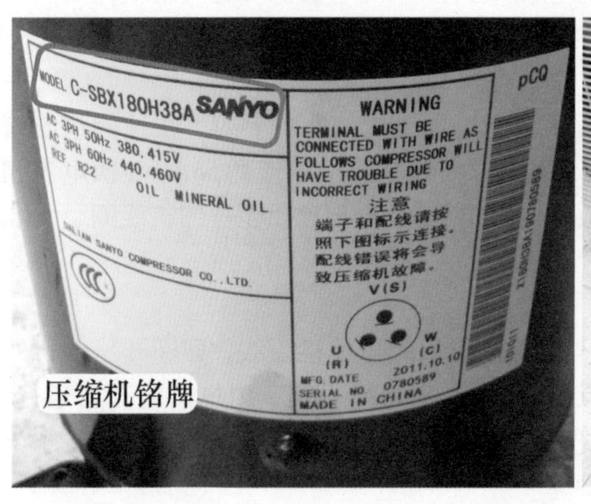

图 7-46　更换压缩机

总结：

压缩机卡缸和三相供电断相表现的故障现象基本相同，开机的同时交流接触器触点吸合，因为引线电流过大，所以电流检测板继电器触点断开，整机停机并显示 E1 代码。

因为压缩机卡缸时电流过大，所以其内部过载保护器将很快断开保护，并且恢复时间过慢，如果再次开机，将会引起室外风机运行、交流接触器触点吸合但压缩机不运行的假性故障，在维修时需要区分对待。区分的方法是手摸压缩机外壳温度，如果很烫为卡缸、如果常温为线圈开路。